大庆油田特高含水期开发规划技术研究与应用

王凤兰　方艳君　张继风　著

U0335913

石油工业出版社

内 容 提 要

本书系统介绍了油田开发规划的基本概念,以及针对大庆油田特高含水期开发多年研究形成的规划技术系列方法,详细阐述了油田特高含水期水驱及化学驱开发指标预测技术、开发效果及潜力评价技术、开发技术政策界限确定方法、可采储量标定及上市储量评估技术、开发经济评价技术和规划优化技术的理论基础及实际应用,并以"十一五"后的主要规划案例为例给出了开发规划技术在油气田开发中的应用,具有很强的理论性和实用性。

本书可供从事油气田开发工作的研究人员、开发规划编制人员、油气藏工程技术人员以及石油院校相关专业师生阅读参考。

图书在版编目(CIP)数据

大庆油田特高含水期开发规划技术研究与应用 / 王凤兰等著
. —北京:石油工业出版社,2024.1
ISBN 978 - 7 - 5183 - 6532 - 6

Ⅰ. ① 大… Ⅱ. ① 王… Ⅲ. ① 高含水期 – 油田开发 –
技术 – 大庆 Ⅳ. ① TE34

中国国家版本馆 CIP 数据核字(2024)第 021932 号

出版发行:石油工业出版社
　　　(北京安定门外安华里 2 区 1 号楼　　100011)
　　　网　　址:www.petropub.com
　　　编辑部:(010)64523760　　图书营销中心:(010)64523633
经　　销:全国新华书店
印　　刷:北京中石油彩色印刷有限责任公司
2024 年 1 月第 1 版　　2024 年 1 月第 1 次印刷
787 × 1092 毫米　　开本:1/16　　印张:22.25
字数:570 千字
定价:118.00 元

前　言

开发未动，规划先行。开发规划在油田开采过程中发挥着重要的龙头指导作用，是油田企业在一定时期内制定的行动纲领和指南。开发规划技术水平高低直接影响油田开发效果和效益，对油田技术研发、生产经营以及发展决策有着重要影响。开发规划工作是一项涉及专业面广、参与部门多、协调范围广、时间跨度大且复杂而细致的系统工程，具有前瞻性、整体性和动态性等三大特征，前瞻性是指对油田的勘探开发技术和储量资源的接续变化情况要超前谋划、未雨绸缪；整体性是指对油田各大区、各单位及各种驱动方式类型的产量构成进行全局筹划、统一协调；动态性或时变性是对油田内部和外部的环境条件随着时间延续出现的新情况和问题及时调整、有效把控。只有把握好这三大特征，并应用运筹学理论进行合理的规划优化，才能编制出科学的、高水平的、符合油田实际的规划方案，指导油田合理、有序开发。

大庆油田勘探开发研究院技术人员在 2004 年编制《油田开发规划方案编制方法》一书基础上，秉承"核心技术迭代创新、工作流程延续改进、业务领域拓宽延展"的原则，在院长王凤兰的组织下，由企业首席技术专家方艳君执笔，编写了这本《大庆油田特高含水期开发规划技术研究与应用》，本书的内容是近二十年来一系列专题研究工作经过进一步系统地总结、梳理和提炼而成。全书共分为九章，王福林、赵云飞编写了第一章油田开发规划工作概述；吴晓慧、张继风、朱丽莉编写了第二章特高含水期水驱开发指标预测技术；张雪玲、孙洪国、么世椿编写了第三章化学驱开发指标预测方法；田晓东、张继风、穆文志编写了第四章油田开发效果评价技术；张继风、张雪玲、王宏伟编写了第五章油田开发技术政策界限确定方法；王禄春、王天智编写了第六章可采储量标定及 SEC 储量评估技术；李榕、周庆编写了第七章油田开发规划经济评价技术；乔书江编写了第八章油田开发规划优化技术；桂东旭、王海峰编写了第九章油田开发规划方案编制方法。全书由方艳君提出编写提纲、修改和审定。参加本书编写的人员还有刘端奇、王威、郭昊、孙志杰、姚建等。

由于笔者水平有限，书中难免存在不足和不妥之处，望读者见谅，同时恳请业内专家和读者提出宝贵意见和建议，以便做好本书的完善和再版工作，共同提高油气开发规划的理论水平和实践应用能力。

目　　录

第一章　油田开发规划工作概述

大庆油田和国内外同类型油田开发实践表明,大型砂岩油田开发的基本特点如下:一是开发过程的长期性;二是开发技术的复杂性;三是开发目标的综合性;四是开发经营的风险性。这四个特点决定了大型砂岩油田开发是一项随时间和空间而变化的动态的系统工程。随着石油开采业逐步成为高投资、高科技、高利润的现代工业化产业,油田开发工作者越来越深刻地认识到,要使大型砂岩油田开发这一动态系统工程实现长期有序运作并达到预期目标,必须加强开发规划方案编制与实施。

油田开发规划是从研究油田客观实际出发,在掌握油田生产规律和油田开发发展趋势的基础上,充分考虑国民经济建设和保障国家能源安全对原油的需求以及市场供求的相对平衡,编制出的综合性总体方案。它对各级开发生产经营管理部门和主管领导部署工作、制定计划、进行油田开发经营管理和宏观调控决策具有重要的指导或参谋作用。

大庆油田开发 60 余年来,一直十分重视开发规划工作,早在 20 世纪 60 年代初,面对当时国际上的经济和技术封锁,英雄的大庆人首开先河,第一次完全依靠我国自己的力量,编制并实施了大庆油田的第一个油田开发规划方案。60 多年来,大庆油田通过编制实施一系列重大开发规划方案,从整体上保证了不同时期油田开发战略目标的实现。为确保"高速度、高水平、拿下大油田",20 世纪 60 年代初,编制实施了第一个油田开发方案《萨尔图油田 146 平方公里面积开发方案》,拉开大庆油田开发的序幕,也成了实际意义上的第一个油田开发规划方案。1976 年,开始编制实施了两个十年持续稳产规划,实现了 5000×10^4 t 以上 27 年高产稳产。建成了全国最大的石油生产基地,为国家经济发展作出了不可磨灭的贡献。进入新时代,油田以振兴发展、高质量发展为目标,坚持"有质量、有效益、可持续"的发展方针,按照"立足本土、加快海外、有序接替"的发展战略,突出经济效益,突出创新驱动,保持了大庆油田在石油生产中的领先地位,实现了油田振兴发展。

第一节　大庆油田规划编制历程

一、大庆油田基本概况

大庆油田主体位于松辽盆地北部,松辽盆地北部油气勘探面积 $12 \times 10^4 \mathrm{km}^2$,隶属于黑龙江省。区内地形较平坦,主要为农田、草原和湖沼。铁路及高速公路、省管主干公路及油田公路贯穿整个探区,交通便利。石油勘探主要目的层为萨尔图、葡萄花、高台子和扶杨油层,其次为黑帝庙油层,天然气勘探主要目的层为营城组、沙河子组。

（一）大庆长垣油田

大庆油田的油藏类型多，目前已探明油田 30 个，探明含油面积 4453.27km²，探明地质储量 56.6×10⁸t。其中，大庆长垣为一轴向北东 20°的二级构造带，南北长 140km，短轴方向北窄南宽，北部宽度 6~12km，南部宽度 12~30km。在大庆长垣的 7 个局部构造由北向南分别发现：喇嘛甸、萨尔图、杏树岗、太平屯、高台子、葡萄花、敖包塔 7 个油田，大庆长垣是松辽盆地中央坳陷北部的一个大型二级背斜带，南北长 145km，东西宽 10~30km，含油面积 1489km²，地质储量 44.88×10⁸t（含表外储量 52.08×10⁸t）。整个构造按海拔（葡 I 组顶部）计算，最高点为海拔 -632.2m。以海拔 -1100m 构造等高线圈闭，闭合面积为 2000km²。自北向南发育喇嘛甸、萨尔图、杏树岗、太平屯、高台子、葡萄花、敖包塔 7 个三级背斜构造（油田）。探明含油面积 1355.67km²，地质储量 44.0816×10⁸t，均已投入开发，是大庆油田原油生产的主产区，年产油量占大庆油田产量的 94% 以上。

1. 地质特征

自上而下发育萨尔图、葡萄花、高台子三套主要含油层系，为大型陆相湖盆河流—三角洲沉积体系，从北向南油层厚度逐渐变薄，根据储层发育特征差异划分为三种油层类型。

一类油层：泛滥—分流平原相的厚层河道砂体，沉积类型主要为辫状河道砂体、曲流点坝砂体、高弯分流河道砂体，砂体钻遇率 60% 以上，有效渗透率大于 300mD，主要为葡 I 组油层。

二类油层：分流平原相低弯河道及内前缘相水下河道砂体，沉积类型主要为分流河道砂体和水下分流河道砂体、席状砂，有效渗透率大于 100mD，包括萨南以北的萨 II 组、萨 III 组和葡 II 组油层。

三类油层：外前缘相连片席状砂体，沉积类型主要为主体席状砂、非主体席状砂和表外储层，包括萨南以北高台子及萨南以南的萨葡油层。

2. 开发方式

1）水驱

自 1961 年确立了"早期内部注水，保持压力开采"的油田开发技术政策后，长垣油田的水驱开发经过了整整 60 多年的漫长历程，井网由基础井网逐步进行了一次加密、二次加密和三次加密大的优化调整。

1960—1980 年，长垣油田主要采用基础井网开发，开采对象为一类油层和有效厚度大于 1m 的二类油层。

1981—1991 年实施了一次加密开发，主要针对动用差的中低渗透层和新认识的 9.7×10⁸t 有效厚度 0.2~0.4m 的地质储量。

1988—2002 年实施二次加密，主要针对动用差的薄差储层和增划的 7.2×10⁸t 表外地质储量。

1999—2013 年实施三次加密，主要针对动用差的薄差油层和表外储层。

通过历次的细分对象、井网加密调整，提高了储层的动用程度，采收率由 26.64% 提高至 44.47%。

三次加密调整后,按照以往思路进一步加密调整潜力已达到极限。但此时还面临各套井网井段长层间矛盾大、开采对象交叉、地下工作井距大等矛盾,秉承"矛盾就是潜力"的思想,调整思路由以往的加密调整向层系细分与井网加密相结合转变,形成层系井网优化调整技术,解决主要矛盾的同时,拓展了新建产能潜力空间。

研究确定"利用老井、补钻新井、重组层系、重构井网"的基本调整原则,确定了缩小注采井距,采用均匀井网,缓解平面矛盾;细分开发层系,缩短层系跨度,减少层间干扰;优选射孔层位,优化射孔方式,减缓层间矛盾的调整对策。论证明确层系井网优化调整思路,试验形成不同类型区块层系井网优化调整模式,长垣油田各类区块地质特点不同、井网状况不同,研究明确了各类区块六项层系井网调整技术经济界限,优化研究确定了三类开发对象的六种层系井网调整模式,为长垣油田各个区块个性化调整提供指导。

2)三次采油

大庆油田 1965 年开始化学驱技术研究,经过持续攻关与实践,创新形成了以聚合物驱和三元复合驱为核心的化学驱成套技术系列,建立了配套的开发管理体系,在国际上率先实现了大规模工业化应用,已成为油田开发的重要接替技术。

(1)聚合物驱。

1965 年创新聚合物黏弹性驱油理论,开始建立聚合物筛选评价指标及方法。

1972 年开展小井距井组聚合物驱先导试验,采收率提高 4.6%。

1991 年开展井网井距、层系组合四个工业性试验,提高采收率 9.3%~11.6%。

1996 年开始一类油层工业化应用,逐步形成工业化技术系列。

2003 年开始二类油层工业化应用。

(2)三元复合驱。

1983 年开展室内研究,创建不依赖原油酸值的复合驱匹配关系理论。

1994 年应用进口表面活性剂开展五个先导性矿场试验,提高采收率 20% 以上。

2000 年应用自主研发的表面活性剂开展五个工业性矿场试验,提高采收率 20% 以上。

2014 年建立了完善的复合驱配套技术,实现规模化推广。

一类油层聚合物驱和复合驱分别提高采收率 12% 和 18%,取得显著效果。近些年,化学驱开发对象逐渐转向储层物性差、层间渗透率差异大、非均质性强的二类油层,通过持续攻关,形成了配套技术系列。

3. 主体技术

"十三五"以来,突出精细勘探、精准开发,创新形成两项基础理论、三项核心技术、两项接替技术,实现勘探开发主体技术迭代创新,有力支撑油田持续发展目标实现。

1)两项基础理论

特高含水后期水驱油理论取得开拓性进展,明确动态非均质调控是主攻方向。

创建稀体系复合驱相态转化理论,无碱中相复合体系取得革命性创新。

2)三项核心技术

大型陆相坳陷盆地精细勘探理论及配套技术持续深化,实现连续 10 年探明储量超 $5000 \times 10^4 t$。特高含水期控水提效技术迭代升级,创造世界领先开发技术。化学驱大幅度提高采收率技术实现提档升级,支撑化学驱连续21年保持千万吨稳产。创新聚合物驱后进一步提高采收率技术,弱碱复合驱具备工业化推广条件。

长垣油田自1960年投入开发以来,经历了试验探索、快速上产、持续上产、持续稳产四个开发阶段,2004年后长垣油田进入"特高含水期"开发阶段,依靠科技进步和高效管理,实现了4000×10^4t稳产11年、3000×10^4t以上稳产6年的良好效果。

截至2021年底,长垣油田探明地质储量45.45×10^8t,动用地质储量44.94×10^8t,累计产油23.29×10^8t,综合含水率95.73%,年生产原油2361.8×10^4t,占油田总产量的80%,仍然占据产量和效益主体地位,采收率持续攀升,达到54.0%,创下了高产稳产期最长的历史奇迹,即使特高含水后期,比采油速度依然保持在0.4以上,领先于世界同类油田。

(二)长垣外围油田

长垣外围油田位于长垣东、西两侧,探明地质储量17.95×10^8t,油藏类型以构造—岩性油藏为主,属低渗透、低丰度、低产的"三低"油藏,局部地区裂缝发育、油水分布复杂,埋藏深度820~2400m。

1. 地质特征

主要发育姚家组葡萄花油层及泉三段、泉四段扶杨油层,局部发育黑帝庙、萨尔图、高台子油层。葡萄花油层主要为三角洲前缘相沉积,属于中、低渗透储层;扶杨油层为多物源河流—三角洲沉积,属于低渗透、特低渗透及致密储层。

2. 开发方式及主体技术

长垣外围是油田产量的重要组成部分。"十三五"以来针对储层类型多样、动用差异大的问题,按照"分类施策、常非结合、因藏驱替"思路,发展了加密调整和精准注水技术,攻关多元提高采收率技术。

1)发展个性化井网加密调整技术

"十二五"及以前萨葡、扶杨油层不同加密调整模式以均匀加密为主,灵活加密为辅,加密与注采系统调整相结合,转向灵活加密、多种井型、加密结合外扩的加密方式,依据剩余油分布、构造位置灵活加密直井,井间动用差部位及断层边部加密水平井,加密与外扩、加密与注采系统调整相结合。

建立剩余油局部富集区"点状加密控油"、特低丰度油藏"直平加密控区"和砂体边部"加密结合外扩控砂"三种个性化加密方式。"十三五"规模实施个性化加密调整,在44个区块加密1420口井,建成产能71.3×10^4t,增加可采储量632.9×10^4t。

2)集成创新分类油藏挖潜增效技术

葡萄花中渗透窄小河道砂体形成了以芳8试验区为例的深部液流转向挖潜技术,完善单砂体注采+深度调剖,转变液流方向。低渗透薄互层形成了以茂71试验区为例的注采强化动用挖潜技术,注入端酸化增注+采出端多元措施引效,注采状况改善。油层动用得到大幅改善,长关—低产井比例降低11.5%。

扶杨低渗透裂缝发育储层形成封堵裂缝扩大波及挖潜技术,通过深度调剖+周期注水,发挥可动凝胶封堵与周期注水渗吸协同作用;形成特低渗透储层井缝协同有效驱替挖潜技术。5~10mD 储层对应压裂仿水平井开发,将井缝驱替转为缝间驱替。2~5mD 储层基于砂体—裂缝—井网整体压裂调整,实现井与裂缝条带驱替。均见到吸水比例提高和长关—低产井比例下降 10% 以上的良好效果。

3)形成中渗透窄河道葡萄花油层加密调驱技术

在深化调驱机理认识的基础上,形成以"体系优选、井网优化、参数设计"为核心的调驱一体化方案设计技术。根据储层发育差异及不同阶段注采井动态变化特征,形成了以"分区域治理、分注采施策、分阶段调整"为核心的全方位动态调控治理技术,实现区块均衡受效。月含水率回升速度控制在 0.15% 以内,可提高采收率 5%。

4)完成分类油藏提采多元驱替技术先导试验

以驱替剂与油藏渗透率最优匹配、最大限度提高采收率为原则,按照"试验先行、因藏驱替、多介质并举"思路,确定中渗透化学驱、低渗透微生物驱、特低渗透气驱的分类油藏提采技术主攻方向,初步落实相应潜力。

(1)特低渗透气驱提高采收率技术。

一是建立 CO_2 驱调整技术界限确定方法,制定合理的调整对策。二是完善水气交替技术,形成防控气窜的有效手段。三是探索气驱压裂可行性,形成配套油井压裂引效技术。

榆树林和海拉尔实施动态调控 920 井次,累计增油 11.7×10^4 t,榆树林气油比保持在 100m³/t 以下,阶段采出程度比方案预测高 2.1%,阶段存碳率比方案预测高 4.7%。

(2)低渗透油藏低成本微生物驱提高采收率技术。

针对低渗透油藏内源微生物数量少、功能菌缺失的特点,创新应用 4 项技术,研发出微生物驱技术,物理模拟驱油实验提高采收率由 8% 提升到 12%。

长垣外围油田自 1982 年投入开发以来,经历了试验探索、快速上产、持续上产、持续稳产四个开发阶段,利用上述主体技术,从 2007 年开始,连续 15 年原油产量 500×10^4 t 以上,近四年实现产量箭头向上,是大庆油田产量的重要构成。

截至 2021 年底,探明地质储量 17.95×10^8 t,开发 28 个油田,动用地质储量 12.93×10^8 t,年产油 542.5×10^4 t,综合含水率 75.94%,采油速度 0.42%,采出程度 10.92%。

(三)海塔盆地

海拉尔—塔木察格盆地位于我国北部、蒙古国东部,地跨中蒙两国,总面积 $7.96 \times 10^4 km^2$,探明地质储量 4.83×10^8 t。海塔复杂断块油田断裂系统发育,断层密度 3.2 条/km²,自下而上发育布达特、塔木兰沟、铜钵庙、南屯组、大磨拐河等 5 套含油层位。与其他复杂断块油藏相比,断层密度和地层倾角中等,储层物性属于最差的一类。整体具有盆小、层多、块碎、砂多、油少、地层陡、物性差 7 方面的地质特点。

1. 地质特征

受多源短程沉积影响,沉积类型主要为扇三角洲、近岸水下扇和湖底扇,平均渗透率 11.7mD,地层倾角 13°。油藏类型多,发育复杂断块、潜山等油藏,构造倾角大,岩性复杂,包括砂砾岩、火山岩和变质岩,水敏、速敏性强。

2. 开发方式及主体技术

1）确定塔木察格油田合理注水开发技术政策，指导注水优化调整

针对含水上升过快导致递减率大（16%~18%）的问题，充分考虑岩性、物性、非均质性影响，建立"理论定因素、数模找规律、矿场定界限"的注水技术界限确定方法。以注水强度为例，不同岩性物性储层注水强度上限为 $0.7\sim1.3\mathrm{m^3/(d\cdot m)}$。

2）建立多井型协同立体挖潜模式，指导剩余油高效挖潜

海塔油田目前采出程度仅 6.64%，含水率 69.8%，应用数值模拟方法研究剩余油分布类型和规律，主要分为高部位断层遮挡型、内部井间滞留型、边部井网控制不住型，具有相对富集、局部连片的特点。

综合评价以往挖潜效果，针对不同构造位置剩余油类型，创新发展大斜度井、直井+侧钻水平井、水平井多井型协同立体挖潜模式。

截至 2021 年底，探明地质储量 $4.83\times10^8\mathrm{t}$，动用地质储量 $2.48\times10^8\mathrm{t}$。投产油水井 2743 口，年产油 $95.0\times10^4\mathrm{t}$，采油速度 0.38%，采出程度 6.64%，综合含水率 69.8%。从 2013 年开始，连续 9 年产量达到 $100\times10^4\mathrm{t}$ 规模，成为大庆油田产量的重要补充。

二、重大规划编制历程

大庆油田 1960 年投入开发，先后经历了开发试验、快速上产、$5000\times10^4\mathrm{t}$ 高产稳产、$4000\times10^4\mathrm{t}$ 持续稳产、振兴发展 5 个阶段，实现了年产原油 $5000\times10^4\mathrm{t}$ 以上连续 27 年稳产，$4000\times10^4\mathrm{t}$ 以上连续稳产 12 年，截至 2021 年底，累计产油 $24.63\times10^8\mathrm{t}$。

（一）"146"开发方案的编制拉开了油田开发的序幕

在开展十大开发试验基础上，1961 年 5 月，石油工业部党组决定将萨尔图油田 $146\mathrm{km^2}$ 面积先行投入开发，依靠自己的技术力量编制油田"146"开发方案，确立了"早期内部注水，保持压力开采"的油田开发技术政策，首创了小层对比方法和内部切割注水、保持地层压力的开发技术，制定了合理井网开发方式，使油田快速投入开发，这是大庆油田开发史上第一个开发规划方案，在油田开发史上具有里程碑意义。

"146"开发方案动用地质储量 $4.67\times10^8\mathrm{t}$，部署油水井 884 口，设计年产油 $500\times10^4\mathrm{t}$，同时编制完成地面配套建设总体规划。到 1964 年底，投产油水井 837 口。大庆油田生产原油 $625.04\times10^4\mathrm{t}$，占全国总产量的 73.7%，成为我国最大的石油生产基地。

从开展十大开发试验到实施"146"开发方案，为制定大庆油田开发的基本方针、原则和技术政策提供了不可替代的实践依据。

其后十几年间，立足于高渗透主力油层，立足于原有井网，立足于自喷开采，立足于原有的工艺技术，保持油田稳产，大庆油田进入全面开发建设时期。

萨尔图油田：1964 年，开始实施"萨尔图油田 265 平方公里开发方案"。到 1966 年底，共钻油水井 2189 口，年产原油 $1010\times10^4\mathrm{t}$。

杏树岗油田：1966 年开始，分区块编制 5 个开发方案，并相继投入开发。到 1972 年，共钻油水井 1298 口，形成 $818\times10^4\mathrm{t}$ 产量规模。

喇嘛甸油田:1972 年,国务院决定开发作为战略储备的喇嘛甸油田,要求两年建成800 × 10^4t/a 生产能力。

1975 年底,喇萨杏油田全面投产,当年产油 4626 × 10^4t,形成年产 5000 × 10^4t 生产能力。

(二)两个十年稳产规划实施奠定了为国家经济发展奉献的基石

国家和石油工业部要求要快速上产,并且在一定时期内相当规模实现稳产,大庆油田在 1976 年提前实现年产原油 5000 × 10^4t 目标。油田提出"高产上五千(万吨),稳产(再)十年"的开发战略目标构想。

1. 第一个十年稳产

1976—1985 年,通过部署一次加密、油井转抽等,编制完成我国第一个十年稳产规划。

第一个 5000 × 10^4t 十年稳产阶段的前 5 年,战略主导思想是第一阶段在采出程度达到 25%前,以主力油层为主要开采对象,实现稳产;第二阶段是中低渗透油层接替稳产,稳产 5 年左右,再采出 10%的储量。

基本做法是:(1)不断加强注水、保持地层能量充足,油田日注水量由 1975 年底 24.8 × 10^4m³ 到 1979 年底 41.5 × 10^4m³。(2)大搞调整挖潜,各种措施调整增产 1143 × 10^4t,一是注水受效恢复压力的情况下,放大压差,油井放产增加产量 458 × 10^4t;二是每年油井压裂 400~500 口,年增油 100 × 10^4t 左右,5 年增产 439 × 10^4t。(3)萨尔图、杏树岗油田原未投入开发区块投入开发。投产油水井 706 口,建产能力 453 × 10^4t/a。(4)建设了新油田,1979 年葡北开始投产,1980 年新老区共投产油水井 1164 口,建成能力 618 × 10^4t/a,新增可动用储量 1.43 × 10^8t。(5)为改善中低渗透层开发效果做了大量准备工作,更换 112 台高压注水泵,打 236 口加密调整井。

开采方式由自喷逐步转为抽油,实现稳产的主要增产措施转移到靠打加密调整井,调整挖潜的重要对象,将由主力油层逐步转移到非主力油层上来。为 1985 年后减缓产量递减幅度做好准备,应力争多钻一些井,多增加一些生产能力;要加快勘探、多找储量;要加快提高采收率的研究工作,力争在"六五"期间有所突破,在现场取得明显效果。

第一个 5000 × 10^4t 十年稳产阶段的后 5 年,油田处于高含水阶段,稳产难度显著增加,一是油田老井递减加快,自然递减率由"五五"阶段的 5%增加到了 10%,二是老油田主力油层已大面积水淹,注水量和产液量大幅度提高,三是高注水后,油水井套管损坏速度明显加快,年损坏 230~250 口。

为确保年产(5150~5100)× 10^4t 包干任务完成,按照量力而行、实事求是、留有余地、近期和长远结合的指导思想,实施"三个转变"技术政策,调整措施要从"六分四清"为主的综合调整转变到以钻细分层系的调整井为主,开发方式要由自喷开采逐步转变到全面机械采油,挖潜对象要从高渗透主力油层逐步转变到中低渗透的非主力油层。其中,喇萨杏油田 1981—1985 年油田开发调整工作,要保证年产原油(4935~4950)× 10^4t 稳产,主要采取打调整井,自喷井转抽,油井压裂和地面集输工程改造措施实现稳产。五年钻井 4512 口,基建油水井 3808 口,建成原油生产能力 1792.7 × 10^4t/a,自喷井转抽 1786 口,同自喷采油对比,到 1985 年年增产原油 337 × 10^4t,油井压裂每年 600~1000 口,当年增产原油 100 × 10^4t,到

1985 年喇萨杏油田含水率控制在 75.6%,为了适应随油田含水上升,产液量迅速增长的要求,按油田综合含水率 75%,对地面技术工程进行改造。措施效果比规划预计偏好,年年超额完成了原油生产任务。

2. 第二个十年稳产

为了满足国家经济发展需求,1986 ~ 1995 年,通过部署二次加密调整、"稳油控水"系统工程及加快外围油田开发等,编制完成油田第二个十年稳产规划。全油田年产油量保持在 5500×10^4 t 以上。

该阶段各油田陆续进行了一次加密调整,产量接替对象转变为薄差层和表外储层,主要问题是平面矛盾加剧,喇萨杏油田含水率接近 80%,自然递减率达到 8% ~ 10%,液油比急剧增长。

在专题研究科学依据的基础上,提出了"七五"开发的原则和指导思想。通过全面完善自喷井成块转抽,分区完善井网层系调整,调整好油层储量动用状况,增加可采储量,调整好油田压力系统,调整好分区采油速度,加速外围油田建设,实现全油田年产原油 5500×10^4 t 稳产。

"七五"期间通过两个完善,实现三个调整,达到稳产并为"八五"期间准备条件。

两个完善是:

(1)完善自喷井转抽;

(2)基本完善井网层系的一次加密井网调整。

实现三个调整的内容:

(1)通过全面转抽,调整注采压力系统,降低注水压力,合理利用能量,减缓油水井套管损坏速度;

(2)通过完善加密井网,调整油层的分层储量动用情况,提高储量动用程度,增加可采储量;

(3)通过全面转抽及完善井网加密,逐步调整采油速度合理匹配。

根据"七五"开发规划方案的要求,组织"七五"期间的油田开发工作,按照前四年的规划方案的实施结果,并考虑第五年计划(已有把握完成),对"七五"开发规划进行检查。大庆长垣老油田完成或超额完成各项稳产措施工作量,原油产量超过了规划指标,油田开发指标比规划预计要好,外围低渗透复杂油田开发进展比规划慢,钻进基建工作量未达到规划要求,原油产量低于规划指标。使全油区原油产量通过新老区局部调整,阶梯平衡,每年都超过 10% 以上,保持年产原油$(5555 ~ 5570) \times 10^4$ t 稳产。

"八五"期间,各油田陆续开展了二次加密调整,发展了二次加密调整技术和稳油控水系统工程技术,同时加快外围油田增储上产步伐,成为了稳产 5000×10^4 t 的主体技术。"八五"期间实施稳油控水结构调整开发方针,有效地改善了"八五"期间喇萨杏油田的开发效果。针对原有长远规划方案编制过程中措施潜力分析方法的局限性,编制"八五"开发规划的指导思想主要是四个方面:

一是要继续发扬"两论起家"的基本功,遵循油田高含水期开采的客观规律,反复实践、认识,不断总结经验,多做工作,控制递减,力争高效益开采;

二是要继续贯彻长期稳产的方针,以搞好老油田开发调整挖潜为主,把增加油田可采储量放在首位,控制老区剩余可采储量的采油速度过快增长;

三是要积极稳妥地搞好外围低产复杂油气藏开发,优选出可供开发的区块,提高经济效益,逐步增加接替能力,力争保持油区稳产;

四是要坚持依靠科技进步为先导,要针对老区挖潜、新区开发和地面工程节能降耗的主要问题,开展科技攻关和现场试验,继续开拓老油田调整挖潜、新油田经济有效开发的新路子,并为“九五”开发做好技术准备和接替资源准备。

“八五”开发的技术政策,即搞好三个发展:

一是对差油层的开发调整要搞好向井网加密调整方向发展;

二是对高含水主力油层开发要搞好向改善水驱油方向发展;

三是外围新油田的开发要搞好向岩性油藏致密油层开发的方向发展。

对规划的基础和规划方案的编制进行了深入论证,做了九个方面的规划基础工作研究:

一是完成了井网密度和可采储量关系的分析;

二是完成了油田二次开发调整规划部署研究;

三是完成了油田高含水后期采液速度增长变化趋势研究;

四是完成了油田高含水期开发指标变化规律及预测方法研究;

五是完成了表外储层地质特征研究、初步估算了表外储层的地质储量;

六是研究了聚合物驱提高采收率的可行性,提出聚合物驱三次采油的初步规划方案;

七是研究了油田开发规划有关的技术经济问题,给出了多项增产措施的经济界限;

八是完成了油田注水开发动态预测和动态规划最优控制模型研究;

九是完成了大庆油区未开发探明储量分类评价,提出了“八五”开发动用规划方案。

“八五”期间实施稳油控水结构调整开发方针,有效地改善了喇萨杏油田的开发效果。

到 1995 年底,大庆油田超额完成了“八五”计划,各项指标原油产量达到 5600×10^4 t,并且实现了原油年产量在 5000×10^4 t 以上,稳产 20 年,党中央、国务院对大庆油田 35 年来的各项工作,20 年稳产的辉煌成就进行了充分的肯定,给予了高度评价,并且对大庆油田今后的工作给予了殷切的期望。

为实现大庆油田持续稳定发展,提出“高水平、高效益、可持续发展”油田开发方针,大庆油田将继续保持 5500×10^4 t 稳产,除继续采取油井压裂、油井三换、油田内部加密、外围油田增储上产外,三次采油还将发挥重要作用,因此,这几项主要增产措施的潜力大小是“九五”稳产的基础。通过部署聚合物驱、加快外围低渗透油田开发等,油田产量保持 5000×10^4 t 以上稳产 27 年。大庆油田实现了 27 年年产原油 5000×10^4 t 以上稳产,这期间累计产油 14.52×10^8 t,占目前累计产油的 59%。

1996 年,从“九五”期间大庆油田稳产 5500×10^4 t 的要求出发,全面分析了大庆油田“九五”期间所面临的开发形势和具有的各种潜力,研究了油田产量递减变化趋势、储采平衡系数和工业产能平衡系数的变化及其影响因素,确定了“九五”期间油田补产的潜力、控制产量递减的能力、稳产要求的储采平衡系数和工作产能平衡系数等指标。

(1)可以通过控制老井递减,提高新增可采储量采油速度来缓解储采不平衡的矛盾,实现油田稳产。"九五"期间稳产要求的储采平衡系数在 0.82~0.85 之间。

（2）稳产要求的工作产能平衡系数取决于新建产能油井的质量。质量高则稳产要求的工作产能平衡系数小,反之,则稳产要求的工作产能平衡系数大。"九五"期间稳产要求的工作产能平衡系数在 1.17 左右。

（3）"九五"期间可压裂井数在 11400 口左右,单井年增油在 700~950t,油井压裂在大庆油田年产 5000×10^4 t 中起到了十分重要的作用,"六五"至"八五"期间喇萨杏油田老井压裂年增油一直在 100×10^4 t 以上,"六五"期间压裂累计增油 573×10^4 t,"七五"期间累计增油 541×10^4 t,"八五"压裂累计增油 603×10^4 t,在 1995 年达到了历史压裂年增油 144×10^4 t 的最高水平。压裂的总井数也是逐阶段增加的,"六五"期间老井压裂 2170 口,"七五"期间是 2830 口,"八五"期间是 3182 口,但是压裂单井年增油效果是逐步变差的,随着含水率的升高,措施效果也必然会逐年下降。可供三换井数在 5800~6900 之间,单井年增油 510~630t,油井措施后,老井递减率可以控制在 7.2% 左右,能满足稳产的要求。

（4）"九五"期间二次加密调整井可布井面积 $525 km^2$,三次加密调整的面积 $541 km^2$,共计可部署加密井 17521 口,可建能力 1968.4×10^4 t/a;外围油田可布井 3224 口,可建产能 238.4×10^4 t/a;三次采油具有增油 1.5×10^8 t 的潜力。

但随着油田开发进程深入,作为大庆油田主体的喇萨杏油田,已进入特高含水期,处于产量递减开发阶段。面对新形势,大庆油田公司有限责任公司(以下简称油田公司)在 2002 年技术座谈会上对开发系统适时提出了"11599"工程的奋斗目标,使油田开发系统统一了思想、明确了方向。具体内容是:

"1":三年新增可采储量 1×10^8 t。其中勘探增加 3000×10^4 t;从未动用储量中增加 2000×10^4 t;老区聚合物驱增加 3000×10^4 t;水驱增加 2000×10^4 t。

"1"三年油田综合含水率比计划少上升 1%。到 2005 年油田含水上升率由预测的 3% 降为 2%。

"5":到 2005 年外围油田年产油量达到 500×10^4 t。

"9":老区水驱自然递减率低于 9%。

"9":聚合物驱年产量保持在 900×10^4 t 以上。

(三)持续有效发展阶段规划实现了 4000×10^4 t 以上稳产

该阶段的主要矛盾是高含水后期开发后备储量严重不足,稳产难度不断增大的难题。开发对策是"11599"工程,大力推行三次采油技术,政策界限上制定了递减率、含水上升率等界限,编制了可持续发展规划。

2003—2004 年油田围绕"11599"工程,加强长垣油田控水挖潜,加大聚合物驱调整力度,努力减缓老区产量递减,加快外围油田增储上产步伐,使油田采收率和经济效益进一步提高。

提出了实现"11599"工程的三大技术政策,即长垣水驱控水挖潜、聚合物驱接替稳产和外围油田增储上产。长垣水驱要突出"三个精细",即精细地质研究、精细剩余油描述和精细结构调整;聚合物驱要突出"两个优化",即优化聚合物驱方案设计和聚合物驱过程中的综合调整;外围油田要突出"两个创新",即创新开发技术和经营管理模式。

发展了油田特高含水期控水挖潜理论,发展完善了开发指标预测方法。研究了高含水后期及特高含水期控水挖潜理论,建立了控水挖潜数学模型,展示了各种调整措施的作用效果;发展了开发指标预测方法,长垣水驱——建立了措施条件下的开发指标预测方法,聚合物驱——建立了综合动态分析预测法和神经网络模式图预测法,外围油田——运用模糊聚类分析方法和多元回归分析法建立了开发指标预测模型,提高了预测精度。

深化了特高含水期两驱规律认识,细化了储量潜力认识。研究了油田不同开发阶段、水聚合物驱并存、各类井并存条件下的水聚合物两驱规律;细化研究了不同井网、不同油层的剩余油潜力及结构调整潜力;研究了高含水井关井、关层、压裂、堵水、压力等指标的技术经济界限。形成了特高含水期"分类研究,分步调整,多种驱替方式并举"的开发模式,为"十一五"油田开发探索了新思路。

大庆油田 2004—2008 年石油滚动开发规划方案,继续坚持"高水平,高效益,可持续发展"的油田开发方针,创新调整挖潜新思路,发展油田开发新技术,以"控含水、降递减、提高采收率"为目标,进一步加强精细地质应用研究,加大油田开发调整力度,加快发展多元化开发技术,大力推广多学科油藏研究方法,努力创新油田开发经营管理的体制和模式,全面推进"11599"工程目标的实现。

几年中,油田开发围绕"控含水、降递减、提高采收率"的目标,针对厚油层内剩余油挖潜和注水低效无效循环问题、改善薄差油层和二类油层聚合物驱开发效果的问题以及外围"三低"油藏有效开发等问题,开展了深入的研究攻关,取得了较好的效果,2005 年喇萨杏油田水驱年均含水率控制在 90.59%,含水上升率 0.6%。完成了"三年含水率少上升 1%"的目标,递减率控制在 9%,通过进一步优化聚合物驱方案,优化聚合物驱过程调整,加大分注、调剖及新型聚合物等成熟技术的应用力度,2004 年完成产量 $1183.5 \times 10^4 t$,使三次采油年产量连续三年保持在 $1000 \times 10^4 t$ 以上。

2006 年,温家宝总理视察大庆油田,强调指出了大庆可持续发展的"四个重大意义",并明确提出了"三十二字"的总体要求。

"四个重大意义":

一是关系到国家的能源安全和国民经济发展的大局;

二是对资源型城市的可持续发展具有积极的示范和推动作用;

三是必将有力地促进地区和区域经济社会发展;

四是不仅具有重要的经济意义,而且具有重要的政治意义。

"三十二字"的总体要求:

立足当前,着眼长远,加强勘探,合理开发,调整结构,多元发展,企地结合,共建和谐。

为了贯彻落实好温总理的指示精神,中国石油天然气集团公司、中国石油天然气股份有限公司专门成立了由院士、中国石油勘探开发研究院、中国石油勘探开发研究院廊坊分院的专家组成的"大庆油田可持续发展研究工作组"及项目组,研究大庆油田的可持续发展问题。围绕"持续有效发展,创建百年油田"的新目标,提出"立足松辽,精细研究,挖潜老区,加快外围,发展海外,油气并举"战略布局。

2008 年,以"十七大"精神为指导,贯彻落实科学发展观,按照中国石油天然气集团公司

"巩固松辽重要油气生产基地"的战略部署,实施储量增长高峰期和老油田二次开发两大工程,解放思想、实事求是,挖潜老区、加快外围,突出高科技的主导作用,"用高科技打好新时期的新会战""立足国内,同时不断加大海外业务发展力度",开发对策上制定了三大工程,以水驱精细挖潜技术、二类油层聚合物驱技术、三元复合驱技术、外围油田开发技术、深层天然气开发技术为主导技术,制定了水驱控递减,聚合物驱提效率的政策,实现了 $4000 \times 10^4 t$ 持续稳产。

基本原则:

一是突出高科技的主导地位,加快技术创新节奏,逐步形成有形化、系统化、商业化的技术群,努力转变经济发展方式;

二是突出长垣油田在持续稳产中的主体作用,夯实稳产基础,有效控制产量递减,向精细挖潜技术要产量,向提高采收率技术要产量;

三是努力实现"三个加快、一个减缓",加快海塔盆地勘探,加快外围低渗透、特低渗透难动用储量开发,加快长垣油田三次采油进度,向有效动用、多元开发技术要产量,努力减缓产量递减;

四是科学配置资源,做到产量、效益、安全、环保协调统一。

规划部署要点:

一是实现分阶段稳产:

2008—2010 年,依靠成熟技术集成配套、规模应用,实现 $4000 \times 10^4 t$ 稳产;

2011—2012 年,依靠新技术突破和应用,实现本土 $4000 \times 10^4 t$ 稳产;

2013—2017 年,依靠新技术规模推广和海外份额油,实现 $4000 \times 10^4 t$ 稳产,从 2013 年开始,每年需要增加海外份额油 $100 \times 10^4 t$。

二是突出高科技的支撑作用,规模应用 24 项新技术。

三是加大产能建设规模,年建产能 $400 \times 10^4 t$ 左右。

四是规模实施三元复合驱、聚合物驱后提高采收率技术,化学剂用量大幅度上升。

五是加大探明储量提交和动用力度,规划期内,提交探明储量 $(10 \sim 12) \times 10^8 t$,储量动用率 80%,已探明未开发储量优选动用 $3.4 \times 10^8 t$,共动用储量 $12 \times 10^8 t$,与前十年对比,规划期内储量动用率提高 9%。

2014 年,通过水驱示范引领,精细挖潜,努力控制水驱老井产量递减;以"520"(一类油层提高采收率 15%,二类油层提高采收率 12%,三类油层提高采收率 10%)为目标,以"四最"(最小尺度个性化设计,最及时有效跟踪、调整,最大幅度提高采收率,最佳经济效益)为核心,进一步细化、量化"四最"技术政策,突出三次采油区块分类管理、降本增效,持续改善三次采油开发效果;外围油田突出"调控"保效益,确保实现长垣外围产量的阶段稳产。全年原油达到 $4000 \times 10^4 t$ 产量。新建生产能力 $290.7 \times 10^4 t/a$,与当年计划相比,少钻井 300 口,少基建 736 口,少建产能 $75.9 \times 10^4 t/a$,水驱计划自然递减率 4.97%,比计划低 1.21%。

(四)振兴发展规划实现了 $3000 \times 10^4 t$ 以上稳产

该阶段的主要矛盾是储采失衡、资源品质变差、控投资降成本、急需技术创新、套损形势严峻及长期低油价的挑战,采取的技术手段是按照"成熟技术常用常新、攻关技术加快突破、储备技术超前攻关"的原则,以"十大工程"为抓手,开展"十三项重大课题"研究,加快技术创新步伐,加大现场试验力度,努力满足油田开发需求。

2016年,面对低油价的新形势,按照习总书记"继续当好标杆和旗帜"的重要指示,中国石油天然气集团公司党组对大庆油田发展提出了"五个新""五个不动摇""四个走在前列"的总体要求。油田公司领导提出:"有信心在困难的情况下攻坚克难,立足两种资源、开拓两个市场,继续保持大庆油田在全国石油生产中的领先地位",实现企业良性发展,造福油田广大员工,启动编制大庆油田振兴发展规划。

编制思想是:坚持"有质量、有效益、可持续"发展方针,确立"立足本土、加快海外、油气并举、有序接替"的发展战略,转变发展方式,突出经济效益,突出创新驱动,保持大庆油田在石油生产中的领先地位。

总体部署是"十三五"期间油气当量保持 $4000 \times 10^4 t$,2020年天然气上产到 $50 \times 10^8 m^3$,海外油增加到 $902 \times 10^4 t$ 。提出了中长期规划及百年规划展望:依靠老油田精准开发,依靠资源潜力不断增加,依靠新领域关键技术突破,依靠海外快速上产,依靠天然气快速上产,2030年之前确保油气当量实现 $4000 \times 10^4 t$ 稳产,至2060年油气当量力争保持在 $3000 \times 10^4 t$ 以上规模,按照超前15年研究、超前10年试验、超前5年配套总体思路,根据技术的成熟程度,明确了需要各项接替技术的推广时机,规划期各项新技术累计贡献产量 $2.84 \times 10^8 t$,占总产油量的43.8%。

2020年,面对责任与担当、产量与效益的实际,牢固树立五大发展理念,以"当好标杆旗帜,建设百年油田"为遵循,以资源潜力为基础,以技术创新为支撑,坚持规模增储、精准开发,按照"压实长垣、加快外围、常非并重、内外并进"的发展格局,解放思想、坚定信心、改革创新,在困境中求生存、在希望中谋进取,努力实现高质量发展,高质量发展规划支撑实现 $3000 \times 10^4 t$ 持续阶段稳产,编制了高质量发展规划。

编制原则:

一是坚持五大发展理念,创新、协调、绿色、开放、共享,实现科学发展。

二是坚持高效精细勘探,提交效益可动储量,筑牢发展资源基础。

三是坚持高质量可持续,既要遵循开发规律,又要奋力接续进取。

四是坚持依靠科技进步,加快技术创新步伐,实现勘探开发技术新突破。

五是坚持推进深化改革,探索新机制新模式,实现非常规资源储量有效开发。

部署结果:

按照成熟技术加速应用、攻关技术规模推广的思路,水驱超常规实施注采调整与措施增产新技术,三次采油加大长垣聚合物驱后、三类油层以及外围低渗透油藏提高采收率推广步伐,新区加大致密油等难采储量动用规模,按照大力实施技术革命、管理革命的思路,力争水驱"上下左右"、三次采油投注界限与新型驱油体系、页岩油勘探开发等探索技术取得突破,同时深化体制机制改革,落实提质增效措施,全面控投资降成本,保持 $3000 \times 10^4 t$ 持续稳产。

分两个阶段实施:2021—2022年,依靠现有资源及攻关技术超常规组织、超前应用;2023—2025年,依靠页岩油重大突破、快速推广。力争实现 $3000 \times 10^4 t$ 稳产,阶段产油 $1.50 \times$

10^8 t,实现高质量发展。

通过上述各个阶段重大规划的引领,大庆油田正逐步向百年油田发展,截至 2021 年底,油田已经开发 61 年,探明地质储量 68.2 × 10^8 t,动用地质储量 60.29 × 10^8 t,地质储量采出程度 40.85%,可采储量采出程度 90.54%,当年全油田生产原油 3000 × 10^4 t,综合含水率 95.06%,处于"双特高"(特高采出程度,特高含水率)开发阶段。

第二节　油田开发规划技术方法概述

随着国家对能源需求及油田开发形势的日趋复杂,油田开发规划及战略学科不断发展完善,经历了从无到有,从单一结构向多结构,从油藏专业向多学科融合转变。规划编制中充分体现了以下几个特点:充分体现了国家领导人对大庆的关怀和重视,充分体现国家在不同发展阶段对能源的需求,充分体现了油田自身发展对产量的要求,充分体现了不同开发阶段资源与技术的突破。

纵观各项重大规划,不仅仅是规划人的规划,更是油田集体智慧的结晶,是油田勘探开发技术进步的集中体现。油田开发规划技术是一个复杂的、多学科的综合性技术,包含了规律和指标预测技术、效果评价技术、规划优化技术等。

一、开发规律及指标预测技术

预测是认识客观世界的一种方法,是一门跨越时空的透视科学。预测科学的显著特征是"植根过去,立足现在,推断未来",即在可靠原则信息的基础上研究客观事物过去、现在和未来的演变规律,为未来的最优控制提供依据。预测技术或方法成立的基础包括知识性原理、惯性原理、相关性原理、近小远大原理、概率推断原理、反馈原理等几个方面。只有在保证上述原理的有效性的基础上,才可能确保利用这些原理所建立的预测方法的有效性。

预测科学理论技术在石油工业中的应用,比较多的是预测油田开发技术指标。开发指标是人们在石油工程领域常用的能够计量和测试到的表征油层开采状态的量值。开发指标预测就是对其自身的变化规律进行的定量预测,这种预测通常称为动态预测。

油气田开发指标预测方法分为两类:第一类是从数理统计角度出发,以统计量为研究对象的研究方法,即统计型方法。此方法是运用数学统计方法对油田(区块或单井)已发生的动态开发指标间的相互关系进行加工、整理、推导出的数学公式或模型,由于资源信息来源方便、准确,相关指标的关系简洁,资料处理过程简单,预测结果可以满足油田生产需要,在实际应用中最为广泛。第二类是从油藏工程理论角度出发,以信息体系为研究对象的研究方法,即机理型方法。如物质平衡法、油藏数值模拟法等,其中物质平衡法和数值模拟法由于对油藏动、静态资料的精度或数据量的要求较高,实际应用中有较大的局限性。

本书第三章中介绍化学驱开发指标预测方法:聚合物驱开发指标预测和三元复合驱开发指标预测方法。其中聚合物驱开发指标预测介绍三次采油开发规律和三次采油开发指标预测。三元复合驱开发指标预测方法介绍复合驱指标变化特征、开发指标预测关键点确定、开发动态指标预测方法。化学驱开发指标预测是编制油田中、长期规划方案、调整方案以及开发效果评价的基础,开发指标预测方法随着开发的深入、开采对象的变化以及驱替技术的发展不断完善和创新。"十五"期间及以前,建立了最早的聚合物驱产液、含水、产油"模式图"预测方法,将其应用于主力油层聚合物驱区块的指标预测。"十一五"期间,在油层精细地质深入研究的基础上,建立了基于地质分类的聚合物驱动态综合预测方法。"十二五"期间,由于聚合物驱开采对象转向了二类油层,二类油层以三角洲分流平原沉积和三角洲内前缘沉积为主,二类油层注聚合物动态反映特点与主力油层存在较大差别,为此,研究建立了二类油层聚合物驱动态特征点定量预测方法。"十二五"后期,在二类油层剩余油研究和驱油机理研究的基础上,开始在二类油层推广三元复合驱提高采收率技术,为此,针对二类油层三元复合驱注入井注入能力、产出井产油量、含水及产液能力等指标变化规律及其影响因素,建立了一套适用于二类油层三元复合驱的开发指标预测方法。今后,随着二类油层三元复合驱技术的不断推进,三元复合驱指标预测方法必将得到进一步发展。

二、开发效果评价技术

油田开发效果评价贯穿于油田开发的全过程,正确、客观、科学地综合评价油田开发效果是油田开发方案调整,实施有效、高效挖潜措施,达到高效合理开发的基础,目前评价油田开发效果的指标众多,根据各评价指标的性质和实际含义,大体上可将其划分为三大类,即开发技术指标、生产管理指标和经济效益指标。

开发技术指标是描述油田开发过程动态变化的参数指标,用来评价管理单元的开发动态状况,主要包括注采井网完善状况、含水率变化状况、产量变化状况、储采开发状况、注水开发效果、开采程度指标等;生产管理指标主要包括措施效果评价、工作量完成情况以及油水井和地面设备的使用状况和动态监测状况;经济效益指标主要用来评价管理单元经济效益,主要包括操作成本、新钻井经济极限初产、老井经济极限生产指标以及各项措施的经济指标。

油田开发作为一个有机的整体,各项指标有着密切的联系,其中开发指标是油田开发状况的反映,是油田开发效果好坏的直接指标,在三类指标中占主导地位;生产管理指标是实现开发技术指标的基础和保障;经济效益指标是油田效益好坏的表现,是油田是否经济、有效开发的最终体现;开发技术指标和生产管理指标都是为实现经济效益指标服务的。因此,主要从开发技术指标方面对油田开发效果进行正确的、客观的、科学的综合评价,从而指导油田的下一步开发调整。

我国从20世纪50年代以来,经过几十年的发展,形成了多种评价方法,大多采用确定一个或多个评价指标与给定的评价标准进行对比或者采取将几个评价指标联立运用的数学方法进行综合评判等方法来评价开发效果。当前较为明显的发展趋势是运用各种数学方法如模糊数学、运筹学、多元统计分析、系统分析等对各种指标或参数进行综合评价以期得到合理正确的评价结果。概括起来主要有如下几种效果评价方法:状态对比法、可采储量评价法、系统动态分析法、模糊综合评判法、灰色系统理论法、数值模拟评价法等。本书第四章将介绍水驱油田系统评价方法和水驱油田精细评价方法。在水驱油田系统评价方法中陈述了评价指标体系的建立、油田地质条件评价方法、油田开发效果评价方法和应用实例分析。在水驱油田开发效果评价方法中陈述了开发效果评价指标体系、指标评价标准、多层次模糊综合评判方法和实例应用。

三、油田开发规划优化技术

关于规划优化技术定义,不同学科或应用范畴定义不同。优化技术包含运筹学、最优化及控制、优化方法等,而对油田开发规划这个特定的范畴而言,规划优化技术则有一个相对统一的概念,即:在油田开发规划业务活动中,综合运用运筹学理论、系统工程思想和专家经验,实现资源优化配置和管理科学决策的一项技术手段、一种方法模式,统称为规划优化技术。规划优化技术是提高规划编制工作效率和规划方案科学性的一个重要手段。大庆油田规划优化技术历经40多年的发展完善,从简单定量到定性与定量融合,再到多种方法综合集成应用,已成为辅助开发规划编制的支撑技术之一,逐步形成以运筹学、大系统理论与系统工程为基础,具有油田开发规划特色的规划优化技术方法体系,丰富了规划编制的技术手段,引领了优化技术在油田开发规划编制中的应用与发展,有效地指导了油田开发规划编制。表现为三个方面:

一是通过多种方法的综合集成,拓展了优化方法在油田应用与发展的空间;

二是按照系统工程思想,进行多种学科的有机结合,实现了由定量到定性与定量相结合的转变;

三是运用大系统理论实现了规划目标的统筹。

油田开发规划优化的目的就是以尽量少的投资、成本获得更高的效益,并满足油田近期目标和规划长远发展的需要。油田开发规划方案的编制应从整个油田开发系统出发,应用系统工程的思想研究油田开发规划面临的重大决策问题。本书第八章主要介绍油田开发规划优化发展历程、形成的成熟技术及在油田规划中的实际应用。常用的优化理论:线性规划、动态规划、目标规划和随机规划。油田开发规划优化方法:指标分配、油田产量构成优化、多目标规划优化、大系统规划优化、不确定性规划优化和方案产量风险评估方法。方案综合评价步骤:指标体系建立、指标权重赋值、多属性综合评价和综合评价方法选用的量化表征。

四、可采储量标定及 SEC 储量评估技术

油气储量资产价值的确定为油气储量走向市场奠定了基础,也为勘探开发提供了决策依据。可采储量是油田发展的重要物质基础,也是油公司生产经营决策的核心资产。可采储量是指在现行经济和操作条件下,地质和工程资料表明,在已知的油气藏中、在评价的可采期内可以经济、合理采出的油气总量,是衡量油气田经济价值及生产管理、投资决策的依据,它的分级则更偏重于经济性和生产性。

石油可采储量标定是国内石油探明储量管理工作的重要组成部分。可采储量计算受到

多种因素的制约,它与油(气)藏性质和开发条件密切相关,其计算方法可分为采收率预测法和直接计算法。

采收率预测法,评价钻探及开发初期阶段,由于缺乏足够的开采动态参数,一般都采用简单的经验类比法、岩心分析法、相对渗透率曲线法、相关经验公式法等计算采收率。

直接计算可采储量法,包括压降法、水驱特征曲线法、递减曲线法、油藏数值模拟法。水驱特征曲线法适用于水驱油藏中、高含水阶段可采储量的计算。递减曲线法适用于处于递减阶段的各种类型油(气)藏,各油(气)藏的综合递减率可根据油(气)藏月生产曲线求取,也可以根据所在油(气)藏的单井月生产曲线求取,但无论哪种求取方法,一定要注意其代表性和可靠性。

SEC 储量评估。2000 年,中国石油在美国纳斯达克上市,每年需按 SEC(美国证券交易委员会)准则进行储量评估并向市场披露。SEC 是美国证券委员会(Secucrities and Exchange Commission)的缩写。

自中国石油在美国纽约证券交易所上市以来,每年需要由美国 D&M 公司根据 SEC 准则进行油气储量评估,并编制年报、披露储量信息。为加强对 D&M 公司评估结果的监督,使储量管理工作逐渐与国际接轨,2004 年开始,中国石油天然气股份有限公司要求各油田公司同时开展自评估,并将自评估结果与 D&M 公司初评结果进行对比分析后,通过与 D&M 公司进行对接,确定最终评估方案,将终评结果进行披露。

按照 SEC 准则评估的证实石油储量是剩余经济可采储量的概念。证实储量包括证实已开发储量(PD)和证实未开发储量(PUD)两部分,其中 PD 储量又包括已开发正生产储量(PDP)和已开发未生产储量(PDNP)。

PDP 储量一般由评估人员按照 SEC 准则采用动态法利用生产数据进行评估得到,D&M 公司评估师一般采用递减曲线进行评估,PDP 储量需要每年按照最新的开发数据和经济参数分单元开展评估,PUD 和 PDNP 储量均由评估人员按照 SEC 准则利用容积法计算地质储量,再类比采收率计算得到,这两类储量需要每年对动用情况进行分析,看是否需要转化为已开发储量。

本书第六章主要介绍可采储量标定及上市储量评估两套体系下的储量分类及评价方法以及在油田中的实际应用情况;用静态法和动态法进行标定的技术可采储量评价方法、用现金流量法和经济极限法进行标定的经济可采储量评价方法;SEC 储量评估的分类、基本概念和评价方法。

五、经济评价技术

内涵:油田开发经济评价是以技术经济学和投资学的原理和方法为基础,结合会计理论和油田开发实际,运用统计学、运筹学、现代数学理论和分析方法对油田建设项目、规划方案进行经济性评价,并对其可行性与合理性进行论证的一门综合性应用技术。

作用:经济评价贯穿于油田开发始终,是项目决策和优化的重要依据,在项目研究和方案比选中起关键作用。

国内外经济评价技术现状。国外油田注重"三结合",将经济评价贯穿项目的立项评估、执行和勘探开发全过程,通过动态的跟踪评价对油气勘探开发活动进行客观的经济效益判断,并随时依据评价调整勘探开发,以保证把风险降到最低,从而获取当时条件下的最大经济效益。

国内由计划经济体制进入市场经济,尤其是中国石油重组改制上市后,经济评价方法不断发展完善,并逐步与国际接轨。国内经济评价技术主要是方法和原理的扩展应用。

本书第七章介绍开发投资项目经济评价、化学驱效益评价方法和开发规划方案价值评估。

六、规划编制技术

经过规划人几十年的不断努力,健全了规划技术编制流程,形成独具特色的年度规划技术。

一是管理流程有理有序。采用四级管理模式,油田公司领导负责审定,油田公司专业机关部室协调组织,研究院负责编制,采油厂组织实施。经过多年实践,形成了"三循环"规划管理模式。"三循环"管理模式的建立,使规划方案各项指标更加靠实、更具可操作性。逐渐形成了"规划即为计划、计划即为运行"的局面。其中内循环以开发规划研究室为主体,形成规律、政策、预测、方案联动体系。中循环以院内各专业科室为主体,形成现场试验、技术潜力、技术对策协同攻关体系。外循环以油田公司领导、各相关部室及油田各单位、各系统为主体,形成决策部署、组织协调、推进落实的决策组织体系。

二是技术流程规范科学。应用大系统理论,采用分解协调方法将每一个开发指标由大系统分解到各级规划单元,采用多次调整的方法进行优化组合,通过整体优化形成规划方案。大庆油田开发规划方案编制主要有七个步骤:形势分析、潜力分析、指标预测、规划编制(长远和年度)、储量评价、经济评价和推荐方案。

三是预测流程清晰明确。按照驱替方式、油藏类型、管理单元的不同,划分长垣水驱、三次采油、外围油田等三大区进行产量指标测算工作。长垣水驱产量预测的核心是老井递减率指标的预测方法的研究与应用。长垣水驱产量指标测算包括未措施产量、措施增油量和新井产量。未措施产量需要确定基数和递减率;措施增油量要分析历年措施效果和措施潜力分析部署井数;新井产量要确定部署能力和产能贡献率。三次采油产量预测以区块为单元,不同的开发阶段采用不同的预测方法。三次采油注采指标预测流程为运用综合动态分析法、模式图预测方法和数值模拟预测法对新投产区块、空白水驱区块、新投注区块、见效区块、后续水驱区块和试验区块的注入指标、采液指标和含水指标进行分析,合算全年注液量、化学剂用量、产液量和产油量。外围油田产量测算分为新区和老区,近些年建立了"三率"指标预测方法,即递减率、贡献率和到位率。制定规划编制《大庆砂岩油田开发规划编制方法》的油田公司级企业标准,本标准规定了油田开发规划编制时的内容和要求,以及规划优化方法的基本内容和建模要求及求解方法。形成了一整套适合大庆油田多种驱替方式下的规划编制方法标准。

通过上述流程,形成了年度及中长期规划编制技术,达到方案执行率 100%、到位率 100%、符合率 100%。建立了开发潜力、产能评价、工作量规模等共享机制,实现了"数据、产能、方法"全油田的三统一;每年开展两轮次的全油田开发形势及潜力大调查,及时掌握油田生产动态,减少了由于信息不对称带来的规划方案偏差,偏差率由"十一五"的9.5%减少到不足5%;建立了年度规划及配产方案数据格式、图表类型、文字报告的规范模板,实现了规划技术流程的标准化、规范化。

第二章 特高含水期水驱开发指标预测技术

美国学者 Arps 在 20 世纪 30 年代后就提出 3 种重要的预测产量递减规律的经验公式，苏联学者预测含水上升规律共提出三十多种水驱曲线，后来我国的一些学者根据渗流力学理论，从物质平衡和达西定律出发推导出了递减曲线和水驱曲线方程式，证明这些曲线规律不完全是经验型的统计规律，而是具有渗流力学理论依据，是地下油水运动规律在油田开发动态上的体现。在国内，递减曲线和水驱曲线得到了广泛的应用[1-5]，各大油田也主要采用这些方法研究产量和含水率、可采储量等指标的变化规律。开发指标预测方法则种类较多，根据其基本原理可概括为 5 大类：经验公式类、水动力学公式类、物质平衡方程类、油藏数值模拟类和通用预测方法类。

大庆油田在编制"七五"规划时主要采用统计经验法和注水指示曲线进行开发指标预测，在编制"八五"规划时，采用注采平衡法进行指标预测，而且考虑了油井脱气的影响，在编制"九五"规划时，进行产量预测时考虑油井脱气对产液量影响的计算公式是根据油、气、水三相渗流理论推出的，在理论上比 Vogel 方程更加完善；预测含水率时主要是基于甲乙型水驱曲线确定含水上升率。在编制"十五""十一五"规划时，采液指数预测方法考虑了含水率对脱气的影响，引进了修正项；预测含水率时，提出了西帕切夫曲线微分法。"十二五"以来，大庆油田进入特高含水期后，在分析渗流特征、储量转移和措施规模等三大特点基础上，研究剩余油分布规律和开发指标变化规律，建立了分层结构调整指标预测模型[6-7]，准确把控了特高含水期主要动态指标变化趋势。

第一节 特高含水期油田开发特点

根据中国水驱油田开发特点，以含水率指标为划分依据，按油田含水率级别划分为低含水期（含水率小于 20%），中含水期（含水率在 20%~60% 之间），高含水期（含水率在 60%~90% 之间），高含水期又划分为高含水前期（含水率在 60%~80% 之间），高含水后期（含水率在 80%~90% 之间）以及特高含水期（含水率大于 90%）。目前国内大部分水驱砂岩油田都已到了含水率 90% 以上的特高含水期。油藏地质认识、开发特征和剩余油分布规律都发生了较大的变化，有些油田或其中的部分油层已转入化学驱提高采收率开发方式。大庆主体长垣油田自 2004 年开始进入特高含水开发阶段。

大庆油田特高含水期主要存在三方面开发特点：一是进入特高含水阶段后由于经过长期注水开发，储层物性、流体性质以及渗流方式等均发生了明显变化，相应的开发指标规律如产量递减规律、含水上升规律等也有较大变化；二是在开发调整方式上，近年来实施了大规模的水驱精细挖潜调整措施，对开发指标规律影响也较大；三是随着三次采油规模的不断扩大,优质储量不断转移和封堵对水驱指标的影响也不断加大。

一、特高含水期优势渗流通道普遍存在

多层非均质砂岩油藏在特高含水期的一个重要特征是形成了优势渗流通道。优势渗流通道是指由于地质及开发因素导致在地层局部形成的低阻渗流通道。注入水沿此通道形成明显的优势流动而产生大量无效注入水循环层,俗称大孔道。

在注水开发过程中,由于油藏非均质性的存在,导致高渗透层注水倍数和水相渗透率的提高幅度远远大于中、低渗透层,随着注水过程的推移,层间矛盾越来越大,注入水无效和低效循环愈发严重,使高渗透层过早地形成优势渗流通道;另外,注入水沿主流线的推进速度和沿分流线的推进速度相差较大,导致注入水沿主流线附近突进十分严重,主流线附近和分流线附近的注水倍数相差极大,使平面矛盾更加严重,即越靠近主流线注水倍数越大,无效和低效循环也越严重,从而形成了优势渗流通道。尤其是油田进入特高含水期后,由于注入流体的长期冲刷,造成储层孔隙结构的破坏,孔隙度、渗透率增加甚至润湿性的改变等,加剧了优势渗流通道流动阻力的减小,促进了"大孔道"、高渗透条带的形成。

(一)优势渗流通道成因

优势渗流通道是注水开发油田的必然趋势和结果。其表现形式是低效无效循环严重,其地质特征表现为渗透率高、孔隙度大、孔喉半径大,开采特征表现为含水饱和度高、驱油效率高、吸水强度大、注水倍数高、注水压力低、油井含水率特高等。对优势渗流通道的成因,已有诸多论述和报道,大都认为是随着油田注水开发时间的推移,高渗透层、高渗透带水淹严重,随着油田进入高、特高含水期后,高渗层、高渗透带由于长期水冲刷后,胶结物逐渐减少,孔隙和喉道半径逐渐增加,从而在油水井之间形成了优势渗流通道。

根据大庆油田勘探开发研究院流体室室内实验结果:长期水冲刷前后岩样孔隙结构特征发生改变,最大孔喉半径、孔喉半径中值均呈现出增加的趋势,且随着渗透率的增加,孔喉参数的增加幅度越大。水驱后岩样的平均孔喉半径增加,孔喉半径中值增加。孔喉半径中值是评价储层好坏的重要指标,因为该值反映了占岩样孔隙体积一半以上的孔隙半径的最低值。最大进汞饱和度也增加,大于峰位的孔喉分布频率增加,渗透率贡献率也增加,因此经过长期水冲刷后,储层的孔喉半径增大,渗透能力增强(表2-1-1)。

表2-1-1 水冲刷前后孔喉半径参数对比(萨尔图油层)

岩心	空气渗透率(mD)		最大孔喉半径(μm)		平均孔喉半径(μm)		孔喉半径中值(μm)		最大进汞饱和度(%)	
	水驱前	水驱后	水驱前	水驱后	水驱前	水驱后	水驱前	水驱后	水驱前	水驱后
C1	867.69	876.62	15.27	15.26	6.81	7.25	6.86	7.88	88.27	96.36
C2	1965.53	2434.50	21.38	26.73	10.39	12.17	11.98	14.92	96.63	97.15
C3	2417.94	2442.21	21.38	21.36	9.53	9.58	11.47	11.69	94.05	97.33
C4	2836.67	3566.04	35.65	35.71	13.5	16.02	14.62	17.88	92.18	95.93

(二)优势渗流通道渗流特点

实验和矿场统计结果都表明,特高含水阶段油层渗流规律发生改变。根据室内实验相

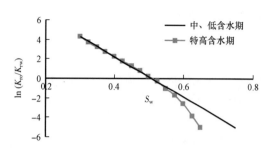

图 2-1-1　相渗曲线特高含水期下弯

渗曲线资料,特高含水期与中、低含水期相比,由于水相渗透率急剧增长,油水相对渗透率比值与含水饱和度在半对数坐标下不再是原有的直线关系,而是出现了下弯现象,且随着油层渗透率的升高,相渗曲线下弯现象愈发明显(图 2-1-1)。

由于特高含水期渗流规律的改变,体现在开发动态上,水驱曲线也相应出现上翘现象。根据调研结果,国内外油田特高含水期水驱曲线都出现上翘现象,如 Yowlumne 油田和杜玛兹油田在含水率达到 89% 以后,水驱曲线出现了明显的上翘。根据大庆油田小井距单层开发矿场试验数据,两口中心井水驱曲线在含水率达到 97% 以后都出现了上翘现象。室内实验和矿场资料研究结果表明,喇萨杏油田单层开采条件水驱曲线在含水率达到 97% 以后会产生上翘,多层合采水驱曲线上翘时机提前。喇萨杏油田各开发区块含水率基本在 92% 以上时,已有 18% 以上的区块出现了水驱曲线上翘现象。根据胜利油田室内实验结果,在三层开采模型中,由于非均质油层开采的不均衡性,高渗透层含水率已经达到了 98.7%,水驱曲线发生较为明显的上翘,而中、低渗透油层水驱曲线尚未出现上翘现象,而这时整个油藏含水率只有 96%,由于高渗透油层发生上翘的影响,使得整个油藏也产生一定程度上翘,因此,在多层合采条件下水驱曲线发生上翘的时机会提前。水驱曲线上翘表明,特高含水阶段由于微观渗流规律的改变,导致开发动态指标规律也发生改变。

(三)优势渗流通道影响开发规律

1. 优势渗流通道加剧了油田开发矛盾

优势渗流通道的形成对开发上的一个重要影响是加剧了原有的开发矛盾。当油层底部高渗透强水洗通道驱油效率接近或达到残余油饱和度时,强水洗段的波及体积和驱油效率不再明显提高,形成注入水的低效无效循环场,严重干扰油层顶部及其他低渗透部位的吸水出油状况。

根据喇萨杏油田产液剖面统计结果,近年来高含水油层产液比例迅速增加。13 年间,统计井的年均含水率由 83.4% 上升至 94.1%,上升了 10.7%,其中含水率大于 98% 的油层产液比例增加了 9.81%,含水率在 90%~98% 之间的油层产液比例增加了 22.74%。

近 5 年统计结果也表明:喇萨杏油田含水率大于 98% 的油层产液比例达到了 10.3%,而产油比例仅 1.26%,这部分油层基本为无效水循环通道。

另根据室内实验结果,在注水倍数达到 50PV 的条件下,高渗透层分流率是低渗透层的 2~15 倍,并随着渗透率级差的增大,高渗透层分流率明显增加;随着注入水倍数的增加,注入水多从高渗透层采出,低效循环严重。

优势渗流通道一旦形成,油层层内水淹厚度和驱油效率不易提高,注入水长期低效或无效循环,而且严重干扰其他层段和其他部位油层的吸水和出油状况,使得油田开发成本增加,影响油田动用程度的提高。根据室内实验结果,高含水后期,高渗透层油水流度比急剧增大,在注水开发后期,高渗透层油水流度比可达低渗透储层的 100 倍以上,渗流特征由两相流趋向于单相流,油水流度比急剧增大,开发规律将会发生改变。

2. 优势渗流通道改变了整个油藏的开发指标规律

对于多层非均质油藏,非均质储层可视为由一系列相对均质的单元构成,各个单元油层性质不同,开发规律也不同。中、高含水期,在各单元间含水率差异不大、没有特高含水层存在或特高含水层比例很小的前提下,每一个单元之内水驱特征曲线呈直线关系[式(2-1-1)],整个油层的水驱特征曲线则是各单元水驱曲线的合成[式(2-1-2)]。

每个单元的规律:

$$\frac{\mathrm{d}f_{wi}}{\mathrm{d}t} = \frac{Q_1 r_i}{NbR_i}(1-f_{wi})^2 f_{wi} \tag{2-1-1}$$

整个油藏:

$$f_w = \sum_{i=1}^{n} r_i f_{wi} \tag{2-1-2}$$

$$R_t = \sum_{i=1}^{n} R_i r_{Ni} \tag{2-1-3}$$

$$Q_o = \int_{t_1}^{t_2} Q_1(t)[1-f_w(t)]\mathrm{d}t \tag{2-1-4}$$

式中　　N——地质储量,10^4t;

　　　　f_{wi}——第 i 层含水率,%;

　　　　Q_1——产液量,10^4t;

　　　　r_i——第 i 层产液比例,%;

　　　　b——由相对渗透率曲线求出的系数;

　　　　R_i——第 i 层采出程度,%;

　　　　r_{Ni}——第 i 层储量比例,%;

　　　　f_w——整个油层含水率,%;

　　　　R_t——整个油层采出程度,%;

　　　　Q_o——产油量,10^4t;

　　　　t——生产时间,d;

　　　　n——油层层数。

当特高含水优势渗流通道存在时,由于这部分油层水驱曲线直线规律发生改变,即不再符合式(2-1-1),因此影响整个油藏的开发指标规律,其影响程度的大小取决于特高含水层产液比例 r_i 和储量比例 r_{Ni} 的大小,根据前述产液剖面资料统计结果,目前油田含水率大于90%的油层产液比例69.19%,含水率大于98%的油层产液比例为10.26%,随着油田含水率的上升,特高含水层产液比例也会迅速增大,因此对整个油藏的开发指标规律会有较大影响。

二、特高含水期优质地质储量转移规模大

大庆主体长垣油田的重要开发特点是多种驱替方式并存,从 1996 年三次采油工业化推广实施以来,随着三次采油规模的不断扩大,优质储量转移规模不断增加,截至 2020 年底,三次采油累计转移储量 $13 \times 10^8 t$,占油田储量的近三分之一。

从投注化学驱的区块和层位看,长垣油田 2002 年开始进入二类油层化学驱,截至 2020 年,萨南及以北的四个开发区一类油层储量已全部实施化学驱,"十三五"以来投注化学驱的主体层位基本为二类油层上返的萨二组和萨三组油层,仅萨南以南的杏南和杏北开发区部分剩余葡一组储量为南部一类油层化学驱开采对象。

从历年来化学驱层位的含水率和采出程度看,由于化学驱层位都为水驱主体的一类、二类油层,因此含水率和采出程度均较高。化学驱层位的含水率、采出程度由 2004 年的 94%、40% 上升至 2020 年的 96%、45% 以上。

从对水驱产量的影响看,储量转移导致水驱剩余油层的厚度变薄、储量减少。由于储量转移对象为特高含水油层,采液速度高、采油速度低,因而相应水驱剩余层位的采液速度会降低、采油速度会有所提高。整体看来,随储量转移层位的含水率升高,对水驱液量规模影响越来越大,油量影响越来越小,储量转移使水驱递减率升高、含水上升率减小。

应用产液剖面资料统计了聚合物驱层位的储量含水率构成,从历年聚合物驱储量在不同含水层位分布的比例变化看,随着含水率的不断升高,聚合物驱层位中含水率大于98%的储量比例也相应不断提高,含水率在90%~98%之间的储量比例逐步降低。2009—2013 年,聚合物驱层位平均含水率95.27%,聚合物驱储量在含水率大于98%的油层中占18.16%,在含水率90%~98%的油层中占81.84%(表 2 - 1 - 2)。

表 2 - 1 - 2　聚合物驱层位储量在不同含水率油层中的分布

年份	含水率(%)	储量比例(%)	
		$f_w \geq 98\%$	$90\% \leq f_w < 98\%$
2009	94.93	20.84	79.16
2010	95.28	12.06	87.94
2011	96.53	15.09	84.91
2012	93.98	27.25	72.75
2013	95.65	14.58	85.42

根据产液剖面资料,统计不同含水油层采液速度和采油速度变化特征,含水率大于98%层位采液速度波动较大,但其采油速度基本保持平稳,含水率在90%~98%之间层位的采液速度和采油速度保持平稳。

从近 5 年的统计结果看,2009—2013 年不同油层的平均采液速度和采油速度结果表明:特高含水油层(含水率大于90%)目前平均采液速度为9.7%,采油速度为0.36%;其中含水率大于98%的油层采液速度较高为10.32%,但采油速度只有0.09%(表 2 - 1 - 3)。

表 2-1-3 分类油层水驱采液、采油速度(2009—2013 年平均)

含水率分级	采液速度(%)	采油速度(%)
$f_w \geq 98\%$	10.318	0.088
$90\% \leq f_w < 98\%$	9.560	0.407
小计	9.676	0.358
$60\% \leq f_w < 90\%$	6.752	0.858
$20\% \leq f_w < 60\%$	4.339	1.627
$0 \leq f_w < 20\%$	0.074	0.053
合计	6.920	0.476

三、特高含水期仍可实施大规模调整措施改善开发效果

从多层非均质油藏调整措施作用机理看,措施调整通过改变各单元采出速度,优化注水产液结构,实现整个油藏的均衡开采。无论是措施还是储量转移,均改变了不同油层的注采速度,使整个油藏系统进入非稳定阶段。

以萨中开发区水驱近 20 余年采液速度变化为例(表 2-1-4),前 16 年一直呈现快速增长趋势,采液速度由 2001 年的 7.30% 增长至 2016 年的 11.29%,采液规模几乎增加了 1 倍;近 5 年采液速度呈现缓慢下降趋势,采液速度由 2016 年的 11.29% 降低至 2020 年的 10.11%。

表 2-1-4 萨中水驱 2001—2020 年采液速度变化

年份	2001	2002	2003	2004	2005	2006	2007	2008	2009	2010
采液速度(%)	7.30	7.53	7.75	8.13	8.51	8.94	8.59	8.58	8.19	8.61
年份	2011	2012	2013	2014	2015	2016	2017	2018	2019	2020
采液速度(%)	9.29	9.82	10.46	10.81	10.92	11.29	11.19	10.98	10.60	10.11

大庆长垣水驱自 2004 年进入特高含水阶段后,为了探索特高含水期老油田水驱高效、精细开发新模式,长垣油田 2010 年开辟了六个特高含水期水驱精细挖潜示范区,储量占长垣油田总储量的 7.6%。示范区实施了大量的油水井精细调整配套措施,油水井措施工作量分别是 2009 年同期的 1.6 倍和 2.0 倍(表 2-1-5),示范区实施之后效果明显,实现了阶段"产油不降、含水不升"的目标(表 2-1-6)。

表 2-1-5 长垣示范区 2009—2012 年油水井主要工作量

年份	采油井(口)							注水井(口)						
	压裂	补孔	换泵	堵水	大修	调参	小计	压裂	酸化	大修	测调	细分	浅调	小计
2009	49	15	78	26	19	214	443	35	140	33	164	94	23	518
2010	86	69	58	57	39	294	712	70	136	54	244	307	149	1028
2011	77	77	39	54	30	256	636	59	186	64	268	312	83	1042
2012	60	60	52	38	14	352	729	46	114	41	332	210	54	865
合计	272	221	227	175	102	1116	2520	210	576	192	1008	923	309	3453

表 2 - 1 - 6　长垣示范区 2009—2012 年产油量和含水率情况

区块	年产油（10^4t）				年均含水率（%）			
	2009	2010	2011	2012	2009	2010	2011	20120
北一区断东高台子	42.97	43.13	44.45	45.40	91.93	91.93	91.93	91.90
南八区	25.18	25.44	25.20	26.02	92.71	92.36	92.63	92.70
北三西	25.62	27.99	29.68	30.79	92.36	92.36	92.34	92.40
杏六区东部	26.00	26.49	27.27	26.27	92.57	92.50	92.11	92.30
杏十区纯油区东部	12.84	12.92	13.20	13.39	93.83	93.76	93.80	93.70
北北块一区	29.08	29.13	29.28	29.19	94.43	94.42	94.40	94.40
合计（平均）	161.69	165.10	169.08	171.06	92.97	92.89	92.87	92.90

　　示范区通过开发思路、技术集成创新，依靠老井精细挖潜，实现了"产量不降、含水不升"的目标。在开发思路创新方面：一是打破常规认识，创造性地提出特高含水期"五个不等于"的潜力认识观，即油田高含水 ≠ 每口井都高含水、油井高含水 ≠ 每个层都高含水、油层高含水 ≠ 每个部位和每个方向都高含水、地质工作精细 ≠ 认清了地下所有潜力、开发调整精细 ≠ 每个区块、井和层都已调整到位；二是挑战开发极限，以精细挖潜保稳产，创新提出特高含水期"四个精细"的挖潜思路，即精细油藏描述、精细注采系统调整、精细注采结构调整、精细生产管理。在技术集成创新方面，形成特高含水期水驱精细挖潜配套技术：一是发展精细油藏描述技术，实现更小尺度的构造、储层及剩余油空间定量表征；二是基于渗流规律认识，发展形成多套层系井网条件下，单砂体注采关系定量评价及调整技术，注采系统调整由井网调整转变为完善单砂体注采关系；三是针对不同类型剩余油分布特点，发展形成精细注采结构调整技术，拓宽挖潜空间。示范区的成功不仅创造了油田开发的奇迹，也探索出了一条老油田高效开发的新路，冲击了水驱产量递减的传统认识局限，为实现阶段老油田的精细挖潜和高效开发提供了新的思路和成功范例。

第二节　特高含水期开发指标变化规律

　　特高含水期是水驱油田的重要开发阶段，尤其对于中高黏油田，大部分的储量要在这一阶段采出（大庆喇萨杏油田大约有 8% 以上的地质储量要在含水率 90% 以后采出），因此改善特高含水期开发效果、进一步提高采收率是亟待解决的问题，也是石油界关注的大问题。而改善油田开发效果，首要问题就要研究油田开发规律，按照油田开发的规律性，科学地预测油田开发趋势，提出油田开发的远景设想，制定油田开发技术研究工作的科学规划。如不考虑油田开发本身的规律性，制定的油田开发发展规划，就不可避免地产生一定的盲目性，从而会延缓或阻碍油田开发事业的发展和技术进步。

　　特高含水期开发规律具有其特殊性，经过长期的注水开发，储层物性及流体渗流方式等均发生了明显变化，油水运动规律、油水动态分布日趋复杂，体现在开发指标上，含水上升规律、产量递减规律等也相应发生变化,需要深入认识特高含水期水驱油田开发规律,有针对性地采取开发调整措施,对于进一步改善老油田开发效果,提高原油采收率具有重要意义。

一、特高含水期剩余油分布规律

剩余油的研究方法很多,其中应用密闭取心井资料研究油层动用状况和剩余油饱和度情况是重要的手段之一。大庆喇萨杏油田开发60余年来从1966年在萨中中区三排东部钻第一口取心井开始,截至2020年,共积累了150口左右密闭取心井资料,为不同开发阶段的剩余油分析提供了第一手资料。通过对这些资料的系统分析和总结,研究了分类油层不同开发阶段油层动用状况,同时取心井资料与室内实验相渗曲线资料结合,计算了目前油田剩余可动油量,为确定挖潜方向提供了量化依据。

(一)大庆喇萨杏油田分类油层水淹状况

1. 水驱油层动用状况变化

通过对取心井资料进行统计分析发现,随着开发过程的深入,不断有新的油层动用,水洗厚度比例不断增加,从低含水阶段的12.14%增加到中含水阶段的24.48%,高含水期达到59.26%,特高含水期增加到78.46%。水洗厚度增加的原因主要是中水洗段的比例增加明显,而强水洗、弱水洗段的比例变化不大,水洗层段的平均驱油效率随开采时间和含水率的变化幅度不大,特高含水阶段驱油效率值基本在45%左右。

2. 分类油层见水情况

根据取心井资料,分析了不同开发阶段分类油层见水情况。一类油层在开发初期见水层数比例就达到了80%,至特高含水期已全部见水动用。二类、三类油层开发初期动用差,二类油层仅有40%的层见水,三类油层见水层数比例不到20%,不同油层层间矛盾突出。进入特高含水期后,喇萨杏油田开发过程中采取的分层开采、多次井网加密调整、结构调整等措施都是针对和解决这些矛盾的重要举措,有效缓解了层间矛盾,使动用差的油层见水层数比例大幅提高,目前,特高含水期不同油层间的见水比例均达到80%左右,油层间动用状况差距逐渐缩小,有效改善了特高含水油田的开发效果。

3. 见水层内水淹状况

从见水层内的水淹状况历程看,随着开发过程的不断调整,不同油层中见水层内水洗厚度比例都呈增加趋势,层内动用程度不断提高。进入特高含水阶段以来,无论是一类油层还是二类、三类油层,层内都有相当比例的未水洗厚度和强水洗厚度存在,均占10%左右,层内矛盾已上升成为影响特高含水油田开发效果的主要矛盾。

(二)大庆喇萨杏油田分类油层剩余可动油

1. 剩余可动油计算方法

残余油以外的剩余油称为剩余可动油,是提高采收率的主要潜力,其计算公式为:

$$N_{剩余可动油} = 100Ah\phi(S_o - S_{or})\rho_o/B_o \qquad (2-2-1)$$

式中　　$N_{剩余可动油}$——剩余可动油量, 10^4t;

　　　　A——含油面积, km^2;

　　　　h——平均有效厚度, m;

　　　　ϕ——平均有效孔隙度, %;

　　　　S_o——目前含油饱和度, %;

　　　　S_{or}——残余油饱和度, %;

　　　　ρ_o——平均地面脱气原油密度, 10^3kg/m^3;

　　　　B_o——地层原油体积系数。

应用取心井资料的油层含油饱和度, 结合室内实验相渗曲线得到各类油层的残余油饱和度, 即可计算分类油层的剩余可动油量。

在剩余油饱和度累计厚度分布图上, 可以形象地看出原始储量、采出油量、残余油量以及剩余可动油量之间的关系(图2-2-1)。图2-2-1中原始含油饱和度与纵坐标轴之间的面积为总储量, 剩余油饱和度分布曲线与原始含油饱和度之间的部分代表已采出油量, 残余油饱和度曲线与纵坐标轴之间的部分为残余油量, 那么残余油饱和度曲线与剩余油饱和度分布曲线之间的部分即为剩余可动油量。剩余可动油中包括开采到含水率98%的油量, 为经济可动油, 也为剩余可采储量。由于这里用的残余油饱和度为水驱残余油饱和度, 因此给出的结果为水驱条件下的剩余可动油。如果采用某些能降低残余油饱和度的提高采收率方法, 可动油的比例会增加。从分布比例可以看出, 目前残余油占比42.05%、剩余可动油占比22.82%、采出油占比35.13%。

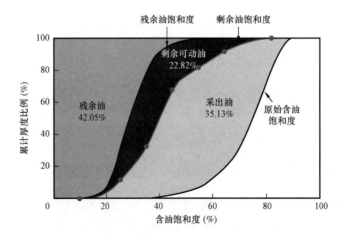

图2-2-1　剩余可动油计算方法示意图

2. 剩余可动油分布及挖潜方向

研究剩余油分布是确定挖潜方向的基础, 因此可以研究剩余可动油在不同油层中的分布。首先根据挖潜方向的不同将剩余油分成见水层内剩余油和未见水层剩余油两大类(表2-2-1), 见水层内剩余油又分成已水洗段剩余油和未水洗段剩余油两类。

表 2-2-1　特高含水期剩余油分布表

项目	见水层内剩余油				未见水层剩余油
	层内水洗段剩余油			层内未水洗段剩余油	
	强水洗段剩余油	中水洗段剩余油	弱水洗段剩余油		
比例（%）	0.25	32.42	12.39	48.31	6.63
挖潜方向	聚合物驱、三元复合驱等扩大微观波及体积和提高驱油效率			厚油层层内结构调整	薄差层注采系统强化

　　根据统计计算结果,剩余油潜力主要在见水层内,占总剩余油的93.37%,未见水层剩余油只占6.63%。见水层内已水洗段剩余可动油占45.06%,未水洗段可动油占48.31%,从数量上看,层内这两类剩余油都是挖潜的重点。

　　从这几类剩余可动油所在的油层性质看(表2-2-2),见水层内已水洗段的油层渗透率、原始含油饱和度、孔隙度等指标明显好于未水洗段,虽采出程度高,平均驱油效率为46.34%,仍有较大比例的剩余可动油,采用聚合物驱、三元复合驱、微生物驱技术等有效的EOR技术是挖潜这部分剩余在岩石小孔隙中的剩余油的主要方向。而见水层内未水洗段基本是厚油层内的变差部位,70%是在有效厚度大于1m的厚油层内,这部分剩余油是水驱调整的主要潜力,挖潜方向是进行厚油层层内结构调整,研制高效堵剂封堵"大孔道",实现控水挖潜。未见水层基本是薄差层,70%是有效厚度小于0.5m的油层,渗透率低,原始含油饱和度也明显低于其他油层,这部分油层开发的主要矛盾是动用难,要进一步提高其动用程度,通过缩小井网井距等手段加大驱替压力梯度,强化薄差层注采系统。

表 2-2-2　各类油层性质

油层	水洗程度	油层类型	渗透率 K（mD）	孔隙度 ϕ（%）	含油饱和度 S_o（原始）（%）	含油饱和度 S_o（目前）（%）	驱油效率 η（%）
见水层	强水洗		1074	27.29	75.38	26.94	64.46
	中水洗		879	28.23	75.16	42.31	43.98
	弱水洗		941	28.63	76.57	54.01	29.53
	水洗平均		926	28.09	75.38	40.64	46.34
	未水洗	厚度 $h>1m$(77.5%)	404	28.01	65.84	65.84	
未见水层		厚度 $h<0.5m$(70.1%)	250	27.19	63.02	63.02	

二、特高含水期主要开发指标变化规律

(一)特高含水期含水上升规律

　　含水上升规律是水驱油田的固有规律。油田开发实践和广泛深入的开发理论表明,水驱开发油田可以获得较高的最终采收率。由于水源丰富,价格低廉,因而水驱开发作为一种有效的驱替方法在世界各油田开采中广泛应用。但是注水或天然水侵油田的开发,在无水采油期结束后,油田将长期处于含水期开采,且含水率逐步上升,这是影响油田稳产的重要因素。为此,搞清注水开发油田含水上升规律,制定不同生产阶段的切实可行的控制含水增

长的措施,是水驱开发油田的一项重要工作。

1. 含水上升规律影响因素

油田含水上升规律通常用含水率与采出程度关系曲线来描述,曲线斜率表示含水上升速度的快慢,即含水上升率,不同类型油田在不同开发阶段含水上升规律差别很大,含水上升率值也差别很大。研究表明,水驱油田含水上升规律主要受地质因素和开发因素的双重影响,其中地质因素是油层固有属性对含水上升规律的影响,是影响含水上升规律的内因,主要指原油黏度、渗透率、润湿性、渗透率级差和韵律性等。开发因素是开发调整过程中采取的一些调整方式和调整措施对含水上升规律的影响,它是影响含水上升规律的外因,对均质油藏而言,各种调整措施不改变含水上升规律,只是提高了采油速度;而对非均质油藏而言,各种调整措施可以控制不同油层含水上升速度,不但可以提高采油速度,还可以提高采收率。因此,开发过程中,通常要根据地质因素制定开发对策来控制含水上升速度。

1)影响油田含水上升规律的地质因素

(1)油层非均质性对含水上升规律的影响。

数值模拟研究结果表明,油层的非均质程度越高,含水上升速度越快。在中、高含水期,油层非均质程度对含水上升的影响较大,但到了特高含水期,即含水率高于90%以后,油层非均质程度对含水上升的影响作用相对变小。

(2)油水黏度比对含水上升规律的影响。

影响油田含水上升规律的地质因素中,油水黏度度比对含水上升规律的影响较大,决定了油田的含水上升模式。国内外油田主要是依据油水黏度比来划分油田含水上升类型。苏联 M. M. 伊万诺娃根据注水开发的一些油藏的资料绘制了含水率与可采储量采出程度关系曲线,根据含水上升变化规律,可将这些油藏划分为三类(图 2 - 2 - 2)。

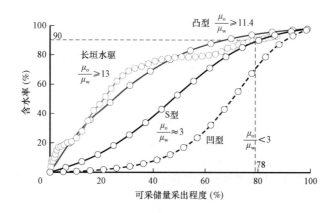

图 2 - 2 - 2 不同类型含水上升变化模式

第一类油藏油水黏度比在 3 左右,这组油藏含水率曲线沿坐标的对角线延伸,在整个开发过程中,含水上升速度几乎保持不变。

第二类曲线位于第一组曲线的右侧,这是一组低黏油藏,其油水黏度比小于 3,这组油藏低含水期含水上升慢,采出程度高;当采出 60%～80% 的可采储量时,含水率仅为 20%～50%;可采储量采出 80% 以后,含水上升速度明显加快。

第三类油藏含水率曲线位于第一组油藏的左侧,其黏度比为11.4~143。这组油藏投产后,由于油水黏度差异大,开发前期含水上升很快,当含水率达到80%时,仅采出40%~50%的可采储量,一半以上的可采储量要在高含水期采出。如喇萨杏油田油水黏度比较高(13.88),其含水上升规律为中低含水期含水上升快,高含水期含水上升速度减缓。这类油田大部分的储量要在高含水期后采出,因此,这类油藏开发调整重点在高含水期以后。

三组油藏的含水率变化曲线表明,油水黏度比的高低是决定含水上升规律的主要因素。对同一组类型油藏(油水黏度比在同一级别内),油水黏度比对含水上升规律的影响也是在中高含水期影响作用较大。到了特高含水期,影响作用相对变小。

2)影响油田含水上升规律的开发因素

除了地质因素外,在开发过程中采取的开发方式、调整措施都直接影响油田含水上升规律,从而影响油田开发效果的好坏。从苏联、美国和中国一些处于开发后期的老油田的控水做法看,主要有三种模式。一是以苏联为代表,控水方法主要是采用各种调剖、堵水等措施,不主张用大量关井的方法来控制含水上升,如苏联的罗马什金油田在含水率90%以后通过大量调整措施,保持油田含水率十年以上不上升,这些都证明了开发调整控制含水上升速度的可行性;二是以美国的东得克萨斯油田的密井网为代表,主要靠关闭高含水井来控水;三是以中国的老君庙和大庆油田为代表,特点是采用加密井网和大量的单井措施来实现稳油控水。尤其是大庆喇萨杏油田实施的"稳油控水"系统工程,以及"十二五"以来实施的精细挖潜示范工程,均通过各类井的注水产液结构调整,大量的油井进攻型改造挖潜措施,实现多年产油不降、含水不升的开发高水平,取得了举世瞩目的成绩。大庆的喇萨杏油田在开发过程中采取了多次加密调整,有效控制了含水上升速度(每次调整过后含水率曲线变平缓,斜率变小),尤其是高含水后期采取的注水产液结构调整,通过调整高低渗透层的产液注水比例,有效地控制了全油田含水上升速度,取得了明显的效果。

根据含水上升率的计算公式[式(2-2-2)和式(2-2-3)]可以看出,一定地质条件的油田无措施条件下含水上升率的大小取决于其所处的含水阶段,含水上升率与递减率相比,受开发因素的影响相对较小。

甲型水驱曲线:

$$f_w' = \frac{df_w}{dR} = NB_1(1 - f_w)f_w \qquad (2-2-2)$$

西帕切夫曲线:

$$f_w' = \frac{df_w}{dR} = 2NB_2\frac{\sqrt{(1 - f_w)}}{\sqrt{A_2}} \qquad (2-2-3)$$

式中　B_1——甲型水驱曲线系数;

A_2,B_2——丙型水驱曲线系数;

f_w——含水率,%;

N——地质储量,10^4t;

f_w'——含水上升率。

同样,措施调整后初期,含水上升率值也有一定程度的升高,之后趋于稳定。不同开发阶段、不同措施规模对含水上升率的影响不同,随着含水率不断升高,措施潜力及效果变小,对含水上升率的影响也不断减小,从大庆油田开发过程含水率和含水上升率的变化情况可以看出,在一次加密调整阶段,加密后初期含水上升率比加密前升高 0.42%,二次加密调整阶段,加密后初期含水上升率比加密前升高 0.13%,到了三次加密调整阶段,由于增油幅度明显降低,加密后初期含水上升率只升高 0.06%。

2. 特高含水期含水上升规律

根据优势渗流通道的研究成果,特高含水阶段油层渗流规律发生改变,即相渗曲线中油水相对渗透率比值与含水饱和度在半对数坐标下不再是直线关系,而是出现了下弯现象,体现在开发动态上,水驱曲线也相应地出现了上翘现象,已有的水驱曲线不再适用,因此需要探求一种能表现特高含水阶段渗流特征的含水上升规律描述方法。

生长曲线因描述生物生长过程而得名,一个事物的完整历程总要经过发生、发展、成熟和衰亡的过程,每个阶段的成长速度各不相同。作为趋势外推法的一种重要方法,在描述及预测生物个体的生长发育及某些技术、经济特性等领域中已得到广泛应用。对生长曲线在油田开发中的认识与应用,以俞启泰教授为代表的一批学者和专家在函数式建立、特性分析、曲线优选等方面已经进行过较为深入的研究,目前应用较为成熟的以 Weibull、Gompertz 和 Logistic 三种生长曲线为代表。传统的生长曲线是基于最大可采储量假设条件下,研究其与时间的变化关系。针对大庆长垣油田多层非均质油藏实际特征,建立的生长曲线基于微观渗流规律假设条件。同时,生长曲线是一种全过程预测方法,可以避免水驱曲线等方法在特高含水期预测精度降低的弊端。

1)基于油水两相渗流规律的生长曲线

新的生长曲线模型从油水两相渗流特征出发,考虑油田储量是一个有限的体系,在其自身发展的过程中,产量一定要经过上升、稳产、递减直至枯竭的过程。

假设:

$$S_\mathrm{w} = \frac{S_\mathrm{wm}}{1 + a' \mathrm{e}^{\ln\left(\frac{K_\mathrm{ro}}{K_\mathrm{rw}}\right) b}} \qquad (2-2-4)$$

由分流方程可得:

$$\frac{K_\mathrm{ro}}{K_\mathrm{rw}} = \frac{1}{\mathrm{WOR}} \frac{\mu_\mathrm{o}}{\mu_\mathrm{w}} \qquad (2-2-5)$$

式(2-2-4)和式(2-2-5)结合,并进一步推导,即为新提出生长曲线的微分形式。

$$\frac{\mathrm{d}f_\mathrm{w}}{\mathrm{d}t} = \frac{Q_\mathrm{o}\left[\left(\frac{f_\mathrm{w}}{1-f_\mathrm{w}}\right)^b + a\right]^2}{ab\left(\frac{f_\mathrm{w}}{1-f_\mathrm{w}}\right)^{b-1}\left(\frac{1}{1-f_\mathrm{w}}\right)^2 (N_\mathrm{pm} + CN)} \qquad (2-2-6)$$

其中

$$C = \frac{S_{wc}}{1 - S_{wc}}$$

式中　a, a', b——系数；

S_w——含水饱和度，%；

S_{wm}——最大含水饱和度，%；

S_{wc}——束缚水饱和度，%；

K_{ro}——油相相对渗透率；

K_{rw}——水相相对渗透率；

μ_o——油相黏度，mPa·s；

μ_w——水相黏度，mPa·s；

WOR——水油比；

Q_o——产油量，10^4t；

f_w——含水率，%；

N_{pm}——极限可采储量，10^4t；

N——地质储量，10^4t。

2）生长曲线适应性检验

在基于油水两相渗流规律建立生长曲线预测方程式的基础上，应用室内实验资料和矿场试验资料对生长曲线的拟合和预测精度进行了检验。

从大庆喇萨杏油田不同油层组相渗数据统计结果看，92%以上均出现了良好的直线关系。可以看出，生长曲线在不同含水阶段都符合直线关系，因此与水驱曲线相比，其适用范围更广，水驱曲线只适用于中高含水期，而生长曲线适用于整个水驱开发过程（表2-2-3）。

表2-2-3　不同开发区不同油层组生长曲线统计结果

开发区	统计条数（个）	出现直线规律数目（个）	比例（%）
喇嘛甸	230	199	86.52
萨北	196	188	95.92
萨中	78	70	89.74
萨南	260	244	93.85
杏北	143	136	95.10
杏南	35	32	91.43
喇萨杏	942	869	92.25

矿场试验资料检验生长曲线的适应性。应用大庆油田萨中开发区小井距数据检验了生长曲线的预测精度，根据检验结果，生长曲线在特高含水期能更准确地预测产油量和含水率。含水率95%以后，预测产油量相对误差在7.24%以内，含水率绝对误差小于0.77%，而水驱曲线在含水率95%以后，预测产油量和含水率误差较大（表2-2-4）。

33

表 2-2-4　小井距 501 井 SⅡ7+8 层不同方法开发指标预测结果

日期	日产液（t）	日产油（t）	含水率（%）	生长曲线法				水驱曲线法			
				日产油		含水率		日产油		含水率	
				预测值（t）	相对误差（%）	预测值（%）	绝对误差（%）	预测值（t）	相对误差（%）	预测值（%）	绝对误差（%）
1971-3-10	164.20	7.88	95.20	7.72	-1.99	95.30	0.10	7.98	1.30	95.14	-0.06
1971-3-18	175.81	6.15	96.50	5.79	-5.80	96.03	-0.47	7.43	20.79	95.77	-0.73
1971-3-26	183.36	4.36	97.62	4.28	-1.80	96.83	-0.77	6.79	55.84	96.29	-1.31
1971-4-11	178.42	4.46	97.50	4.14	-7.21	97.15	-0.35	5.33	19.56	97.01	-0.49
1971-4-24	176.01	3.17	98.20	3.20	0.92	97.65	-0.55	4.47	41.05	97.46	-0.74
1971-5-5	167.10	2.84	98.30	2.63	-7.24	97.93	-0.37	3.80	33.93	97.72	-0.58
1971-5-18	156.31	2.03	98.70	2.12	4.39	98.18	-0.52	3.19	56.94	97.96	-0.74

从采收率预测结果看,水驱曲线法由于开发后期的上翘问题,预测水驱油田采收率值偏高,误差最高可达到 3.9%,而生长曲线法预测水驱油田采收率,误差在 1.1% 以内,可见生长曲线法能更为准确地预测水驱油田采收率(表 2-2-5)。

表 2-2-5　小井距中心井不同层位采收率变化　　　　　　　　　　　单位:%

井号	层位	采收率				
		实际值	生长曲线		水驱曲线	
			预测值	绝对误差	预测值	绝对误差
511 井	SⅡ7+8	38.33	37.63	-0.69	40.59	2.26
511 井	PⅠ4-7	48.72	48.75	0.03	48.87	0.15
511 井平均		44.96	44.73	-0.23	45.88	0.92
501 井	SⅡ7+8	35.31	35.37	0.06	39.22	3.91
501 井	PⅠ1-2	44.01	42.88	-1.13	47.00	2.99
501 井平均		39.03	38.58	-0.45	42.55	3.52
平均		42.76	42.45	-0.31	44.64	1.88

室内实验相渗数据和小井距试验区数据检验结果均表明,建立的生长曲线预测模型在水驱油田全过程均可进行预测,尤其在特高含水阶段比水驱曲线法更具适应性。

（二）特高含水期产量递减规律

油气田开发实践表明,无论何种储集类型的油气田,也无论何种驱动类型和开发方式的油气田,在其开发全过程中,产量一般要经历逐步上升、相对稳定和逐步递减 3 个阶段(递减阶段有时还可进一步分为快速递减和缓慢递减两个阶段),不同类型的油田,由于地质条件不同、采用的开发方式不同,各个阶段的长短也不同,但基本都经历这几个阶段。

油田全面开发以后,随着地下能量的变化和可采储量的减小,如果不采取重大增产措施,原油产量必然会出现逐年递减趋势,即产量进入递减阶段。一般情况下,油田进入递减阶段后到废弃要经历很长的开发时间,因此掌握油田的产量递减规律,分析产量递减率影响因素,从而采取有效的调整措施来控制产量递减速度,是编制油田开发规划方案,合理安排增产措施工作量,实现原油高产稳产的基础与前提。

1. 产量递减规律影响因素

在注水保持地层压力情况下,如不考虑井间产量差异,根据渗流力学原理,产油量可写成下列形式:

$$q(t) = \frac{2\pi K K_{ro}(S_w) h n}{B\mu_o} \frac{\Delta p}{\ln(r_e/r_w) - 3/4 + S} \qquad (2-2-7)$$

式中　$q(t)$——产油量,$10^4 t$;

　　　K——渗透率,mD;

　　　$K_{ro}(S_w)$——油相相对渗透率;

　　　h——油层有效厚度,m;

　　　n——油井数,口;

　　　B——原油体积系数;

　　　μ_o——油相黏度,mPa·s;

　　　Δp——生产压差,MPa;

　　　r_e——供给半径,m;

　　　r_w——油井半径,m;

　　　S——表皮系数。

从式(2-2-7)中可以看出产量递减率也受地质因素和开发因素的双重影响。地质因素中主要包括渗透率、孔隙度、含油饱和度、原油黏度等,其中油相渗透率的变化规律决定了产量递减规律,从描述油层渗流基本特征的相对渗透率曲线和达西定律出发,根据物质平衡原理,可以推导出递减方程[式(2-2-8)至式(2-2-10)],从而确定了油相渗透率变化规律与递减规律之间关系,得到产量递减规律取决于油相渗透率的变化规律的认识。

双曲型:

$$K_{ro}(S_w) = a(1 - S_w)^b \rightarrow q(t) = q_i(1 + nD_i t)^{-\frac{1}{n}} \qquad (2-2-8)$$

调和型:

$$K_{ro}(S_w) = ae^{-bS_w} \rightarrow q(t) = \frac{q_i}{1 + D_i t} \qquad (2-2-9)$$

指数型:

$$K_{ro}(S_w) = a - bS_w \rightarrow q(t) = q_i e^{-D_i t} \qquad (2-2-10)$$

式中　$K_{ro}(S_w)$——油相相对渗透率,%;

　　　S_w——含水饱和度,%;

　　　$q(t)$——t 时刻产量,t;

　　　q_i——初始产量,t;

n——递减指数；

D_i——初始递减率，%；

t——时间；

a,b——系数。

开发因素中，主要包括稳产期的相关指标、多次布井开发及各种生产因素。

1）与稳产期相关的指标

油田稳产期末递减率与稳产期采油速度、稳产期长短和稳产期末可采储量采出程度成正比。油田产量在经历上产和稳产阶段以后，便进入递减阶段。利用指数递减变化规律可以推导出稳产期后递减率与稳产期采油速度和稳产期长短的关系，即：

递减率：

$$D_i = \frac{1 - \dfrac{q_{ol}}{Q}}{\dfrac{N_R}{Q} - T} \qquad (2-2-11)$$

式中　D_i——初始递减率，%；

　　　T——稳产期，a；

　　　Q——稳产期产油量，10^4t；

　　　q_{ol}——极限产油，10^4t；

　　　N_R——可采储量，10^4t。

由式（2-2-11）可以看出，稳产期越长，稳产期后初始递减率越大；稳产期末采油速度越大，初始递减率也越大。

同样也可推导出初始递减率与稳产期可采储量采出程度的关系：

$$D_i = \frac{V_{NR} - V_{oL}}{1 - R} \qquad (2-2-12)$$

式中　D_i——初始递减率，%；

　　　V_{NR}——稳产期末可采储量采油速度，%；

　　　V_{oL}——极限可采储量采油速度，%；

　　　R——稳产期末可采储量采出程度，%。

由公式（2-2-12）可以看出，在稳产期相同的情况下，稳产期末可采储量采出程度越大，初始递减率也越大。

2）水驱油田自然递减率在一定油藏条件下与含水阶段、含水上升率和采液速度水平有关

当油田开始递减后，如果采液速度保持不变，今后的递减率则受含水上升规律的影响。通过数值模拟计算表明，对单油层来说，当采液速度保持稳定时，递减率的变化趋势与含水上升率的变化趋势一致，含水上升率增大，递减率随之增大，含水上升率达到最大值后开始下降，递减率也随之下降。

当采液量发生变化时,由递减率的定义可以导出:

$$D_t = (C_t - A_t)/(1 + C_t) \qquad (2-2-13)$$

式中 D_t——油田第 t 年产量递减率,%;

C_t——油田第 t 年液油比增长率,%;

A_t——油田第 t 年产液量增长率,%。

由式(2-2-13)可以看出,在采液速度发生变化时,产量递减率的大小主要受液油比增长率和产液量增长率的影响。当液油比增长率大于产液量增长率时,油田产量就发生递减,大小取决于二者变化幅度;当液油比增长率等于或小于产液量增长率时,产量就稳产或递增。

3)开发强度对递减规律的影响

开发强度定义为稳产期平均采油速度与稳产期末可采储量采出程度的乘积。国内外研究结果表明,产量递减速度与开发强度成正比例关系,前期开发强度越大(即采油速度越大,稳产期越长、稳产期末可采储量采出程度越高),进入递减阶段后递减速度越快。

根据苏联学者 M. M. 伊万诺娃 65 个油田统计研究结果:产量递减阶段的年平均递减率与稳产期末的采出程度成直线关系;典型油田统计结果表明稳产期末可采储量采出程度与初始递减率成直线关系。喇萨杏油田统计结果表明产量递减速度与开发强度成正比例关系。

4)生产因素对产量递减率的影响

开发因素中生产因素也对递减速度有一定的影响,递减率会受钻关、封堵、当年新井、长关井治理、注采系统调整等生产因素的影响。而且由于三次采油储量转移带来的封堵、补孔等对整个水驱井网的注采关系和产量也会产生一定的影响。

应用矿场动态、数理统计等方法,建立了钻关、封堵等影响产量的砂岩厚度比例法、多元线性回归法和数值模拟法等预测方法。砂岩厚度比例法简单易操作但预测误差在 15% 以上,数值模拟法精度较高但工作较复杂,而多元线性回归法充分考虑矿场动态实际,参数容易获取。利用 17 个区块的实际数据,优选钻关前井网密度、有效厚度、油水井数比、含水率、注水强度等 5 个参数作为影响钻关产量比例的主要因素,建立了多元线性回归模型,应用实际数据对预测结果进行了检验,结果表明最大误差为 5.23%,最小误差仅为 0.41%,大幅提高了钻关对产量影响的预测精度,此种方法一直应用于年度配产指标预测之中。

钻关影响产量的多元线性回归预测公式:

$$y = 0.64x_1 + 0.39x_2 + 0.38x_3 - 5.63x_4 + 0.23x_5 + 5.18 \qquad (2-2-14)$$

式中 y——钻关平均单井影响产油量,10^4t;

x_1——井网密度,口/km²;

x_2——有效厚度,m;

x_3——注水强度,m³/m;

x_4——含水率,%;

x_5——油水井数比。

2. 特高含水期产量递减规律

1）以产量变化划分开发阶段

国内外典型油田产量变化过程大体可划分为上产、稳产、快速递减和缓慢递减四个阶段,划分开发阶段的指标标准基本上是比采油速度(即目前采油速度与最高采油速度的比)小于0.2为进入缓慢递减阶段。目前喇萨杏油田仍处于快速递减阶段,与国内外油田的递减速度相比,喇萨杏油田由于采取了多次布井、接替稳产的开发方式,采油速度低,因此其递减阶段的平均递减率相对较低(表2－2－6)。

表2－2－6 国内外同类油田递减率对比

国家	油田	快速递减阶段递减率（%）
中国	大庆喇萨杏	5.76
中国	孤东	6.62
美国	东得克萨斯油田	9.68
美国	普罗德霍湾油田	9.61
俄罗斯	罗马什金油田	9.49
俄罗斯	杜马兹油田	9.13
俄罗斯	萨马特洛尔油田	14.87
俄罗斯	巴夫雷油田	8.21
俄罗斯	阿尔兰油田	6.49
挪威	Gulfaks	12.91

罗马什金油田在含水率接近90%时以较低采油速度保持稳产,采油速度只有0.32%,比采油速度小于0.2,年产油量在1500×10^4t左右稳产14年,其在开发晚期保持稳产的主要方法是以钻补充井和优化井网密度为主的水动力学法,而且采用了经济有效的侧钻井和老井侧钻水平井方法恢复停产井,在油田开发晚期通过采取有效措施,可以使原油产量保持稳定。

2）开发调整过程中产量变化规律

（1）无措施条件下产量递减规律取决于地下油水运动规律,递减率的大小取决于其所处的开发阶段。

根据前面影响产量递减规律因素分析可知,油相相对渗透率的变化规律决定了产量递减规律[式(2－2－15)]。

$$D = b\frac{2\pi Kn}{\mu_o \phi A}\frac{\Delta p}{\ln(R_e/r_w) - 3/4 + S} \qquad (2-2-15)$$

其中

$$b = \frac{dK_{ro}}{dS_w}$$

式中 b——油相相对渗透率与含水饱和度关系曲线斜率;

D——递减率,%;

K——渗透率,mD;

n——油井数,口;

μ_o——油相黏度,mPa·s;

ϕ——孔隙度,%;

A——供油面积,km^2;

Δp——生产压差,MPa;

R_e——供给半径,m;

r_w——油井半径,m;

S——表皮系数。

根据式(2-2-15)可以确定产量递减率与地质和开发因素的定量关系,产量递减率的大小与油相相对渗透率与含水饱和度关系曲线[$K_{ro}(S_w)=a-bS_w$]斜率b成正比,即随着油相相对渗透率下降速度越快,产量递减速度也越快,递减率值越大。从相渗曲线的变化过程可以看出,随着含水饱和度和含水率的升高,油相渗透率的下降速度变缓,因而递减率的值也随着含水率的升高而减小。即无措施条件下递减率的大小取决于其所处的开发(含水)阶段。

(2)油田采取重大调整措施后,产油量上升,递减率值大幅度增大后重新进入稳定递减阶段。

在生产条件稳定情况下,递减率取决于油水运动规律。但在实际油田开发中,生产条件受各项因素的制约很难保持不变。根据定义推导的产量递减率计算公式:

$$D_t = \frac{1-f_{wt}}{1-f_{wt-1}}(f_{wt}'v_{lt}-a_t) \qquad (2-2-16)$$

式中　D_t——第t年递减率,%;

f_{wt}——第t年年含水率,%;

f_{wt-1}——第$t-1$年年含水率,%;

f_{wt}'——第t年含水上升率,%;

v_{lt}——第t年采液速度,%;

a_t——第t年产液量增长率,%。

根据式(2-2-16),可以计算不同含水阶段不同采液速度条件下理论产量递减率值(表2-2-7),喇萨杏油田特高含水后期采液速度8.0%时平均产量递减率界限4.34%,采液速度由8%提高到9%可使递减率升高0.5%,液量增长率由0减小到-2%,可使递减率升高2%。

递减率受开发因素的影响更大。开发因素中,开发调整方式和调整措施对产量递减规律和递减率大小的影响很大。油田采取重大调整措施后,产油量上升,递减率值初期大幅度增大后重新进入稳定递减阶段。不同开发阶段、不同措施规模对产量递减率的影响不同,随着含水率不断升高,措施潜力及效果变小,对递减率的影响也不断减小,大庆油田南八区在一次加密和二次加密调整阶段,由于产量大幅度上升,加密后初期递减率比加密前升高2.9%,到了三次加密调整阶段由于增油幅度明显降低,加密后初期递减率只升高0.78%。

表 2 - 2 - 7　特高含水后期(含水率 95%~98%)产量递减率和含水上升率界限

开发区	产量递减率(%)					
	采液速度 8%			采液速度 9%		
	液量增长率 0	液量增长率 2%	液量增长率 -2%	液量增长率 0	液量增长率 2%	液量增长率 -2%
喇嘛甸	4.23	2.24	6.22	4.75	2.76	6.75
萨北	4.22	2.23	6.22	4.75	2.76	6.75
萨中	4.11	2.12	6.10	4.62	2.63	6.62
萨南	3.98	1.98	5.97	4.48	2.48	6.47
杏北	4.41	2.42	6.41	4.96	2.97	6.96
杏南	4.37	2.37	6.36	4.91	2.92	6.91
喇萨杏	4.34	2.34	6.33	4.88	2.88	6.87

(三)特高含水期采出程度

特高含水期采出程度计算采用了水驱曲线、相渗曲线、小井距等三种方法进行预测,根据计算结果,特高含水阶段(含水率 90%~98%)采出程度为 8%~10%。

1. 水驱曲线法

水驱曲线微分形式的预测方法与传统公式相比,更能掌握含水指标随时间变化的详细过程,从而更为准确地预测产油量、含水率等指标间相对变化趋势。

甲型水驱特征曲线:

$$\frac{\mathrm{d}f_w}{\mathrm{d}t} = Bq_o(1 - f_w)f_w = Bq_1(1 - f_w)^2 f_w \qquad (2 - 2 - 17)$$

西帕切夫水驱特征曲线:

$$\frac{\mathrm{d}f_w}{\mathrm{d}t} = \frac{2Bq_o\sqrt{1 - f_w}}{\sqrt{A}} = \frac{2Bq_1(1 - f_w)^{3/2}}{\sqrt{A}} \qquad (2 - 2 - 18)$$

式中　f_w——含水率,%;

q_o——产油量,10^4t;

q_1——产液量,10^4t;

t——生产时间;

B——水驱曲线斜率;

A——水驱曲线截距。

应用这种方法,可以对各开发区和开发区内不同区块及分类井网特高含水阶段的采出程度进行测算。经测算,大庆喇萨杏油田特高含水期采出程度为 8.93%。其中喇嘛甸、萨北、萨中、萨南、杏北、杏南各开发区特高含水期采出程度分别为 9.69%、9.56%、9.02%、8.54%、8.92%、7.50%,基础井网、一次井网、二三次井网、高台子各分类井网特高含水期采出程度分为 8.36%、9.19%、9.22%、10.2%。

2. 相渗曲线法

相渗曲线法通常是应用莱维尔特分流方程和采出程度公式来确定含水率和采出程度关系，而采用的含水饱和度是岩样末端的含水饱和度，但是在中等注水倍数条件下，末端含水饱和度只反映了某一时刻某一端面的状态，并不能代表整个动态驱油过程中的饱和度值。因此采用 Welge 方程完善采出程度计算公式，用平均含水饱和度来代替末端饱和度，使得计算结果趋近于真实结果，真实地反映动态过程。

根据 Welge 方程，平均含水饱和度公式为：

$$S_{wavg} = S_w + (1 - f_w)Q_i \qquad (2-2-19)$$

同时还确定了注水倍数与含水率的关系，即岩心末端含水率的导数等于注水倍数的倒数：

$$\frac{1}{Q_i} = \left(\frac{df_w}{dS_w}\right) \qquad (2-2-20)$$

把平均含水饱和度关系式和注水倍数的关系式代入采出程度公式中得到：

$$R = \frac{(S_w - S_{wc}) + (1 - f_w)}{1 - S_{wc}}\left(\frac{df_w}{dS_w}\right)^{-1} \qquad (2-2-21)$$

把地下的含水率转化为地面的含水率 f_{wL}，如下所示：

$$f_{wL} = \frac{1}{1 + \dfrac{B_o}{B_w}\left(\dfrac{1}{f_w} - 1\right)} \qquad (2-2-22)$$

式中　S_{wavg}——平均含水饱和度，%；

S_w——出口端含水饱和度，%；

Q_i——注水倍数，PV；

f_w——末端含水率，%；

R——采出程度，%；

S_{wc}——束缚水饱和度，%；

f_{wL}——地面含水率，%；

B_o——原油体积系数；

B_w——地层水的体积系数。

通过上述含水率和采出程度的关系式就可以计算出不同含水阶段采出程度。

应用这一方法计算分类油层采出程度的关键是如何确定各类油层的相对渗透率曲线。根据已有的研究成果，相对渗透率曲线指标与岩样渗透率有较强的相关性，所以参考油层分类标准，可以将每个开发区相对渗透率曲线按不同渗透率级别分成三类，分别代表一类油层、二类油层和三类油层。这样平面上按开发区、纵向上按渗透率的分类方法既考虑了油层渗透率，又考虑油层微观孔隙结构性质以及油水黏度比等指标的差别对计算结果的影响。

对每类油层相渗曲线进行了归一化处理,应用归一化相渗曲线和上述方法可以计算喇萨杏油田分类油层特高含水期采出程度。目前喇萨杏油田水驱及分类井含水率在91%~93%之间,根据计算结果,分类油层特高含水期采出程度为8%~10%,平均8.71%,同时也计算了特高含水期可采储量采出程度在20%左右(表2-2-8)。

表2-2-8　分类油层特高含水期采出程度

油田	分类油层(mD)	地质储量采出程度(%)		可采储量采出程度(%)	
		含水率90%~98%	目前含水率至98%	含水率90%~98%	目前含水率至98%
喇萨杏	$K \leqslant 200$	10.42	6.96	22.98	16.89
	$200 < K < 800$	8.24	7.00	21.24	15.56
	$K \geqslant 800$	8.93	7.02	19.94	14.76
	平均	8.71	6.99	20.68	15.36

3. 小井距法

大庆油田是全面实行早期内部注水保持压力开发的大型油田。掌握油田注水开发全过程的生产特点和变化规律,预测注水采油的采收率,以指导编制油田长期生产规划,这是一项极为重要的任务。为此,大庆油田专门开辟了小井距试验区,从1965年开始到1971年先后进行三个单油层注水开发全过程的矿场试验,获得了较为可靠的认识和成果。

小井距试验区选在油层比较发育的油田北部地区,按75m井距,以四点法面积注水井网布井,实验区内SⅡ7+8、PⅠ1-2、PⅠ4-7三个试验层均为厚度大、渗透率高、分布面积广的油层,也是油田大部分地区的主力油层。由于油层属河流—三角洲沉积的河道砂体,虽然井距很近,但厚度和渗透率的变化仍较大,层内非均质性也比较严重;试验区原油性质为中等黏度的高饱和原油,与油田大多数地区相似,因此,可以借助小井距数据研究特高含水期采出程度。

应用小井距试验区中心井动态资料计算了不同油层特高含水期采出程度,为6%~9%,平均7.66%,特高含水期可采储量采出程度为18%左右(表2-2-9)。

表2-2-9　小井距中心井不同层位采收率变化表

井号	层位	采出程度(%)							
		$f_w = 90\%$		$f_w = 95\%$		$f_w = 98\%$		$f_w = 90\%~98\%$	
		地质	可采	地质	可采	地质	可采	地质	可采
511井	SⅡ7+8	31.50	82.19	34.82	90.84	38.33		6.83	17.81
511井	PⅠ4-7	39.38	81.14	45.92	94.60	48.54		9.15	18.86
511井平均		36.54	81.46	41.91	93.44	44.85		8.31	18.54
501井	SⅡ7+8	29.22	82.76	32.34	91.57	35.31		6.09	17.24
501井	PⅠ1-2	35.63	83.27	39.61	92.59	42.78		7.16	16.73
501井平均		31.96	83.00	35.45	92.06	38.51		6.54	17.00
平均		34.84	81.98	39.51	92.98	42.29		7.66	18.02

第三节 特高含水期开发指标预测方法

从本章第一节可知,由于长垣水驱在特高含水开发阶段存在优势渗流通道、精细挖潜措施和储量大规模转移等特点,目前的水驱特征曲线预测法没有考虑特高含水层段渗流规律的变化,继续应用水驱曲线进行指标预测会产生较大误差,同时目前的笼统预测法不能考虑措施改变不同含水层注采速度和厚度比例的作用,也不能考虑储量转移和封堵导致整个油层的储量、含水率等构成产生的变化。因此需建立符合特高含水渗流特征、考虑措施和储量转移条件下的开发指标预测方法。

一、非均质多油层油田特高含水期笼统预测存在的问题

大庆油田自"十一五"规划以来,在规划方案编制中,水驱指标预测采用的主要方法是基于液量和油量的水驱曲线中的西帕切夫曲线微分形式法。这种方法的主要特点有两点:

一是采用西帕切夫曲线微分形式的预测方法,与传统公式相比,更能掌握含水指标随时间变化的详细过程,从而更为准确地预测产油量、含水率等指标间相对变化趋势;

二是采用的是笼统水驱曲线预测法,应用整个油藏的水驱曲线直线规律预测开发指标,认为非均质油层中各个单元都符合水驱曲线直线规律,整个油藏的水驱特征曲线则是各单元水驱曲线的合成。

根据国内外油田水驱曲线的适用条件,水驱特征曲线预测方法适用于油层物理性质相对比较均匀,水淹也比较均匀的情况,适合于中高含水期,适用于油田无重大调整措施条件下。

当油田进入特高含水期后,由于优势渗流通道的存在以及采取了大量的调整措施,使水驱曲线方法在应用上存在问题,主要体现在以下两方面:

一是水驱曲线直线关系只适用于中高含水期,特高含水期优势渗流通道渗流规律改变,水驱曲线出现上翘现象,继续应用水驱曲线直线规律描述特高含水油层含水变化规律会产生较大误差;

二是笼统预测法只能预测无措施条件下的指标变化趋势,不能考虑措施改变不同含水层注采速度和比例的作用,而且也不能考虑储量转移导致整个油层的储量、含水率等构成产生较大变化的影响。

因此,进入特高含水期以来,油田采用的西帕切夫水驱曲线笼统预测方法存在两方面的问题:

(一)开发指标预测精度低

笼统预测没有考虑分类油层开发规律的差别,各类油层全部用水驱曲线直线规律预测,没有考虑特高含水阶段优势渗流通道水驱曲线直线规律变化给整个油藏指标规律带来的影响,使现有方法预测指标误差较大。

特高含水阶段与低含水期相比,由于水相相对渗透率急剧上升,油水相对渗透率比值与含水饱和度在半对数坐标下的直线关系不再成立,即 $K_{ro}/K_{rw} \neq ae^{-bS_w}$,相渗比值曲线出现下

弯。而水驱曲线应用的渗流基础是相渗比值曲线的直线关系,即水驱曲线是基于这一直线关系式推导出来的,当这一直线关系不再成立,水驱曲线的渗流基础发生改变,也必然会出现上翘现象。

根据室内实验研究结果,油水相对渗透率比值曲线下弯是水驱的必然过程,而相渗比值曲线下弯点与水驱特征曲线上翘时机存在因果关系,因此水驱特征曲线上翘也是水驱过程的必然趋势,而且单层开采条件下水驱曲线上翘时机与相渗比值曲线下弯点是相对应的,即相渗比值曲线出现下弯的时机也正是水驱曲线出现上翘的时机。

统计喇萨杏油田869条室内相渗曲线结果,80%以上都出现了下弯,尤其是高渗透油层,由于后期水相相对渗透率增长幅度大,因此高渗透层相渗比值曲线下弯的比例高,高渗透油层(渗透率大于800mD)相渗比值曲线下弯的比例在90%以上。从发生下弯点含水率统计结果看,喇萨杏油田相渗比值曲线出现下弯时含水率在95%~99%之间、含水饱和度在0.6左右。

(二)无法满足油田实际开发需求

首先是对措施作用的考虑,目前油田开发规划方案编制中,先应用水驱曲线定液法(定液法只是考虑了已发生的措施,没有考虑未来措施的影响)预测无措施条件下开发指标变化规律,然后再考虑措施效果,最后再将两者简单地代数叠加得到措施作用下的开发指标变化情况。但事实上,开发指标与控制措施是相互作用的。这种简单的"拆开"再"拼合"的做法既不符合系统思想,也不符合油田开发实际。

其次是对储量转移的考虑,目前油田开发规划方案编制中,储量转移影响水驱产量是根据油井封堵目的层前后产量的变化统计得到的,在年度规划方案编制中应用不会有太大偏差,但长远规划中这部分影响的产量递减情况只能人为推测,因此会有人为因素误差。而目前笼统预测方法是把油藏看成一个整体,储量转移只是整体储量发生变化,储量结构的变化不能在测算指标的过程中体现,由于三次采油转移的储量都是一类、二类油层,储量转移后剩余水驱油层储量含水结构发生变化,笼统预测时无法考虑。

同时制定油田开发战略也需要深入分析分类油层开发规律,大庆喇萨杏油田各类油层由于油层非均质性严重,分类油层开发效果差别较大,要明确分类油层的开发状况和调整对策也必须发展分层开发指标预测方法。

二、分层结构调整预测模型

针对水驱曲线在特高含水期进行开发指标预测存在的问题,在措施作用机理分析的基础上,对不同含水油层用不同开发规律进行描述,建立了分层结构调整预测模型。预测模型分以下三个步骤进行:

(一)油层分类

即先将油层按不同含水级别进行分类。参考国内外油田的含水率划分标准,含水率小于20%为低含水,含水率在20%~60%之间的为中含水,含水率在60%~90%之间的为高含水,含水率大于90%为特高含水。以此为依据,按4个含水级别将油层划分为3类,即:中低含水油层,即含水率小于 60% ;中高含水油层,含水率为 60%~90% ;特高含水油层,含水率大于 90% 。

(二) 确定分类油层参数

确定每类油层的储量、目前含水率以及产液量。

(三) 确定分类油层开发指标规律

对每类油层确定其产量和含水率等指标变化规律,即确定每类油层含水率或产量等指标随时间等变化关系式。以分类油层为基本单元,按各自的规律分别进行预测,最后合成整个油藏的指标,因此该方法的本质是分解与合成。

分层结构调整预测模型的第一个重要特点是实现了不同油层用不同的开发规律来描述,考虑了特高含水油层渗流规律的变化。在模型中,对特高含水油层含水规律的描述由于水驱曲线不再适用,因而使用生长曲线来描述,对中高含水油层可以采用水驱曲线也可使用生长曲线来描述,对低含水油层仍然用生长曲线来描述。

分层结构调整预测模型的第二个特点是建立在措施机理分析的基础上,能够考虑到措施调整作用对开发指标的影响。对多层非均质油藏而言,措施调整的作用本质上是改变非均质油层各个单元的采出速度和产油、产液比例,优化注水产液结构,从而改变整个油藏的水驱特征,实现整个油藏的均衡开采,如压裂等增产措施是提高低含水层采液速度与采油速度,封堵等控水措施可认为是控制高含水层、特高含水层采液速度和采油速度。因此调整措施的作用在模型中可以通过调整液量和分层产液比例来实现。

分层结构调整预测模型的第三个特点是能够合理考虑到储量转移对水驱开发指标的影响。由于聚合物驱储量转移是封堵整个目的层,因而剩余的水驱储层的总储量和不同油层的储量构成发生变化,在模型中可以通过调整储量和分层储量比例来实现。

同时分层结构调整预测模型可以实现分层指标测算,为分层结构调整提供依据。

三、预测模型参数确定

在建立的分层结构调整预测模型中,需要确定分类油层的各项参数,主要包括分类油层储量比例、分类油层产液比例和分类油层目前含水率。

(一) 分类油层储量比例

在油气田的储量计算中,主要方法有容积法和物质平衡法,容积法适用于不同勘探开发阶段,不同圈闭类型、储集类型和驱动方法的油藏,对大中型构造油藏的精度较高,是最基本的方法;而物质平衡方法是利用生产资料计算动态地质储量的一种方法,它对高渗透性小油藏的精度较高。对大型中高渗透油藏储量的标定采用容积法,因此,大庆喇萨杏油田在计算分类油层储量比例时,也是采用容积法。

容积法计算的储量公式见式(2-3-1),对于一个油藏,在计算油藏分类油层的储量比例时,含油面积 A、地面原油密度 ρ_o 和体积系数 B_{oi} 可以约去,这样可以得到分类油层储量比例计算公式[式(2-3-2)],根据式(2-3-2),对于各类油层的厚度比例可由近几年产液剖面资料来确定,各类油层的孔隙度和含油饱和度可由取心井资料来确定,两者结合即可求出各类油层的储量比例。

$$N = Ah\phi S_{\text{o}}\frac{\rho_{\text{o}}}{B_{\text{oi}}} \tag{2-3-1}$$

式中　N——地质储量，10^4t；

　　　A——含油面积，km^2；

　　　h——平均有效厚度，m；

　　　ϕ——平均有效孔隙度，$\%$；

　　　S_{o}——平均含油饱和度，$\%$；

　　　ρ_{o}——平均地面原油密度，kg/m^3；

　　　B_{oi}——原油体积系数。

$$\text{储量比例} = \frac{N_i}{\sum N_i} = \frac{\phi_i h_i S_{\text{oi}}}{\sum \phi_i h_i S_{\text{oi}}} \tag{2-3-2}$$

式中　N_i——第i层储量，10^4t；

　　　h_i——第i层有效厚度，m；

　　　ϕ_i——第i层孔隙度，$\%$；

　　　S_{oi}——第i层原始含油饱和度，$\%$。

(二)分类油层产液比例

分类油层产液比例的确定方法有两种，一种是应用测试资料统计分层产液量，在油井生产过程中，可以通过产液剖面资料定量或定性解释采油井每个油层的产液量和含水率，从而得出每个油层的产油量和产水量；而吸水剖面主要测量的是在一定注水压力条件下每个层段的吸水量，对于注水开发的油田，注水井的吸水剖面决定着生产井的产出剖面，即有什么样的吸水剖面就有什么样的产出剖面。因此，由吸水剖面资料能够了解注入水的纵向分布，预测和控制水线推进，监测油层的吸水和产出。另一种是应用分流量计算公式计算分层产液量，室内实验和油田实际资料表明，因油层流体渗流速度很小，一般情况下流体流动规律均满足达西定律，这样由达西定律可以推导出井底附近平面径向流的产液量公式：

$$q = \frac{2\pi K K_{\text{ro}} h \Delta p}{\mu_{\text{o}} \ln \dfrac{r_{\text{e}}}{r_{\text{w}}}} + \frac{2\pi K K_{\text{rw}} h \Delta p}{\mu_{\text{w}} \ln \dfrac{r_{\text{e}}}{r_{\text{w}}}} \tag{2-3-3}$$

式中　q——产液量，10^4m^3；

　　　K——地层渗透率，mD；

　　　h——地层厚度，m；

　　　K_{ro}——油相相对渗透率；

　　　K_{rw}——水相相对渗透率；

　　　μ_{o}——油地下黏度，mPa·s；

　　　μ_{w}——水地下黏度，mPa·s；

Δp——生产压差，MPa；

r_e——供给半径，m；

r_w——油井半径，m。

由式(2 - 3 - 3)即可推导出各类油层的产液比例计算公式，推导结果见式(2 - 3 - 4)。

$$r_{qi} = \frac{q_i}{\sum q_i} = \frac{K_i h_i \left(\dfrac{K_{roi}}{\mu_o} + \dfrac{K_{rwi}}{\mu_w} \right) \Delta p_i}{\sum K_i h_i \left(\dfrac{K_{roi}}{\mu_o} + \dfrac{K_{rwi}}{\mu_w} \right) \Delta p_i} \qquad (2 - 3 - 4)$$

式中 r_{qi}——第 i 层产液比例，% ；

$\quad q_i$——第 i 层产液量，$10^4 m^3$ ；

$\quad K_i$——第 i 层渗透率，mD；

$\quad h_i$——第 i 层厚度，m ；

$\quad K_{roi}$——第 i 层油相相对渗透率；

$\quad K_{rwi}$——第 i 层水相相对渗透率；

$\quad \Delta p_i$——第 i 层生产压差，MPa。

其中：K_i 是通过对油水相对渗透率曲线数据进行整理、分类、统计而得到；h_i 是通过对取心井数据进行整理、统计、分析而得到；K_{roi}、K_{rwi} 是根据相对渗透率曲线确定，具体的方法是根据需要将所有的相对渗透率曲线分类进行归一化处理，得到分类油层的归一化后的一条相对渗透率曲线，进而可以得到分类油层与相渗曲线对应的含水率，然后根据油田各类油层目前的实际含水率，对应到各类油层的相对渗透率曲线，即可以确定出各类油层的目前油、水相对渗透率；Δp_i 是根据生产动态数据来确定的。

(三)分类油层含水率

由于油层非均质性是大多数油田的重要特征，因此在开发过程中应该考虑到由储层非均质性产生的结构性，可以认为油层是由一系列结构单元构成，不难推出总体含水率与结构单元含水率之间关系：

$$F_w = \sum \frac{Q_{li}}{Q_l} f_{wi} \qquad (2 - 3 - 5)$$

式中 Q_{li}——第 i 类储层结构单元产液量，$10^4 m^3$ ；

$\quad Q_l$——总体产液量，$10^4 m^3$ ；

$\quad f_{wi}$——第 i 类储层结构单元含水率，% ；

$\quad F_w$——总体含水率，% 。

各结构单元含水 f_{wi} 的确定采用试凑法，首先应用产液剖面井资料确定喇萨杏油田各开发区各类油层的含水率和产液比例，然后以油田实际含水率与产液剖面统计井含水率之差即 $Min(F_{w产液剖面} - F_{w开发区})$ 为约束条件，应用式(2 - 3 - 5)反求实际各开发区各类油层含水率，这一步骤可以通过预测软件来实现。

在确定预测模型分类油层参数基础上，就可以实现分层预测模型的拟合和预测工作，拟合可以实现对分类油层目前含水率进行误差范围内拟合,确定分类油层目前含水率,同时建立了预测参数数据模块,预测模块可以预测分类油层的开发指标,可以考虑措施时机和措施工作量的影响,同时还可以测算聚合物驱储量转移对水驱指标的影响。

四、特高含水期开发指标预测软件

根据以上研究成果,应用 VB 编程语言技术,编制完成了特高含水期开发指标预测软件(EWIP)1.0 版本。特高含水期开发指标预测软件以分层结构调整预测模型和生长曲线方法为理论基础,可以合理预测不同储量转移和措施规模条件下产油量、产液量和含水率等开发指标变化趋势,确定产量递减率、含水上升率等开发指标技术政策界限,是一套集数据管理、数据处理、图表展示和指标预测等功能于一体的集成化指标预测工具。

(一)软件总体需求及目标

以满足灵活的数据处理和指标预测功能为目标,以提高工作效率和规范化、标准化程度为原则,按照软件编制标准流程,最大程度提高软件适应性,形成一套功能丰富、应用简便和界面友好的特高含水期开发指标预测专业软件。

(1)项目业务流程和指标预测流程。

为了合理设计软件的结构和功能,明确该项目软件编制过程中所有业务的顺序、相互关系和职责,绘制了项目业务流程和指标预测流程。

(2)结构框架和功能模块。

在对软件使用用户需求调研的基础上,根据特高含水期开发指标预测原理及流程,合理设计软件的结构和功能。

软件结构上分为文件、数据、应用、预测、帮助 5 个部分,软件功能上分为数据管理、数据处理、指标预测和辅助帮助四大模块。

其中数据管理、数据处理、指标预测模块是软件最核心的 3 个模块,根据指标预测过程中数据流的处理顺序合理分配 3 个模块的主要功能,绘制了模块功能结构图。

数据管理模块实现对基于 DBF 数据库的相渗数据、产液剖面数据和取心井数据文件的导入、浏览、查询、导出及生成数据信息导航树等功能。

数据处理模块实现对相渗数据、产液剖面数据和取心井数据分类统计和计算,得到指标预测所需的各项参数,形成指标预测参数库等功能。

指标预测模块实现指标预测相关参数设置、指标预测参数库读取、分类油层开发指标的预测、结果显示、图形化、修改和导出预测结果等功能。

辅助帮助模块实现软件使用手册和软件基本信息的查询和显示等功能。

(二)软件界面设计

软件界面设计过程中考虑用户的使用习惯,同时借鉴已有常用软件的操作风格,采用了多窗口的操作模式,设计了包括数据管理、数据处理、指标预测和辅助帮助等 4 个模块为主要功能的 16 个子界面。

1. 数据管理模块

数据管理模块包括 4 个子界面,主要实现基础数据的导入及相关计算数据和基础数据统计、参数库及指标预测结果等的导出功能。

2. 数据处理模块

数据处理模块包括 5 个子界面,主要实现基础数据的计算统计,形成指标预测参数库的功能。

3. 指标预测模块

指标预测模块包括 3 个子界面,主要实现分类油层含水率拟合、预测参数库相关参数的设置,开发指标的预测功能。

4. 辅助帮助模块

辅助帮助模块包括 4 个子界面,主要实现软件退出、基本参数设置、软件信息和使用手册显示功能。

(三) 软件特点

从软件使用情况和用户反馈来看,软件具备了两个方面的功能特点。

1. 数据管理高效灵活

针对软件中涉及的数据类型,合理设计数据的存储方式和数据接口,大大提高软件的数据运行效率。

基础数据部分:

(1)实现了基础数据一键式导入和数据完整性检查,自动存储路径,避免软件重启后数据的重复导入;

(2)形成基础数据的导航树,数据基本信息直观,操作更加灵活便捷;

(3)具有数据的逐级查询功能,满足不同用户对数据的需求。

参数录入和数据输出部分:

(1)实现了对参数范围合理性的自动检验,最大限度地保证了参数的准确性;

(2)参数库具有新建、复制、刷新、删除等功能,通过便捷的参数库管理可以快速建立不同预测方案的指标预测参数库,提高了不同规划方案的指标预测工作效率;

(3)实现了自由选择数据输出方式和曲线组合,满足了用户对图形输出的不同需求。

2. 图形编辑功能丰富

通过图形参数工具,实现基础数据浏览和计算结果显示图形化,提供丰富的图形编辑功能的快速个性化设置,满足不同用户对图形处理的要求。

图形编辑功能包括:

(1)曲线名称、颜色、线条样式;

(2)坐标名称、刻度、范围、颜色;

(3)图形位置、2D/3D 转换;

(4)标题和图例名称、颜色、位置;

(5)网格和数值显示效果;

(6)图形类型。

（四）实际应用性强

软件编制过程中,充分考虑用户在规划应用中的实际需求,在相关参数设置过程中体现不同应用范围的差异性,最大程度提高软件使用的灵活性。例如,在参数库设置界面,针对年度规划和长远规划工作中相关参数特点,通过"不等规模"和"同等规模"按钮实现了储量转移、措施的规模和时间的手动设置和自动设置。

（五）应用范围广泛

数据处理模块的相关数据统计结果可以应用于日常科研生产的基础研究分析中,有效扩展了软件的应用范围,大大提高了相关工作的效率。例如,相渗数据处理模块中数据处理结果可以应用于含水和采出程度变化规律、无量纲采油采液指数分析等开发规律研究中;产液剖面数据统计模块中数据处理结果可以应用于油层分层产油、液量变化趋势分析,取心井数据统计模块中数据处理结果可以应用于油层动用状况分析、剩余油特征分析等研究。

与同类软件对比,EWIP1.0软件由油田开发人员开发完成,与国内外同类软件对比,具有完全自主知识产权,无须外部采购,针对特高含水阶段开发指标预测精度更高、实用性更强、维护升级更方便及时,具有比较明显的功能、效益和成本优势。

五、应用实例

（一）地质特征及开发现状

SN开发区位于大庆长垣中部,属陆相多油层砂岩油藏,自上而下分为萨尔图、葡萄花、高台子三套油层,萨葡油层为一套河流—三角洲沉积储层,平面、纵向非均质性严重,1964年投入开发,水驱经过一次、二次、三次加密调整,共有五套开发层系,形成基于不同储层和对象不断加密调整、分批动用的开发状况。2006年进入特高含水开发阶段。面临着剩余油零散分布、措施挖潜效果差、进一步提高储量动用程度难度较大、区块开发效益差的突出矛盾。

（二）分类油层划分

根据《油田开发管理纲要》中含水率划分标准,将油田划分为低含水期($0 < f_w < 20\%$)、中含水期($20\% \leqslant f_w < 60\%$)、高含水期($60\% \leqslant f_w < 90\%$)和特高含水期($f_w \geqslant 90\%$)4个阶段,以此为依据,将油层划分为3类,即:中低含水油层,即含水率小于60%的油层;中高含水油层,含水率为60%~90%的油层;特高含水油层,含水率大于等于90%的油层。

（三）指标参数确定方法

应用分层结构调整方法进行指标预测,首先确定分类油层参数 $a, b, c, Q_l, f_w, N, N_{pm}$ 7项参数。

1. 参数 a, b, c 的确定

按渗透率级别将分类油层相渗数据均值化处理,将均值化后的相渗数据用 $\ln \dfrac{S_{wm} - S_w}{S_w}$ 与 $\ln \dfrac{K_{ro}}{K_{rw}}$ 进行线性回归,斜率为 b,截距为 $\ln a'$。其中:

$$a = a' \left(\frac{\mu_{\mathrm{o}}}{\mu_{\mathrm{w}}} \right)^{b} \qquad (2-3-6)$$

$$c = \frac{S_{\mathrm{wc}}}{1 - S_{\mathrm{wc}}} \qquad (2-3-7)$$

式中　a, a', b——系数;

　　　S_{w}——含水饱和度,%;

　　　S_{wm}——最大含水饱和度,%;

　　　S_{wc}——束缚水饱和度,%;

　　　K_{ro}——油相相对渗透率,%;

　　　K_{rw}——水相相对渗透率,%;

　　　μ_{o}——油相黏度,mPa·s;

　　　μ_{w}——水相黏度,mPa·s。

2. 参数 N, N_{pm}

由近几年产液剖面资料确定各类油层的厚度比例,由取心井资料确定各类油层的孔隙度和含油饱和度,两者结合求出各类油层的储量比例,由此可得分类油层储量。

$$N_{i} = r_{Ni} N \qquad (2-3-8)$$

式中　N_{i}——分类油层储量,10^4t;

　　　N——总储量,10^4t;

　　　r_{Ni}——各类油层的储量比例,%。

极限可采储量 N_{pm} 为含水率100%时油藏的产油量,即极限可采储量。

$$N_{\mathrm{pm}i} = N_{i} R_{\mathrm{m}i} \qquad (2-3-9)$$

式中　R_{m}——极限采收率,可由均值化的相渗曲线数据求得。

3. 参数 Q_1, f_{w}

分类油层的 Q_1, f_{w} 可由产液剖面资料统计得到。

应用式(2-3-10)预测每类油层含水率变化,在此基础上确定分类油层产油量和含水率等指标变化规律,进而求取整个油藏产油量和含水率等指标变化规律。

$$\frac{\mathrm{d}f_{\mathrm{w}}}{\mathrm{d}t} = \frac{Q_1 (1 - f_{\mathrm{w}}) \left[\left(\frac{f_{\mathrm{w}}}{1 - f_{\mathrm{w}}} \right)^{b} + a \right]^{2}}{ab \left(\frac{f_{\mathrm{w}}}{1 - f_{\mathrm{w}}} \right)^{b-1} \left(\frac{1}{1 - f_{\mathrm{w}}} \right)^{2} (N_{\mathrm{pm}} + cN)} \qquad (2-3-10)$$

式中　Q_1——产液量,10^4t;

　　　f_{w}——含水率,%;

　　　N——地质储量,10^4t。

4. 主要参数计算结果

从 SN 开发区分层参数计算结果看,含水率90%~98%之间的油层为主力产液层位,产液比例58.08%,储量占比最高为47.21%,其次为含水率60%～90%之间的油层,产液比例28.58%,储量占比为31.80%。

表 2 - 3 - 1　SN 开发区分层参数计算结果表

分层指标	含水分级				
	$f_w \geq 98\%$	$90\% \leq f_w < 98\%$	$60\% \leq f_w < 90\%$	$20\% \leq f_w < 60\%$	$0 \leq f_w < 20\%$
含水率(%)	98.89	95.95	86.81	51.17	5.62
产液比例(%)	11.25	58.08	28.58	1.63	0.46
储量比例(%)	4.57	47.21	31.80	0.86	15.56

(四)预测结果

将2017年1～10月份实际生产数据与预测数据进行了对比分析(表2-3-2),预测产油量相对误差小于2%,含水率绝对误差小于0.1%。

表 2 - 3 - 2　SN 开发区生产数据与预测结果对比表

指标	项目	月份						
		1	2	3	4	5	6	7
产油量	实际值(10^4t)	28.07	25.13	27.70	26.52	27.25	26.08	26.86
	预测值(10^4t)	27.88	25.05	27.59	26.55	27.29	26.26	26.99
	相对误差(%)	0.68	0.30	0.39	0.10	0.14	0.68	0.47
含水率	实际值(%)	93.64	93.63	93.77	93.75	93.72	93.75	93.72
	预测值(%)	93.68	93.70	93.73	93.76	93.79	93.81	93.79
	绝对误差(%)	0.04	0.07	-0.04	0.01	0.07	0.06	0.07

参 考 文 献

[1] 俞启泰. 几种重要水驱特征曲线的油水渗流特征[J]. 石油学报,1999,20(1):56-60.

[2] 俞启泰. 使用水驱特征曲线应重视的几个问题[J]. 新疆石油地质,2000,21(1):580-611.

[3] 刘世华,谷建伟,杨仁锋. 高含水期油藏特有水驱渗流规律研究[J]. 水动力学研究与进展(A辑),2011,26(6):660-665.

[4] 李丽丽,宋考平,高丽,等. 特高含水期油田水驱规律特征研究[J]. 石油钻探技术,2009,37(3):91-94.

[5] 冯其红,王相,王波,等. 非均质水驱油藏开发指标预测方法[J]. 油气地质与采收率,2014,21(1):36-39.

[6] 吴晓慧. 大庆长垣油田特高含水期水驱精细挖潜措施后产量变化规律[J]. 大庆石油地质与开发,2018,37(5):71-75.

[7] 王永卓,方艳君,吴晓慧,等. 基于生长曲线的大庆长垣油田特高含水期开发指标预测方法[J]. 大庆石油地质与开发,2019,38(5):169-173.

第三章 化学驱开发指标预测方法

大庆油田化学驱提高采收率技术经过了近三十年的开发实践,截至2021年底,累计投注地质储量$13.27 \times 10^8 t$,累计产油$2.83 \times 10^8 t$,已经成为世界上最大的化学驱工业基地。同时,化学驱开发自2002年产油量达到$1134 \times 10^4 t$高峰,连续二十年保持千万吨以上规模,占大庆油田总产量的三分之一,是油田特高含水后期保持产量稳定接替的重要技术之一。

化学驱开发指标预测是开发规划方案编制的依据,为此,大庆油田根据开采对象的油层特征和动态指标变化规律,建立了多种基于油藏工程原理和油田实践经验相结合的化学驱指标预测方法。目前形成的主要预测方法有:"模式图"法、驱替特征曲线法、累计液累计水法、分阶段回归法以及特征点定量表征法等。这些预测方法从数理统计、经验回归,逐步向基于大数据的智能化方向发展。另外,为了满足不同油层条件下的预测精度需求,这些预测方法在年度规划和中长期规划编制中各有侧重。通常来说,一类油层新投注区块用"模式图"法结合数值模拟预测,已投注区块在注剂阶段用"模式图"法和分阶段回归法预测,后续水驱区块用驱替特征曲线和累计液累计水法预测;二类油层区块一般用特征点定量表征法预测。

"十五"期间,油田化学驱主要开发对象是北部一类油层,从沉积特征看,北部一类油层属于泛滥平原相,储层发育稳定,厚度大,渗透率高,油层非均质性小,各区块开发动态差异性小。因此,在总结前期开展的先导性试验、工业化试验区块动态指标变化规律的基础上,研究建立了以化学驱全过程采出程度为总量控制的"模式图"预测方法。在应用过程中,充分考虑区块的地质条件、注聚合物前含水率、采出程度和注入速度等因素,从而建立每个区块的含水率和产液预测模式,预测精度完全能够满足生产的需要。

进入"十一五"后,化学驱开发对象扩展到南部一类油层和北部二类油层,驱替方式由单一聚合物驱转向聚合物驱、三元复合驱并存。由于油层物性和驱替机理的改变,致使化学驱各区块间提高采收率幅度、采液能力、含水率等动态指标规律差异性加大。因此,在油层精细地质和主控影响因素研究的基础上,应用数理分析和机器学习原理,建立了分阶段回归预测法和特征点定量预测法。这两种方法分别应用于南北一类油层和北部二类油层区块跟踪预测,实现了含水率和产液量指标由根据开发经验的半定量到多因素综合考虑的定量化预测。

今后,随着化学驱开发对象逐步扩展到二类油层和三类油层,新型驱替体系不断实施,区块全过程跟踪调整措施增多,化学驱开发指标预测方法也将不断发展和创新。

第一节　化学驱主要指标变化规律

化学驱主要指标变化规律是指在不同油藏地质条件下,整个化学驱开发过程中,区块含水率、注入能力、采液能力、采出化学剂浓度等动态指标的总体变化趋势。化学驱开发指标变化规律研究是建立指标预测方法和制定区块开发调整对策的基础[1-3]。由于化学驱的注入体系为多种介质,相比原来的水驱开发以水为驱替介质,开发过程呈现多阶段性的特点,开发影响因素更加复杂,指标变化趋势也呈现出与水驱不同的规律。

一、含水率变化规律

含水率变化规律可以定性判断开发效果的好坏,也是划分开发阶段的基础。整个化学驱开发过程可以分为注剂阶段和后续水驱阶段两部分,注剂阶段的含水变化规律可以用"两升一降和一稳"来概括。"两升"是指空白水驱到注聚合物初期,含水继续上升以及化学驱中后期的含水回升阶段;"一降"是指注剂见效后的含水下降阶段;"一稳"是指在含水下降到一定水平保持稳定的阶段。根据含水变化规律的这一特点,一般将化学驱开发过程划分为五个阶段,分别是见效前期、含水下降期、低含水稳定期(或者产油高峰期)、含水回升期和后续水驱(图3-1-1)。

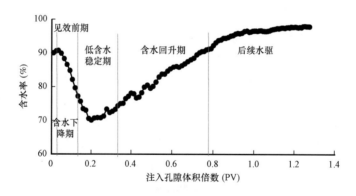

图3-1-1　化学驱含水率变化规律

(一)含水率变化的四个特征点

化学驱开发过程中,一般用四个特征点对含水率变化的规律性进行定性描述。它们分别是见效点、最低点、回升点和最大含水下降幅度。见效点是指从开始注入到含水率开始连续下降时的累计注入体积倍数,最低点是指含水率最小时的累计注入体积倍数,回升点是指由低含水稳定阶段转入含水回升时的累计注入体积倍数,最大含水下降幅度是指初始含水率与最低点含水率的差值,反映化学驱见效程度大小。

通过统计70多个区块(按油层分南、北部一类油层和北部二类油层,按驱替方式分聚合物驱和三元复合驱)的特征点可知,化学驱见效点一般为0.06~0.09PV,最低点为0.2~0.4PV,回升点为0.4~0.5PV。聚合物驱最大含水下降幅度一类油层为10%~16%,二类油层为6%~10%,二类油层较一类油层低4%~6%;三元复合驱最大含水下降幅度一类油层为8%~15%,平均为12.64%,二类油层为6%~11%,平均为10.11%,较一类油层低2.5%左右(表3-1-1)。

表3-1-1　化学驱含水变化规律特征量统计表

特征量	北部一类油层聚合物驱	南部一类油层聚合物驱	南部一类油层三元复合驱	北部二类油层聚合物驱	北部二类油层三元复合驱
见效点(PV)	0.065	0.075	0.093	0.066	0.060
最低点(PV)	0.232	0.306	0.385	0.266	0.340
回升点(PV)	0.371	0.457	0.544	0.455	0.459
含水最大下降幅度(%)	15.25	10.14	12.64	7.81	10.11

(二)含水率变化类型

含水率变化规律受储层非均质性、砂体控制程度、水驱采出程度、注聚合物初期含水率、剩余油分布以及调整措施、注入参数等因素的综合影响[4]。含水率变化规律本质上是单井组含水变化趋势的叠加,因此,在实际开采过程中,含水率变化规律又细化为四种类型,即U形、V形、√形和浅√形(图3-1-2至图3-1-5)。

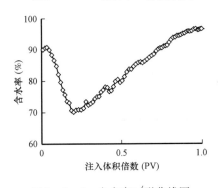

图3-1-2　含水率U形曲线图

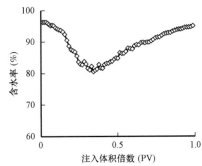

图3-1-3　含水率V形曲线图

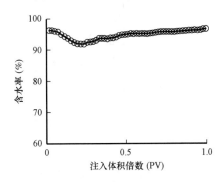

图3-1-4　含水率√形曲线图　　　　图3-1-5　含水率浅√形曲线图

U形和V形含水变化曲线一般出现在一类油层化学驱区块。由于一类储层主要为泛滥平原沉积,河道砂发育规模大,单层砂岩厚度大,河道砂多向连通率高,剩余油较多,因此,在化学驱过程中各储层阶梯见效,能形成均匀驱替的油墙,含水率变化呈现对称分布;一类油层层间非均质性小,驱替控制程度高,含水下降幅度大,U 形含水变化的低含水时间持续长(产油高峰期持续时间长),一般达 6~12 个月,V 形含水变化曲线的低含水持续时间稍短,只能持续 3~4 个月便开始含水回升。

√形和浅√形含水变化曲线一般出现在二类油层区块。由于二类油层多为三角洲内、外前缘沉积,河道砂体规模小,多段多韵律油层发育,单层厚度薄、小层多,因此,注剂后多油层同时见效,含水下降快,但接替能力差,低含水持续时间短,含水回升较快。特别是二类油层上、下返层系投入开发后,储层物性进一步变差,井组连通方向数减少,层内、层间非均质性增强,含水下降幅度进一步变小。近年来,针对二类油层的见效特征,加大了措施跟踪调整力度。通过优化注入体系、延长化学剂注入段塞和增加措施工作量,使得含水率曲线在含水回升期上升速度变缓、回升时间延长,二类油层上、下返层区块含水率曲线越来越明显地呈现浅√形变化趋势。

二、注入能力变化规律

区块注入化学剂后,注入压力上升,注入能力下降。整个驱替过程注入压力上升 5.2~7.0MPa,聚合物驱视吸水指数下降 41.4%~53.3%,三元复合驱视吸水指数下降 55.4%~72.8%,三元复合驱注入能力略低于聚合物驱,但各阶段变化幅度不同(图 3-1-6)。化学驱在受效前期和含水下降期,油层注入能力较强,注入压力一般为 6~10MPa,注入压力上升空间较大,通常注入压力升幅为 3.0~5.8MPa,视吸水指数下降 40.0%~58.4%;在低含水稳定前期,由于驱替介质在油层孔隙中的吸附和捕集作用,提高了近井地带的渗流阻力,注入压力上升 0.9~3.5MPa,视吸水指数缓慢下降 7.4%~16.0%;在低含水稳定后期和回升阶段,随着注入井附近的吸附捕集达到平衡,注入压力趋于平缓,在较长时间内保持较高水平,一般低于地层破裂压力 1.0~2.0MPa。

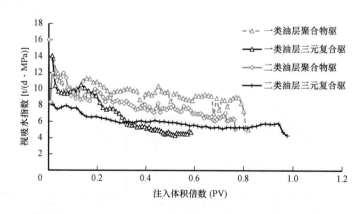

图 3-1-6 化学驱视吸水指数变化曲线

注入井注入压力的升高幅度与驱替剂的注入速度、溶液黏度以及油层的渗透率等因素有关。注入速度越大,驱替剂的黏度越高,油层渗透率越低,注入井的注入压力上升幅度越大。通常情况下,聚合物驱过程中阻力系数低于三元复合驱,但高浓度聚合物驱区块阻力系数与三元复合驱相当。这表明,不管是聚合物驱还是三元复合驱,过高的注入浓度会造成注入过程阻力系数增加,出现注入困难,在开发调整过程中,合理匹配不同渗透率油层的注入浓度是改善开发效果的关键。

三、产液能力变化规律

采油井产液能力的变化主要表现为采液指数的变化。产液指数为单位生产压差下采油井的日产液量。由于在化学剂驱替过程中,受地层能量和溶蚀结垢等因素影响,地层压力和井底流压不断变化,因此,在化学驱见效前期,油层内渗流阻力小,供液能力较强,采液指数呈上升趋势;随着驱替介质逐渐封堵大孔道,储层内渗流阻力增大、压力传导能力变差,供液能力快速下降,导致采油井流压下降、产液能力也快速下降;当区块进入低含水稳定阶段后,此时油墙形成、渗流阻力和油井流压趋于稳定,产液能力下降变缓,采液指数保持缓慢下降并逐步趋于稳定。

统计70个已结束化学驱的一类、二类油层区块产液指数,一类油层平均产液指数为15.2t/(d·MPa),二类油层平均产液指数为10.5t/(d·MPa),二类油层较一类油层低三分之一。在整个驱替过程中,一类油层产液指数下降45%~65%,二类油层产液指数下降25%~50%。从驱替方式上,三元复合驱产液指数下降幅度高于聚合物驱15%~20%。在整个注剂阶段,聚合物驱产液量下降幅度一般在45%以内,三元复合驱产液能力在前置聚合物段塞和三元主段塞前期产液指数下降幅度较大,在主段塞后期略有下降,在注入副段塞以后趋于稳定,全过程产液能力下降在65%以内(图3-1-7)。

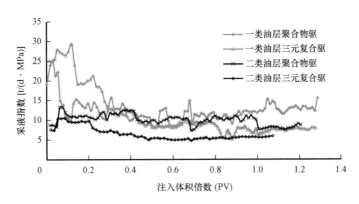

图3-1-7　化学驱产液能力变化规律

四、化学剂采出浓度变化规律

聚合物驱从开始注入聚合物驱溶液(此时生产井采出液中不含聚合物药剂)到采出液中化验出存在聚合物成分的这段时间称为见聚时间。生产井见聚合物后,采出液聚合物浓度呈现一个快速上升—缓慢上升—高值稳定—逐步下降的趋势。区块低含水稳定阶段之前,上升速度略快,进入含水回升期后,上升速度变缓,在达到某一高值后出现一个相对稳定的状态,区块进入后续水驱阶段后,采出液聚合物浓度开始缓慢下降(图3-1-8)。

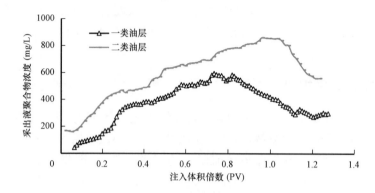

图 3 - 1 - 8　化学驱采出液聚合物浓度变化曲线

对于三元复合驱区块,驱油体系在地下运移过程中,由于竞争吸附、离子交换、多路径运移、滞留损失等作用,聚合物、碱、表面活性剂会发生色谱分离,到达采出端时,所用时间不同,采出化学剂的相对浓度也不同[5]。三元复合驱试验区采出化学剂表现出的动态特点是:在三元复合体系主段塞后期化学剂开始突破,直至接近高峰;三元复合体系副段塞阶段化学剂全面突破,在高值稳定;后续保护段塞阶段采出聚合物浓度在高值稳定后降低,表面活性剂和碱浓度降低。见剂顺序多数区块表现为聚合物最高,碱次之,最后是表面活性剂。见剂高峰时采出化学剂的浓度也表现为聚合物最高,碱次之,表面活性剂最低。这是由于表面活性剂除了较聚合物更容易吸附外,还有部分分配到了原油中;碱与矿物和流体的化学反应也使碱耗增大。

在三元复合驱化学剂注入阶段,储层内部离子变化存在三个阶段:一是采出液聚合物浓度达到稳定高值至见碱前的稳定变化期(注入体积为 0.18 ~ 0.3PV);二是见碱为标志突变期(注入体积为 0.3 ~ 0.5PV);三是平稳期(注入体积 0.5PV 以后)。其中,稳定变化期离子浓度变化情况为:钙镁离子浓度在注入体积 0.18 ~ 0.3PV 时升高,注入体积 0.3 ~ 0.5PV 时降低;碳酸根离子浓度在注入体积 0.18 ~ 0.5PV 时升高;碳酸氢根离子浓度在注入体积 0.18 ~ 0.5PV 时,强碱复合驱降低,弱碱复合驱上升;硅离子浓度在注入体积 0.18 ~ 0.3PV 时稳定,在注入体积 0.3 ~ 0.5PV 时上升。

五、三元复合驱乳化和结垢规律

室内研究和现场动态规律研究表明,三元复合体系与原油的乳化作用对提高采收率具有积极的意义。乳化液有两种类型,O/W 型(水包油型)和 W/O 型(油包水型),O/W 型具有增溶携带作用,W/O 型具有增黏调剖作用,两种作用均有提高采收率的效果。

三元复合驱的乳化作用从见效高峰期开始。乳化程度与剩余油有关,水驱后剩余油富集区乳化程度高,乳化井含水率下降幅度大,阶段采出程度高。另外,不同注入阶段的乳化类型不同。三元复合体系主段塞注入阶段,随含水率升高,乳化类型由 W/O 型向 O/W 型转变,最后转变为不乳化。在这一阶段含水率低于 40% 时产生 W/O 型乳化;含水率在 40% ~ 65% 时,产生 W/O 型或 O/W 型乳化;含水率在 65% ~ 80% 时,产生 O/W 型乳化;含水率高于 80% 时,不乳化。三元复合驱副段塞注入阶段,采出液含水率升高,水相中表面活性剂增加,形成 O/W 型乳化液。

通过对复合驱前后密闭取心井岩心 CT 扫描成像及电子探针矿物鉴定可知,复合驱后储层内含硅、钙、镁、铝、铁等元素的垢质结晶矿物增加。剖面上,结垢主要分布在黏土条带附近及层系底部;平面上,采出端较注采中部结垢严重;微观上,结垢主要分布在连通性差或驱替不可及区域;不同驱油体系对比,强碱复合驱较弱碱结垢严重。

三元复合驱储层溶蚀及结垢主要是碱与储层矿物相互作用,一方面溶蚀作用导致孔隙度、渗透率增加;另一方面,结垢导致连通性差或驱替不可及区域堵塞,致使相同孔隙度条件下渗透率降低。

第二节　聚合物驱开发指标预测方法

随着大庆油田化学驱开发对象的接替转移,聚合物驱开发指标预测方法在“模式图”法的基础上,发展了分阶段回归预测法和特征点定量预测法。分阶段回归预测法主要是针对南、北一类油层聚合物驱开发动态变化特点建立的含水、产液和产油等指标预测方法;特征点定量预测法主要是针对北部二类油层聚合物驱见效规律建立的指标预测方法。本节重点介绍这两种开发指标预测方法。

一、分阶段回归预测法

分阶段回归预测法是基于南部一类油层投入开发后,区块的产液能力和提高采收率幅度明显低于北部一类油层,同时,“模式图”法对采出程度总量控制精度降低,为此,将南、北一类油层区块根据油层条件进行了简单分类,在每一类里考虑地质因素、开发因素、驱替参数等对各阶段关键点的影响,建立分阶段回归关系,最后给出包含关键点的含水率、产液量、产油量等指标的预测模型,从而实现聚合物驱开发全过程的预测。

(一)开发效果主要影响因素

影响聚合物驱开发效果的主要因素有三类,即地质因素、开发因素和驱替参数[6-10]。地质因素主要包括各类砂体比例(河道砂比例、废弃河道砂比例和河间砂比例)、油层有效厚度、垂向非均质性、平面非均质性等;开发因素是指井网密度、注聚合物初期含水率、水驱采出程度、聚合物驱控制程度、边角井及合采井比例等;驱替参数主要是聚合物用量、分层注聚合物比例、调剖井比例、注入溶液黏度、注入压力上升幅度以及生产过程中的跟踪调整等。

通过统计 28 个已开发区块开发效果与单因素的相关关系,结果表明,与开发效果正相关的因素有河道砂比例、油层有效厚度、井网密度、聚合物驱控制程度、分层注聚合物比例、调剖井比例、注入溶液黏度以及跟踪调整措施量等,这些参数越大,提高采收率值也越大(图 3-2-1 和图 3-2-2);与开发效果负相关的因素有平面非均质性、注聚合物初期含水率、水驱采出程度、边角井及合采井比例等,这些参数值越大,提高采收率值越小(图 3-2-3 和图 3-2-4)。

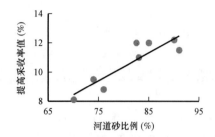

图 3-2-1 提高采收率与河道砂比例关系

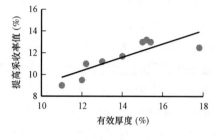

图 3-2-2 提高采收率与有效厚度关系

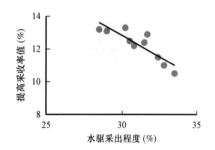

图 3-2-3 提高采收率与水驱采出程度关系

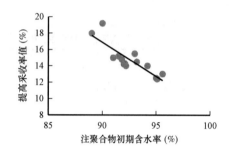

图 3-2-4 提高采收率与注聚合物初期含水率关系

(二) 关键点预测

由化学驱开发指标变化规律可知,化学驱含水率变化具有明显的阶段性[11]。设定化学驱全过程的四个关键点,即:含水下降幅度、注聚合物见效点、含水最低点和含水回升点。它们分别与注入溶液的黏度、注聚合物前采出程度、初始含水率、井网密度、垂向非均质性、注高分子段塞比例等因素密切相关,将四个关键点与影响因素建立多元回归关系。

含水下降幅度:

$$\Delta F = 25.96\lambda - 24.69f - 49.4R + + 57.4\eta + 35.6S \qquad (3-2-1)$$

注聚合物见效点:

$$M_1 = 33.11\lambda + 7.9\kappa_j + 84.56\nu_k - 32.45m - 125f \qquad (3-2-2)$$

含水最低点:

$$M_2 = 268\kappa_j - 76.1\lambda + 81.5m - 14.6f + 986.6R + 28N + 102B \qquad (3-2-3)$$

含水回升点:

$$M_3 = 1101.4R + 297.8\lambda + 369.7f + 179.1N + 55.1S + 219.8B \qquad (3-2-4)$$

式中 ΔF——含水下降幅度,%;

      M_1——注聚合物见效时累计注入体积,PV;

      M_2——含水最低时累计注入体积,PV;

      M_3——含水回升时累计注入体积,PV;

      λ——河道砂比例,%;

f——注聚合物初期含水率,%;

η——聚合物驱控制程度,%;

R——水驱采出程度,%;

N——合采井比例,%;

S——聚合物用量,mg/(L·PV);

B——调剖井比例,%;

κ_j——渗透率级差;

ν_k——垂向非均质性;

m——井网密度,口/km^2。

(三) 综合含水预测模型

将油井含水率变化分为含水下降、低含水稳定、含水上升和后续水驱四个阶段,针对每个阶段分别建立预测模型。

1. 含水下降阶段

假设初含水率为f_0,注入孔隙体积V_1时开始见效,注入V_2时含水率到达最低值,含水下降幅度为ΔF_0,含水下降阶段采用指数函数$f_1(x)$描述:

$$f_1(x) = a_1 x^{b_1} \qquad (3-2-5)$$

设$Y = \lg f_1(x)$,$X = \lg(x)$,$A = \lg a_1$,则:

$$Y = A + BX \qquad (3-2-6)$$

对X,Y进行回归,求出含水特征系数a_1,b_1值。

运用多元回归分析法,将含水特征系数与影响因素(水驱采出程度、初始含水率、油层河道砂比例、聚合物用量、合采井比例、调剖井比例、注入速度等)建立回归关系:

$$a_1 = 93.9m - 102.1f + 840R - 316N + 285S - 46.1B - 702.5v \qquad (3-2-7)$$

$$b_1 = 0.27m - 0.48f + 2.3R - 1.01N + 0.76S - 0.09B - 1.9v \qquad (3-2-8)$$

式中 v——注入速度,PV/a。

2. 低含水稳定阶段

低含水稳定阶段自注入孔隙体积V_2开始,到注入孔隙体积V_3结束,这期间含水变化值为Δf_2,低含水稳定阶段可近似用直线函数$f_2(x)$描述。

则低含水稳定阶段含水率预测模型为:

$$f_2(x) = \frac{\Delta f_2}{V_3 - V_2}x + f_0 + \Delta f_1 - \frac{V_2 \Delta f_2}{V_3 - V_2} \qquad (3-2-9)$$

3. 含水回升阶段

聚合物段塞突破后,区块含水开始回升,累计注入孔隙体积V_4,含水回升阶段也采用指数函数$f_3(x)$描述,即:

$$f_3(x) = a_2 x^{b_2} \tag{3-2-10}$$

运用多元回归分析法,定量描述特征系数 a_2、b_2 与各影响因素的关系:

$$a_2 = 36.3m - 233.2\nu_k + 342.1F - 296R - 53.8S \tag{3-2-11}$$

$$b_2 = 1.4m - 0.24\nu_k - 1.82F + 2.35R + 0.49S \tag{3-2-12}$$

4. 后续水驱阶段

注聚合物结束后进入后续水驱阶段,利用驱替特征曲线即累计产液量和累计产油量的半对数关系预测含水率,其表达式为:

$$\lg L_p(t) = A + B N_p(t) \tag{3-2-13}$$

式中 $L_p(t)$——注聚合物开始 t 时刻累计产液量,t;

  $N_p(t)$——注聚合物开始 t 时刻累计产油量,t;

  t——注聚合物累计时间,min;

  A,B——后续水驱阶段驱替特征曲线截距、斜率。

通过回归得到含水预测模型:

$$f_w(t) = 1 - \frac{1}{2.3 B L_p(t)} \tag{3-2-14}$$

(四)产液量预测模型

产液量预测模型分三个阶段建立,分别是含水下降、含水稳定、含水回升阶段。

(1)含水下降阶段产液量预测模型:

$$Q_1 = Q_{lo}\left(1 - \frac{0.8\alpha vt}{12\Delta PV}\right), t = 1,2,3,\cdots,n \tag{3-2-15}$$

$$n = 12\frac{\Delta PV}{v} \tag{3-2-16}$$

其中将产液量下降幅度与影响因素进行多元线性回归,表达式为:

$$\alpha = 0.37v - 21.34\lambda + 70.39f - 180.4R + 11.41H \tag{3-2-17}$$

(2)含水稳定阶段产液量预测模型:

$$Q_1 = Q_{lo}\left(1 - \frac{0.2\alpha vt}{12\Delta PV}\right) \tag{3-2-18}$$

(3)含水上升阶段产液量预测模型:

$$Q_1 = v\frac{V_p}{12IPR} \tag{3-2-19}$$

式中 Q_1——月产液量,10^4t;

  Q_{lo}——年产液量,10^4t;

ΔPV——年注入孔隙体积倍数;

V_p——孔隙体积,$10^4 m^3$;

IPR——年注采比;

α——产液量下降幅度,%;

t——开发时间,月。

(五)产油量预测模型

根据区块产液量、含水率和产油量三者的关系,建立产油量预测模型如下:

$$Q_{oi} = Q_{li}[1 - f_w(i)], i = 1,2,3,\cdots,n \qquad (3-2-20)$$

式中 Q_{oi}——区块瞬时产油量,$10^4 t$;

Q_{li}——区块瞬时产液量,$10^4 t$;

$f_w(i)$——区块瞬时含水率,%。

(六)分阶段回归法应用实例

以南二区东部为例,说明聚合物驱关键点预测、含水率、产液量和产油量等指标预测的过程和结果。

首先是进行关键点预测。进入关键点预测主界面(图3-2-5),选择关键点预测的学习样本区块和影响因素。

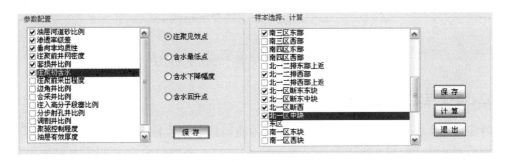

图3-2-5 关键点预测主界面

通过计算得到各关键点的预测结果(表3-2-1)。

表3-2-1 南二区东部关键点预测结果表

关键点	实际值	预测值	绝对误差	相对误差(%)
注聚合物见效点	32.51	35.70	3.19	-9.82
含水最低点	230.38	222.63	7.74	3.36
含水下降幅度	24.97	22.34	2.62	10.52
含水回升点	308.58	325.49	16.91	-5.48

其次进行开发指标预测。若是进行长远规划,则预测注聚合物全过程为6年,预测设定为72个月;若近期规划,则预测设定为36个月,同时设定对应的年注入速度。完成设定后

就进入含水率、产液量和产油量预测,单击"计算"按键,自动完成各阶段的预测(图3－2－6和图3－2－7)。

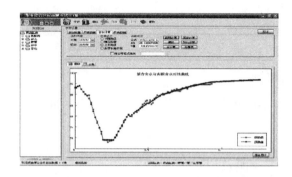

图3－2－6　南二区东部含水率预测曲线

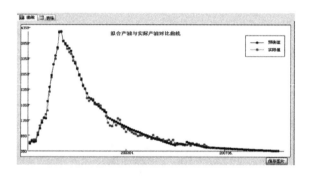

图3－2－7　南二区东部产油量预测曲线

二、特征点定量表征法

特征点定量表征法是针对北部二类油层地质特征和开发特点,建立的分阶段定量表征含水率和产油量的预测方法[12]。与一类油层相比,二类油层属于三角洲内、外前缘沉积,油层物性差,小层多、单层厚度薄、层内和层间非均质严重,为此,化学驱开始实施个性化注入和全过程跟踪调整,致使各区块间开发效果的影响因素更加复杂,动态开发指标变化差异性进一步加大。特征点定量表征法依据聚合物驱油墙推进理论与产油量动态变化特征点的对应关系,利用支持向量机算法,对聚合物驱含水率和产油量的特征点进行定量预测,最后建立余弦加递减的两段式指标预测模型。特征点定量表征法实现了特征点与影响因素的定量化描述,同时根据提高采收率总体控制,将区块全过程的开发指标预测精度大大提高。

(一)产油量变化特征

聚合物驱油墙推进理论认为:在很多提高采收率的方法中,尤其是化学驱油方法,在驱替过程中油层内会有油墙出现,即含油饱和度随着时间的变化出现增加的现象,形成原油富集区,称为油墙。所形成油墙的大小直接反映了所采用提高采收率方法的有效性,油墙规模越大,说明采用的提高采收率方法越有效。目前,判断各种驱油方法油藏内是否形成油墙主要有两种方法:第一种方法是利用采出液含水率或含油率变化特征判断是否形成油墙,如果采出液含水率急剧下降,说明该驱替过程中形成了油墙,否则没有油墙形成;第二种方法是在实验室物理模拟模型基础上,通过监测模型各点含油饱和度是否增加来判断是否有油墙形成。王锦梅等[13]利用分流理论推导出了聚合物驱过程中油墙形成的动力学数学模型,利用数学方法证明了聚物驱油过程中会形成油墙,油墙形成的区域是聚合物浓度前缘波及的区域。

根据油墙驱替理论,利用归类统计和单井跟踪模拟,得到二类油层聚合物驱区块产油量曲线具有以下四个特征:

(1)产油量变化符合生长曲线规律[14],可以分为四个阶段,分别为低产量低速上升段、高产量高速上升段、高产量高速递减阶段和低产量低速递减阶段。由于二类油层的砂体规模小,油层厚度薄,产量接替能力差,导致产量稳产阶段时间短,产量达到峰值后迅速进入递减阶段(图3-2-8)。

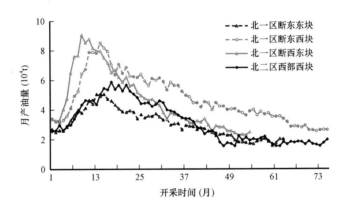

图3-2-8 二类油层聚合物驱产油量动态曲线

(2)产油量曲线在高产量高速上升阶段和高产量高速递减阶段具有对称性。根据单井跟踪模拟,聚合物溶液在地下的推进过程中油墙逐渐形成。随着地下油墙逐步推进到油井井底,直至全部被采出的过程中,一般不实施增产措施,因此,产油量曲线保持了很好的对称性。

(3)产油量曲线在高产量高速递减阶段和低产量低速递减阶段具有明确的分界点。统计进入低速递减的14个二类油层聚合物驱区块,虽然各开发区到达分界点的时间存在差异,但是到达分界点处的开采时间一般是到达产油量高峰值时开采时间的1.33倍左右(表3-2-2)。

表3-2-2 二类油层区块递减阶段分界点开采时间统计表

开发区	区块数	高峰值时间(月)	分界点时间(月)	时间比值
萨中开发区	5	15~20	20~24	1.20~1.33
萨北开发区	3	17~18	22~24	1.29~1.33
萨南开发区	2	17~22	23~30	1.35~1.36
喇嘛甸开发区	4	27~30	35~42	1.29~1.40

(4)产油量曲线在低速递减阶段符合递减指数为 0.5 的双曲递减规律。对于二类油层,由于各区块开发后期实施增产措施的规模、数量不同,初始递减率存在一定的差别。

(二)增油量和含水率变化特征点及预测方法

根据产油量曲线的变化特征,确定了增油量和含水变化幅度的四个特征点,也是反映曲线变化趋势的四个关键点。定义增油曲线的四个特征点为:注入聚合物开始见效时的累计注入量 t_{qo};增油达到最大值时的累计注入量 t_{qmax};最大增油幅度 ΔQ_{max} 和阶段总采收率 ΔR。同样,定义含水变化曲线的四个特征点为:注入聚合物开始见效时的累计注入量 t_{wo};含水达到最低值时的累计注入量 t_{wp};含水回升时的累计注入量 t_{wmax} 和含水的最大下降幅度 Δf_{wmax}(图 3 - 2 - 9 和图 3 - 2 - 10)。

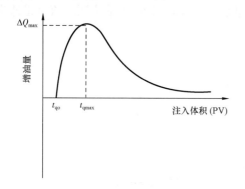

图 3 - 2 - 9　增油量曲线特征点

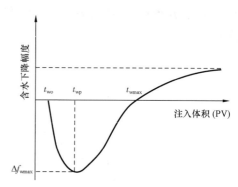

图 3 - 2 - 10　含水下降幅度曲线特征点

由于特征点受到油层因素、开发因素、注入参数以及调整措施等多重因素的综合影响,在二维坐标上多元线性回归拟合度较低,因此,在特征点确定中,引入支持向量机算法(支持向量机就是指从总样本中挑选出少数具有代表性的样本,即所谓支持向量[15]),通过内积函数定义的非线性变换,将输入变量转换到高维特征空间,再在高维特征空间内进行函数拟合。在预测过程中,只需要输入多组特征点与影响因素的数值,形成训练样本,同时给定空间变换方式的核函数。机器通过自动学习,把多重影响因素映射到高维空间上,建立特征点与影响因素的空间曲面回归模型,并返回曲面回归模型系数。最后,再输入检验样本的影响因素数值,进行特征点预测。通过对比输出的检验样本的预测值与实际值的差异,判断支持向量机预测的精度。如果初次给定的核函数预测精度低,则重新选择核函数,再进行训练,直到预测的精度达到要求。整个机器学习的过程和曲面回归模型的表达形式,都不需要知道,支持向量机是一种通过训练样本进行自动建模的智能化算法。

根据泛函理论[16],只要一种核函数 $\kappa(x,x_i)$ 满足 Mercer 条件,它就对应特征空间中的内积,即存在函数 ϕ,使 $\phi(x)\phi(x_j) = \kappa(x,x_j)$。目前,支持向量机算法中常用的核函数有以下几类:

(1)多项式核函数:

$$\kappa(x,x_i)\kappa(x,x_j) = \left[(xx_j) + 1\right]^d, d = 1,2,\cdots \qquad (3 - 2 - 21)$$

（2）径向基（RBF）核函数：

$$\kappa(x, x_i) = \exp\left[-\frac{|x - x_i|^2}{\sigma^2}\right] \qquad (3-2-22)$$

（3）Sigmoid 函数：

$$\kappa(x, x_i) = \tanh[\nu(x, x_j) + c] \qquad (3-2-23)$$

支持向量机在建立多因素空间曲面模型后，对于新输入的影响因素数值进行自动预测。选定核函数 $\kappa(x, x_i)$，拟合函数可表示为：

$$y(x) = \sum_{i=1}^{n} \beta\kappa(x, x_i) + b_o, i = 1, 2, \cdots, n \qquad (3-2-24)$$

利用非线性规划解法求出优化问题的解后，利用拟合函数式就可以对任意给定的 x 进行预测，计算 $y(x)$ 值。

通过对二类油层已开发区块特征点与单因素的相关性分析，结果表明，含水率和产油量的特征点主要受油层有效厚度、渗透率、渗透率变异系数、聚合物驱控制程度、河道砂控制程度、非河道砂控制程度、连通方向数、连通厚度和初始含水率等因素影响（表3-2-3）。

表3-2-3 特征点的影响因素汇总表

含水率特征点	产油量特征点	特征点影响因素
$t_{wo}(PV)$	$t_{qo}(PV)$	有效厚度、渗透率、聚合物驱控制程度、河道砂控制程度、非河道砂控制程度、连通方向数、连通厚度
$t_{wp}(PV)$	$t_{qmax}(PV)$	有效厚度、渗透率、聚合物驱控制程度、河道砂控制程度、非河道砂控制程度、连通方向数、连通厚度和初始含水率
$t_{wmax}(PV)$	$\Delta q_{max}(t)$	有效厚度、渗透率、渗透率变异系数、聚合物驱控制程度、河道砂控制程度、非河道砂控制程度、连通方向数、连通厚度
$\Delta f_{max}(\%)$	$\Delta R(\%)$	有效厚度、渗透率、渗透率变异系数、聚合物驱控制程度、河道砂控制程度、非河道砂控制程度、连通方向数、连通厚度和初始含水率

利用已开发区块的 30 个井组特征点和影响因素作为训练样本，输入支持向量机学习模型中，得到特征点的预测模型，另外，选取 5 个井组的数据作为验证样本。以含水见效点为例，5 个井组检验样本和训练样本的预测结果对比如图 3-2-11 所示。通过检验样本可以看出，预测点和实际数值基本在 45°斜线上，说明支持向量机预测特征点的精度可以满足生产需要。

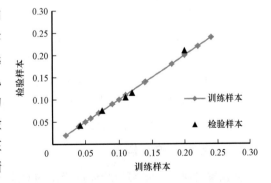

图 3-2-11 含水见效特征点预测结果

（三）产油量预测模型

根据聚合物地下油墙推进理论和产油量动态变化特征的对应关系,对聚合物驱见效到高产量高速递减阶段和低产量低速递减阶段,采用不同的函数进行描述。

由于产油量曲线在高产量高速上升阶段和高产量高速递减阶段具有对称性,因此,对低产量低速上升阶段、高产量高速上升阶段和高产量高速递减阶段的产量曲线,采用三角正弦函数描述:

$$q = q_o + \Delta Q_{max} \sin \frac{\pi(t - t_{Qo})}{2(t_{Qmax} - t_{Qo})} \qquad (3-2-25)$$

对低速递减阶段的产量曲线采用双曲递减函数描述:

$$q = q_i \left[1 + \frac{1}{2} D_i(t - t_i) \right]^{-2} \qquad (3-2-26)$$

其中:

$$t_i = t_{Qmax} + \frac{1}{3}(t_{Qmax} - t_{Qo}) \qquad (3-2-27)$$

$$q_i = q_o + \Delta Q_{max} \sin \frac{\pi(t - t_i)}{2(t_{Qmax} - t_{Qo})} \qquad (3-2-28)$$

式中　　q——聚合物驱月产油量,10^4t;

q_o——空白水驱末月产油量,10^4t;

t——聚合物驱累计注入量,PV;

ΔQ_{max}——聚合物驱最大增油量,10^4t;

t_{Qo}——聚合物驱开始见效时的注入量,PV;

t_{Qmax}——达到最大产油量时的注入量,PV;

q_i——注入体积为 t_i 时月产油量,10^4t;

D_i——初始递减率;

t_i——由高速递减进入低速递减时的注入量,PV。

模型中最大增油量 ΔQ_{max} 定义为最大月产油量与空白水驱末月产油量的差值。初始递减率 D_i 由增油阶段的采出程度确定,不同的增油阶段采出程度对应不同的初始递减率(图 3-2-12)。具体得到的方法是试凑法。先对实际区块初始递减率赋一个值,计算产油量变化,当月产油量递减到空白水驱末月产油量时停止,得到增油阶段采出程度,然后与给定的增油阶段采出程度对比。依次迭代,当两个阶段采出程度相当时确定出对应的初始递减率。

（四）含水率预测模型

依据聚合物驱含水率与产油量变化的对应关系,聚合物驱替油水全部运移到油井井底之前,含水率曲线呈对称分布;聚合物大规模突破到油井井底以后,产油量呈递减趋势,含水率开始上升。含水率预测模型同样用三角余弦函数和递增函数两段式进行表征(图 3-2-13)。

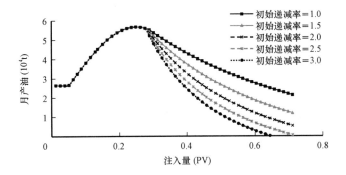

图 3 - 2 - 12　不同初始递减率的产油曲线

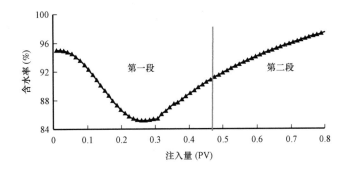

图 3 - 2 - 13　含水率预测模型

第一段函数：

$$f = f_0 + \frac{1}{2}\Delta f_{wmax}\left[1 - \cos\frac{\pi(t - t_{wo})}{t_{wmax} - t_{wo}}\right] \tag{3 - 2 - 29}$$

第二段函数：

$$f = f_0 + \Delta f_i\left[1 + \frac{1}{2}D_i(t - t_i)\right]^{-2} + c \tag{3 - 2 - 30}$$

分界点为：

$$t_i = t_{wmax} + \frac{1}{3}(t_{wp} - t_{wo}) \tag{3 - 2 - 31}$$

式中　f——含水率,%；

　　　f_0——注聚合物时初始含水率,%；

　　　t_{wo}——注入聚合物开始见效时累计注入量,PV；

　　　t_{wmax}——含水回升到开始注入时累计注入量,PV；

　　　t_{wp}——含水达到最低值时累计注入量,PV；

　　　Δf_{wmax}——含水最大下降幅度,%；

　　　Δf_i——分界点处含水变化幅度,%。

在含水率预测模型中,用$(t_{wmax} - t_{wo})$表示余弦函数的周期,实际值的大小描述聚合物驱见效期的长短;t_{wo}是函数离开原点的位移距离,表示见效时间的快慢;Δf_i表示分界点处的含水变化幅度,它由余弦函数计算得到;初始递减率D_i由产油预测模型的聚合物驱阶段采收率总量控制得到;常数c的大小由余弦函数与递减函数连接处平滑过渡计算得到。

(五)特征点定量预测实例

根据建立定量表征模型的过程,以北一排、北二排西上返已开发区块为例进行预测。选取已知的产油量和含水率曲线特征点值和各影响因素值,输入支持向量机模型,得到特征点的预测方程。将北一排、北二排西上返的影响因素值代入预测方程,得到预测结果,见表3-2-4和表3-2-5。

表3-2-4 产油量特征点预测结果

特征点	径向基核函数			多项式核函数	
	实际值	预测值	精度	预测值	精度
开始见效时注入量(PV)	0.04	0.05	75.00%	0.07	25.00%
产油最高时注入量(PV)	0.22	0.21	95.45%	0.25	86.36%
最大增油幅度(10^4t)	2.36	2.41	97.88%	2.82	80.51%
聚合物驱阶段采收率(%)	5.12	5.44	93.75%	5.71	88.48%

表3-2-5 含水率特征点预测结果

特征点	径向基核函数			多项式核函数	
	实际值	预测值	精度	预测值	精度
开始见效时注入量(PV)	0.01	0.01	100.00%	0.02	50.00%
含水最低点注入量(PV)	0.24	0.27	87.50%	0.31	70.83%
含水回升后注入量(PV)	0.70	0.73	95.71%	0.76	91.43%
含水下降幅度(%)	13.48	13.38	99.26%	11.82	87.69%

通过选择核函数,可以看出径向基核函数的预测精度较高。将预测结果代入产油量和含水率预测模型中,得到的预测曲线如图3-2-14和图3-2-15所示。

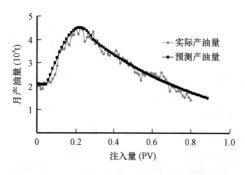

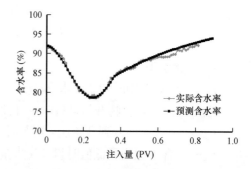

图3-2-14 北一排、北二排西产油量曲线　　　图3-2-15 北一排、北二排西含水率曲线

在北一排、北二排西上返区块的产油量和含水率预测模型中,初始递减率和递减指数分别取 0.75 和 0.5,产油量总体预测精度达到 97.94%。

三、小结

分阶段回归法和特征点定量表征法都是利用化学驱开发具有阶段性的特点,首先确定出阶段变化的四个关键点,然后将关键点与开发效果影响因素之间建立回归关系,进而建立分阶段的含水率、产油量等开发指标预测模型。但这两种预测方法在适用对象、关键点确定方法以及分阶段建模方式上存在着显著差别。一是预测方法适用的油层对象不同,分阶段回归法主要适用南、北一类油层区块,而特征点定量表征法是针对北部二类油层更为复杂的地质条件,因此,特征点定量表征法适用范围更广,既可以预测北部二类油层开发指标,也可以预测南、北一类油层区块的开发指标;二是关键点的确定方法不同,分阶段回归法在分析开发效果与地质、开发、注入参数等影响因素相关关系的基础上,利用多元回归方法确定关键点与影响因素间的关系式,而特征点定量表征法利用支持向量机算法,通过输入大量训练样本,机器自动学习并且在高维空间建立曲面回归模型,因此,特征点确定方法考虑的影响因素更加全面,包括跟踪调整措施等因素,回归拟合的精度也更高;三是开发指标的阶段划分和建模形式不同,分阶段回归法将含水率指标划分为四个阶段,预测模型有指数形式、半对数形式和多项式形式,并且模型系数需要进行回归,产液量指标划分为三个阶段,后续水驱阶段没有新建立预测模型,而特征点定量表征法依据油墙驱替理论和大量矿场实践统计规律,建立产油量和含水率指标的三角函数和递减函数两段式预测模型,模型形式比较统一,操作应用上更简便,同时,特征点定量表征法根据采出程度总量控制的原则确定模型系数,使得预测的精度大幅提高。

第三节　三元复合驱开发指标预测方法

三元复合驱油技术在大庆油田的矿场应用开始于 20 世纪 90 年代。1994—2004 年先后在不同开发区开展 6 个先导性矿场试验,比水驱提高采收率 19.4%~25.0%。2000 年后开展了 6 个工业性矿场试验,提高采收率为 18.0%~25.8%。2014 年开始工业化推广应用,截至 2021 年底,累计投注储量 2.28×10^8 t,累计增油 0.29×10^8 t,已成为大庆油田成熟的化学驱驱替技术之一。

在矿场应用中,三元复合驱油技术在提高采收率和含水下降幅度方面都高于聚合物驱,但由于区块间受效差异大,尤其是单井受效差异性大,开发指标预测难度加大。近年来,通过研究三元复合驱开发效果主控影响因素和各阶段动态特点,应用物理模拟、数值模拟等手段,建立了适合大庆油田的三元复合驱注采能力预测方法和含水预测的系列图版,为复合驱技术的规划部署和开发效果评价提供了有力的支撑。

一、三元复合驱开发效果主控因素

三元复合驱开发效果的影响因素主要有地质因素、剩余油分布、化学驱时机和三元复合体系性能等四个大的方面[17-21]。

(一)地质因素

在地质因素中,对开发效果影响较大的有地质构造、储层非均质性和渗透率等。

1. 地质构造

大庆油田长垣喇萨杏油田是北北东向的大型背斜构造,被划分为若干个区块开发,从已开发的效果看,位于构造顶部的区块,三元复合驱效果好于翼部的区块;特别是离构造顶部越远、越接近油水过渡带的区块,复合驱效果越差。

2. 储层非均质性

根据大庆油田三元复合驱工业化试验区块单井统计,随着单井层内渗透率变异系数的增加,三元复合驱阶段采出程度降低。通过三层非均质地质模型拟合计算,采用不同黏度的三元复合体系,层内非均质性对驱油效果的影响规律不同。当体系黏度较低,驱替黏度比(地下工作液黏度与地层原油黏度之比)低于2时,随着油层非均质性增强,三元复合驱效果逐渐变差;当三元复合体系黏度较高,驱替黏度比在3及以上时,随着渗透率变异系数增大,非均质性增强,驱油效果先变好再变差,出现驱替黏度比与渗透率变异系数的最佳匹配点。随着层间渗透率级差增大,受效提前,含水下降幅度减小,相对差油层的动用比例下降,开发效果变差。

3. 化学驱控制程度

三元复合驱控制程度主要与油层静态参数、砂体平面连通情况以及注入体系中聚合物的分子量密切相关。对单井组三元复合驱控制程度与阶段提高采收率的关系统计表明,三元复合驱的控制程度越高,阶段采出程度越高。从数值模拟结果看,三元复合驱的控制程度在80%以下时,控制程度的变化对驱油效果的影响较大,控制程度从60%增加到80%,三元复合驱提高采收率值从15.0%增加到20.4%。控制程度达到80%以上后,对驱油效果的影响变小,控制程度从80%增加到100%,采收率值仅增加了1.7%。要使三元复合驱的提高采收率达到20%以上,三元复合驱控制程度必须达到80%以上。

(二)剩余油分布

矿场资料统计一类、二类油层强碱三元复合驱实际资料,都表明剩余油饱和度越高、化学驱初期含水率越低,三元复合驱效果越好。NWQ试验区受效最好的井是位于两排基础井网水井排中间位置剩余饱和度较高区域的井;BDD试验区受效最好的井位于试验区北部剩余油较高区域。从NWQ、BDD、LBD及BEX试验区中心采油井化学驱初始含水率与采出程度关系可以看出,同一个区块内化学驱初始含水率越高的井,化学驱采出程度越低;初始含水率越低的井,化学驱阶段采出程度越高。化学驱初始含水率的高低间接反映储层剩余油的多少。

采用数值模拟方法模拟单层均质三元复合驱驱油过程,模型有效厚度3.0m,有效渗透率500mD,网格数9×9,一注一采,注采井距125m。分别水驱至90%、94%、98%三种含水率条件下进行化学驱,其提高采收率分别是22.3%、20.2%、18.2%。提取注入0.10PV、0.15PV、0.20PV、0.25PV、0.30PV、0.40PV的含水饱和度场,可以看出,化学驱前含水率越低,水驱剩余油饱和度越高,形成的油墙规模越大,油墙达到采出井的时间越早,且突破越晚。数值模拟和矿场实际资料的统计结果一致,即初始含水率低、剩余油饱和度高的井先见效,含水率下降幅度大,低含水期持续时间越长,提高采收率值越高,开发效果越好。

(三)化学驱时机

随着越来越多的区块投入开发,注入时机对三元复合驱开发效果的影响表现得越来越明显。一个区块水驱时间越长,采出程度越大,采出液含水率越高,进行三元复合驱的效果越差。

物理模拟实验采用人造长条三层非均质岩心,模拟不同含水率条件下三元复合驱提高采收率效果。实验结果表明,化学驱越早,含水率和采出程度越低,化学驱含水率下降幅度越大,阶段采出程度越高,最终采收率越高(表3-3-1)。

表3-3-1 三层非均质人造岩心不同转注时机化学驱效果对比表

气测渗透率(mD)	含油饱和度(%)	水驱采出程度(%)	初始含水率(%)	化学驱采出程度(%)	最终采收率(%)
806	71.3	42.2	75	32.4	74.6
792	70.9	49.8	90	22.7	72.5
812	70.7	53.1	98	17.6	70.7
796	70.6	54.5	100	10.4	64.9

采用数值模拟方法模拟三层非均质地质模型三元复合驱驱油过程。变异系数为0.65的模型,在化学驱初始含水率为86%、92%、96.5%、98%的条件下,提高采收率分别是27.4%、25.6%、24%和23%;变异系数为0.75的模型,在化学驱初始含水率为86%、92%、96.5%、98%的条件下,提高采收率分别是24.1%、21.5%、19.2%和18.2%。由此看出,在含水率为86%~96%的区间内开展化学驱,注入时机越早,化学驱效果越好,含水率每下降1%,提高采收率上升0.3%~0.7%。同时,非均质性越强,注入时机对三元复合驱效果影响越大。

(四)三元复合驱体系性能

1. 界面张力

三元复合驱提高采收率的重要机理是依靠体系界面张力达到10^{-3}mN/m数量级超低范围,从而增加毛细管数提高驱油效率,因此体系的界面张力是否达到超低对三元复合驱效果起着至关重要的作用。

采用气测渗透率相近的天然岩心进行不同界面张力三元复合体系的物理模拟实验,结果表明体系界面张力达到10^{-3}mN/m数量级的实验,平均提高采收率16.3%(表3-3-2)。

表3-3-2 天然岩心物理模拟结果表

平衡界面张力 (mN/m)	岩心数量 (个)	气测渗透率 (mD)	水驱采出程度 (%)	最终采收率 (%)	化学驱提高采收率 (%)
5.80×10^{-3}	9	981	52.5	72.9	20.4
1.44×10^{-3}	10	923	51.7	68.0	16.3
2.90×10^{-3}	6	961	50.9	63.7	12.8

2. 黏度

三元复合驱提高采收率的另一个重要机理是增加体系黏度、扩大波及体积,也只有在扩大波及体积的前提下,达到超低界面张力的三元复合体系才能在其波及的范围内发挥提高驱油效率的作用。

建立不同非均质条件的地质模型,模拟体系黏度对驱油效果的影响。为了消除地下原油黏度的影响,采用无量纲的驱替黏度比作为模拟参数。模拟结果显示,随着驱替黏度比的增大,三元复合驱效果变好;非均质性越强,黏度对驱油效果的影响越大。因此对于非均质性较强的油层,采用黏度较高的体系更有利于提高采收率。大庆油田开展的二类油层强碱三元复合驱矿场试验,都采取黏度较高的驱油体系,BDD 块驱替黏度比达到 3,LBD 块驱替黏度为 5,两个区块都取得了较好的开发效果。

除了以上因素对三元复合驱开发效果影响较大以外,还有地层压力、注采比、水驱干扰、增产增注措施、生产时率、套损等因素也会不同程度地影响三元复合驱的开发效果。比较有利的做法是地层压力不低于原始饱和压力,注采比保持在 1.0 左右,同层系水驱井网的井全部封堵,增注增产措施及时,生产时率达到 95% 以上,区块内无成片套损区。

二、三元复合驱开采阶段划分及动态特征

三元复合驱注入、驱替是伴有物化作用的多组分、多相态复杂体系流动和渗流过程,理论和工程技术更为复杂。从三元复合驱矿场试验和工业化区块来看,三元复合驱在开采过程中扩大波及体积和提高驱油效率的作用显著,但由于油藏条件、方案设计和跟踪管理的不同,各区块、单井间含水率、注采能力、采出化学剂浓度等动态变化特征存在一定的差异,同时对开发效果产生一定的影响。因此,对三元复合驱动态特征的深入研究是建立指标预测方法和效果评价方法的关键。

根据三元复合驱特有的段塞组合及注入过程中动态表现的明显阶段性,可将三元复合驱全过程划分为五个阶段:前置聚合物段塞阶段、三元复合体系主段塞前期、三元复合体系主段塞后期、三元复合体系副段塞阶段、保护段塞 + 后续水驱阶段(图 3 - 3 - 1)。

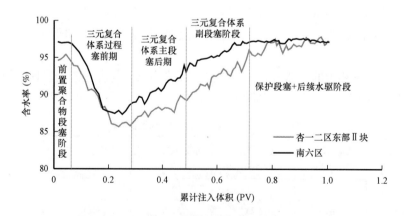

图 3 - 3 - 1　三元复合驱开采阶段划分示意图

(一)前置聚合物段塞阶段

注入聚合物溶液后,聚合物分子在油层中的滞留使得阻力系数增大,注入压力快速上升,注入能力和产液能力快速下降。前置段塞结束时压力上升3MPa左右,视吸水指数下降40%左右,产液量下降20%~30%。此阶段为注入剖面调整阶段,剖面动用程度都明显提高。

(二)三元复合体系主段塞前期

三元复合驱体系主段塞前期注入剖面继续调整,油墙逐步形成并达到采出端。动态特征上表现为:注入压力缓慢上升,直至达到压力上限后稳定,视吸水指数缓慢下降;采出油井大面积受效,含水率快速下降至最低点,产液指数下降速度较前置聚合物段塞变缓,含水率降至最低时采油井出现乳化现象。

(三)三元复合体系主段塞后期

此阶段动态特征上表现为:注入压力、视吸水指数基本稳定,产液指数缓慢下降至稳定,注采困难井增多;含水率开始回升,化学剂开始突破,直至接近高峰;由于CO_3^{2-}浓度上升,与Ca^{2+}和Mg^{2+}反应产生沉淀,采出端开始出现结垢现象;随着含水率升高,乳化类型由W/O型向O/W型转变,含水率高于80%后不再出现乳化现象。

(四)三元复合体系副段塞阶段

此阶段注入压力在高值稳定,视吸水指数和产液指数在低值稳定,含水率继续回升;化学剂全面突破,在高值保持稳定;硅离子浓度上升,pH值上升,采出端结垢严重。

(五)保护段塞 + 后续水驱阶段

此阶段含水缓慢回升;采出聚合物浓度从高值开始下降,采出表面活性剂浓度、采出碱浓度降低。

三、开发指标预测关键点确定

通过对复合驱动态统计分析和模拟研究,确定了复合驱开采指标变化的主要影响因素,包括与地质开发相关的渗透率、渗透率变异系数、控制程度、井网、初始含水率;与方案设计相关的界面张力、体系黏度、注入程序、段塞大小。利用数值模拟方法对复合驱指标变化的影响进行了定量计算,明确了其对复合驱含水指标变化的影响特征。

结合油田已开展的复合驱井网和层系组合原则及方案设计思想,并假设全程注入体系黏度一致、三元体系主副段塞界面张力一致,以注采能力和含水率变化为主线,确定了复合驱过程指标变化随注入体积变化的6个关键点。(1)初始点:含水率为初始含水率。(2)受效点:实验见效含水率开始下降,注采能力快速下降。(3)最低含水率点:含水率下降到最低点,注采能力处于快速下降与缓慢下降之间。(4)转后续聚合物点:含水率处于回升前中期,注采能力处于缓慢下降与相对稳定之间。(5)转后续水驱点:含水率处于回升中后期,注采能力处于下降后的相对稳定阶段。(6)最终点:含水率到回升末期的98%,复合驱全过程结束(图3-3-2)。从分析可知,依托方案设计划分的6个含水率变化关键点坐标中的12个参数中 6 个为可知(初始体积 V_0 和初始含水率 f_{w0}、受效含水率 f_{w1}、转聚体积 V_3、转水体积 V_4、最终含水率 $f_{w5}=98\%$),实际预测需要确定的未知参数仅包括待受效体积 V_1,含水下降期最低体积 V_2 和下降的最低 f_{w2},含水回升期转聚时含水率 f_{w3},转水时含水率 f_{w4} 和最终体积 V_5 共 6 个。依托设计方案认识复合驱含水变化过程极大地简化了研究的复杂性,在确定关键点的前提下通过关键点应用曲线插值或公式拟合能得到不同体积时的完整含水率变化过程。

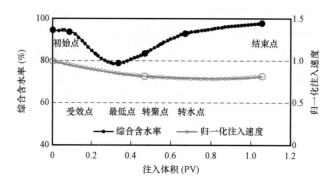

图 3 – 3 – 2 复合驱指标变化特征及预测关键点示意图

四、开发动态指标预测方法

(一)注采能力预测方法

矿场试验的动态表明,注采能力随着注入体积的增加其变化特征多呈现逐步递减的下降趋势,随着到转注后续聚合物保护段塞后注采能力的下降趋势才出现减缓,后续水驱后矿场试验的注采能力也部分会表现出一定幅度回升的特点。

基于注采平衡的原则从注入量的变化出发,建立产液量变化预测方法。对于理想五点法井网年注入速度按照 360d 计算(PV/a),可以写成如下形式:

$$v_i = \frac{360\,q_i}{2\,r^2h\phi} = \frac{180J_ip_i}{r^2\phi} \qquad (3-3-1)$$

将水驱(下标 w)和化学驱(下标 c)条件下的式(3 – 3 – 1)对比,并引申定义 $R_f{'} = J_w/J_c$ 为吸水指数下降,则可得到化学驱后的注入速度:

$$v_{ci} = v_{wi}\frac{1}{R'_f}\frac{p_c}{p_w}\frac{h_c}{h_w} \qquad (3-3-2)$$

式中　　v_i——注入速度,PV/a;

　　　　q_i——注入量,m^3/d;

　　　　r——注采井距,m;

　　　　h——油层吸水厚度,m;

　　　　ϕ——孔隙度;

　　　　J_i——单位厚度视吸水指数,$m^3/(d \cdot m \cdot MPa)$;

p_i——注入压力，MPa。

从式（3－3－2）可以看出，化学驱后的注入速度与初始注入速度、吸水指数下降、压力变化、吸水厚度等多因素相关，注入化学体系后已知R_f'便可预测化学驱后的最低吸水能力。

通过大量的室内物理模拟驱油实验研究，明确了复合驱吸水指数下降R_f'与岩心有效渗透率K及驱替体系黏度比μ_c/μ_o的量化统计关系（表3－3－3），应用实验数据回归得到式（3－3－3），应用该式可以计算不同渗透率和黏度比下的复合驱最大吸水指数下降。对于有条件的矿场区块，也可以借鉴相邻区块的霍尔曲线获得该参数。

$$R_f' = R_{f0}'\left(1 + \alpha\frac{\mu_c}{\mu_o}K^{-b}\right) \qquad (3-3-3)$$

式中 R_{f0}'——黏度等于水相黏度时吸水指数下降（可取1）；

K——有效渗透率，mD；

μ_c,μ_o——化学体系和油黏度（按50%剪切保留取地下值），mPa·s；

a,b——待定系数。

表3－3－3 岩心驱油实验的吸水指数下降

气测渗透率（mD）	原油黏度（mPa·s）	复合体系黏度（mPa·s）	水驱压力（MPa）	复合驱最大压力（MPa）	吸水指数下降
300	10	20	0.27	1.22	4.52
500	10	20	0.39	1.13	2.90
800	10	20	0.20	0.58	2.90
1200	10	20	0.15	0.39	2.60
1700	10	20	0.05	0.11	2.20
300	10	40	0.18	1.13	6.28
500	10	40	0.21	0.97	4.62
800	10	40	0.27	1.12	4.15
1000	10	40	0.19	0.73	3.84
1200	10	40	0.13	0.44	3.38
1500	10	40	0.10	0.29	2.90

注：表面活性剂为烷基苯磺酸盐，聚合物为2500万分子量。

矿场动态统计也表明当化学剂注入到后续聚合物段塞阶段，注入压力基本不再增大，注入速度也不再下降，甚至后期还会产生一定程度的回升。因此得到化学驱速度降低的最小值后，在初始点至转聚点间可建立注入速度随注入体积的变化关系。

如果求得的最低速度不低于初始速度时，常采用定液预测；当最低速度小于初始速度时，可采用指数、幂函数递减预测。

确定注入速度随体积变化关系后，进一步推导得到注入体积及时间的关系（速度$v=\dfrac{dV}{dt}$是注入体积随时间变化的导数，对其变形后积分）。

注入量恒定（定液）：

$$v = c, t = \frac{V}{v} \qquad (3-3-4)$$

注入量指数递减时:

$$v = ae^{(-bV)}, t = \frac{1}{ab}(e^{bV} - 1) \qquad (3-3-5)$$

注入量幂函数递减时:

$$v = a^{-b}, t = \frac{1}{a(b+1)}V^{(b+1)} \qquad (3-3-6)$$

式中　v——注入速度,PV/a;

　　　V——注入体积,PV;

　　　t——注入时间,a;

　　　a,b——待定常数;

　　　c——定液预测的速度,PV/a。

在确定注入量变化类型的条件后,应用上述公式可以求得在初始时刻至转注后续聚合物期间的注入量随时间下降关系,对于转注后续聚合物至含水率98%期间,依据矿场变化的统计按照最低速度恒定不变计算。

对于定液区块预测,全过程注入速度保持初始定值;对于递减方式的选取,在统计了12个区块50多个井组的递减变化基础上,建立了油层厚度(h,m)、渗透率(K,mD)、注采黏度比(μ_c/μ_o)与化学驱控制程度(η_c,%)的判断注采能力下降类型图版。以化学驱控制程度(η_c)为横坐标,以油层厚度与渗透率乘积比注采黏度$[Kh/(\mu_c/\mu_o)]$为纵坐标,以坐标(100,0)至(60,4)的连线为判断标准,当预测区块计算结果处于判断曲线下方,由于油层控制程度低,渗流阻力大,先期注入能力下降快,适合采用乘幂函数预测;当区块计算结果处于判断曲线上方,由于油层控制程度高,渗流阻力小,先期注入能力下降缓,适合采用指数函数预测(图3-3-3)。位于判断线附近的区块可参考以往及邻近已开发区块类比选择递减类型。

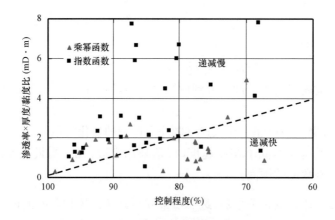

图3-3-3　试验区注采能力递减类型判断图版

由方案设计已知的区块孔隙体积和注入速度计算得到注入量和累计注入量的变化,考虑注采平衡影响,再结合注采比可预测产液量和累计产液量的变化。

$$L_p = \text{PIR} \, L_i \tag{3-3-7}$$

$$q_o = q_i \times (1 - f_w) \tag{3-3-8}$$

式中　L_p——累计产液量,t;

　　　L_i——累计注入量,m^3;

　　　q_i——瞬时产液量,t;

　　　q_o——瞬时产油量,t;

　　　PIR——由井网分布计算的理想采注比或水驱时实际统计的采注比。

(二)含水率变化预测图版

由于复合驱矿场试验方案设计相对复杂,一个完整的矿场方案常常包括前置聚合物段塞、三元体系主段塞、三元体系副段塞、后续聚合物保护段塞,在上述认识的复合驱指标变化主要影响因素和影响特征研究的基础上,充分考虑工业性矿场试验区的方案设计及实施情况,预测方法设计的注入次序(表3-3-4),以化学剂注入总段塞0.70PV(0.35PV三元主段塞 + 0.15PV三元副段塞 + 0.20PV聚合物段塞、三元主副段塞界面张力为 10^{-3} mN/m、地下油水黏度比为2)方案的含水率变化为基础,通过对影响因素模拟的敏感分析,分层次修正含水率变化形态,形成复合驱含水率变化的系列预测图版。

表3-3-4　复合驱矿场实施及指标预测的方案注入段塞设计

项目	总注入体积 (PV)	三元主段塞体积 (PV)	三元副段塞体积 (PV)	后续聚体积 (PV)	聚合物体积比 (%)	备注
预测	0.60	0.30	0.10	0.20	33.33	前置聚合物计入三元体积
	0.70	0.35	0.15	0.20	28.57	
	0.80	0.35	0.20	0.25	31.25	
	0.90	0.40	0.25	0.25	27.78	
	1.00	0.40	0.30	0.30	30.00	

实际确定关键点时对影响因素考虑如下四个层次关系(图3-3-4),第一层次为转注时初始含水率,反映了油层的剩余油水平影响;第二个层次为纵向非均质和化学驱控制程度,反映了油层的静态特征影响;第三个层次为体系界面张力和油水黏度比,反映了注入体系性能影响;第四个层次为注入化学剂的总体积,反映了注入方案的设计段塞大小影响。

通过分层次最终确定的关键点,采用贝塞尔函数插值,得到不同条件下的含水率变化图版。上述预测考虑的影响因素基本涵盖了矿场不同地质条件和方案实施情况,解决了多因素影响含水率变化带来的不确定性,能满足复合驱含水率变化预测的需求。

(三)其他相关指标预测

由注入速度结合已知的孔隙体积和注入方案设计还可以计算出各段塞化学剂的用量,

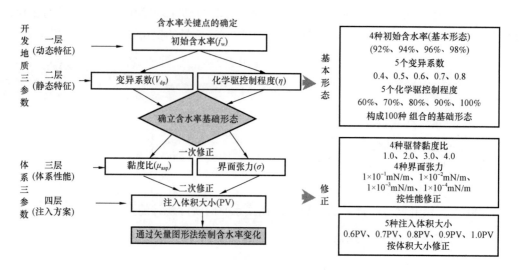

图 3-3-4 含水率预测图版关键点确定的流程

再通过采液量和含水率及地质储量可以求得采油量、阶段采出程度等相关指标,已知水驱采收率预测结果,还可得到复合驱提高采收率。

（四）矿场预测和验证

L12 区块采用 125m 井距的五点法井网开展三元复合驱,共动用油水井 106 口,预测需要的相关参数见表 3-3-5。

表 3-3-5　L12 区块复合驱预测基础参数汇总表

项目	全区	中心井	项目	全区	中心井
初始含水率（%）	96.4	97.4	初速度（PV/a）	0.016	
渗透率（mD）	676		油水黏度比	3.88	
有效厚度（m）	8.8		界面张力（mN/m）	1×10^{-3}	
控制程度（%）	83.7		压力比（p_p/p_w）	1.92	
变异系数	0.73		采注比	0.60	1.22

按照初始含水率 97.4%,油层控制程度 83.7% 和渗透率变异系数 0.73,查得含水率关键点基础数据;结合注入体系黏度比（3.88）和界面张力（1×10^{-3} mN/m）对含水率关键点进行一次修正;再由注入化学剂体积 0.887PV 进行二次修正,对最后的关键点通过贝塞尔内插计算得到含水率变化曲线。

首先由渗透率 676mD 和黏度比 3.88 求得吸水指数下降 3.32,由初始速度 0.0161PV/a 求得化学驱最低速度 0.0111PV/a;选用幂函数形式递减,在初始点至转聚的 0.668PV 之间建立注入体积与注入时间的关系,通过孔隙体积计算累计注入量、月度注入量,再通过采注比得到累计产液量、月度产液量。

$$v_i = 0.0109 V^{-0.0984}, V = \sqrt[1.0984]{0.012t} \qquad (3-3-9)$$

通过已知的地质储量在采液量和含水率变化的基础上进一步计算得到产油量变化。预测 L12 区块注入 1.10PV 结束历时 91 个月,全区累计产液 $455.27 \times 10^4 t$,累计产油 $43.326 \times 10^4 t$,最低含水率 81.95%;矿场实际历时 87 个月,全区累计产液 $478.25 \times 10^4 t$,累计产油 $40.51 \times 10^4 t$,最低含水率 80.10%;预测的最终累计产油预测误差 6.45%,最低含水率误差 2.31%,后期误差大是由于后期机采井时率低导致注采比变化大(图 3 - 3 - 5)。

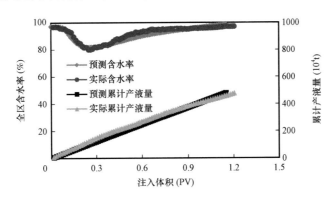

图 3 - 3 - 5　L12 复合驱现场试验累计产液量预测与实际对比

参 考 文 献

[1] 陈凡云. 国内三次采油技术[M]. 北京:石油工业出版社,2016.

[2] 袁庆峰. 油田开发实践与认识[M]. 北京:石油工业出版社,2014.

[3] 王渝明,宋新民,王凤兰,等. 砂岩油田聚合物驱提高采收率技术[M]. 北京:石油工业出版社,2019.

[4] 邵振波,张晓芹. 大庆油田二类油层聚合物驱实践与认识[J]. 大庆石油地质与开发,2001,28(5):163 - 167.

[5] 程杰成,吴军政,罗凯,等. 中国石油科技进展丛书(2006 - 2015)——三元复合驱油技术[M]. 北京:石油工业出版社,2019.

[6] 孔祥亭,唐莉,周学民. 聚合物驱开发规划指标预测方法研究[J]. 大庆石油地质与开发,2001,20(5):46 - 49.

[7] 刘玉坤,毕永斌,隋新光. 聚合物驱开发指标预测方法研究[J]. 大庆石油地质与开发,2007,26(2):105 - 107.

[8] 周凤军,张连锋,王红娟. 聚合物驱相渗曲线特征[J]. 石油地质与工程,2010,24(6):117 - 119.

[9] 刘吉余,刘曼玉,徐浩. 高含水期采出程度影响因素分析及定量计算:以大庆油田萨中开发区为例[J]. 油气地质与采收率,2010,17(1):62 - 63.

[10] 周丛丛,李洁,张晓光,等. 基于人工神经网络的聚合物驱提高采收率预测[J]. 大庆石油地质与开发,2008,27(3):113 - 116.

[11] 姜祥成,陈福明,董伟宏,等. 三元复合驱开发指标测算方法研究[J]. 大庆石油地质与开发,2001,20(2):53 - 56.

[12] 张雪玲. 大庆油田二类油层聚合物驱产油量预测模型应用[J]. 特种油气藏,2016,23(2):128 - 131.

[13] 王锦梅,陈国,历烨,等. 聚合物驱油过程中形成油墙的动力学机理研究[J]. 大庆石油地质与开发,2007,26(6):64 - 66.

[14] 王永卓,方艳君,吴晓慧,等. 基于生长曲线的大庆长垣油田特高含水期开发指标预测方法[J]. 大庆

石油地质与开发,2019,38(5):169－173.

［15］翟亮,李兆敏,张星,等.基于支持向量机的注聚防串参数优化方法[J].油气地质与采收率,2007,14
(4):88－91.

［16］侯健.提高原油采收率潜力预测方法[M].北京,中国石油大学出版社,2007.

［17］贾忠伟,杨清彦,侯战捷.油水界面张力对三元复合驱驱油效果影响的实验研究[J].大庆石油地质
与开发,2005,24(5):79－81.

［18］杨清彦,李斌会,李宜强,等.聚合物驱波及系数和驱油效率的计算方法研究[J].大庆石油地质与开
发,2007,26(1):109－112.

［19］张宏方,王德民.聚合物溶液在多孔介质中的渗流规律及其提高驱油效率的机理[J].大庆石油地质
与开发,2002,21(4):57－60.

［20］陈朝晖,庄华洁,李希.表面活性剂—聚合物驱油的非线性色谱过程模拟[J].化工学报,2005,56
(10):1901－1906.

［21］沈平平,王家禄,田玉玲,等.三维油藏物理模拟的饱和度测量技术研究[J].石油勘探与开发,2004,
31(11):71－76.

第四章　油田开发效果评价技术

油田开发效果评价贯穿着油田整个开发历程,是关系到油田减缓递减、延长寿命甚至恢复生机的主要判断方法,也是明确挖潜方向、确定调整措施的重要手段。我国大多数油田已进入开发后期,应合理而正确地评价油田开发效果,总结经验,吸取教训,深入挖掘油田开发潜力,深化油藏开发规律认识,以指导油田更加合理、高效地开发。

综合考虑注水油田的开发合理性可以追溯到 20 世纪 50 年代初[1],1955 年美国 Guthie 和 Greenberger 利用多元回归分析法得到预测注水油田的水驱可采储量经验公式。1967 年美国石油学会(API)提出了预测注水油田的水驱可采储量的经验公式,并得到广泛的应用。苏联从 20 世纪 50 年代开始考虑注水油田开发合理性的研究,结合美国油田开发的主要指标进行对比,提出了本国油田注水开发的指标变化范围,同时根据多因素线性相关分析理论,对开发效果的影响因素进行了分析,得出不少实用的经验性结论,为后来油田开发效果评价奠定了基础。我国从 20 世纪 80 年代开始,以张锐为代表提出了存水率评价方法[2-5],开展水驱开发效果评价系统性的研究。经过几十年的发展,形成了多种评价方法,概括起来主要有如下几种开发效果评价方法:状态对比法、可采储量评价法、系统动态分析法、模糊综合评判法、灰色系统理论法、数值模拟评价法等。

大庆油田开发效果评价技术攻关历程,经历了单指标对比、分类评价、系统评价和精细评价四个阶段。在单指标对比阶段,通过采出程度和存水率与含水率单指标对比,评价标准采用单层注水试验及一维两相流管法理论计算确定;在分类评价阶段,一般分开发指标、管理指标和措施指标三类,应用层次分析和模糊综合评判法进行分类评价;在系统评价阶段,提出系统输出及表现、系统输入及控制两类指标,建立了以系统开发效率为核心的综合评价方法;在精细评价阶段,建立了适用于特高含水期 10 个方面 29 项评价指标体系,应用多级模糊综合评判法,评价了油藏的地质品质和开发效果。本章重点论述最新的发展,以及在油田取得应用的成果。

第一节　水驱油田系统评价方法

从钱学森教授的系统分类方法来看,油田开发是一个复杂的巨系统工程。在遵循油田开发基本原理的前提下,运用系统论、控制论、信息论等系统工程原理与方法,系统分析油田水驱开发的系统组成、系统结构、子系统构成、子系统之间的关联性、层次性、系统与环境、系统演化等,确定油田水驱开发这一复杂巨系统的结构特征和信息表征,进而评价水驱油田开发效果。

一、评价指标体系建立

（一）油田开发系统总体分析及其属性

1. 油田开发系统总体分析

将油田水驱开发看成一个系统来研究其内部规律和动态变化规律,已有很多成果,这些研究主要是考虑油田开发系统的动态预报、最优控制、整体优化等。系统论的方法本质上不在于揭示油田开发内部的物理规律,而是从宏观上揭示系统的某些主要特征,考虑系统输入输出的某些因果关系,考虑如何从输入获得满意的输出,考虑子系统的特征如何累加形成大系统的本征。

将油田水驱开发看成一个系统来研究,那就应该有系统的结构、系统的组成、系统的基本元素或组分。这些系统的元素彼此关联在一起,相互依存,相互作用,相互激励,相互补充,相互制约,通过与环境的能量交换,进行着动态演化。这种动态演化所表现出来的特性就是石油源源不断地被开发出来。实际上油田开发过程是人们以某种需要的可控形式作用于油藏系统,这样对油田开发规律的研究就不仅要着眼于局部的变化特征,而且要着眼于油藏系统整体的变化规律,即研究油藏内部结构与外部环境的多层次、多因素、多属性的多变量综合关系与规律。根据大系统的分解—协调原理,油田开发系统可以看成由供水、注水、油藏、采油、地面集输和处理等一系列子系统组成(图4-1-1),而油藏工程人员主要关注的是注水子系统、油藏子系统和采油子系统的主要特征和功能。

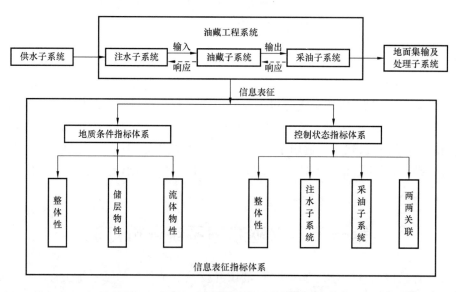

图4-1-1　油田开发系统分析及主要信息表征体系

2. 油田开发系统的主要属性

以系统工程的观点来看,油田开发系统主要有如下属性:

1)整体性

系统的整体性是指组成系统的具有独立功能的子系统或要素,它们之间的相关性和阶层性等在系统整体上进行逻辑统一和协调,这个整体将具有不同于各组成要素的新功能。系统的整体性是系统的核心,也是从协调侧面来说明相关性和目的性的特征。正是由于水驱油田开发系统的五个子系统相互作用,相互协调,才能完成从注水到采油的整个开采过程,缺少任何一个子系统,这一过程都不能很好地完成。

2)相关性

系统与其各要素、系统与环境、要素与要素间存在着普遍联系,相互依存、相互作用与制约的特性是客观存在的。对注水开发油田而言,每一个子系统都不能离开油田开发这个大系统而存在,每个子系统的功能和行为影响着开发系统整体的功能和行为,而且它们的影响都不是单独的,而是在其他子系统的相互关联中影响整体的。如果不存在相关性,这些子系统就如同一盘散沙,只是一个集合,而不是一个系统。

3)集合性

集合性表明油田开发系统是由许多(不少于两个)可以相互区别的要素组成。

4)层次性

油田开发系统可以分解为若干子系统,子系统又可再分成更小的子系统直至要素,而油田开发系统又隶属于石油系统这个更大的系统。这就是说,一个大的系统包含许多层次,上下层次之间是包含与被包含或者是领导与被领导的关系。

5)目的性

系统工程所研究的对象系统都具有特定的目的。油田开发系统的总体目标是以尽可能低的成本,实现最大程度的原油产出,最大限度地满足国民经济发展的需要。目的性是系统具有特定功能的表示,以尽可能低的成本达到较高的采收率和采油速度这一目标提供了设计、建造或改造油田开发系统的目标与依据,反映了油田开发系统的系统功能和行为具有的方向性。了解系统的目的性,是研究系统工程项目的首要工作,系统工程的目的性常常通过系统的目标或系统指标来描述,油田开发系统大都是多目标或多指标的,它们分为若干层次,构成一个目标体系或指标体系。

6)环境适应性

任何系统或子系统都存在于一定的环境中,对油藏子系统而言,除其本身以外的其他系统、子系统或要素都是其存在的外部环境,并与外部环境之间存在着各种物质、能量和信息的交换。如注水子系统注入的水(物质)转化为油藏子系统的能量(地层压力),油藏子系统的能量(地层压力)又转化为采油子系统的物质(原油),这种交换称为系统的输入与输出。系统要获得生存与发展,必须适应外部环境的变化,这就是系统对于环境的适应性。对油田开发系统而言,系统对环境的适应性主要体现在系统效率上,系统效率越高,则认为这个系统越适应环境。

7)动态性

动态性是指系统发展过程与时间进程有关的性质。例如油田开发系统,它包括前期研究、规划、实施、使用及调整等阶段,每个阶段呈现不同的形态与特征,暴露出不同的矛盾与问题,需要不同的处理方法与手段,因此开展油田水驱开发效果评价,需要从系统的动态性出发,按其所处的不同阶段来考察与分析。研究了解油田开发系统属性的目的在于全面了解表征该系统及不同子系统的指标体系,并与油藏工程理论相结合,建立全面且客观实用的评价油田地质条件和开发效果的指标体系。

(二)油田开发子系统分析及其表征指标体系

1. 油藏子系统及其地质条件表征指标体系

从系统工程的角度来看,油藏子系统的信息表征体系是地质状态指标体系,主要包括表征油藏整体性、储层物性、流体物性以及与储层物性与流体物性相关联的指标体系,而表征储层物性的指标体系又可分为表征储层几何结构、储层特性、储层敏感性的指标体系,表征流体物性的指标体系又可分为表征地下油、水、气性质的指标体系,系统整体性指标体系则包含了表征储层与流体之间的关联性以及表征油藏整体属性的指标体系。

2. 注水子系统、采油子系统及其控制指标表征体系

1)注水子系统及其控制指标表征体系

注水子系统指由注水井及其配套设备组成的子系统,从油田开发效果评价的角度而言,主要关心注水子系统中与油藏子系统发生物质、能量及信息交换有关的指标体系。注水子系统的信息表征指标是控制状态指标。从系统论来看,任何系统都是由物质、能量、信息组成的。

注水子系统和油藏子系统的物质、能量与信息的交换是通过注水井这个媒介来进行的,用3类4个指标表征(表4-1-1)。

表4-1-1 表征注水子系统的整体性的指标

名称	注水量	水井流压与静压	水井数
内涵	描述注水井注水能力大小的指标	描述与水井衔接的油藏地层能量的指标	描述注水井井数的指标

2)采油子系统及其控制指标表征体系

采油子系统指由采油井及其配套设备组成的子系统,从油田开发效果评价的角度而言,主要关心采油子系统中与油藏子系统发生物质、能量及信息交换有关的指标体系。采油子系统的信息表征指标也是控制状态指标。

采油子系统和油藏子系统的物质、能量与信息的交换是通过采油井这个媒介来进行的,用3类8个指标表征(表4-1-2)。

表4-1-2 表征采油子系统的整体性的指标

名称	产油量、采油速度、含水率、产气量和递减率	油井静压与流压	油井数
内涵	描述采油井采油能力大小的指标	描述与采油井衔接的油藏地层能量的指标	描述采油井井数的指标

3)注采系统的整体性指标表征体系

油田开发系统中的注水子系统、油藏子系统和采油子系统通常称为注采系统,既然这个系统是由不同的子系统组成,它就必然具有各子系统不具备的整体性属性,而子系统却不具有这些性质,这就是每个子系统加到一起形成大系统后,大系统的性能会不等于每个子系统的性能之和,这就是所谓系统所表现出的一加一不等于二的整体特性。合理有效的结构方式产生正的结构效应,整体将大于部分之和;不合理甚至无效的结构方式产生负的结构效

应,整体将小于部分之和。每个系统都会表现出特有的、不同于其他系统的整体性。正是由于水驱油田开发注采系统的三个子系统相互作用、相互协调,才能通过注水完成原油开采过程。通常由井网密度水驱控制程度和储量动用程度这三个指标来表征注采系统的整体性(表4-1-3)。

表4-1-3 表征注采系统的整体性的指标

名称	井网密度	水驱控制程度	储量动用程度
内涵	描述油田井网疏密的指标	描述注入水波及体积的指标	描述水驱储量动用程度的指标

4)表征不同子系统之间关联性的指标表征体系

根据系统属性的相关性原则,油田开发系统的不同子系统之间相互依存、相互作用与制约,存在关联性(表4-1-4至表4-1-6)。表征注水子系统与油藏子系统关联性的指标体系通常可以由注水压差、注水强度、累计注入体积倍数和存水率等指标构成;表征采油子系统与油藏子系统关联性的指标体系通常可以由生产压差、采油强度、采油指数和采出程度等指标构成;表征注水子系统与采油子系统关联性的指标体系通常可以由油水井总数、油水井数比、注采比和注采大压差等指标构成。

表4-1-4 表征注水子系统与油藏子系统关联性的指标体系

名称	注水压差	注水强度	累计注入体积倍数	累计存水率
内涵	描述注水能量大小的指标	描述油层吸水状况的指标	描述累计注入量大小的指标	描述注水利用率高低的指标

表4-1-5 表征采油子系统与油藏子系统关联性的指标体系

名称	生产压差	采油强度	采油指数	采出程度
内涵	描述采油能量大小的指标	描述油层采油能力大小的指标	描述油井生产能力大小的指标	描述油田储量采出状况的指标

表4-1-6 表征注水子系统与采油子系统关联性的指标体系

名称	油水井总数	油水井数比	注采比	注采大压差
内涵	描述注采井数量的指标	描述注水子系统与采油子系统油水井比例关系的指标	描述注水子系统与采油子系统注入与采出比例关系的指标	描述注采系统大压差大小的指标

二、油田地质条件评价方法

(一)油田地质评价指标体系的建立

油田开发实践表明,油田水驱开发效果不仅与油藏地质条件有关,而且与控制开发水平有关。客观合理地评价一个油田的综合开发效果,应该以油藏地质条件为基础再去综合评价控制开发的综合水平,从而获取对油田开发效果的综合认识。

为了综合评价每个开发单元的先天地质条件的好坏,首先需要对表征油藏地质属性的所有参数指标进行分析筛选以确定评价油藏地质条件好坏的综合指标体系。

通过对油田开发系统的系统分析,已经确定了油藏子系统的信息表征指标体系,但是运用这些指标评价油田地质条件还存在一些问题,一是这些指标有依存性、相关性,需要通过分析,排除相互依存和相互关联(关联度比较大)的指标;二是有些指标可操作性不强,由于油田开发效果评价属于宏观评价,评价指标要易于获取,因此应该放弃一些不易获取的微观指标、流体的物理化学特性指标等。由此确定出客观、全面、易于操作的综合评价指标体系。

油田地质评价指标体系的建立主要分为两步:

1. 地质评价指标体系的初步定性分析

以油藏工程原理为基础,在考虑可操作性的基础上,根据指标的定义、含义以及直接计算相关关系,重点分析指标间的相关性,相关性较强的指标尽量保留一个指标,这样就排除了指标之间的直观两两相关性。

经过初步定性分析,建立地质评价初选指标体系,主要包括以下指标:有效厚度、有效渗透率、有效孔隙度、河道砂比例、原油黏度、原始含油饱和度、饱和压力、地饱压差、储量丰度、渗透率变异系数。

2. 地质评价初选指标体系的复相关分析

由于初选指标体系已经通过定性分析,排除了指标之间的直观两两相关性,所以对初选指标体系只需进行复相关性分析。

在这里可以设定各项指标之间的复相关系数目标值,由于有效厚度指标是一项比较重要的地质条件指标,所以可以把经过专家判定的有效厚度这种关键指标自动列入地质条件评价指标体系中。

通过众多地质指标的两两负相关分析可以得到评价油田地质条件好坏的指标体系的相关性排序,剔除掉复相关系数较高的指标,可以得到河道砂比例、渗透率、有效厚度、渗透率变异系数、储量丰度、原油黏度、原油饱和压力和原始含油饱和度等8项指标(表4-1-7)。

表4-1-7 地质条件综合评价指标体系计算结果表

复相关系数	河道砂比例(%)	孔隙度(%)	渗透率(mD)	有效厚度(m)	变异系数	储量丰度(10^4t/km^2)	原油黏度(mPa·s)	原油饱和压力(MPa)	地饱压差(MPa)	原始含油饱和度(%)
第一轮	0.847	0.979	0.946	0.972	0.561	0.946	0.93	0.976	0.974	0.966
第二轮	0.800		0.944	0.972	0.544	0.945	0.871	0.949	0.967	0.892
第三轮	0.594		0.814		0.493	0.791	0.815	0.813	0.974	0.838
第四轮	√		√	√	√	√	√	√		√

(二)油田地质条件评价方法的建立

1. 评价的基本原理

评价油田地质条件属于综合评价,应用较为成熟的模糊综合评判方法进行评价,包括如下过程:

(1)确定评价对象的综合评价指标体系。前面应用复相关分析方法已经确定出最终的油田地质条件综合评价指标体系。

（2）应用数学方法确定各评价指标的权重。主要采用三种方法从主观和客观两个角度、定性与定量两个方面,确定每个指标的综合权重。

（3）确定指标体系中的每个指标的评价标准。主要根据区块的统计数据分布状况来确定其界限。根据中华人民共和国石油天然气行业标准《油田开发水平分级》(SY/T 6219—1996),将油田特高含水开发区块地质条件分为好、中、差三类。

（4）对油田地质条件进行综合评价。应用统计原理构造评价指标的统一模糊隶属度函数,然后计算评价单元(区块)的模糊评价向量,应用模糊数学等方法给出综合评价结果。

2. 各评价指标权重的计算

权重是以某种数量形式对比权衡被评价事物总体中诸因素相对重要程度的量值。在油田开发效果综合评价中,权重具有举足轻重的地位。目前关于权重的确定方法有数十种之多,根据计算权重时原始数据的来源不同大致可归为两类,一类是主观赋值法,其原始数据主要由专家根据经验主观判断得到,如 Delphi 法、层次分析法、古林法和比重法等,另一类为客观赋值法,其原始数据主要由各指标在被评价对象中的实际数据形成,有熵值法、复相关系数法、变异系数法和路径分析法等。

在实际运用中,运用单一方法得到权重的结论可信度或多或少存在一定的偏差。因此,为了提高评价结果的精度和可信度,一般利用综合方法确定权重系数。在进行油田开发效果综合评价中,权重的确定主要采用层次分析法、复相关系数法和变异系数法三种方法综合得到。

1)层次分析法

美国运筹学家 A. L. Saaty 于 20 世纪 70 年代提出的层次分析法(Analytical Hierarchy Process,简称 AHP 方法),是一种定性与定量相结合的决策分析方法。它是一种将决策者对复杂系统的决策思维过程模型化、数量化的过程。应用这种方法,决策者通过将复杂问题分解为若干层次和若干因素,在各因素之间进行简单的比较和计算,就可以得出不同方案的权重,为最佳方案的选择提供依据。

层次分析法基本步骤是:(1)建立层次模型;(2)通过比较下层元素对于上层元素的相对重要性建立判断矩阵;(3)计算各判断矩阵的特征值最大值及其所对应的特征向量,得出层次单排序;(4)对判断矩阵进行一致性检验;(5)如果判断矩阵通过一致性检验,将层次单排序的结果转换即可将得到相应的权重体系,即层次权。实质上层次权从主观角度把评价者对评价指标的定性认识定量化。

2)复相关系数法

对多指标综合评价而言,各指标间信息的重复问题(即多指标相关性的问题)是处理的难点,某指标与其他指标间的重叠程度越低,则反映的信息量越大,即表明该指标在综合评价中具有较强的信息表述能力,反之,则表明具有较弱的信息表述能力。这样可以用反映信息重叠程度的高低作为确定权重大小的依据,重叠程度越大则权重越低,反之则越高。

某个单指标对其他多个指标的信息重叠一般可用复相关系数来反映,复相关系数越接近1,则它们之间的信息重叠程度越严重,越接近于零,则信息重叠程度越低。实质上复相关系数法表明每个指标与其他指标的绝对重要程度,第 k 项复相关系数反映了除第 k 项指标以外的所有指标代替第 k 项指标的能力。因此,第 k 项复相关系数越大,其在综合评价中反映的作用越小,这样可以用复相关系数的倒数作为权重,即相关权。

由统计学原理可知,复相关系数可以利用单相关系数和偏相关系数求得。对于复相关系数的计算,也可用 Excel、VB 等软件编程或 SPSS 等统计软件与 Matlab 等数学软件来计算。

3)变异系数法

多指标综合评价的另一个难题是指标体系对综合评价的分辨能力,即指标体系所包含的信息量决定着评价的效果。由于在指标体系中的各指标所包含的信息是不同的,则反映各指标对被研究对象的分辨能力也就有差异。分辨能力越高,信息量越大,效果就越明显。变异系数法的基本思想是:在多指标综合评价中,如果某项指标在所有被评价对象上观测值的变异程度较大,说明该指标在综合评价中具有较强的信息分辨能力,它可以明确区分各个评价对象在该方面的能力,应当赋予较大的权数;反之,则应赋予较小的权数。若有某项指标的变异程度为零,则说明所有的评价对象在该指标上的观测值相等,该指标无分辨能力,即没有评价的价值。

根据这一原理,可以用各指标所包含的信息量的大小作为确定权重大小的一种方法,而信息量的大小可以用变量的分散程度来加以度量,标准差是衡量各指标变异程度的有效尺度,但由于各指标的度量单位不同和数量级上的差异,各指标的标准差不具可比性。因此,选用各指标的变异系数作为反映各指标信息分辨能力的指标,即变异权。实质上变异权反映各指标相对重要程度。

4)综合权重的确定

第一种方法考虑到主观方面利用定性方法定量化来确定权重,第二种和第三种方法从多指标评价体系的两个客观方面利用定量方法来确定权重,为此可将三种方法确定的权重进行数学处理来确定综合权重,从而避免了单一方法的不足。实际应用中可以将三种方法确定的权重进行算术平均或几何平均,从而得到综合权重。

$$R_{综合} = 0.3R_{相关} + 0.3R_{变异} + 0.4R_{层次} \qquad (4-1-1)$$

3. 水驱油田地质条件综合方法

1)地质条件综合评价方法及结果

模糊综合评价法是一种基于模糊数学的综合评价方法。该综合评价法根据模糊数学的隶属度理论把定性评价转化为定量评价,即用模糊数学对受到多种因素制约的事物或对象做出一个总体的评价。它具有结果清晰、系统性强的特点,能较好地解决模糊的、难以量化的问题,适合各种非确定性问题的解决。一般有以下四步:(1)模糊综合评价指标的构建。模糊综合评价指标体系是进行综合评价的基础,评价指标的选取是否适宜,将直接影响综合评价的准确性。进行评价指标的构建应广泛涉猎与该评价指标系统相关的行业资料或者相关的法律法规。(2)采用构建好的权重向量。通过专家经验法或者层次分析法构建好权重向量。(3)构建隶属矩阵。建立适合的隶属函数从而构建好隶属矩阵。(4)隶属矩阵和权重的合成。采用适合的合成因子对其进行合成,并对结果向量进行解释。

2)模糊评价值的确定化及评价分类等级的修正

前面所获得的油藏地质结果都是模糊向量,为了便于比较应用,需要将这些模糊向量数值化。可以采用加权平均数值化方法将地质条件指标体系确定化综合评价结果矩阵写出来,这样可以看出每项评价的地质指标对区块的贡献。也可以选择其他模糊向量数值化的方法。从本质上来说,不同的数值化方法没有本质上的差异,在此不再讨论。

三、油田开发效果评价方法

在油田开发过程中,油田水驱开发效果的提高本质上只能从人为控制开发的科学性、合理性进行分析,包含开发方案设计的合理性、管理的科学性、控制开发的有效性等。由于影响油田开发效果提高的指标都是水驱开发动态指标,主要体现人为控制开发的表征,因此主要从油田开发系统的动态性出发,通过分析体现系统动态属性的指标来确定评价油田开发效果的评价指标体系,以此为基础进一步确定各指标的评价标准,建立评价方法。

(一)油田开发效果评价指标体系的建立

和筛选地质条件评价指标体系的过程一样,筛选油田开发效果评价的指标体系也要遵循全面性、独立性、专业性和可操作性的原则。在这个原则下,油田开发效果评价指标体系的建立主要分为以下两个步骤:

1. 从油田开发原理出发筛选指标

一般认为,油田开发的总体目标是以尽可能低的成本,实现最大程度的原油产出,最大限度地满足国民经济发展的需要。从油藏工程的角度来理解,以"尽可能低的成本"就是追求经济效益,"实现最大程度的原油产出"就是追求最高的原油采收率,"最大限度地满足国民经济发展的需要"就是追求较高的产量或采油速度,因此油田开发具有多目标性。表征油田开发系统的动态指标可以分为两类,一类是系统输出与表现指标,如产量、采油速度、递减率、含水率、采收率等;一类是系统输入与控制指标,如注水量、井网密度、压力系统指标、油水井数比等。在分析油田开发宏观形势及主要指标变化趋势时,主要运用系统输出与表现指标,在评价油田开发效果、分析油田开发潜力及制定调整对策时,主要运用系统输入与控制指标。在采取了各种调整措施以后,改善了开发效果,又反过来影响系统输出与表现指标的变化趋势。下面主要从影响采油速度和采收率的角度来筛选系统输入与控制指标。

1)影响产油量或采油速度的系统输入及控制指标的筛选

根据产油量的计算公式:

$$Q_\circ = \frac{330R_jAA_jJ_LI_w(1-f_w)(p_r-p_c)}{(1+R_j)\{I_w+J_LR_jR_{rc}[B_o(1-f_w)+f_w]\}} \tag{4-1-2}$$

式中 $Q_\circ$——产油量,t;

R_j——油水井注采比;

A——井网密度,口/km²;

A_j——油水井数比;

J_L——采液指数,t/(d·MPa);

I_w——吸水指数,t/(d·MPa);

p_r——地层压力,MPa;

p_c——油井压力，MPa；

R_{rc}——年注采比；

B_o——原油体积系数；

f_w——含水率，%。

通过分析可以确定影响产油量或采油速度的主要指标有注水压力、流动压力、井网密度、油水井数比、注采比等，这些指标在开发效果评价体系中是不可缺少的。

2）影响采收率的系统输入与控制指标的筛选

采收率的定义是注入流体的波及系数和驱油效率之积。波及系数又分为平面波及系数和纵向波及系数。在油田矿场实际，平面波及系数可用水驱控制程度近似代替，纵向波及系数可通过取心井数据获得。因此影响采收率的系统控制指标为平面波及系数、纵向波及系数和驱油效率，这些指标在开发效果评价中最好保留。

2. 开发效果评价指标体系的确定

在选取了影响采油速度和采收率的评价指标以后，在前面系统分析的基础上，通过去除两两相关的指标，经初选的开发效果评价指标体系还应包括以下指标：

吸水指数，描述注水井注水能力及油层吸水能力的指标；

采液指数，描述油井产液能力及油层产液能力的指标；

累计存水率，描述注水利用效率的指标。

这样，经初选的开发效果评价指标体系共包括以下 10 项指标：注采大压差、井网密度、油水井数比、注采比、平面波及系数、纵向波及系数、驱油效率、吸水指数、采油指数、累计存水率。

（二）油田开发效果评价方法的建立与评价

1. 油田开发系统效率概念的建立

在前面分析影响产油量或采油速度的指标时已经指出，油田注采系统存在一个最佳状态，在这个状态下，油田的产油量或采油速度最高。按照这一思路，根据已经筛选出的开发效果评价指标体系，引入油田系统开发效率的概念。

首先定义单指标开发效率，即目前值与合理值差值的绝对值与合理值的比值，再与 1 的差值。以年注采比为例：

$$R_{rc}^* = 1 - \frac{|R_{rc} - R_{rc合理}|}{R_{rc合理}} \qquad (4-1-3)$$

同理，可确定注采大压差、油水井数比、累计存水率、井网密度、水驱控制程度、驱油效率、纵向波及系数的单指标开发效率。

则系统开发效率为八大单指标开发效率加权求和，即：

$$\eta_s = b_1 b_2 (\alpha_1 R_{rc}^* + \alpha_2 \Delta p^* + \alpha_3 R_j^* + \alpha_4 \gamma_w^* + \alpha_5 A_j^* + \alpha_6 C_k^* + \alpha_7 \eta_d^* + \alpha_8 S_v^*) \quad (4-1-4)$$

式中 η_s——油田的加权系统开发效率，简称系统开发效率；

b_1, b_2——分别为吸水指数和采油指数增加使系统开发效率增加的倍数；

$\alpha_1 \sim \alpha_8$——8 项单指标开发效率的权重；

R_{rc}^*,Δp^*,R_j^*,γ_w^*,A_j^*,C_k^*,η_d^*,S_v^*——分别为年注采比、注采大压差、油水井数比、累计存水率、井网密度、水驱控制程度、驱油效率、纵向波及系数的单指标开发效率。

系统开发效率高,则该开发系统可以达到较高的采油速度、采收率和较高的注入水利用效率。由于系统效率是每个区块和自己的最佳状态相比,克服了在开发效果评价时评价标准不统一的局限性。

2. 评价的基本原理

和评价油田地质条件一样,评价油田的开发效果也属于综合评价,但评价过程稍有不同,具体评价过程如下:

(1)确定评价对象的综合评价指标体系,前面应用复相关分析方法已经确定最终的油田开发效果综合评价指标体系,即与系统效率计算有关的各项指标;

(2)应用数学方法确定各评价指标的权重;

(3)根据系统效率的定义计算每个开发区块的系统开发效率;

(4)在地质条件评价的基础上,对相同地质条件的开发区块按系统开发效率评价结果进行分类。

3. 指标评价标准及权重的确定

1)统一评价标准的制定

评价油田开发效果,对每项指标隶属度的建立应该有一个统一的执行标准,因为建立隶属度需要在标准之下确定"模糊"趋势。分析评价水驱开发效果的控制状态指标体系后,发现有些指标并没有建立模糊隶属度的趋势标准。例如,井网密度既没有越大越好的趋势标准,也没有越小越好的趋势标准,最好的井网密度是不同的油田区块应该具有合理井网密度,即指标标准是"合理"或"理论"值最好。因此需要统一处理。

任何综合评价指标体系都有两种指标,一种是趋势性指标,另一种是适度性指标。趋势性指标可直接建立隶属度函数,适度性指标需要分析确定指标的"适度值"后,才能建立模糊隶属度。

具有"好中差"趋势的指标直接应用,建立统一的隶属度函数。这就有两类指标:一是"越大越好"的趋势指标,二是"越小越好"的趋势指标。例如,地质条件评价指标中空气渗透率、有效厚度、储量丰度等是"越大越好"的趋势指标,变异系数是"越小越好"的趋势指标。

对于开发效果的评价指标,很多没有趋势属性,是适度性指标。采用计算指标相对值的办法,即用指标"实际值"除以"理论值"的商作为考查指标(称为无量纲指标或相对指标)。这样就可以制定评价标准。显然这种"相对指标"为100%是最好,相差越大,越不好。

这样指标评价标准也就出来了:对于适度指标,越接近100%(1.00)越好;对于趋势指标,越大越好或越小越好。

2)各评价指标合理值的确定

对于适度指标,要进行评价,必须计算其理论值或者合理值。在开发效果评价的指标体系中各项指标除吸水指数和采油指数外均是适度指标,它们对应的合理值均已有成熟的计算方法。

（1）注水压力上限。

水井注入压力要求注水井井底压力低于油层的破裂压力。破裂压力的计算与裂缝形态有关。喇萨杏油田以水平裂缝为主，所以按产生水平裂缝计算油层破裂压力。为油田套管安全起见，取油层破裂压力的 0.95 倍作为注水压力上限值。

（2）生产流压下限。

油井生产流压下限主要考虑三个原则：一是油层不能大范围脱气而影响采收率；二是油井具有较强的生产能力，尽量满足油田开发生产的需要；三是气液比不能过高，以免影响泵效。

大庆油田研究成果表明，流压与采收率、流压与油井产液量的关系曲线存在一个拐点。喇萨杏油田高含水后期的流压下限在 3MPa 左右，油田南部的下限可以降至 2MPa 左右。结合不同区块目前阶段的含水状况，确定各个区块目前含水阶段下的流压下限。

（3）合理油水井数比。

合理油水井数比是指在油田（区块）总井数不变情况下，压力系统中各项压力在压力界限以内条件下，油田（区块）能够获得最大产液量的油井与水井的井数比值。

确定最佳油水井数比的方法有多种，一般利用油田实际资料，通过下列方式计算：

$$R_j = \sqrt{1/E_o} \qquad (4-1-5)$$

其中：

$$E_o = R_{rc}(J_1/I_w)[B_o(1-f_w)+f_w]$$

式中　　R_j——油水井数比；

　　　　R_{rc}——注采比；

　　　　J_1, I_w——分别为采液指数和吸水指数；

　　　　f_w——含水率；

　　　　B_o——原油体积换算系数。

合理油水井数比受油藏物性、原油物性、含水变化的影响。不同油藏、不同含水阶段，合理油水井数比也不同。这些数据可以根据油藏区块的生产实际数据计算获取。

油藏区块合理油水井数比也可以通过油水相对渗透率曲线确定。首先根据油水相对渗透率曲线资料上不同含水饱和度相对应的油水相对渗透率数据，计算不同含水率下的采液指数和吸水指数，再利用式（4-1-6）计算不同含水阶段的合理油水井数比：

$$R_j = \sqrt{I_w/J_L} \qquad (4-1-6)$$

（4）合理井网密度。

根据谢尔卡乔夫公式，采收率和油田储层、流体性质以及井网密度的关系可以写成：

$$R_o = E_D \exp\left(-\frac{b}{A_j}\right) \qquad (4-1-7)$$

式中　　R_o——油层水驱采收率；

　　　　E_D——水驱油效率；

　　　　A_j——井网密度，口/km²；

　　b——与油层非均质性有关的系数。

　　根据以往研究成果对各开发区确定系数,计算各区块采收率与井网密度之间的关系,结合经济极限井网密度确定合理井网密度。

　　(5)合理注采比。

　　合理注采比是能够保持合理地层压力,使油田具有旺盛生产能力,降低无效能耗并能取得较高原油采收率的注采比。合理注采比不但与开采技术政策界限要求保持的压力水平有关,还与地层物性及流体性质有关。

　　根据计秉玉对注采比变化趋势理论分析结果,注采比与注水压力、油井流压之间关系的理论公式为:

$$R_{rc} = \frac{I_w}{R_j J_1} \frac{R_j J_1 (p_r - p_c) + [I_w (p_r - p_i) + R_j J_1 (p_c - p_i)] e^{-\beta_t}}{I_w (p_r - p_c) - [I_w (p_r - p_i) + R_j J_1 (p_c - p_i)] e^{-\beta_t}} \quad (4-1-8)$$

式中　　p_i, p_r——分别为原始地层压力和水井注水压力,MPa;

　　　　R_j——油水井数比;

　　　　N_w, N_o——分别为水井数和油井数;

　　　　I_w, J_1——分别为吸水指数和采液指数;

　　　　β_t——导压系数参数。

　　由注采比表达式有:

$$\lim_{t \to 0} R_{rc} = \frac{I_w (p_r - p_i)}{R_j J_1 (p_i - p_c)}, \lim_{t \to \infty} R_{rc} = 1 \quad (4-1-9)$$

　　由此可见,当注水压力达到注水压力上限后,初期注采比取决于初始注水压差与生产压差,取决于油水井数比与采液吸水指数比,但随着时间的延长注采比将会逐渐降低,最后趋于1。注采比趋于1的速度取决于β值。即导压系数越大,井距越小,注采比趋于1的速度越快。或者说,油层渗透率越低,在其他条件不变的情况下,注采比越高。

　　在计算时主要是代表油田导压系数项 $e^{-\beta_t}$ 的取值问题。随着时间的推移,主要还是看 $\lim_{t \to \infty} e^{-\beta_t} = 0$ 的速度。根据所考察的油田区块都是高含水(含水率90%以上)阶段,建议在计算合理注采比时可以采用两种办法处理:一是直接取近似值,如当$f_w = 90\%$时,取 $e^{-\beta_t} = 0.1$;二是较精确的办法,就是采用油田实际数据统计,拟合 $e^{-\beta_t}$ 与含水率f_w的线性关系函数,然后根据含水率f_w的值计算导压系数项 $e^{-\beta_t}$ 值。

　　(6)累计存水率。

　　由累计存水率与累计注采比定义可以推导出:

$$E_s = 1 - \frac{1}{Z_s} \left(1 - \frac{N_p}{L_p} \right) \quad (4-1-10)$$

　　由丙型水驱特征曲线累计产油量与含水率的关系:

$$N_p = \frac{1 - \sqrt{a(1 - f_w)}}{b} \quad (4-1-11)$$

由式(4-1-10)和式(4-1-11)联立可得：

$$E_s = 1 - \frac{a - \sqrt{a(1 - f_w)}}{aZ_s} \quad\quad (4-1-12)$$

式中　a,b——丙型水驱特征曲线系数；

　　　N_p——累计产油量，t；

　　　L_p——累计产液量，t；

　　　f_w——含水率，%；

　　　E_s——累计存水率，%；

　　　Z_s——累计注采比。

式(4-1-12)即为累计存水率与含水率的关系。

(7)其他指标合理值的确定。

除上述几个指标外，其他的开发效果评价指标，如水驱控制程度、驱油效率和纵向波及系数的理论值都可通过取心井资料分析或通过数值模拟方法获取。

3)各评价指标权重的计算

参考地质综合评价三种方法计算指标权重，然后将三种方法获得的结果进行加权平均作为最终的指标权重，避免单一方法的片面性。

四、应用实例

(一)喇萨杏油田水驱效果评价

1. 喇萨杏油田水驱地质条件综合评价

应用地质综合评价方法直接计算每个区块的模糊结果可以获得区块先天油藏地质的确定性综合评价结果(或综合得分)。根据这个结果就可以获得开发区块的油藏地质条件综合得分，由此可以对区块的油藏地质条件排序(表4-1-8)。

在前文给定了模糊评判的评语论域为"好、中、差"三个等级。为了将油藏地质条件模糊评价向量值确定化，指定"好=100、中=50、差=0"。如果以这个值去衡量油藏地质综合得分的"好、中、差"，就会产生歧义。因此，需要重新界定地质条件综合得分的"好中差"评语。

事实上，由于每个区块的地质条件综合得分都来自八个指标，所以综合评价要得到指定的"好"的量化值"100"，就必须获得综合模糊评语向量(1,0,0)，这就意味着八项指标都必须是模糊向量(1,0,0)，这显然不可能。考虑到综合性，一个区块的综合模糊向量为(0.7，0.2,0.1)或者(0.6,0.2,0.2)应该算得上比较好的综合得分了。据此，界定综合得分中的"好"的量化值为：$100 \times 0.7 + 50 \times 0.2 + 0 \times 0.1 = 80$ 或者 $100 \times 0.6 + 50 \times 0.2 + 0 \times 0.2 = 70$。考虑到所有区块综合得分分布状况，取"好≥70"。对于"差"的量化值，可以对称地考虑。因为 $0 \times 0.6 + 50 \times 0.2 + 100 \times 0.2 = 30$，所以取"差≤30"。自然而然，取"30<中<70"。从表4-1-8可以看出，大约70%的区块都处于中等油藏地质条件。为了准确地描述"中等水平"的差异，将中等细分为中上、中下，其分界线用标准的中等水平50。

表4-1-8 区块的地质品质综合评价结果

开发区	区块	综合得分	排序
萨中	北一二排东	67.29	8
	北一二排西	73.61	3
	北一区断东	69.18	6
	北一区断西	83.30	1
	东区	47.51	18
	西区	64.41	13
	中区东部	63.03	14
	中区西部	70.78	5
	南一区	66.05	9
	萨中过渡带	45.98	20
	高台子	18.80	33
萨南	高台子	38.05	24
	南二三区面积	50.22	17
	南二三区断块	39.87	22
	南四杏一区	43.73	21
	萨南过渡带	35.40	26
萨北	萨北过渡带	51.89	16
	北二区东	64.71	11
	北二区西	69.10	7
	北三区东	75.35	2
	北三区西	72.02	4
杏北	杏北过渡带	12.74	36
	杏1-3区	25.96	29
	杏一注一采	15.55	35
	杏4-4区行列	37.79	25
	行4-4区面积	39.19	23
	杏7区	28.52	28
杏南	杏13区过渡带	21.62	31
	杏8-9区纯油区	20.86	32
	杏10-12区纯油区	29.26	27
	杏13区纯油区	22.47	30
	杏8-12区过渡带	17.26	34
喇嘛甸	过渡带	46.11	19
	北块	66.00	10
	中块	58.35	15
	南块	64.62	12

这样结合具体的先天油藏地质条件的综合得分,重新界定了评语等级为"好、中上、中下、差"。并且通过以上的分析,也获得了这种评语等级的量化范围,具体见表4-1-9。

表4-1-9 评语等级量化标准

评语等级	1:好	2:中上	3:中下	4:差
量化值分布	[70,100]	[50,70)	(30,50)	[0,30]

这样把喇萨杏油田水驱区块按地质条件好坏可以分为四类:

一类区块:指评价结果为好的区块,即70≤得分≤100。

二类区块:指评价结果为中上的区块,即50≤得分<70。

三类区块:指评价结果为中下的区块,即30<得分<50。

四类区块:指评价结果为中下的区块,即0≤得分≤30。

从表4-1-8给出的36个区块的综合地质得分可以得出,所有区块中地质条件一类、二类、三类、四类的统计分布状况见表4-1-10。

表4-1-10 喇萨杏油田水驱地质条件评价结果分类

类别	一类区块	二类区块	三类区块	四类区块
区块数	5	12	9	10
区块名称	(1)北一区断西; (2)北三区东; (3)北一二排西; (4)北三区西; (5)中区西部	(1)北一区断东; (2)北二区西; (3)北一二排东; (4)南一区; (5)喇嘛甸北块; (6)北二区东; (7)喇嘛甸南块; (8)西区; (9)中区东部; (10)喇嘛甸中块; (11)萨北过渡带; (12)南二三区面积	(1)东区; (2)喇嘛甸过渡带; (3)萨中过渡带; (4)南四杏一区; (5)南二三区断块; (6)杏4-4区面积; (7)萨中高台子; (8)杏4-4区行列; (9)萨南过渡带	(1)杏10-12区纯油区; (2)杏7区; (3)杏1-3区; (4)杏13区纯油区; (5)杏13区过渡带; (6)杏8-9区纯油区; (7)萨南高台子; (8)杏8-12区过渡带; (9)杏一注一采; (10)杏北过渡带
平均分	75.01	62.90	46.70	21.30

注:区块前的数字表示区块油藏地质的排序。

根据所有区块的油藏地质条件分布,对每类品质的区块数量进行统计分析,从总体统计分布来看,具有的二类和三类油藏地质条件的水驱区块比例接近80%,平均油藏地质条件得分为54.8,符合正态分布特征,由于这类区块油藏地质条件又比较好,在进行开发效果评价、开发潜力分析时,应该把重点放在这类区块的分析上。

2. 喇萨杏油田水驱开发效果综合评价

利用开发效果综合评价方法计算了喇萨杏油田水驱各区块的系统开发效率。在考虑地质条件评价的基础上,把喇萨杏油田水驱36个区块按系统开发效率评价结果分为四类(表4-1-11)。具体分类标准如下:

表4-1-11　开发效果评价结果

类别	开发一类	开发二类	开发三类	开发四类
地质一类	中区西部	北一二排西； 北三区东	北一区断西	北三区西
地质二类	南二三区面积； 南一区； 中区东部	西区； 北一区断东； 喇嘛甸北块； 北二西	喇嘛甸中块； 喇嘛甸南块	北二区东； 萨北过渡带； 北一二排东
地质三类	杏4-6区面积； 杏4-6区行列	东区	南二三区断块； 喇嘛甸过渡带； 萨中过渡带； 南四杏一区	萨中高台子； 萨南过渡带
地质四类	杏13区纯油区； 杏7区	杏8-9区纯油区； 杏一注一采	杏10-12区纯油区； 杏8-12区过渡带； 杏北过渡带； 杏1-3区	萨南高台子； 杏13区过渡带
平均分	84.75%	81.52%	78.11%	73.84%

一类地质条件区块：

一类开发效果的标准：$83.77\% \leqslant \eta_s \leqslant 100.00\%$。

二类开发效果的标准：$81.75\% \leqslant \eta_s < 83.77\%$。

三类开发效果的标准：$78.74\% \leqslant \eta_s < 81.75\%$。

四类开发效果的标准：$0 \leqslant \eta_s < 78.74\%$。

二类地质条件区块：

一类开发效果的标准：$82.95\% \leqslant \eta_s \leqslant 100.00\%$。

二类开发效果的标准：$80.60\% \leqslant \eta_s < 82.95\%$。

三类开发效果的标准：$77.30\% \leqslant \eta_s < 80.60\%$。

四类开发效果的标准：$0 \leqslant \eta_s < 77.30\%$。

三类地质条件区块：

一类开发效果的标准：$84.29\% \leqslant \eta_s \leqslant 100.00\%$。

二类开发效果的标准：$77.17\% \leqslant \eta_s < 84.29\%$。

三类开发效果的标准：$73.61\% \leqslant \eta_s < 77.17\%$。

四类开发效果的标准：$0 \leqslant \eta_s < 73.61\%$。

四类地质条件区块：

一类开发效果的标准：$81.69\% \leqslant \eta_s \leqslant 100.00$。

二类开发效果的标准：$78.69\% \leqslant \eta_s < 81.69\%$。

三类开发效果的标准：$76.69 \leqslant \eta_s < 78.69\%$。

四类开发效果的标准：$0 \leqslant \eta_s < 76.69\%$。

上述标准可概括为表4-1-12。

表4-1-12　喇萨杏油田开发效果评价评语量化等级

评语等级	开发一类	开发二类	开发三类	开发四类
地质一类	[83.77%,100.00%]	[81.75%,83.77%)	[78.74%,81.75%)	[0,78.74%)
地质二类	[82.95%,100.00%]	[80.60%,82.95%)	[77.30%,80.60%)	[0,77.30%)
地质三类	[84.29%,100.00%]	[77.17%,84.29%)	[73.61%,77.17%)	[0,73.61%)
地质四类	[81.69%,100.00%]	[78.69%,81.69%)	[76.69%,78.69%)	[0,76.69%)

（二）典型区块应用

1. 地质概况

东部过渡带块位于萨尔图油田南部开发区背斜构造的西翼,地层倾角9.8°~25.7°,在葡Ⅰ组顶面构造图上共有4条断层,均为正断层,断层延伸长度690~3750m,断失层位从萨零组至高Ⅱ组,最大断距为86.8m。开发面积4.24km²,开采层位为萨尔图及葡萄花油层,地质储量972.55×10⁴t。

2. 开发概况

该区块于1971年投入开发,采用东西向350m、南北向400m的四点法面积井网注水方式布井,共布井39口,其中采油井25口,注水井14口,开采萨尔图及葡萄花油层;1997年进行了一次加密调整,在原井网三角形中点布井,形成线状注水方式,注采井距200~220m,共布加密调整井34口,其中采油井25口,注水井9口。井网密度为17.59口/km²,注采井数比为1:1.85。年注采比1.21,区块年均含水率90.18%。

3. 区块评价结果

从评价结果来看,东部过渡带块地质条件属于四类,得分29.56,开发效果属于四类,2006—2010年系统开发效率在63%~73%之间。

1）油田主要开发指标分析

产量递减幅度相对较大:产量与高峰期相比,递减较大,只有高峰期产量的50%左右。1996年以来,东部过渡带块平均综合递减率为5.34%。

水驱采收率仍有进一步提高的余地:运用水驱曲线等方法对东部过渡带块的可采储量进行了计算。可采储量为(270~290)×10⁴t,采收率为30%左右。

取心井资料分析表明,油田的极限水驱油效率可以达到46.32%;运用数值模拟计算,油层动用比例最大可以达到87.16%,平面波及系数最大可以达到95%,这样水驱极限采收率为38.36%。目前油田采收率为30%左右,因此其水驱采收率还有8%的余地。

2）油田开发存在的主要矛盾与问题

从这八项指标来看,可以分为三类:单指标开发效率最低的是井网密度,只有39.91%;其次是油水井数比和水驱控制程度开发效率较低,分别为57.55%和59.48%;注采大压差和累计存水率的开发效率均达到90%以上,达到了较高的数值(表4-1-13)。

总体来看,油水井数比和水驱控制程度不合理都与井网密度有关,因此井网密度不合理是萨南西块的主要矛盾。总体来看,油田开发存在的主要问题是后三类指标的单指标开发指数较低,尤其是井网密度、注采大压差和驱油效率,需要采取有效措施提高这些指标的单指标开发效率,进而改善油田总体开发效果。

表 4-1-13　东部过渡带系统开发效率评价结果表

项目	年注采比	注采大压差（MPa）	油水井数比	累计存水率（%）	井网密度（口/km²）	水驱控制程度(%)	驱油效率（%）	油层动用比例(%)	系统效率（%）
目前值	1.21	20.58	1.85	29.78	17.59	59.48	37.11	69.35	—
合理值	1.00	21.54	1.30	27.89	44.08	100.00	46.32	87.16	—
单指标效率(%)	79.00	95.54	57.55	93.25	39.91	59.48	80.12	79.56	72.40

4. 油田主要调整对策及效果

1)主要调整对策

东部过渡带区块开发调整的主导思想是:以提高水驱系统开发效率为核心,针对不同调整区块存在的主要矛盾和问题,以井网加密、注采系统调整为主要手段,结合其他措施,实现进一步提高采收率和减缓产量递减的目标,采收率提高到3%以上,全区含水率控制到85%以下。

2)调整效果

首先是开发效率变化,从加密调整前后的单指标开发效率和系统开发效率来看均得到明显提高,其中井网密度和油水井数比的开发效率提高值较大,分别提高了33.4%和28.35%,其他指标的开发效率也均有不同程度的提高(表4-1-14)。

表 4-1-14　东部过渡带调整前后系统开发效率对比表

项目	年注采比	注采大压差	油水井数比	累计存水率	井网密度	水驱控制程度	驱油效率	油层动用比例	系统效率
调整前系统效率(%)	79.00	95.54	57.55	93.25	39.91	59.48	80.12	79.56	72.40
调整后系统效率(%)	98.00	90.00	85.90	95.00	73.31	70.00	81.00	83.12	79.00
提高值(%)	19.00	-5.54	28.35	1.75	33.40	10.52	0.88	3.56	6.60

其次是开发指标变化,东部过渡带经过实施调整后,产油量上升了近2.5倍,含水率降低了4%,取得了较好的增油控水效果。

第二节　水驱油田精细评价方法

为适应特高含水后期油田深化效果评价及潜力挖掘、细化管理和细化研究的需要,对喇萨杏油田水驱进行精细评价。首先,对区块进行了细化。区块细化遵循以下原则:平面上,综合考虑构造特征、储层发育、井网部署及开采现状;纵向上分萨葡油层及高台子油层两套井网。将原有40余个水驱区块细分为116个开发单元。其次是对指标进行细化。地质因素指标体系细化为构造特征、沉积特征、物性特征、流体特征、渗流特征等5个系统16项单指标,开发效果评价指标体系细化为6个系统15项指标。最后是对模糊综合评价方法进一步细化。由原来的单次模糊综合评判细化为多级模糊综合评判。

一、开发效果评价指标体系

（一）地质因素评价指标体系

油田水驱开发效果与油田先天品质息息相关，地质条件是影响开发效果的内在决定因素，为综合评判油藏开发效果，首先需要对油藏地质品质进行评价，为此建立了地质因素评价指标体系。

1. 指标分析

将代表区块地质状态的因素分类，共分为六类：构造特征、沉积特征、物性特征、流体特征、渗流特征、微观特征。

构造特征参数包括断层密度、断层规模；沉积特征参数包括发育油层数、总钻遇率、平均单层厚度、有效厚度、砂岩厚度、河道砂钻遇率、厚度变异系数、砂岩系数、连续性系数、砂体连通程度；物性特征包括渗透率、孔隙度、渗透率变异系数等；流体特征包括原油黏度、流度比、原始气油比等；渗流特征包括极限驱油效率、原始饱和度、残余油饱和度、束缚水饱和度、油水两相跨度等；微观特征包括退汞效率、排驱压力、饱和度中值压力、喉道均质系数、粒度、分选性等。

2. 指标筛选

指标筛选应遵循如下几点原则：

（1）科学性：指标有代表性，能够体现油田地质特征、开发水平和管理水平。

（2）全面性：指标要全，覆盖面要广，涉及地质、开发等方面因素。

（3）统一性：指标对油田各个开发阶段都适应，可对比性强。

（4）相对独立性：选择的指标具有相对的独立性，指标之间尽可能不要交叉、相关性要小。

（5）可操作性：指标容易取得，计算方法简便。

3. 指标体系确定

根据上述筛选原则，对指标进行分析和初步筛选，剔除部分明显不符合筛选原则的指标、对开发效果影响很小的指标及关联度大的指标，建立了地质因素评价指标体系。

地质因素指标体系共包括构造特征、沉积特征、物性特征、流体特征、渗流特征5个系统16项单指标。

1）构造特征

选取断层密度、断层规模。

2）沉积特征

选取单层平均厚度、砂岩厚度、有效厚度、河道砂钻遇率、厚度变异系数、砂岩系数、砂体连通程度。

3）物性特征

选取渗透率、孔隙度、渗透率变异系数。

4）流体特征

选取原油黏度、流度比。

5）渗流特征

选取原始含油饱和度、极限驱油效率。

（二）开发因素评价指标体系

整理油田开发评价的常用指标,分析了其计算方法和评价内容的含义,将油田开发评价指标分为六类:历史效果、开发指标、压力系统、注采系统、动用状况、管理指标。开发指标包括综合含水率、自然递减率、综合递减率、含水上升率、含水上升速度、采出程度、采油速度、采收率等。压力系统包括井底流压、地层压力、地层压力保持水平、总压差、地饱压差、低于饱和压力井比例、注水压力等;注采系统包括水驱控制程度、多向连通比例、注采比、油水井数比、井网密度等;动用状况包括累计吸水比例、瞬时吸水比例、水洗厚度比例、水淹厚度比例等;管理指标包括注水合格率、细分层段数、油水井开井时率、套损率等。

1.指标筛选

1）指标优选的原则

(1)科学性:指标有代表性,能够体现油田地质特征、开发水平和管理水平。

(2)全面性:指标要全,覆盖面要广,涉及地质、开发等方面因素。

(3)统一性:指标对油田各个开发阶段都适应,可对比性强。

(4)相对独立性:选择的指标具有相对的独立性,指标之间尽可能不要交叉、相关性要小。

(5)可操作性:指标容易取得,计算方法简便。

2）指标优选方法

列出尽可能多、尽可能全的指标,然后依据上述原则,逐一对比分析,相互比较,淘汰意义不明确、重复的、不容易取得的参数,保留意义明确、代表性强、采集方便的参数。

指标筛选的过程是由研究人员深入研究、详细论证,提出方案,然后广泛征集专家意见,反馈、汇总,优化结果。

2.指标体系确定

根据上述指标筛选原则,筛选出了适合特高含水开发阶段的水驱开发效果评价指标体系,包括6个系统15项指标。与以往开发效果评价指标体系对比,为适应特高含水期开发特点,本次研究引用了6个新指标:低于饱和压力井比例、多向连通比例、井距变异系数、油水井有效时率、细分层段数及五年阶段套损率。

1）历史效果

用即时含水采出比来衡量区块历史开发效果。

2）开发指标

选取综合含水率、含水上升值、综合递减率。

3）压力系统

选取井底流压、地层压力保持水平、低于饱和压力井比例。

4）注采系统

选取水驱控制程度、多向连通比例、井距变异系数、油水井数比。

5）动用状况

选取累计吸水厚度比例。

6）管理指标

选取油水井时率、细分层段数、五年阶段套损率。

二、指标评价标准

（一）开发水平分级标准

收集中国石油以及各油田单位的相关行业、企业标准或评比规定等作为借鉴,结合油田实际情况,对原油标准进行适应性分析,对于适应目前状况的指标继续沿用原标准,对于不适应的则进行合理修正。参照 SY/T 6219—1996《油田开发水平分级》(表 4 – 2 – 1)。

表 4 – 2 – 1　中高渗透率层状砂岩油藏开发水平分类指标表

序号	项目		类别		
			一	二	三
1	水驱储量控制程度(%)		≥85	70~85	<70
2	水驱储量动用程度(%)		≥75	60~75	<60
3	能量保持水平和能量利用程度		见 5.3	见 5.3	见 5.3
4	剩余可采储量采油速度(%)	采出程度小于50%前	≥5	4~5	<4
		采出程度大于或等于50%后	≥7	5~7	<5
5	年产油量综合递减率(%)	采出程度小于50%前	≤5	5~7	>7
		采出程度大于或等于50%后	≤7	7~9	>9
6	水驱状况		见 5.6	见 5.6	见 5.6
7	配注合格率(%)		≥70	60~70	<60
8	注水井分注率(%)		≥80	60~80	<60
9	老井措施有效率(%)		≥75	65~75	<65
10	油水井综合生产时率(%)		≥75	60~75	<60
11	注入水质达标状况(项)		≥9	6~9	<6
12	油水井免修期(d)		≥365	240~365	<240
13	动态监测计划完成率(%)		≥95	90~95	<90
14	操作费控制状况		见 5.16	见 5.16	见 5.16

注:(1)以上 14 项中必须有 9 项,其中序号 1、2、3、5、6、8、9、13、14 等 9 项中有 8 项达标方可划为该类;

(2)表中见 5.3,见 5.6,见 5.16 均指参考标准 SY/T 6219—1996《油田开发水平分级》中对应内容。

（二）地质因素评价标准

1. 指标评价标准的确定方法

评价指标可分为两类,一类是趋势性指标,例如水驱控制程度、多向连通比例,以及地质因素评价指标体系中的有效厚度、厚层砂钻遇率等,这类指标可以直接建立隶属度函数,确定标准;一类是适度性指标,如井网密度,没有越大越好的趋势,也没有越小越好的趋势,合理的井网密度才是最好的井网密度,因此,这类指标需要计算指标理论值或合理值,利用指标的实际值与理论值或合理值的接近程度作为评价指标,本次计算采用二者的商或者差作为指标评价值,这样就可以制定出指标评价标准。根据前文所述,指标标准的制定可以分为统计分析法及标准化法两种,根据本次喇萨杏油田特高含水期水驱开发效果评价目的,选择统计分析法建立标准。

统计分析法实际上就是利用数据点群的分布规律,划分出不同的区间,不同的区间就是不同的级别标准。利用多级次平均值法,结合专家经验确定各单指标分级标准。对于趋势性指标取区块实际数据进行平均,对于适度性指标,先确定指标界限,取实际值与界限值的相对值进行平均。根据前述各项指标的计算方法计算了喇萨杏油田不同区块的水驱层位各指标值,利用统计分析方法结合专家经验确定了各项指标标准。

2. 地质参数指标标准的确定

以断层密度为例,说明评价标准的制定。喇萨杏油田116个细化区块断层密度平均值为0.66条/km²,小于0.66条/km²的数据的平均值为0.26条/km²,大于0.66条/km²的数据的平均值为1.06条/km²,这样有三个数据界限点,将断层密度数据群划分为四段,即:小于0.26条/km²,0.26~0.66条/km²,0.66~1.02条/km²,大于1.02条/km²。将四段数据再一次进行平均,得到四个界限点,即0.05,0.32,0.90,1.33,也即断层密度的界限,见表4-2-2。

表4-2-2 断层密度评价初级标准

指标	好	较好	中等	较差	差
断层密度(条/km²)	<0.05	0.05~0.32	0.32~0.90	0.90~1.33	>1.33

利用上述标准对116个细化区块进行验证,对标准进行了微调,最终确定断层密度分级标准,见表4-2-3。

表4-2-3 断层密度指标分级标准表

指标	好	较好	中等	较差	差
断层密度(条/km²)	<0.03	0.03~0.29	0.29~0.80	0.80~1.29	>1.29

同理,确定了其余地质因素指标的分级标准(表4-2-4)。

表4-2-4 其余地质因素指标分级标准表

指标	好	较好	中等	较差	差
断层密度(条/km²)	<0.03	0.03~0.29	0.29~0.80	0.80~1.29	>1.29
断层规模(m/km²)	<15.40	15.40~212.95	212.95~417.28	417.28~843.12	>843.12
平均单层厚度(m)	>3.78	2.57~3.78	1.17~2.57	0.26~1.17	<0.26
平均单井砂岩厚度(m)	>137.42	104.47~137.42	75.20~104.37	48.23~75.20	<48.23
平均单井有效厚度(m)	>45.99	37.84~45.99	27.87~37.84	20.77~27.87	<20.77
厚层钻遇率(%)	>17.42	13.35~17.42	9.03~13.35	5.01~9.03	<5.01

指标	好	较好	中等	较差	差
砂岩系数	>0.52	0.46~0.52	0.34~0.46	0.26~0.34	<0.26
厚层砂岩连通程度(%)	>49.39	30.69~49.39	23.86~30.69	14.44~23.86	<14.44
渗透率(mD)	>0.45	0.37~0.45	0.20~0.37	0.14~0.20	<0.14
孔隙度	>0.25	0.24~0.25	0.23~0.24	0.22~0.23	<0.22
渗透率变异系数	<0.82	0.82~0.89	0.89~0.99	0.99~1.10	>1.10
原油黏度(mPa·s)	<9.0	9.0~9.2	9.2~9.4	9.4~9.6	>9.6
流度比	<1.20	1.20~1.21	1.21~1.22	1.22~1.23	>1.23
原始含油饱和度(%)	>70	69~70	68~69	67~68	<67
极限驱油效率(%)	>44	42~44	40~42	38~40	<38

(三)开发因素评价标准

利用多级次平均值方法结合区块实际数据及专家经验确定开发因素6个系统15项单指标评价标准(表4-2-5)。

表4-2-5 喇萨杏油田特高含水期水驱开发效果评价标准

	开发类别	一类	二类	三类	四类	五类
历史效果	即时含水采出比	≤2.5	(2.5,2.9]	(2.9,3.5]	(3.5,4.4]	>4.4
开发指标	综合含水率(%)	≤88.6	(88.6,92.4]	(92.4,94.2]	(94.2,95.5]	>95.5
	含水上升率(%)	≤-0.5	(-0.5,0.1]	(0.1,0.5]	(0.5,1.3]	>1.3
	综合递减率(%)	≤-4.3	(-4.3,2.5]	(2.5,7.1]	(7.1,14.5]	>14.5
压力系统	井底流压(MPa)	≥1.8	[1.0,1.8)	[0.5,1.0)	[0,0.5)	<0
	低于饱和压力井比例(%)	≤11.3	(11.3,26.3]	(26.3,43.8]	(43.8,71.0]	>71.0
	地层压力(MPa)	≥1.5	[1.0,1.5)	[0.5,1.0)	[0,0.5)	<0
注采系统	水驱控制程度(%)	≥93	[88,93)	[83,88)	[78,83)	<78
	多向连通比例(%)	≥53	[43,53)	[33,43)	[23,33)	<23
	井距变异系数	≤0.31	(0.31,0.39]	(0.39,0.44]	(0.44,0.54]	>0.54
	油水井数比	≤0.2	(0.2,0.4]	(0.4,0.6]	(0.6,1.2]	>1.2
动用状况	吸水厚度比例(%)	≥85	[80,85)	[75,80)	[70,75)	<70
管理指标	油水井时率(%)	≥85	[80,85)	[75,80)	[70,75)	<70
	细分层段数(段)	≥5.8	[5.1,5.8)	[4.5,5.1)	[3.6,4.5)	<3.6
	五年阶段套损率(%)	≤2.3	(2.3,4.7]	(4.7,6.8]	(6.8,13.0]	>13.0

三、多层次模糊综合评判方法

模糊综合评判法就是应用模糊变换原理和最大隶属度原则,考虑与评价事物相关性较大的各个因素,对其所做的综合评价。该方法是建立在模糊数学基础上的一种模糊线性变换。它的优点是将评判中有关的模糊概念用模糊集合表示,以模糊概念的形成直接进入评判的运算过程,通过模糊变换得出一个模糊集合的评价结果。

(一)一级模糊综合评判

将被评判的事物称作评价对象。评价的结果用一组"评语"的模糊集合表示。这组评语构成的集合称之为评语集,也称作评价集。记作:

$$V = (v_1, v_2, \cdots, v_m) \tag{4-2-1}$$

评价结果:

$$Y = (y_1, y_2, \cdots, y_m) \tag{4-2-2}$$

Y 是 V 上的一个模糊子集。其中 y_j 是向量 Y 在评语集 V 上对应的评价隶属程度。

影响评价结果的所有因素构成的集合成为因素集。记作:

$$U = (u_1, u_2, \cdots, u_m) \tag{4-2-3}$$

根据第 i 个因素 u_i 对事物做出的评价称作单因素评价。记作:

$$r_i = (r_{i1}, r_{i2}, \cdots, r_{im}) \tag{4-2-4}$$

这同样是 V 上的模糊子集,并常常称之为单因素评价向量。

这种单因素评价只能反映事物的一方面,无法反映总体情况。但 n 个因素便有 n 个单因素评价向量,将它们组成一个矩阵,称其为评判矩阵:

$$R = (r_{ij})_{m \times n} = \begin{pmatrix} r_{11} & r_{12} & \cdots & r_{1n} \\ r_{21} & r_{22} & \cdots & r_{2n} \\ \cdots & \cdots & \cdots & \cdots \\ r_{m1} & r_{m2} & \cdots & r_{mn} \end{pmatrix}, 0 \leqslant r_{ij} \leqslant 1 \tag{4-2-5}$$

给每一个因素 u_i 确定一个系数 x_i 表明对评价结果的重要程度。然后通过模糊变换 $X \otimes R$ 将各单因素综合成一个评价结果。

$X \otimes R$ 称为模糊变换,$\otimes$ 表示模糊运算。即:

$$r_{ij}^* = X_i r_{ij} \tag{4-2-6}$$

$$y_j = \sum_{j=1}^{n} r_{ij}^* \tag{4-2-7}$$

一般地,Y 即是评判的综合结果。对于

$$Y = (y_1, y_2, \cdots, y_n) \tag{4-2-8}$$

y_j是评判对象相应于第 j 个模糊评语的隶属度。若有:

$$y_j = (y_1, y_2, \cdots, y_m), 1 \leqslant j \leqslant m \tag{4-2-9}$$

则认为评判的最后结果为第 j 个模糊评语。

实际上模糊变换的结果 Y 是模糊向量 X 与模糊关系矩阵 R 的合成。X 是 V 上的模糊子集,而评判结果 Y 是 V 上的模糊子集。

则有:

$$Y = X \otimes R = (y_1, y_2, \cdots, y_n) \qquad (4-2-10)$$

$$(y_1, y_2, \cdots, y_n) = (x_1, x_2, \cdots, x_m) \otimes \begin{pmatrix} r_{11} & r_{12} & \cdots & r_{1n} \\ r_{21} & r_{22} & \cdots & r_{2n} \\ \cdots & \cdots & \cdots & \cdots \\ r_{m1} & r_{m2} & \cdots & r_{mn} \end{pmatrix} \qquad (4-2-11)$$

式中　$X = (x_1, x_2, \cdots, x_m)$——权重集或权向量。

(二)多层次模糊综合评判

在复杂系统中,由于要考虑的因素很多,并且各因素之间往往还有层次之分。可以把因素集合 U 按某些属性分成几类,如影响油田地质分类的因素可分成构造特征、流体特征、物性特征、沉积特征等几类,先对每一类(因素较少)做综合评判,然后再对评判结果进行"类"之间的高层次综合评判。具体的有:设因素集合为:

$$U = \{u_1, u_2, \cdots, u_m\}$$

评语集合为:

$$V = \{v_1, v_2, \cdots, v_n\}$$

多层次综合评判的一般步骤是:

1. 划分因素集合 U

对因素集合按某些属性进行分类,即:

$$U = \{U_1, U_2, \cdots, U_N\} \qquad (4-2-12)$$

这里 $U_i = \{u_{i1}, u_{i2}, \cdots, u_{ik_i}\}, i = 1, 2, \cdots, N$,即 U_i 中含有 k_i 个因素,$\sum_{i=1}^{N} k_i = U$,并且满足:

$$U_i \cap U_j = \phi, i \neq j \qquad (4-2-13)$$

2. 初级评判

对每个 $U_i = \{u_{i1}, u_{i2}, \cdots, u_{ik_i}\}$ 中的 k_i 个因素,按初始模型做综合评判(一级综合评判)。

设 U_i 的因素重要程度模糊子集为 $\tilde{A}_i$,U_i 的 k_i 个因素的总的评价矩阵为 $\tilde{R}_i$,于是得到:

$$\tilde{A}_i \circ \tilde{R}_i = \tilde{B}_i = (b_{i1}, b_{i2}, \cdots, b_{in}), i = 1, 2, \cdots, N \qquad (4-2-14)$$

式中　$\tilde{B}_i$——U_i 的单因素评判子集。

3. 二级综合评判

设 $U = \{U_1, U_2, \cdots, U_N\}$ 的因素重要程度模糊子集为 $\tilde{A}$，且 $\tilde{A} = \{\tilde{A}_1, \tilde{A}_2, \cdots, \tilde{A}_N\}$，则 U 的总的评价矩阵为 $\tilde{R}$：

$$\tilde{R} = \begin{pmatrix} \tilde{B}_1 \\ \tilde{B}_2 \\ \vdots \\ \tilde{B}_N \end{pmatrix} = \begin{pmatrix} \tilde{A}_1 \circ \tilde{R}_1 \\ \tilde{A}_2 \circ \tilde{R}_2 \\ \vdots \\ \tilde{A}_N \circ \tilde{R}_N \end{pmatrix} \qquad (4-2-15)$$

于是得出总的（二级）综合评判结果为：

$$\tilde{B} = \tilde{A} \circ \tilde{R} \qquad (4-2-16)$$

这也是着眼因素 $U = \{u_1, u_2, \cdots, u_m\}$ 的综合评判结果。

四、应用实例

(一)评价区块细化

区块细化后，区块间的差异更加突出明显。首先，平面上区块细化后各块水驱控制程度差异较大。如萨中开发区南一区细化前分南一区西部和南一区东部两个区块，细化后分为南一西甲块、南一西乙块、南一东丙东和南一东丙西四个区块。细化前南一区东部二类油层水驱控制程度为82.7%，南一区西部水驱控制程度86.5%。细化后二类油层水驱控制程度分别为：南一西甲块82.6%，南一西乙块85.3%，南一东丙东84.4%，南一东丙西89.9%，与细化前变化较大，区块间差异较大。其次，纵向上各沉积单元注采不完善，矛盾更加突出。细化前南一区西部萨Ⅲ组各沉积单元水驱控制程度在30%~95%之间，细分后南一区甲块萨Ⅲ组各沉积单元注采不完善，水驱控制程度较低，南一区乙块则较为完善。

(二)地质因素评价

选取各区块剩余水驱层位作为本次研究的评价目标，进行了地质参数指标的计算。利用上述评价方法，根据给定的单指标分级评价标准，对喇萨杏水驱116个区块地质因素进行了综合评价。根据地质因素评价结果，利用模糊向量数值化方法，进行区块地质分类。地质一类区块油层发育厚度大，厚层砂钻遇率较高，物性较好；地质二类区块油层厚度中等，物性较好；地质三类区块油层发育厚度小，物性差，断层较为发育（表4-2-6）。

(三)开发因素评价

1. 开发水平分级评价

利用石油行业标准评价喇萨杏油田116个细化区块水驱开发效果，结果表明：仅有南一西甲块套损区块为三类区块,其余区块均为一类区块,利用原有石油行业标准评价已不能适应目前的开发形势需要,不能体现区块间的差异,进而得不到区块的调整潜力。因此,应用石油行业标准评价仅作为参考,大部分区块均为一类区块。

表4-2-6　不同地质分类细化区块指标表

地质分类	区块数（个）	构造特征		沉积特征			物性特征		流体特征		渗流特征		
		断层密度（条/km²）	断层规模（m/km²）	平均单层厚度（m）	平均单井有效厚度（m）	厚层砂钻遇率（%）	渗透率（mD）	孔隙度	渗透率变异系数	原油黏度（mPa·s）	流度比	原始含油饱和度（%）	极限驱油效率（%）
一类	45	0.74	584.1	1.4	43.4	14.5	0.321	0.25	1.04	9.3	1.38	73.5	43.8
二类	36	0.67	568.0	1.2	32.4	9.4	0.220	0.24	0.84	8.8	1.37	68.1	41.5
三类	35	0.75	681.5	0.9	18.3	6.4	0.216	0.23	0.81	8.1	1.36	65.4	39.5
合计（平均）	116	0.72	610.7	1.2	30.8	9.8	0.250	0.24	0.89	8.7	1.37	68.7	41.5

2. 水驱开发效果综合评价

1）单指标评价

应用模糊综合评判方法,根据给定的各项指标评价标准,评价了喇萨杏油田各细化区块各项单指标,根据评语等级,将各项指标分为五级,一类为好,二类为较好,三类为中等,四类为较差,五类为差。统计分析了各细化区块不同分类等级的指标所占比例,结果表明:萨中开发区一类、二类指标所占比例大于50%的区块较少,而四类、五类指标所占比例较大的区块则较多,单项指标效果较差;喇嘛甸、萨北、杏北、杏南各区块一类、二类指标所占比例较大,单项指标效果较好。

从各项单指标来看,水驱控制程度、吸水厚度比例、油水井时率等几个指标较好,指标评价结果为一类、二类所占区块比例较大;而综合含水率、综合递减率、井底流压、低于饱和压力井比例等几项指标较差,评价结果为四类、五类的区块所占比重较大。

2）系统评价

在单指标评价的基础上,对开发指标、压力系统、注采系统、动用状况、管理指标等五个系统进行评价,分析区块存在的矛盾和问题。

（1）开发指标。

喇嘛甸开发区含水级别较高,平均含水率95%以上,北北一、北西一、北东二、喇中过渡带开发指标较差。萨北开发区过渡带地区及萨中开发区套损区块及密井网区块,开发指标较差。

（2）压力系统。

萨中开发区地层压力及流压水平均较低,低于下限值,低于饱和压力井比例平均高达60%以上,因此压力保持水平较差。其他开发区部分区块流压低于界限值,井底流压和地层压力分布不均衡。

（3）注采系统。

喇嘛甸开发区喇中过渡带、喇南过渡带注采关系不完善,水驱控制程度低,以一向和两向连通为主。萨北开发区北二西西断层较为发育,受断层影响注采关系不完善,其他区块均较好。萨中开发区南一西甲块受套损影响注采关系不完善,其他区块较好。萨南、杏北、杏南开发区过渡带地区注采系统较差,纯油区均较为完善。

(4)动用状况。

喇嘛甸开发区厚油层发育,各区块累计吸水比例均在90%左右,吸水比例较高,动用较好。喇萨杏整体表现为北部动用较好,南部差于北部。

(5)管理指标。

喇嘛甸开发区开井时率较高,除个别区块外均在80%以上,细分层段数达到了5段以上,套损率较低。萨中开发区受套损影响较大,南一区较差。萨南、杏北、杏南地区过渡带地区时率稍低。

3)综合评价

综合六个系统的评价结果,再结合各系统权重,利用模糊综合评判法对区块进行综合评价。从评价结果来看,一类、二类区块效果较好,比例为40.5%,三类区块效果中等,比例为42.2%,四五类区块效果较差,占17.3%(表4-2-7)。

表4-2-7　细化区块目前状态分类统计表

开发区	区块个数(块)					
	一类	二类	三类	四类	五类	小计
喇嘛甸	6	3	4			13
萨北	2	2	5	1		10
萨中	11	6	9	2	6	34
萨南	1	6	16	3	2	28
杏北	3	3	12	3	1	22
杏南	3	1	3		2	9
合计	26	21	49	9	11	116
比例(%)	22.4	18.1	42.2	7.8	9.5	

参 考 文 献

[1] 张继风. 水驱油田开发效果评价方法综述及发展趋势[J]. 岩性油气藏,2012,24(3):118-122.

[2] 王国先,谢建勇,范杰. 用即时含水采出比评价油田水驱开发效果[J]. 新疆石油地质,2002,23(3):239-241.

[3] 冯其红,吕爱民,于红军,等. 一种用于水驱开发效果评价的新方法[J]. 石油大学学报(自然科学版),2004,28(2):140-141.

[4] 唐海,黄炳光,李道轩. 模糊综合评判法确定油藏水驱开发潜力[J]. 石油勘探与开发,2002,29(2):97-99.

[5] 张新征,张烈辉,熊钰,等. 高含水油田开发效果评价方法及应用研究[J]. 大庆石油地质与开发,2005,24(3):48-50.

第五章 油田开发技术政策界限确定方法

大庆油田一直重视油田开发政策及技术经济界限的制定,根据不同开发阶段的开发特点,在每个五年期间研究制定了相应的开发技术政策,为原油 5000×10^4t 高产稳产、4000×10^4t 阶段稳产的开发调整指明了对策和方向,也为油田开发保持良性循环奠定了基础。"五五"期间提出了"四个立足",即立足于主力油层、立足于基础井网、立足于自喷开采;"六五""七五"期间提出了"三个转变",即从"六分四清"为主的综合调整转变到以钻细分层系的调整井为主、开采方式由自喷开采逐步转变到全面机械采油、挖潜对象从高渗透主力油层逐步转变到中、低渗透油层的非主力油层;"八五""九五"期间提出了"三个调整",即井网加密调整、结构调整和注采系统调整;"十五"期间提出了"四个转变",即调整措施由增油为主的措施向控水和增油相结合措施转变、调整方式由井网加密向井网综合利用方向转变、驱油方式由单一水驱向多元化驱替方式转变、压力系统由高压系统向相对低压系统转变;"十一五""十二五"期间形成了"分类研究,分步调整,多种驱替方式并举"的开发政策,即油层分类研究、开发调整分步进行、水驱和化学驱多驱替方式并举。"十三五"以来,面对储采结构失衡、开发对象变差、多驱替方式并存的实际,攻关研究了中高渗透油田特高含水阶段水驱开发技术政策、低渗透油藏合理注采比和化学驱开发技术政策界限,科学地指导了油田高效、有序开发。

第一节 中高渗透水驱油田水驱开发技术政策

喇萨杏油田水驱自 2004 年进入特高含水期以来,一直以"稳液、控水、调结构"为目标,有效遏制了无效循环,提高注水利用效率。为进一步摸准油田地质储量潜力,建立了适合于油田的动态地质储量测算方法;为避免出现地下亏空、原油脱气、油水井套损等不利形势,建立了基于"以注定采"为核心的主要注采指标技术政策界限确定方法;为明确注采结构调整潜力,建立了分类井注采结构调整政策和方法,上述技术方法的研究方法与成果,在油田已全面推广应用,有效指导了油田在特高含水阶段的精细挖潜实施[1-7],取得了较好的控递减、控含水效果。

一、油田动态地质储量潜力评价

通常采用的地质储量测算方法是容积法,喇萨杏油田地质储量的标定也采用此方法。实际应用过程中发现两个问题:一是个别开发区存在储采指标不匹配的现象且较为突出,偏离矿场实际及理论认识较大。如 SN 开发区采收率高达 60% 以上,而其他同类四个开发区均在 50% 以下;二是由于喇萨杏油田采用分批布井、接替稳产的开发方式,使油田存在开采对象完全不同的基础井、一次井、二次井、三次井及高台子井,加之优质储量不断转移到三次采油,以及封堵、补孔等措施的优化实施影响,油田水驱分类井的地质储量无法用容积法准确测算。因此,需要建立动态计算分类井地质储量方法。

(一)计算方法的油藏工程原理

计算方法的油藏工程原理如图 5 - 1 - 1 所示,一个天然水驱或人工注水的油藏,其原油储量按相对渗透率曲线的规律发生流动,开发到一定阶段后,其开发动态指标(油水产出比例)表现出一定的规律性,形成水驱曲线直线规律,应用水驱曲线斜率、截距和相对渗透率曲线回归的系数可反求动态地质储量。

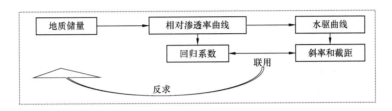

图 5 - 1 - 1　动态法计算动用地质储量油藏工程原理图

关于利用水驱曲线动态资料推算动用地态储量,童宪章早期研究认为,水驱曲线斜率主要取决于油藏地质储量的大小,他利用国内外 25 个油田的实际资料统计,得出以下关系: $Z' = 7.5B$,把 Z' 叫作水驱动态储量,计算动态储量的公式称为"7.5 法则"。

后来陈元千整理了国内外 112 个油田的实际资料,得出的结论也基本符合"7.5 法则",只是表达式略有区别,回归表达为 $Z' = 7.5422B^{0.969}$。

应用"7.5 法则"计算喇萨杏油田动态储量,计算结果明显偏高,分析认为,"7.5 法则"完全从统计规律出发,应用了国内外油田资料,对喇萨杏油田针对性不强。而本次建立的水驱曲线和相对渗透率曲线结合推算动用储量的方法不仅考虑了油藏生产动态,还考虑了喇萨杏油田自身的油层渗流特性,是利用动态资料推算动态地质储量方法的发展。

(二)理论公式推导

为了得到水驱曲线斜率和储量的关系,可将甲型和西帕切夫曲线的直线关系写成如下形式:

$$\lg W_{\mathrm{p}} = A_1 + B_1 N_{\mathrm{p}} \rightarrow R = -\frac{A_1}{NB_1} + \frac{1}{NB_1}\ln\frac{f_{\mathrm{w}}}{1-f_{\mathrm{w}}} = a_1 - b_1\ln\left(\frac{1}{f_{\mathrm{w}}} - 1\right) \quad (5-1-1)$$

$$\frac{L_{\mathrm{p}}}{N_{\mathrm{p}}} = A_2 + B_2 N_{\mathrm{p}} \rightarrow R = \frac{1}{NB_2} - \frac{\sqrt{A_2}}{NB_2}\sqrt{1-f_{\mathrm{w}}} = a_2 - b_2\sqrt{1-f_{\mathrm{w}}} \quad (5-1-2)$$

则甲型、西帕切夫曲线法计算动用地质储量公式分别为:

$$N = \frac{1}{B_1 b_1} \quad (5-1-3)$$

$$N = \frac{\sqrt{A_2}}{B_2 b_2} \tag{5-1-4}$$

式中　W_p——累计注水量，10^4 t；

　　　N_p——累计产油量，10^4 t；

　　　N——地质储量，10^4 t；

　　　L_p——累计产液量，10^4 t；

　　　f_w——含水率，%；

　　　R——采出程度，%。

　　　A_1——甲型曲线的截距；

　　　B_1——甲型曲线的斜率；

　　　A_2——西帕切夫曲线的截距；

　　　B_2——西帕切夫曲线的斜率；

　　　b_1，b_2——由相对渗透率曲线求出的系数。

通过动态数据得到水驱曲线斜率，再由油水相对渗透率曲线求出系数 b_1，b_2，就可以计算出地质储量。

由油水相对渗透率曲线：

$$f_w = \frac{1}{1 + \dfrac{K_{ro}\mu_o}{K_{rw}\mu_w}}, R = \frac{S_w - S_{wc}}{1 - S_{wc}}$$

得到直线回归方程：

$$R = a_1 - b_1 \ln\left(\frac{1}{f_w} - 1\right) \tag{5-1-5}$$

$$R = a_2 - b_2 \sqrt{1 - f_w} \tag{5-1-6}$$

可求出系数 b_1，b_2，代入式（5-1-3）、式（5-1-4）可求出地质储量。

式中　f_w——含水率，%；

　　　K_{ro}，K_{rw}——分别为油相、水相的相对渗透率；

　　　μ_o，μ_w——分别为油相、水相的黏度，mPa·s；

　　　S_w，S_{wc}——分别为水相及束缚水饱和度，%。

（三）参数确定

动态法计算储量首先要确定水驱曲线斜率、截距和对应的相对渗透率曲线系数，目前喇萨杏油田已进入特高含水期开发阶段，水驱特征曲线出现了很好的直线段。

由相对渗透率曲线得到的系数，可定义为流体渗流特性系数。通过对喇萨杏油田不同油层的 900 余条相对渗透率曲线的统计回归，得到其流体渗流特性系数变化范围不大，基本在 0.06~0.07 之间，取其平均值 0.0625 进行储量计算。对于西帕切夫曲线，该值为 0.45（表5-1-1）。

表 5 - 1 - 1　喇萨杏油田流体渗流特性系数表

油田	岩心号	相对渗透率曲线系数	
		甲型曲线	西帕切夫曲线
喇嘛甸	喇 5 - 检 151 井萨尔图	0.0626	0.4056
	喇 5 - 检 151 井葡萄花	0.0622	0.4474
	喇 5 - 检 151 井高台子	0.0692	0.4511
萨北	北 2 - 5 - 122 井萨尔图	0.0621	0.4357
	北 2 - 5 - 122 井葡萄花	0.0626	0.4982
萨中	萨尔图	0.0636	0.4594
	葡萄花	0.0604	0.4684
	高台子	0.0624	0.4635
萨南	南 1 - 检 6 - 29 井萨尔图	0.0620	0.4407
	南 1 - 检 6 - 29 井葡萄花	0.0608	0.4329
杏北	杏 5 - 试 4 - 3 井萨Ⅱ3 组	0.0595	0.4470
	杏 5 - 试 4 - 3 井萨Ⅱ3 组	0.0617	0.4540
杏南	杏 10 - 检 3 - 31 井萨Ⅱ组	0.0640	0.4570
	杏 10 - 检 3 - 31 井葡Ⅰ组	0.0619	0.4480
喇萨杏	平均	0.0625	0.4506

(四)动态地质储量计算结果分析

以 SN 开发区为例,动态地质储量计算结果较静态法增加 20% 以上。按动态法计算储量的原理,其计算的动态储量 Z' 与容积法计算的静态储量 Z 有所区别,一般动态储量应小于静态储量。如果油藏开发时间长、开发方式合理、开发效果好、储量动用程度高,而静态储量又比较落实的情况下,动态储量应接近于静态储量,即 $Z' \approx Z$。像喇萨杏油田这样已开发多年的老油田,层系、井网、注水方式完善,储量动用程度高,水驱开发规律性强(水驱曲线直线规律好),动态储量计算结果也应比较接近静态储量,目前的计算结果是动态储量高于静态储量,主要原因是当时计算的地质储量较为保守:一个方面是原储量没有考虑表外储量,而近年来的加密调整已有一部分表外储量动用;另一个重要方面是原有的表内储量计算参数选取偏低,使静态储量计算结果偏低。

从 SN 开发区的水驱采收率看,按静态地质储量计算高达 62.94%,而按动态地质储量计算为 47.01%;根据喇萨杏油田小井距井资料,在单层开采、不存在层间干扰的情况下,萨尔图油层采收率不超过 40%,葡萄花油层采收率不超过 50%(表 5 - 1 - 2)。很显然原来测算的地质储量偏小,使油田采收率偏高,不符合油田实际。可见,动态法测算地质储量的结果较静态法更为可靠。

表 5 - 1 - 2　小井距井采收率

层位	501 井萨Ⅱ7 + 8 层	501 井葡Ⅰ1 - 2 层	511 井萨Ⅱ7 + 8 层	511 井葡Ⅰ4 - 7 层
采收率(%)	35.22	44.49	38.60	48.77

二、特高含水油田主要注采指标技术经济界限

注水开发油田是复杂的大系统工程，由注到采过程不可逆，注入决定采出，而不是采出决定注入。实践表明注水速度或采液速度过大会引起地层亏空、原油脱气、油水井套损等不利影响。喇萨杏水驱以较低采油速度实现了油田的长期高产稳产，与国内外典型油田特高含水阶段采取"降液控水"开发模式相比，喇萨杏水驱采用"提液增产"模式有效控制产量递减。自2004年进入特高含水期以来，喇萨杏各开发区采液速度呈现不同的变化趋势，且采液速度水平差距较大。因此，需要制定特高含水阶段的主要注采指标技术界限，明确注采规模变化趋势。

（一）压力系统技术界限

一般情况下，油藏压力系统可以用注水压力（或注水井流压）、水井地层压力、油井地层压力和油井流压来描述。

1. 注水压力

注水压力的高低，不仅涉及一套井网的注采能力，而且也涉及整个注采压力系统的压力水平。大庆油田开发初期，注水井井口注入压力比较低，一般只有7~10MPa，但是以后为提高中低渗透层的吸水量和满足提高油井地层压力水平的要求，将注水井的井口注入压力提高到了13~15MPa。根据研究和油田提高注水压力后的实践，油田注水井井底注入压力的上限以不超过岩石的破裂压力为宜，从大庆油田的具体条件来看，注入压力过高，注入水窜入膨胀性泥岩层或断层面的可能性就增加，使一些地方的断层重新"活化"，泥岩发生蠕变和滑动，导致一部分油水井的套管开始损坏，给油田开发带来了很大的影响，以后不得不降低注水压力。

因此，根据套管保护规范，最大注水压力一般低于油层破裂压力0.5MPa左右；这样既不至于造成套管损坏，又可保证以合理的注采比满足注水量的需要。从喇萨杏油田各开发区的最大注水压力及目前注水压力统计结果看（表5-1-3），喇嘛甸、萨中和杏北开发区最大注水压力与目前注水压力差值分别为1.26MPa、1.18MPa和1.38MPa，较其他三个开发区的差值大，因此注水压力还有较大提升空间。

表5-1-3　喇萨杏油田各开发区最大注水压力与目前注水压力　　单位：MPa

开发区	喇嘛甸	萨北	萨中	萨南	杏北	杏南
最大注水压力	13.43	12.60	12.13	12.59	12.93	12.05
目前注水压力	12.17	11.74	10.95	11.59	11.55	11.34
差值	1.26	0.86	1.18	1.00	1.38	0.71

2. 地层压力

地层压力是影响油田开发效果的一个非常重要的因素，在很大程度上决定了油田开发的主动权。合理地层压力水平是指既能满足油田提高排液量的地层能量的需求，又不会造成原油储量损失、降低开发效果的压力水平。地层压力水平过低或过高均不利于油田的高效合理开发。地层压力保持过低会导致产量达不到配产要求，而且在高饱和压力油藏中造

成原油脱气,降低原油在油层中的流动性能,地层压力过低也容易引起孔隙度减小和渗透率降低,不利于油层结构保持稳定。因此合理地层压力水平是保证油田在寿命期内高效科学开发的基础。在研究确定出合理压力水平之后,就可判断目前油藏压力水平是否合理,是否达到最大合理压力水平,以保证最大产液的需求,以及井网调整和工艺技术改进的余地有多大,从而指导矿场实际开发调整工作,以保证油田更有效、更经济地投入开发。

国内外油田开发实践表明,保持地层压力采油是由油田天然能量特点决定的,大庆油田周围边水很不活跃,能量小,不能补充采油时的地层压力消耗,因此必须采用人工补充能量、注水保持压力的方式来开采大庆油田。

在开发初期大庆油田采用早期注水保持地层压力的开采方式,坚持注和采的平衡,把地层压力保持在原始地层压力附近,效果很明显,因此在高含水阶段大庆油田制定了继续保持原始地层压力开发的政策界限,从而保持了油田长期高产稳产。

进入特高含水阶段后,地层压力需满足油层不脱气及排液需求。从国内外典型油田看,对地层压力界限的认识主要有两个方面,一个是要保持在原始地层压力附近,另一个是要保持在原油饱和压力之上。俄罗斯的罗马什金油田和杜马兹油田及美国的东得萨斯油田目前地层压力均高于饱和压力,我国的胜利孤岛油田目前地层压力也略高于原油饱和压力。因此,国内外油田为充分利用弹性能量均把原油不脱气作为保持地层压力的目的,即原油饱和压力为地层压力下限(表5-1-4)。

表5-1-4　国内外油田地层压力统计表　　　　　　　单位:MPa

开发区	喇嘛甸	萨北	萨中	萨南	杏北	杏南	胜利孤岛	罗马什金	东得克萨斯	杜马兹
原始地层压力	11.36	11.36	10.93	10.84	11.11	11.05	12.50	17.50	11.30	17.00
目前地层压力	11.40	10.96	9.21	9.54	9.55	10.07	11.10	15.00	7.80	14.50
原油饱和压力	10.66	10.43	9.56	8.35	8.36	6.92	10.80	9.00	5.17	9.30
总压差	0.04	-0.40	-1.72	-1.30	-1.56	-0.98	-1.40	-2.50	-3.50	-2.50
原始地饱压差	0.70	0.93	1.37	2.49	2.75	4.13	1.70	8.50	6.13	7.70
目前地饱压差	0.74	0.53	-0.35	1.19	1.19	3.15	0.30	6.00	2.63	5.20

从满足油层不脱气角度出发,喇嘛甸、萨北、萨中开发区原始地饱压差分别为0.70MPa、0.93MPa、1.37MPa,其值较小,地层压力需保持在原始地层压力附近,针对萨中开发区目前地层压力已经低于饱和压力的实际情况,应采取各种措施提高地层压力,避免油层脱气;而萨南、杏北、杏南开发区原始地饱压差分别为2.49MPa、2.75MPa、4.13MPa,其值较大,可适当降低地层压力。

从满足油田排液量角度出发,地层压力界限应主要根据满足生产压差来确定,而生产压差的确定主要是考虑油田生产实际。大庆长垣是松辽盆地中央坳陷区北部的一个大型背斜构造带,自北而南有喇嘛甸、萨尔图、杏树岗、太平屯、高台子、葡萄花和敖包塔七个局部构造,为避免一个构造带内地层压力差异过大而引起地层失稳、加速套管损坏等不利影响,依据地层压力均衡过渡原则,可以确定喇萨杏油田水驱不同开发区的特高含水期地层压力界限(表5-1-5)。

表5-1-5　喇萨杏油田不同开发区地层压力界限　　　　　　　单位:MPa

开发区	喇嘛甸	萨北	萨中	萨南	杏北	杏南
原油饱和压力	10.7	10.4	9.6	8.4	8.4	6.9
地层压力下限	11.4	10.9	10.4	9.9	9.5	9.5
目前地层压力	11.4	10.9	9.2	9.5	9.6	10.1

此外,应用数值模拟研究不同压力恢复情况下所需的增注比例,结果表明:地层压力恢复0.1MPa时,增注比例需增加10%;地层压力恢复0.2MPa时,增注比例需增加20%,即随着压力恢复值的增加,增注比例也在不断地增加。根据矿场实际统计结果,注入压力增长幅度与单位能耗增长幅度呈近线性关系,随着注入压力增长幅度的增加,单位能耗也在不断增加,保持较高的地层压力需要的能耗较大,因此特高含水阶段维持低压系统有利于节能降耗,降低开采成本。

3. 油井流压技术界限

一般情况下,水井静压大于地层压力(地层压力约等于油井静压),这样油水井压力剖面的平衡关系式变为 $p_{iwf} - q_i/J_w - c = p_R = p_{wf} + q_L/J_L$,系数 c 可由矿场动态实际数据拟合确定(图5-1-2)。

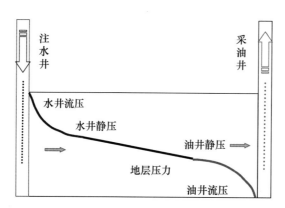

图5-1-2　油藏压力扩散简化模拟

理论分析和数值模拟计算表明,在特定的井网、油水井数比、含水阶段和油层条件下,以上压力是相关的,给定地层压力和注水压力后,油井流压也就随之而定,可以通过绘制注采压力平衡交会图版来确定。

注采压力平衡交会图版绘制步骤:

第一步:在给定不同的生产井流动压力下,计算不同地层压力下的采出体积。做出采出体积与地层压力的关系曲线(采出曲线)。

第二步:在给定不同的注水井流动压力下,计算不同地层压力下的注入体积,可得到注入体积与地层压力的关系曲线(注入曲线)。

这两条曲线的交点处即为注采平衡点,平衡图上每一个交叉点即为压力平衡点,每一点都表明平均日产液量、日注水量、平均油井流压、平均注入压力和平均地层压力之间的平衡关系。在整个开发过程中,注采压力系统的五项指标的平衡状态应是相对的、暂时的、动态的,所以平衡点反映的是开发过程中某一阶段、某一条件下的平衡关系。

喇萨杏各开发区注水压力取各开发区最大注水压力,地层压力取下限值,根据绘制的注采压力平衡交会图版,可以确定各开发区油井流压界限(表5-1-6)。从表5-1-6中可以看出,各开发区油井流压界限自北向南呈依次降低的趋势。

表5-1-6　喇萨杏油田不同开发区特高含水期油井流压界限　　　　　　单位:MPa

开发区	喇嘛甸	萨北	萨中	萨南	杏北	杏南
最大注水压力	13.43	12.60	12.13	12.59	12.33	12.05
地层压力下限	11.4	10.9	10.4	9.9	9.5	9.5
实际油井流压	3.7	3.9	3.6	3.0	2.7	2.8
油井流压下限	7.7	6.8	6.8	7.0	6.8	6.7
最大生产压差	3.7	3.9	3.6	3.0	2.7	2.8

(二)吸水指数与采液指数变化规律

1. 吸水指数

吸水指数是指单位注水压差下的日注水量,表示油藏吸水能力的好坏。一般情况下,吸水指数越大表示油层吸水能力越强,地层渗透率越大。它是在油田注水开发过程中衡量注水井注入效果好坏的重要指标之一,也是注水压力设计和地面设备选择的主要依据。注水井的吸水能力取决于油层的有效渗透率、油和水的黏度、砂层厚度、井的有效半径和注水井的完井效率等因素。油田进入开发调整阶段后,吸水指数的大小对油田的合理配产,制定科学、高效的调整开发方案等方面具有较为关键的现实意义。

理论分析表明,吸水指数在注水生产过程中不断变化,初期快速增长,后期随着注入井的不断注入,油相逐渐被水相驱替,吸水指数不断增大,但到特高含水阶段以后,吸水指数增加缓慢。在实际应用中,为及时掌握吸水能力的变化情况,常采用视吸水指数表示油层的吸水能力。

从喇萨杏油田实际的视吸水指数变化趋势看,进入特高含水阶段以后,喇萨杏各开发区视吸水指数变化趋势均较平缓。但具体的数值差别很大,从北向南视吸水指数逐渐降低,其中喇嘛甸油田的视吸水指数最高,达到了12.03t/(d·MPa),萨尔图油田的视吸水指数处于中间的水平,其值为6~8t/(d·MPa),杏树岗油田视吸水指数最低,其值为3t/(d·MPa)左右。出现这种差别的主要原因在于油层物性、流体性质、油水黏度比及生产条件(注采压差、油水井距离等)等因素的影响。

2. 采液指数

在油田注水开发过程中,采液指数的变化实质上是油水井井底附近渗流阻力变化的反映,随着含水饱和度的不断升高,渗流阻力不断下降,采液指数随之增大。为了便于理论分析,采用无量纲采液指数。无量纲采液指数是指某一含水率下的采液指数与含水率为零时的采液指数(采油指数)之比,它是评价不同含水率条件下产液能力的指标。它与储层物性、油藏流体性质及生产条件有关。在不同条件下,油井的采油和采液能力差别可能很大,但其变化有一定的规律性。

以相对渗透率曲线为基础的理论计算可以得到油井采油指数和采液指数随相对渗透率的变化规律。根据达西定律,可得无量纲采油指数和无量纲采液指数随相对渗透率的变化关系式。

无量纲采油指数:

$$J_o = K_{ro} \qquad\qquad (5-1-7)$$

无量纲采液指数:

$$J_L = K_{ro} + K_{rw}\frac{\mu_o}{\mu_w} \qquad\qquad (5-1-8)$$

式中 J_o——无量纲采油指数;

   J_L——无量纲采液指数;

   K_{ro}——油相相对渗透率;

   K_{rw}——水相相对渗透率;

   μ_o——油相黏度;

   μ_w——水相黏度。

利用上述公式,计算了喇萨杏油田不同含水阶段无量纲采液指数。从变化趋势可以看出,采液指数在高含水期以前变化不明显,但在特高含水期以后迅速上升。小井距501井SⅡ7+8层的实际生产数据也说明了这一点。因此在特高含水期喇萨杏油田水驱具备保持较高采液速度的潜力。

从吸水指数和采液指数的变化趋势对比来看:吸水指数高含水期前快速增长,高含水期后基本保持稳定;高含水阶段后吸水指数增幅远低于采液指数增幅;各开发区特高含水阶段吸水指数变化趋势均较平缓。高含水阶段以后吸水指数增幅远低于采液指数增幅,说明高含水阶段以后生产井具有一定的提液空间,而注入井的注入量已经达到了饱和状态,即油藏中的油相已全部被水相所替代。因此,在特高含水阶段需强化注水系统,采液速度需由注水速度限制。

(三)注采比技术界限

注采比是注入水的地下体积与采出液的地下体积之比,是个无量纲的物理量。它和油层压力的变化、含水上升速度等其他指标有着极密切的联系。主要是用来衡量地下能量的补充及亏空程度,是表征油田注水开发过程中注采平衡状况,反映产液量、注水量与地层压力之间联系的一个综合性指标,是规划和设计油田注水量的重要依据。合理的注采比是保持合理的地层压力,从而使油田具有旺盛的产液、产油能力,降低无效能耗,并取得较高原油采收率的重要保证。因此,根据油田实际地质特点与开发状况,有的放矢地调节注采比,对地层压力水平进行能动地控制,是实现整个开发注采系统最优化的一个重要方面。因此选择合理的注采比是油田开发中的一项重要工作,是油田开发必须研究的一个课题。

如果考虑矿场实际,由于存在地层亏空、注入水外溢、措施放液等方面的影响,注采比应保持在1.0以上。

1. 矿场统计方法

从喇萨杏油田各开发区水驱的注采比变化和总压差变化看,喇萨杏油田水驱特高含水期各开发区注采比均大于1.0;萨北和喇嘛甸开发区有效保持地层能量,其注采比一直保持在1.2以上,杏南开发区注采比由1.2降到1.1时,地层压力下降明显;萨中和萨南开发区注采比在1.1水平时,地层能量不能有效恢复;杏北开发区在注采比提到1.2以后,地层压力恢复明显。因此,根据矿场统计结果,喇萨杏油田水驱特高含水期的注采比界限为1.2。

2. 油藏工程方法

基于油藏工程原理,可以联系水驱特征曲线和注采特征曲线,得到注采比随含水率变化的表达式如下:

$$\ln IPR = \ln c_2 + c_1 + \frac{c_2}{b} - \frac{c_2}{b}\sqrt{a(1-f_w)} - \ln\left(1.31 + \frac{f_w}{1-f_w}\right) \quad (5-1-9)$$

式中 a, b, c_1, c_2——系数,由矿场统计得到;

$\quad\quad$ IPR——累计注采比;

$\quad\quad f_w$——含水率,%。

根据喇萨杏油田各开发区的实际生产动态,绘制喇萨杏油田各开发区的丙型水驱特征曲线和水驱注采特征曲线。由于大庆喇萨杏油田已开发60余年,无论是水驱特征曲线还是水驱注采特征曲线,都较好地满足了线性关系,计算各开发区的注采比界限,其结果见表5-1-7。

表5-1-7 喇萨杏油田各开发区特高含水期注采比界限

开发区	a	b	c_1	c_2	IPR($f_w = 90\% \sim 98\%$)
喇嘛甸	2.01869319	0.00002235	8.10932406	0.00014377	1.2306
萨北	1.86982429	0.00004195	8.44585131	0.00020129	1.2120
萨中	1.83116310	0.00002042	9.43680297	0.00008760	1.2218
萨南	1.68400676	0.00001819	9.49003071	0.00007884	1.2121
杏北	1.58421597	0.00002299	9.32891719	0.00009697	1.1807
杏南	1.51452129	0.00005865	8.24067913	0.00025640	1.1738
喇萨杏	1.85874102	0.00000419	10.90871940	0.00001916	1.2192

从表5-1-7中可以看出,喇萨杏水驱特高含水阶段理论注采比不宜低于1.22,其中喇嘛甸油田注采比为1.23;萨北油田注采比为1.21;萨中油田注采比为1.22;萨南油田注采比为1.21;杏北油田注采比为1.18;杏南油田注采比为1.17。

3. 油藏工程与数理统计结合法

综合考虑含水率、采油速度和注采比对地层压力的影响,根据油藏工程原理,建立了地层压力与含水率以及注采比之间的数学关系式,即:

$$p_R = \frac{p_i + p_{wf}}{2} - \frac{Nv_L}{2}\left\{ \frac{IPR}{J_1 n_i}\left[(1-f_w)\frac{B_o\rho_w}{B_w\rho_o} + f_w \right] - \frac{1}{n_o J_L} \right\} \quad (5-1-10)$$

式中 p_R——地层压力,MPa;

p_i——注水压力,MPa;

p_{wf}——油井流压,MPa;

B_o——原油体积系数;

B_w——地层水体积系数;

v_L——采液速度;

J_I——吸水指数,t/(d·MPa);

J_L——采液指数,t/(d·MPa);

IPR——注采比;

ρ_o——油相密度,g/cm^3;

ρ_w——水相密度,g/cm^3;

n_o——油井数,口;

n_w——水井数,口。

基于式(5-1-10),把地层压力的主要影响参数进行了多因素线性回归,得到:

$$p_R = 7.045\text{IPR} + 1.036p_{wf} + 0.326f_w + 2.298p_i + 0.383v_L - 60.9 \quad (5-1-11)$$

从式(5-1-11)中可以看出,影响地层压力最大的参数是注采比。应用不同区块的目前流压、含水率、地层压力、注入压力和采液速度计算了其他参数不变条件下,若使地层压力恢复0.2MPa,注采比不宜低于1.18。

根据上述三种方法的计算结果,确定大庆喇萨杏油田特高含水期保持注采平衡并恢复地层能量的注采比界限为1.20(表5-1-8)。

表5-1-8 特高含水期注采比界限

方法	注采比
矿场统计	1.20
油藏工程	1.22
油藏工程与数理统计结合法	1.18

(四)注水速度与采液速度

油田开发的任何一个阶段产油量均是由产液量来保证的,尤其在特高含水阶段,强化开采已成为改善油田开发技术与经济效果的重要手段。但油田采液量的提高并不是无限度的,它不仅与油层本身的油层物性、原油物性及注采井网有关,而且没有能够准确描述最佳采液速度与表示油层地质构造、储油性能、开发阶段及其他采液水平指示的相关参数间的数学关系式。过度采液会导致地层脱气、油水井套损等严重问题,而采液不足可导致完不成产油量计划,延长开发年限导致开采成本增加。以往对最大采液规模的研究主要集中在以最大限度发挥油层注采能力为核心来确定,即注入端注入压力最大,采出端油井流压最小。但该方法存在较大的不足,没有考虑到注采两端的协调性,即注入能否满足采出的需求。因此,需要建立一种适合特高含水阶段采液界限确定方法,以满足油田生产需求。

1. 最大注水速度

油田开发实践表明,原油采收率与累计注水量相关,因此,注水速度是评价注水效果的关键参数,其数值取决于油层岩石物性、流体与岩石相互关系及井距。根据油藏工程原理,注水速度等于年注水量除以油田地质储量[式(5-1-12)]。由视吸水指数、最大注水压力、注水井井数和地质储量即可得到最大注水速度。计算喇萨杏油田开发区最大注水速度及目前注水速度,其计算结果见表5-1-9。

$$v_{imax} = \frac{Q_{imax}}{N} = \frac{n_w J_i^* p_{imax}^*}{N} \qquad (5-1-12)$$

式中　v_{imax}——最大注水速度,%;

　　　Q_{imax}——最大年注水量,$10^4 m^3$;

　　　n_w——水井数,口;

　　　J_i^*——视吸水指数,$t/(d \cdot MPa)$;

　　　p_{imax}^*——井口最大注水压力,MPa;

　　　N——地质储量,$10^4 t$。

表5-1-9　喇萨杏油田不同开发区特高含水期注水速度技术界限　　　单位:%

开发区	喇嘛甸	萨北	萨中	萨南	杏北	杏南
最大注水速度	9.20	8.52	11.68	8.12	7.87	8.79
目前注水速度	8.72	7.72	11.82	7.16	6.64	7.46
差值	0.48	0.50	-0.14	0.96	1.23	1.33

从喇萨杏油田各开发区注水速度界限结果对比看,萨中开发区最高,注水速度为11.68%,杏北开发区最低,注水速度为7.87%;从提高注水速度潜力看,萨南以北开发区最大注水速度与目前注水速度差值较其他开发区大,因此有一定提高注水速度的空间。

2. 基于水井端注入能力的最大采液速度

注水开发油田是复杂的大系统工程,会发生许多不可逆的物理化学反应:压力下降使岩石膨胀、岩石与油藏流体反应、流体与流体之间反应等。由注到采过程不可逆,注入决定采出,而不是采出决定注入。从系统工程角度出发,考虑注采两端的协调性,建立了"以注定采"的特高含水阶段采液速度技术界限确定方法,其内涵是先定注再定采,符合理论认识与实践要求,即充分考虑水井端最大注入能力及保持地层能量的注采比界限,以保持注采平衡和地层能量充足为目标,从而确保地下形势稳定、油田开发保持良性循环。基于水井端注入能力的最大采液速度计算方法见式(5-1-13),计算结果见表5-1-10。

$$v_{Lmax-w} = \frac{v_{imax}}{IPR} = \frac{Q_{imax}}{N \cdot IPR} = \frac{n_w J_i^* p_{imax}}{N \cdot IPR} \qquad (5-1-13)$$

式中　v_{Lmax-w}——基于水井端最大采液速度,%;

　　　IPR——注采比。

3. 基于油井端生产能力的最大采液速度

采液速度是油田采液量与地质储量的比值。目前井网条件下,油井流压最低、地层压力合理下（最大生产压差）的采液速度即为最大采液速度[式(5-1-14)]，基于油井端生产能力的最大采液速度计算结果见表5-1-10。

$$v_{\text{Lmax-o}} = \frac{Q_{\text{Lmax}}}{N} = \frac{n_o \times J_L \times (p_{\text{RR}} - p_{\text{wfmin}})}{N} \qquad (5-1-14)$$

式中　$v_{\text{Lmax-o}}$——基于油井端最大采液速度，%；

　　　　Q_{Lmax}——最大年产液量，10^4m^3；

　　　　n_o——油井数，口；

　　　　J_L——采液指数，t/(d·MPa)；

　　　　p_{wfmin}——油井流压界限，MPa；

　　　　p_{RR}——地层压力界限，MPa。

4. 采液速度界限测算结果对比及分析

与水井端的采液速度技术界限对比可以看出(表5-1-10)，基于油井端的采液速度技术界限均低于水井端的采液速度技术界限，因此以水井端的采液速度技术界限作为油田注采系统采液界限的最终确定值，这也进一步证实了特高含水阶段"以注定采"的必要性。目前井网和生产条件下，萨中开发区采液速度最大，且已超过最大采液界限，其次是杏南和喇嘛甸开发区；萨南和杏北开发区采液速度处于较低水平，具备一定的提高采液速度潜力。

表5-1-10　喇萨杏油田不同开发区采液速度技术界限　　　单位：%

开发区	喇嘛甸	萨北	萨中	萨南	杏北	杏南
采液速度界限(水井)	7.67	7.10	9.73	6.77	6.56	7.33
采液速度界限(油井)	8.13	7.65	11.81	7.72	7.39	8.21
确定采液速度界限	7.67	7.10	9.73	6.77	6.56	7.33
目前采液速度	6.96	6.10	10.14	6.05	5.35	7.21
差值	0.71	1.00	-0.41	0.72	1.21	0.12

(五)采液速度经济界限

1. 应用数值模拟方法研究了特高含水阶段开采年限

应用数值模拟软件，根据实际地层的静态参数及相渗曲线和毛细管压力数据，建立了三层的概念模型，采用五点法井网布井，分别以采液速度为4%、5%、6%、7%、8%、9%、10%开采到含水率98%，统计不同采液速度的开采年限和特高含水期开采年限及采液量。

从开采全过程看，随着采液速度的不断增加，油田开采到含水率98%时的开采年限逐渐减少，由采液速度为4%时的90年减少到采液速度为10%时的37年，但下降的幅度逐渐变缓，由最初的19.75%下降到9.01%；特高含水阶段的开采年限也是随着采液速度的增加逐渐减少，由采液速度为4%时的68年减少到采液速度为10%时的28年，但特高含水阶段开采年限所占整个油田开采年限的比例基本保持不变，其值在75.13%~75.84%之间。

2. 基于油水井使用寿命确定采液速度经济界限

油水井的套管损坏通常简称为套损，是指油田开发过程中由于遭受外力作用和腐蚀，采油井及注入井的套管发生塑性变形、破裂或腐蚀减薄至穿孔破裂的一种现象。它给油田的正常生产带来很大的危害性,轻则使油水井套管通径改变,不能采取正常的开采及油层改造措施,重则使油水井报废,需要钻更新井,不但增加大量资金投入,更重要的是损失可采储量,影响开发效果。

大庆油田随着开发时间的增长,油水井套管损坏问题越来越严重,直接影响着油田的长期稳产。从喇萨杏油田套损情况可以看出,随着油田开发的不断深入,套损井及套损率不断上升,套损井由 1981 年 188 口上升到 2013 年底的 1214 口,累计共发现套损井 15873 口;套损率由 1981 年 8.57% 上升到 2013 年底的 22.62%;并发生大规模套损的周期越来越短,第一次大规模套损的周期是 20 年;第二次大规模套损的周期是 15 年;第三次大规模套损的周期是 10 年。从数模计算结果看,相同油水井使用寿命下,随着采液速度的增加,油水井更新次数逐渐减少;相同采液速度下,套管寿命越长,更新次数越少。因此,基于油水井更新次数拐点,特高含水阶段采液速度不宜低于 6%。

3. 基于成本变化确定采液速度经济界限

从喇萨杏油田水驱近 7 年吨液操作成本变化看,其值由 2007 年的 30.94 元/t 增加到 2013 年的 40.37 元/t,平均年增长幅度为 5.08%,近 3 年由 35.53 元/t 增加到 40.37 元/t,增幅达 6.8%。

从特高含水期不同采液速度成本阶段总对比可以看出,随着采液速度的增加,总成本呈降低趋势,但降低速度逐渐变缓;而相同采液速度下,成本增幅越大,总成本降低幅度越大。因此,依据不同采液速度下的成本拐点,特高含水阶段采液速度不宜低于 6%。

三、特高含水油田精细注采结构调整技术政策

20 世纪 90 年代,喇萨杏油田综合含水率已超过 80%,进入高含水后期。面对产液量快速上升,各开发区、各类井和各类油层开发状况差异较大的情形,提出并形成了"结构调整、稳油控水"的开发模式。主要做法是以井网间的开发效果差异作为挖潜的基础,对二次加密、三次加密井及二类、三类油层应用分注、压裂、三换等综合调整措施,提高采液速度、采油速度,最大限度地挖掘薄差油层的潜力;适当控制一类油层、基础井网的注采速度,实现储采结构、注水结构、产液结构的系统调整,保持了油田 $5000 \times 10^4 t$ 以上高产稳产。进入特高含水期以来,油田继续实施三大结构调整,但水驱总体开发形势发生了很大的改变:(1)各套井网之间的含水差异逐渐缩小,井网间挖潜潜力减小;(2)厚油层层内矛盾相对较为突出,纵向上仍有潜力可挖;(3)由于井井高含水、层层高含水,剩余潜力分布在见水层段内部。鉴于剩余油的分布特征,水驱开发调整的对象由原来的以井网间调整转变到以区块间、井组间以及单井和小层间为主,在遵循常规技术常用常新原则基础上,调整手段也多是多项措施的组合应用。宏观调整政策以地质储量比例与产液比例相匹配为核心的储产匹配原则,建立以井、层为对象的结构调整优化模型,精细、精准挖掘剩余油潜力。

(一)注采结构优化调整方法

1. 结构调整优化数学模型

分类井网结构调整本质上是优化问题。其目标是追求一定产油量要求下如何分配各类

井网间产油比例和产液比例以达到全区综合含水率最低。

由甲型、乙型水驱特征曲线,推出含水率最低需满足如下数学模型:

$$\min WOR_t = WOR_o \sum_{i=1}^{n} r_i e^{\frac{Q_o}{N_i b}} \qquad (5-1-15)$$

且满足约束条件:

$$\sum_{i=1}^{n} r_i = 1 \qquad (5-1-16)$$

式中 Q_o——年产油量;

WOR$_t$,WOR$_o$——分别为年末水油比和年初水油比;

N_i——第 i 口井动用地质储量;

b——有关系数;

r_i——各类井产油比例,% 。

$$r_i = \frac{N_i}{\sum_{i=1}^{n} N_i} \qquad (5-1-17)$$

即为上述优化模型最优解。

2. 注采结构调整原则

为了进一步确定分层产液量分配比例原则,设计了由高、低渗透率 2 层组成的不同厚度比例的 5 个数值概念模型,给定分层初始含水率及含水上升规律,计算了高、低渗透 2 层不同产液比例条件下的整个模型采收率,根据计算结果每个模型分层产液比例与采收率关系曲线都有一个采收率极值点,该点对应的分层产液比例恰好为分层储量比例。

因此,由上述区块水油比计算公式及优化模型最优解,以及理论模型计算结果,可以得到分类井网结构调整两项原则:

(1)各类井含水差异较大时,含水较低井产液比例应适当增大;

(2)各类井含水差异较小时,各类井产液比例应按地质储量比例分配。

按上述原则确定分类井网产液量分配比例,可实现全区含水上升速度最慢,有利于稳油控水。

(二)分井网分油层注采结构优化调整方式

1. 分类井网结构调整方式

喇萨杏油田分类井网间含水差别较小,含水最低的二次井与含水最高的基础井仅相差 1.08%,因此利用各类井之间含水差异进行结构调整的余地较小。从分类井网的产液量变化趋势看,由于近年来一直控制基础井网、一次加密井产液量,基础井网、一次加密井液量增长率分别为 -3.74%、-1.91%,提高二次加密、三次加密井网以及高台子井注采强度,二次加密、三次加密井、高台子井网近年来平均采液速度分别为 8.89%、14.14%、11.8%,达到基础井网和一次加密井采液速度的 2 倍左右。因此,继续提高二次加密、三次加密井以及高台子井的注采规模已不适于目前的开发状况。此外,依据结构调整原则,各类井含水差异较小时,各类井产液比例应按地质储量比例分配,从目前分类井网的产液比例和储量比例情况看,三次加密井、高台子井产液比例高于其储量比例7%以上,而基础井网、一次加密井产液比例低于其储量比例8%以上,各类井产液比例与储量比例严重不匹配,应降低三次加密井及高台子井液量,提高一次加密井和基础井液量(表5-1-11和表5-1-12)。

表5-1-11　喇萨杏油田分类井开发指标

井网	含水率(%)	采液速度(%)	液量增长率(%)	递减率(%)	含水上升率(%)
基础	96.02	5.44	-3.74	7.50	0.75
一次加密	95.27	5.60	-1.91	6.23	0.82
二次加密	94.94	8.89	-0.39	5.82	0.65
三次加密+扩边	95.38	14.14	3.04	4.53	0.56
高台子	95.76	11.80	1.34	6.61	0.73
全区	95.47	8.13	-0.58	6.07	0.76

表5-1-12　喇萨杏油田分类井储产指标

井网	基础井	一次加密井	二次加密井	三次加密+扩边井	高台子井
地质储量比例(%)	28.6	29.8	20.5	8.8	12.2
采液量比例(%)	19.6	21.3	23.5	16.5	19.0

2. 各油层组结构调整方式

通过产液剖面资料可以计算各油层组含水率和采液速度等指标(表5-1-13和表5-1-14),从各油层组含水情况看,各油层组含水率有2%~3%差别,利用油层组之间含水差异进行结构调整仍有余地。此外,依据结构调整原则,各类油层含水差异较大时,含水较低层产液比例应适当增大,当调整到各油层含水接近时,各类井产液比例应按地质储量比例分配,从目前各油层组的产液比例和储量比例情况看,含水较高的高台子油层组产液比例高于其储量比例19%,而含水低的萨Ⅱ、萨Ⅲ组产液比例却低于其储量比例,因此应提高萨Ⅱ、萨Ⅲ组油层液量,当各油层组含水接近后降低高台子油层组液量。

表5-1-13　喇萨杏油田各油层组开发指标

油层组	采液速度(%)	含水率(%)
萨Ⅰ	6.17	94.39
萨Ⅱ	4.80	94.75
萨Ⅲ	6.37	94.59
葡Ⅰ	6.50	97.23
葡Ⅱ	8.83	96.34
高分子	12.60	94.99

表 5 - 1 - 14　喇萨杏油田分类井储产指标

油层组	萨Ⅰ	萨Ⅱ	萨Ⅲ	葡Ⅰ	葡Ⅱ	高分子
地质储量比例(%)	5.2	28.6	15.0	12.7	11.6	27.0
采液量比例(%)	4.1	16.7	11.3	11.1	10.9	45.9

通过对喇萨杏油田41个水驱区块开发指标规律的分析,特高含水后期不同类型水驱区块结构调整可归纳为3种模式:

(1)先提后降模式:这类区块井网间含水差别较大,调整方式为先提低含水二次加密井、三次加密井液量,含水接近后依据储量和产液比例相匹配原则调整,这类区块占24.4%。

(2)反向调整模式:这类区块井网间含水差别小,储量和产液比例严重不匹配,二次加密井、三次加密井注采强度过大,基础井网、一次加密井控液幅度过大,需根据储量和产液比例匹配原则进行反向调整,这类区块占29.3%。

(3)常规调整模式:井网间含水差别小,依据储量和产液比例匹配原则,这类区块占46.3%。

(三)单井单层结构调整方式

优化调整多层非均质油田注采结构是改善开发效果的有效手段,开发调整要以潜力为基础和依据,因此在前面确定分井网动态地质储量、分层地质储量和剩余储量计算方法基础上,应用开发动态指标和储量指标结合的方法,建立了四参数"提、控"潜力评价标准,确定了潜力井和潜力层,明确了特高含水后期结构调整主要对象。

1. 单井单层调整潜力确定方法

1)油井"提、控"潜力评价指标

为了将结构调整对象细化到单井和小层,将区块内油井调整潜力按四项参数分类,首先按剩余储量和剩余储量品质两项指标进行分类(其中剩余储量品质为厚油层即有效厚度不小于1m油层剩余储量占全井比例),分类标准为区块平均值,两项指标都高于平均值的划为一类,即优先提液挖潜的潜力井,两项指标都低于平均值的划为三类,即优先封堵控液的井;同样按含水率和采液速度两项指标进行分类,两项指标都低于平均值的划为一类,即优先提液挖潜的潜力井,两项指标都高于平均值的划为三类,即优先封堵控液的井;最后将两种分类结合,得到四项参数最终分类结果,即两种分类都为一类的为优先提液挖潜的潜力井,两种分类都为三类的为优先封堵控液潜力井。

2)水井"提、控"潜力评价指标

水井调整潜力按两项参数分成三类,第一项参数是调整的压力空间,即破裂压力与注水压力差,第二项参数是注水完成比例,即注水量与配注量比值,分类标准为区块平均值,两项指标都高于平均值的划为一类,即优先增注潜力井,两项指标都低于平均值的划为三类,即优先控注潜力井。

3)油层"提、控"潜力评价指标

油层调整潜力按两项参数分成三类,第一项参数是剩余储量,第二项参数是含水率,其中分层含水率采用已有方法计算,分类标准为区块内全井平均值,剩余储量高于区块平均值、含水率低于全井平均值的划为一类,即优先提液潜力层,剩余储量低于区块平均值、含水率高于全井平均值的划为三类,即优先控液潜力层。

2. 结构调整潜力井及潜力层

通过应用井、层"提、控"潜力确定方法,对喇萨杏油田的油水井相关指标进行了评价,确定了"提、控"潜力井层。

1)油井潜力

利用喇萨杏油田单井、单层剩余储量计算结果,将区块内油井调整潜力按剩余储量和开发指标等4项参数进行分类,分别得到不同井网储量指标分类结果以及开发指标分类结果,最后将两种分类结果相互结合即可得到提控潜力分布结果。

从分开发区提控潜力分布结果看,喇萨杏油田优先提液调整井8591口,占总井数比例32%,其中一次加密井和基础井占总井数的19%。优先控液调整井11990口,优先控液井占总井数比例45%,其中二次加密井和三次加密井占总井数的28%。根据8个油组的分层数据,确定了提控潜力层,优先提液层占总层数比例16%,其中萨Ⅱ、萨Ⅲ油层组占7.5%。优先控液层占总层数比例37%,其中高Ⅱ、高Ⅲ油层组占15%。

2)水井潜力

将水井调整潜力按照压力空间以及注水完成比例两项参数进行分类,得到喇萨杏油田分开发区水井潜力分类结果,从而得出提液潜力井和控液潜力井。统计了喇萨杏油田水驱15428口水井,筛选出三类潜力井,其中一类井即优先增注潜力井2066口,三类井即优先控注潜力井5785口。

第二节 低渗透油藏合理注采比

低渗透、特低渗透油藏注水开发过程中,普遍具有注采比偏高现象,随着投入开发油藏物性逐渐变差,注水效率变低、效益变差,呈现出注入端高压,采出端低压,油藏注采不平衡特征,高注采比问题越发引起人们的关注。目前关于高注采比成因的理论研究较少且不够深入,存在高注采比影响因素及成因不清,注水去向及构成不清,治理方法及对策不清等问题。如何揭示高注采比主控因素,量化表征注水构成、有效控制高注采比是亟待解决的问题,下面以大庆长垣外围油藏为例,针对其油藏地质特征和开发特点,深入剖析注采比现状及规律,通过理论研究和矿场实际相结合,揭示高注采比主控因素,构建注水构成量化表征方法,探索分类油层高注采比治理对策。

一、外围油田注采比现状

大庆长垣外围低渗透油田年注采比一直保持较高态势,其中2018年年注采比和累计注采比大于2的储量分别占42.0%和52.6%(表5-2-1);从分油层看,扶杨油层年注采比和累计注采比分别为2.74、2.98,均明显高于萨葡油层(表5-2-2)。

表 5-2-1 长垣外围不同级别年注采比和累计注采比储量分布

注采比分布	年注采比		累计注采比	
	储量(10^8t)	储量比例(%)	储量(10^8t)	储量比例(%)
<2	4.96	58.0	4.05	47.4
2~4	2.87	33.6	4.08	47.7
>4	0.71	8.3	0.42	4.9
合计	8.54	100.0	8.54	100.0

表 5-2-2 长垣外围萨葡油层和扶杨油层分类区块注采比分布

分类	萨葡油层		扶杨油层	
	年注采比	累计注采比	年注采比	累计注采比
一类油层	1.19	1.54	2.15	2.62
二类油层	1.78	1.80	2.88	2.98
三类油层	2.39	2.14	2.86	3.16
平均	1.77	1.82	2.74	2.98

二、注采比主要影响因素

下面从长垣外围低渗透油藏地质特征和开发特点两方面分析注采比的主要影响因素。

(一)地质因素

注采比主要受沉积体系、裂缝、物性等宏观因素及孔喉半径等微观因素影响和制约。从长垣外围油田 60 余个区块矿场统计,结合室内实验及数值模拟,结果表明:萨葡油层受沉积体系影响,从北往南物性变差,注采比逐渐升高;扶杨油层裂缝发育且物性较好区块注采比较低,裂缝不发育且物性较差的区块注采比较高。从储层及流体物性看,渗透率越低且黏度越大时,注采比越高。从微观因素看,孔隙半径越小且黏度越大,注采比越高。在其他条件相同情况下,启动压力梯度越大,渗流阻力越大,越不易建立有效驱替,注采比越高。相同启动压力梯度条件下,不连通占比越大,注采比越高;相同不连通占比条件下,启动压力梯度越大,注采比越高。因此,对于低渗透、特低渗透油藏,其物性、启动压力梯度、砂体连通性等都是影响水驱开发高注采比现象的重要原因。

(二)开发因素

在开发方面,为克服启动压力,减少渗透率损失,长垣外围油藏在开发初期实施"两早、三高、一适时"(早注水、早分层注水;保持较高的水驱控制程度、注采比和注高质量的水;适时进行注采系统调整)的注水政策后,注采比迅速攀升;开发中后期针对井网储量控制程度低、井网与裂缝不匹配、特低渗透储层难以有效驱动等问题,通过井网加密、注采系统调整、注采两端精细调控等重大调整,注采比得到有序调整。

总之,物性、连通性、裂缝、流体性质、孔隙半径等地质因素及井网加密和注采系统调整等重大调整对策对注采比有一定的影响。在开发过程中尽可能在当前技术经济条件下完善注采系统,建立有效驱替,进而降低注采比是开发调整的目标。

三、注入水去向分析

针对长垣外围低渗透、特低渗透油藏注采比偏高、油层压力低的现象,研究注入水的去向对分析其成因及治理对策具有重要意义。

(一)有效砂岩内各种原因导致的"憋"水

长垣外围低渗透、特低渗透油藏砂体规模小且连续性差,部分区块天然裂缝发育,油水井普遍压裂投产产生人工缝等多种因素导致砂体吸水能力高于产液能力,统计注采两端差异,分析认为存在储层"憋水"情况,主要表现在三个方面:

(1)低渗透、特低渗透油藏由于砂体连续性差,注采完善程度低,注入水多向扩散,有注无采及无油井连通方向砂体吸收一定的注入水,为显性不连通砂体吸水。

(2)部分井注采关系完善,但是不产液,原因可能有两点:① 特低渗透储层物性差,渗流阻力大,驱替压差大,当前井距条件下难以建立有效驱替,形成一定比例的隐性不连通砂体吸水;② 储层平面、纵向非均质严重,受平面及纵向非均质性干扰,部分砂体注采关系完善但不产液。

(3)长垣外围低渗透、特低渗透油藏注水难、产液更难,注水能力高于产液能力,导致连通砂体吸水多产液少,滞留部分注入水。从统计的吸水指数与产液指数的差异可以看出(表5-2-3),水井吸水能力远高于油井产液能力。形成这种差异的主要原因包含三方面:① 与油井端相比,水井端含水饱和度高,流体黏度低,流体流动能力较强;② 水井端注水属于压力上升过程,且压差一般较高,天然裂缝更易于开启,吸水能力高,油井端产液属于压力下降过程,脱气、压敏等因素会降低产液能力;③ 孔隙半径小,喉道狭窄且连续性差,渗流阻力大,排驱压力高;在高压注水开发过程中,注入水进入路径单一,建立有效驱替的渗流通道少,驱油效率低,油井端能量补充差,岩石比表面积大,束缚水和残余油饱和度高等因素综合影响导致油井端产液量低。

表5-2-3　大庆外围主要油田产液、吸水指数

油田	注水压差(MPa)	吸水指数[t/(d·MPa)]	生产压差(MPa)	产液指数[t/(d·MPa)]
升平	10.16	1.78	7.91	0.60
宋芳屯	9.25	2.28	8.16	0.40
永乐	8.24	2.43	8.88	0.40
龙虎泡	8.01	3.94	8.01	1.33
朝阳沟	5.80	3.33	3.81	0.37
榆树林	12.71	1.39	10.38	0.21
徐家围子	13.09	1.73	6.02	0.44
头台	5.77	2.52	10.10	0.16

(二)非有效砂岩"吸"水及非储层"渗"水、"窜"水

(1)非有效砂岩吸水是指非有效砂岩虽然不含油或者含油性极差,但存在一定的渗透率

和孔隙度,具有一定的吸水性,平面或纵向与有效砂岩接触部位在压差的驱动下吸水。

室内静态吸水实验结果显示,吸水能力依次为:泥质粉砂岩、粉砂质泥岩、含油粉砂岩和含钙泥质粉砂岩,非有效砂岩多为泥质粉砂岩和粉砂质泥岩,非有效砂岩及非储层在岩心静态、动态吸水室内实验中均存在一定的吸水性。而长垣外围低渗透、特低渗透油藏存在较大比例的非有效砂岩,物性越差,非有效砂岩厚度比例越大。

(2)非储层渗水是指注水井储层压力高于非储层的压力,在压差的驱动下,注入储层的水可慢慢渗入到非储层,虽然非储层渗透率低,水的流速小,但非储层体积大,长时间注水后,累积渗入量也会较大。

特低渗透油藏油水井均压裂投产,形成垂向裂缝,且注水井往往接近破裂压力注水,会加剧非有效砂岩吸水及注入水向非储层渗入,导致泥岩吸水。理论计算表明长垣外围油田各类区块存在非油层吸水量。萨葡油层至少80%的区块理论上存在非油层吸水量,扶杨油层至少97%的区块理论上存在非油层吸水量(表5-2-4)。

表5-2-4 萨葡、扶杨油层各类区块最小非油层吸水量情况统计表

油层	类别	区块数(个)	$R_{epmin}>0$(存在非油层吸水)				最小非油层吸水量(10^4m^3)	
			区块数(个)	比例(%)	范围	平均值	范围	小计
萨葡	一类	14	13	92.8	0.10~0.74	0.49	7.5~1308.6	4877.9
	二类	16	13	81.5	0.03~1.03	0.58	12.6~732.0	2084.7
	三类	21	15	71.4	0.11~1.97	0.86	8.4~998.7	3737.2
萨葡合计		51	41	80.4	0.03~1.97	0.66	7.5~1308.6	10699.7
扶杨	一类	6	6	100.0	0.85~2.01	1.37	143.3~2031.9	4109.7
	二类	20	20	100.0	0.40~2.38	1.41	32.8~670.9	4347.9
	三类	12	11	91.7	0.28~3.76	1.89	1.1~1024.2	2304.1
扶杨合计		38	37	97.4	0.28~3.76	1.55	1.1~2031.9	10761.7

注:R_{epmin}为累计非油层吸水量与累计产液量地下体积之比最小值。

(三)沿区块边界及断裂外"溢"

1. 沿裂缝、断层外"溢"

茂505区块1994年注水开发,注水压力超过裂缝开启界限,造成水窜,裂缝开启,延伸至1300m远的东部试验区。使2008年开发的同排油井茂13井投产表现为裂缝水淹特征,说明部分注入水沿裂缝外溢到开发区以外。

2. 沿区块边界外"溢"

部分区块存在沿开发区块外溢现象。朝50翼部区块1993年开发,1998年其外扩朝503区块朝50-122井投产井高含水,邻井低含水。说明部分注入水外溢到开发区块以外。

综合以上研究表明,除采出水外,注入水的去向构成还包括储层存水、非储层存水、断裂沟通外溢及误差等。其中储层存水包括有效砂岩存水和非有效砂岩存水。

四、合理注采比确定方法

合理注采比是一个动态的、多目标的、非线性的有约束条件的优化问题。这类优化问题

还不能完全解决,因此需要将其转化为"动态的、单目标的、线性的有约束条件的优化问题"。在符合地面生产制度与生产规律,达到要求的含水率、地层压力,同时达到最大波及程度下,最大限度地利用天然能量、减少注水规模,满足经济效益和产量需求。

（一）合理注采比目标函数的建立

建立注采比优化模型时,选择产油量最大为优化目标;建立注水量、产油量、含水率、地层压力的关系方程,把最小含水率、最大保持地层压力这些优化目标与其他条件作为约束条件;应用最优化理论,求解最优化模型,得到区块合理注采比。

目标函数:

$$N_{\mathrm{p}} = \max \sum_{j=1}^{m} Q_{\mathrm{o}j} \qquad (5-2-1)$$

约束条件:

$$\begin{cases} f_{\mathrm{w}j} = f(R) \\ p_j \geqslant p_{\min} \geqslant p_{\mathrm{b}} \\ p_{\mathrm{inf}j} < a \cdot p_{\mathrm{F}} \\ q_{\mathrm{iw}j} < q_{\mathrm{iwmax}} \end{cases}$$

式中　N_{p}——累计产油量,t;

　　　$Q_{\mathrm{o}j}$——j 阶段产油量,t;

　　　$f_{\mathrm{w}j}$——j 阶段含水率,% ;

　　　p_j——j 阶段地层压力,MPa;

　　　$p_{\min}$——最小地层压力,MPa;

　　　p_{b}——泡点压力,MPa;

　　　$p_{\mathrm{inf}j}$——j 阶段注水压力,MPa;

　　　p_{F}——破裂压力,MPa;

　　　a——经验系数,一般取 0.85;

　　　$q_{\mathrm{iw}j}$——j 阶段注水量,m^3;

　　　q_{iwmax}——阶段最大注水量,m^3。

（二）目标函数约束条件的确定

1. 地层压力

油井开发过程中最小井底流压:

$$p_{\mathrm{wfmin}} = \frac{1}{1-n} \left[\sqrt{n^2 p_{\mathrm{b}}^2 + (1-n) n p_{\mathrm{b}} p} - n p_{\mathrm{b}} \right] \qquad (5-2-2)$$

式中　n——拟合常数。

理论生产压差:

$$\Delta p = \frac{10000 V_{\mathrm{L}} N}{t J_{\mathrm{L}}} \qquad\qquad (5-2-3)$$

则最小地层压力:

$$p_{\min} = p_{\mathrm{wfmin}} + \Delta p \qquad\qquad (5-2-4)$$

式中　p_{wfmin}——最小油井井底流压,MPa;

　　　t——井底油层温度,K;

　　　V_{L}——采液速度;

　　　N——地质储量,10^4t;

　　　J_{L}——采液指数,t/(d·MPa)。

每阶段计算的地层压力必须满足:$p_j \geqslant p_{\min} \geqslant p_{\mathrm{b}}$。

2. 阶段产液量预测

区块阶段产液量为:

$$Q_{\mathrm{L}j} = n_{\mathrm{o}} J_{\mathrm{L}} \frac{\Delta t}{6} \left[(p_{j-1} - p_{\mathrm{wf}}) + 4(p_{j-\frac{1}{2}} - p_{\mathrm{wf}}) + (p_j - p_{\mathrm{wf}}) \right] \qquad (5-2-5)$$

式中　$Q_{\mathrm{L}j}$——j阶段产液量,t;

　　　n_{o}——采油井数,口。

3. 阶段末注水井流动压力预测

阶段末注水井的流动压力:

$$p_{\mathrm{iwf}j} = \frac{R_{\mathrm{IP}j} J_{\mathrm{L}} (p_j - p_{\mathrm{wf}})}{J_{\mathrm{w}}} + p_j \qquad\qquad (5-2-6)$$

最大井底注水压力:

$$p_{\mathrm{iwfmax}} = a\, p_{\mathrm{F}} \qquad\qquad (5-2-7)$$

式中　$p_{\mathrm{iwf}j}$——j阶段注入井井底压力,MPa;

　　　$R_{\mathrm{IP}j}$——j阶段注采比。

每个阶段注水井流动压力必须满足:$p_{\mathrm{iwf}j} < p_{\mathrm{iwfmax}}$。

4. 阶段含水率预测

由于不同油田的地质条件不同、油层流体性质不同,以及储层岩石的润湿性差异,油藏的驱动方式为非活塞式,含水率与采出程度的关系曲线共有五种类型。根据区块含水率与采出程度数据,确定其含水上升规律类型(凸型、S型等),再根据拟合系数进行预测。

5. 阶段产油量预测

阶段产油量公式如下:

$$Q_{\mathrm{o}j} = Q_{\mathrm{L}j}(1 - f_{\mathrm{w}j}) \qquad\qquad (5-2-8)$$

式中　$Q_{\mathrm{o}j}$——j阶段产油量,t。

根据以上模型编制程序,调节阶段注采比$R_{\mathrm{IP}j}$,在满足所有约束条件下,使阶段采油量

Q_{oj}最大,求得最佳阶段注采比R_{IPj}。

五、实例应用与认识

(一) 典型区块合理注采比确定结果

根据上述方法和程序,测算不同分类典型区块合理注采比,计算结果见表 5 - 2 - 5,一类、二类区块合理注采比为 2.0 ~ 2.5,可以通过加密、注采对应改造及适度规模压裂等优化注水,提高驱替程度,降低注采比;三类区块非油层吸水比例高,计算的合理注采比较高,高注采比注水带来水井憋压、管线压力负担大等一系列负面影响,且通过加密及适度规模压裂等常规水驱措施经济效益差,可采取转方式如气驱、微生物等方式进行多元化开采。

表 5 - 2 - 5　典型区块合理注采比计算结果

类别	典型区块	原始地层压力(MPa)	最大注水压力(MPa)	累计注采比	未来五年合理注采比
一类	朝 5 - 5 北	8.4	23.78	2.81	2.0
二类	朝 2	8.4	23.65	2.61	2.5
三类	杨大城子	13.1	30.45	3.69	3.4

(二) 典型区块注采比治理对策及结果

为探索有效控制高注采比方法,对长垣外围物性差、难以建立有效驱替、注采矛盾突出的 11 个高注采比井区(井组)开展了两项高注采比治理试验,取得较好的效果,加密油井 32口,适度规模压裂 43 口,阶段增油 8.5×10^4t,阶段注采比由 3.3 降到 1.8。为改善高注采比区块开发效果提供技术支持。

1. 适度规模压裂治理试验

2018 年 11 月在长垣外围各厂开展 8 个高注采比井组适度规模压裂治理试验,压裂油井 43口。截至 2020 年 12 月,压裂井累计增油 3.8×10^4t,阶段注采比由 3.8 降到 1.8(表 5 - 2 - 6)。

表 5 - 2 - 6　长垣外围油田高注采比井组适度规模压裂治理试验汇总表

措施井组所在区块	压裂油井 (口)	初期平均单井日增油 (t)	阶段累计增油 (t)	措施前注采比	措施后注采比
敖南	10	3.7	13349	3.6	3.1
芳 8、州 201	7	2.6	6598	2.8	0.8
新肇、敖南	20	1.9	14007	4.6	1.2
朝 80	2	1.6	1571	4.3	2.1
源 23	2	1.4	985	4.6	2.2
台 103	2	1.5	1063	3.0	1.5
合计(平均)	43	2.4	37573	3.8	1.8

2. 井网加密治理试验

2019 年 4 月开展了 3 个高注采比井区井网加密治理试验,加密油井 32 口,截至 2020

年12月,加密井累计产油4.7×10⁴t,井区注采比得到了控制,其中州603—州48-60井组阶段注采比由3.5下降为1.2,敖南油田水平井加密区阶段注采比由3.7下降为2.3(表5-2-7)。

表5-2-7 长垣外围油田高注采比井组井网加密治理试验汇总表

加密井组/井区	加密油井(口)	平均单井日产油(t)	阶段累计产油(t)	加密前区块年注采比	加密后区块年注采比
州603—州48-60井组	3	1.4	1646	3.5	1.2
敖南油田水平井加密区	19	6.1	38576	3.7	2.3
朝阳沟油田朝94杨区块	10	1.6	6861	2.1	水井钻关
合计(平均)	32	4.3	47083	3.1	—

2018—2020年,开辟的11个高注采比治理区块,加密油井32口,平均单井日产油4.3t,阶段累计产油4.7×10⁴t;缝网压裂43口,初期平均单井日增油2.4t,阶段累计增油3.8×10⁴t,节约注水44.8×10⁴t。在阶梯油价条件下,按实际增油量与操作成本计算,已经创效10945万元,节约注水成本268.8万元,产生较大的经济效益。

第三节 化学驱全生命周期开采技术界限

化学驱产量目前已占油田总产量的三分之一以上,但其具有开发周期短、投入高、风险大的特点,因此,开发政策的制定以及技术经济界限的研究要紧密跟随并满足每个阶段的开发特点。随着化学驱开发对象逐渐由一类油层转向二类A、B油层,驱替方式由普通聚合物转向复合驱、新型聚合物并重的格局,大庆油田确立了"四最",即最小尺度的个性化设计、最及时有效的跟踪调整、最大限度地提高采收率、最佳的经济效益,即为核心的技术政策。同时,由于老区块投注地质储量的四分之三已进入开发中后期,产量贡献小、开发效益差,二类油层又提出以"提质提效"为核心的进一步提高采收率政策。为此,本节重点从化学驱储量潜力评价、驱替方式匹配、返层接替时机以及后续水驱合理液量规模等方面介绍化学驱全生命周期开采技术界限。

一、化学驱储量潜力评价

为了评价喇萨杏油田北部二类、南部一类油层剩余储量潜力,制定了化学驱开采对象和层系组合界限。

(一)化学驱开采对象

按照储层沉积特征,综合考虑河道砂钻遇率、小于1m的油层比例、化学驱控制程度以及试验区开发效果等指标[8-10],将喇萨杏油田南部一类和北部二类剩余潜力油层划分为三类:

第Ⅰ类:泛滥平原、高弯分流河道沉积单元,主要包括喇嘛甸油田SⅡ、SⅢ、PⅡ组油层,萨中、萨北SⅡ2+3、SⅡ7+8油层,将小于1m非河道油层增加为驱油对象。主要考虑:(1)小于1m非河道油层发育状况好,连通程度高。这类油层的河道砂钻遇率高达60%以上,非河道小于1m的油层以土豆状或细条带状散布在油层之中,以与河道粘连或多向连通为主。通过对北东块二区油层进行解剖,三元试验区小于1m油层以三、四方向连通为主,达到73.9%,且有56.5%的小层与河道连通。(2)小于1m非河道油层动用程度高。三个三元试验区中,非河道小于1m油层动用程度高达78%以上。北东块三元试验SⅢ4+5河道砂钻遇率63%,薄差层动用程度92.3%;北一区断东三元试验SⅡ8a河道砂钻遇率65.9%,薄差层动用程度85.6%;北二西三元试验SⅡ12河道砂钻遇率为67.3%,薄差层动用程度78.6%。(3)小于1m非河道油层储量比例在10%以下。喇嘛甸油田有效厚度小于1m非河道油层的储量占表内储量的9%;萨北、萨中开发区分别占5%和6%,将其全部作为三元复合驱对象有利于储量的综合利用。

第Ⅱ类:低弯分流河道、枝状内前缘沉积单元,主要包括萨北、萨中SⅡ、SⅢ组大部分油层,厚度下限与聚合物驱标准保持一致。(1)平面上小于1m非河道油层分布散乱。该类单元河道砂钻遇率为30%~60%,河道砂与河间砂交互分布,非河道大于1m的油层主要镶嵌在河道边部或内部,而非河道小于1m的油层分布散乱。(2)纵向上组合小于1m油层会扩大层间渗透率级差,影响开发效果。以萨南开发区一类油层为例,南五区三元组合对象PⅠ1-2,渗透率级差1.65,层间矛盾小,目前已经取得提高采收率20%的良好效果;南六区三元组合对象为PⅠ1-4,其中PⅠ3、PⅠ4油层为小于1m油层,渗透率级差达到4.46,目前区块仅提高采收率10%左右,渗透率级差的扩大,严重影响了开发效果。

第Ⅲ类:坨状、枝—坨过渡状内前缘沉积单元,主要包括萨北的PⅡ组、GI1-9组、萨中的PⅡ组及萨南的SⅡ组油层,与原聚合物驱标准相比新增0.5~1m非河道油层对象。该类油层河道砂体发育规模有限,河道砂钻遇率一般小于30%,主要发育厚而稳定的席状砂体。(1)该类油层大于1m油层化学驱控制程度低,扩进0.5~1m的油层可大幅提高化学驱控制程度。对该类油层化学驱控制程度进行了测算,若仅射开大于1m油层,化学驱控制程度低于70%,扩进0.5~1m的油层后,化学驱控制程度可提高10%以上。(2)有效厚度0.5~1m非河道油层,渗透率在200mD左右,可保证化学驱体系的顺利注入。统计南二区东部SⅡ7-12油层渗透率分布,各单元非河道砂0.5~1m油层渗透率在200mD以上,依据聚合物分子量、浓度与注入渗透率界限关系可知,该类单元河道及非河道大于0.5m油层能够保证化学驱体系的顺利注入。(3)有效厚度0.5~1m非河道油层吸液厚度比例达到60%以上,油层动用情况好。从南三中聚合物试验区0.5~1m油层的吸液状况来看,有效厚度0.5~1m非河道油层吸液厚度比例和层数比例都达到了85%左右,油层动用情况较好。南二东聚合物试验区SⅡ7-12油层,0.5~1m油层吸液比例达60%以上。

在参考聚合物驱油层技术动用界限的基础上,根据潜力油层沉积类型、砂体发育状况,综合考虑化学驱控制程度、试验区开发效果、储量规模等因素,进一步细化了化学驱油层技术动用界限(表5-3-1)。

表 5 – 3 – 1　二类油层化学驱潜力油层技术动用界限标准

聚合物驱标准	三元复合驱标准					三元增加对象
	分类	沉积类型	河道砂钻遇率	标准参数	典型单元	
(1)有效渗透率不小于100mD (2)河道砂及有效厚度不小于1m 的非河道砂	Ⅰ类	泛滥平原、分流平原	>60%	河道砂及非河道砂	喇SⅡ,SⅢ;萨北SⅡ7+8;萨中SⅡ8	非河道小于1m
	Ⅱ类	分流平原、枝状内前缘	30%~60%	渗透率不小于100mD，河道砂及有效厚度不小于1m 的非河道砂	萨北、萨中 SⅡ、SⅢ	不变
	Ⅲ类	枝—坨过渡状、坨状内前缘	<30%	渗透率不小于100mD，河道砂及有效厚度不小于0.5m 的非河道	萨北、萨中 PⅡ；萨南 SⅡ	非河道0.5~1m

（二）化学驱层系组合界限

1. 聚合物驱层系组合界限

层系划分是化学驱开发过程中减小层间矛盾的一项重要措施[3]。具体做法是根据不同油层地质特点和开发条件,合理地、严格地将性质相近的油层组合在一起,并采用与之相适应的驱替方式、井网和工作制度。在一类油层聚合物驱开发实践的基础上,制定了一类油层层系划分与组合原则:

（1）一个独立的开发层系应具有一定的储量,保证油井有一定的生产能力,使采油工艺简单,能较好地达到技术经济指标;

（2）在一个开发层系的上、下必须具有良好的隔层,以防止不同层系间发生注入剂窜流;

（3）组合在同一层系内的油层性质应尽量接近,主要是各油层之间的渗透率级差不能过大,一般要求不大于3,油层延伸分布状况也不能相差过大,以保证各油层对注入方式和井网具有共同的适应性;

（4）同一层系内,构造形态、油水分布、压力系统和原油性质应接近一致,开采井段不宜过长,以免造成开发过程复杂化,一般以砂岩组作为划分和组合开发层系的基本单元;

（5）划分开发层系时,要考虑当前分层注入、采油工艺技术所达到的水平,在分层工艺所能解决的范围内,尽量不要将层系划分过细,以减少钻井数,获得好的经济效果;

（6）具体考虑油田开发层系合理划分和组合时,必须根据本油田具体地质特点、开发条件、注入剂的性质等进行层系划分和组合。

对于大庆油田二类油层层系的划分原则是:

（1）以砂岩组作为层系的基本单元,按井段划分层系;

（2）层系间有稳定隔层,厚度大于2m,钻遇率要达到40%左右;

（3）一套开发层系厚度在8m 左右,各套组合层系厚度尽量均匀;

（4）层系内油层性质应尽量相近,油层间渗透率级差尽量控制在3 以内;

（5）保证每套层系有一定储量和产能,达到一定的经济效益;

（6）层系对象以河道砂和有效厚度不小于1m 的非河道砂为主,有效渗透率要在100mD以上。

2. 三元复合驱层系组合界限

随着三元复合驱在二类油层的推广应用,为了保证三元复合驱的开发效果以及经济效益,在聚合物驱层系组合界限的基础上,制定了三元复合驱层系组合的技术界限[4-5]。

1)层系组合厚度界限

定义内部收益率为12%时的层系厚度,即为层系组合厚度下限。依据费效对等、初次投资优先的原则,考虑各开发区实际油层特点,按照不同提高采收率,分区域、分级别给出南部一类、北部二类油层的组合厚度界限(表5-3-2)。

表5-3-2 三元复合驱不同提高采收率值对应的层系组合厚度下限

开发区名称	层系	厚度下限(m)		
		提高采收率20%	提高采收率18%	提高采收率16%
喇嘛甸、萨北、萨中北部	一套	6.4	7.1	8.0
	两套	5.1	5.7	6.5
	三套	4.8	5.4	6.1
萨中南部、萨南	一套	8.1	9.1	9.9
	两套	6.6	7.5	8.6
	三套	5.8	6.6	7.6
杏北开发区	一套	7.8	8.5	9.3
	二套	6.6	7.3	7.9
杏南开发区	一套			9.5

2)剩余储量丰度界限

根据油藏工程理论及盈亏平衡原理,推导出了油层极限剩余储量丰度与目前采出程度及油价之间关系:

$$N_{or}' = \frac{[I_D(1+R_{inj})(1+R_{DM}) + C_{wo}t + ax + by + cz](1-R_f)}{AR_{sp}(C_0 - C_c - C_{tax})(R_{max} - R_f)} \quad (5-3-1)$$

式中 N_{or}'——极限剩余油储量丰度,$10^4 t/km^2$;

I_D——地面投资,万元;

A——单井控制面积,km^2;

R_{sp}——原油商品率;

R_{max}——最终采出程度;

R_f——目前采出程度;

R_{inj}——注采井数比;

R_{DM}——地面建设与钻井投资比;

C_c——吨油操作费,万元/t;

t——项目周期,a;

a——单井聚合物用量,t;

b——单井表面活性剂用量,t;

c——单井碱用量,t;

x——聚合物干粉单价,万元/t;

y——表面活性剂单价,万元/t;

z——碱单价,万元/t;

C_0——油价,万元/t;

C_{tax}——税收与管理费,万元/t;

C_{wo}——年油水作业费,万元。

根据三元复合驱潜力油层的地层特征,利用数值模拟,对不同油层在采出程度40%时进行三元复合驱油,计算出最终采出程度为57%～68%。利用式(5-3-1)建立最终采出程度为57%、60%、68%对应不同开采套数的剩余地质储量丰度界限图版。若按一套井网上返三套、下返两套层系测算,在油价90美元/bbl下,对应的剩余储量丰度界限应为(29.1～47.1)× 10^4t/km^2。

3)层系跨度界限

层系组合跨度界限是指组合一套层系的最大井段长度,与所组合油层的非均质程度、沉积韵律性有密切关系[6]。

对于均质油层,假设一套层系由 n 个小层组成,总跨度为 L,每个小层到油井井底的流压为 p_{w1},p_{w2},…,p_{wn},地层静压为 p_{e1},p_{e2},…,p_{en},油井的总产量为 Q。

依据油井平面径向流产量和井筒多相管流公式,推导出油井总产液量 Q 与生产跨度 L 之间的关系:

$$Q = \frac{2\pi Kh}{\mu \ln(r_e/r_w)}\left[n(p_{e1}-p_{w1}) - \frac{(2^{n-1}-1)L}{n}\left(f_m \frac{\rho_m}{d}\frac{v_o^2}{2}\right)\right] \qquad (5-3-2)$$

式中 Q——单井产液量,m^3/d;

K——地层渗透率,mD;

h——油层厚度,m;

μ——驱替液黏度,mPa·s;

p_{e1}——第一层地层压力,MPa;

p_{w1}——第一层井底流压,MPa;

n——油层小层个数;

L——油层组合跨度,m;

f_m——采出液的摩擦阻力系数;

ρ_m——采出液密度,g/cm^3;

d——油井直径,cm;

v_o——采出液流动速度,cm^3/s;

r_e——供液半径,m;

r_w——井筒半径,m。

依据上述理论,生产跨度主要通过影响生产压差来影响产液量,进而影响开发效果。通过数值模拟对比,对于均质油层,组合跨度不超过80m(图5-3-1)。

对于非均质油层,建立了渗透率级差为2、2.5、3的正反韵律、复合韵律模型(渗透率为170~500mD)。在水驱到含水率96%时开始三元复合驱。数值模拟研究表明,非均质油层的组合跨度上限为60m左右。

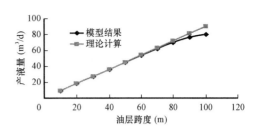

图5-3-1　均质油层生产跨度与产液量关系

对于三元复合驱的潜力油层,考虑到各开发区的油层沉积韵律和发育状况不尽相同,选取喇嘛甸油田上、下返油层、萨中、萨北、萨南典型区块的组合油层参数,模拟出了实际油层的组合跨度与开发效果关系。喇嘛甸油田上返油层组合跨度界限为70m左右,下返油层在满足开发要求的情况下应尽量细分;萨中、萨北开发区组合跨度界限为45m左右;萨南开发区层系组合跨度为25m左右。

4)渗透率级差界限

渗透率级差是油层层间非均质性的体现,室内实验表明,随着渗透率级差的增大,层间矛盾增强,当渗透率级差超过2时,无论怎样提高驱替相的黏度,低渗透层的动用程度都不会超过70%。

从南六区矿场统计情况看,渗透率级差过大不利于保证三元复合驱的开发效果。渗透率级差大于2.5,动用层数比例低于70%(图5-3-2)。

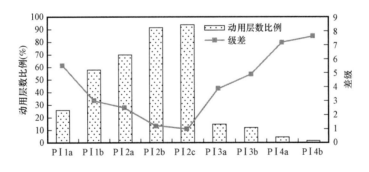

图5-3-2　南六区不同单元动用状况图

根据室内实验结果和矿场实际开发效果,三元复合驱的合理渗透率级差应该控制在2.5以内。

5)低渗透层比例界限

低渗透层是指一套层系内油层发育相对较差的单元。根据萨中开发区小层渗透率分布情况,SⅡ、SⅢ组油层分为380mD、603mD、720mD、874mD四个级别,设定380mD左右的油层为低渗透单元;PⅡ组油层分为200mD、300mD、500mD三个级别,设定200mD左右的油层为低渗透层。根据厚度比例建立模型,利用数值模拟手段研究,研究表明当低渗透层比例超过20%时采收率曲线出现拐点。因此,一套层系内低渗透层的比例不宜超过20%。

6）隔层界限

三元复合驱隔层界限在聚合物驱界限研究的基础上，统计了大庆油田 95 口井 354 个层段压裂资料。在泵压 17~36MPa 情况下，厚度为 2~3m 的 511 个隔层，仅压窜 2 个层，占总层数的 0.4%，因此，三元复合驱隔层界限为平均厚度 2~3m。

综合以上各项技术界限的研究结果，确定了三元复合驱层系优化组合的原则：

（1）一套层系内的油层条件尽量相近，层间渗透率级差应控制在 2.5 以内，当层数较多时可适当扩大渗透率级差；低渗层比例不宜超过 20%。

（2）以砂岩组为单元进行层系组合，保证层间有良好的隔层，隔层厚度应满足大于 2m，分布面积在 80% 以上。

（3）层系组合对象分为三类：以泛滥平原、分流平原沉积为主的，组合进非河道小于 1m的油层；以分流平原、枝状内前缘沉积为主的，组合渗透率大于 100mD，非河道砂大于 1m 油层；以枝—坨过渡状、坨状内前缘沉积为主的，组合渗透率大于 100mD，非河道砂大于 0.5m的油层。

（4）层系组合跨度由各区域的油层发育状况确定，喇嘛甸油田上返油层组合跨度界限为 70m，下返油层尽量细分；萨中、萨北开发区组合跨度界限为 45m；萨南开发区层系组合跨度为 25m。

（5）为了保证一定的产量规模、经济效益和合理利用地面设备，各套层系应满足剩余储量丰度界限，且层系间厚度及储量规模尽量接近；北部二类油层，层系厚度为 5.4~9.9m；南部一类油层，层系厚度为 7.3~9.5m。

二、化学驱合理驱替方式

聚合物驱和三元复合驱已成为油田工业化应用的成熟驱替技术。三元复合驱与聚合物驱相比，提高采收率幅度更大，但开采成本和初期投资也更高，因此，制定合理的驱替方式是保证化学驱开发效益最优以及最大限度提高油田采收率的关键。依据盈亏平衡原理，建立了实施聚合物驱、强碱三元复合驱、弱碱三元复合驱技术经济界限评价模型和两两对比模型，给出了不同驱替方式在不同开发模式下实施的油价、单井控制地质储量及阶段采出程度界限[7]。化学驱合理匹配驱替方式的技术经济界限为油田开发方式选择和投资决策提供了技术支撑。

（一）化学驱开发模式的确定

大庆油田属于特大型砂岩油藏，油层埋深浅，油层厚度大，按照油层划分标准，分为三类油层，目前一类油层三次采油基本实施完毕，剩余潜力主要分布在二类油层，自北至南可划分为 1~6 套开发层系。考虑经济效益，对 1~3 套层系区今后主要的开发方式将是利用 1 套井网逐层开采多套层系，即 1 套层系三次采油结束后，将原目的层位封堵，射开新层位，然后逐层上下返；对于 4~6 套层系区，则采用 2 套井网逐层上下返的开发模式。因此，综合开发层系、井网井距、地面配套等多方面因素确定三次采油可分为 4 种可能的开发模式，见表 5-3-3。

表 5 – 3 – 3 二类油层三次采油开发模式及对应投资分摊情况

开发模式	开发方式	对应的工作量及投资分摊系数 $1/n$				
		钻井	地面改造	采油工程	封堵	射孔
模式一	1 套井网开采 1 套二类油层层系	1	1	1	0	1
模式二	1 套井网开采 2 套二类油层层系	1/2	1/2	1/2	1/2	1
模式三	1 套井网开采 3 套二类油层层系	1/3	1/3	1/3	2/3	1
模式四	利用原井网和地面配置系统	0	0	0	1	1

开发模式的确定是化学驱确定技术经济界限的基础,也是不同驱替方式对比及其匹配关系研究的前提。

(二) 实施 3 种驱替方式经济界限模型的建立

根据经济学原理,考虑三次采油投资、成本及收益得到净现值公式为:

$$NPV = \sum_{i=1}^{t} \{ Q_{oi}P_o\alpha - [Q_{oi}C_m + Q_{epi}P_p + (R + R_s)Q_{oi}P_o\alpha] \} \times (1 + i_c)^{-i} - (I_d + I_z)$$

$$(5 - 3 - 3)$$

由盈亏平衡原理,当 NPV = 0 时,得:

$$\sum_{i=1}^{t} \{ Q_{oi}P_o\alpha - [Q_{oi}C_m + (R + R_s)Q_{oi}P_o\alpha] \} \times (1 + i_c)^{-i} =$$

$$(I_d + I_z) + \sum_{i=1}^{t} (Q_{epi}P_p) \times (1 + i_c)^{-i} \qquad (5 - 3 - 4)$$

引入单井单位地质储量化学剂用量、年产油量比例等相对量,消除了由绝对量差异造成的不可对比性。基于此,分别建立 3 种驱替方式技术经济界限模型。

产油量公式为:

$$Q_{oi} = \sigma_{oi} \times N \times R_C \qquad (5 - 3 - 5)$$

聚合驱用量公式为:

$$Q_{epi} = \sigma_{Pi} \times N \times b \qquad (5 - 3 - 6)$$

三元复合驱碱、表面活性剂用量用聚合物当量表示为:

$$Q_{epi} = \sigma_{Ai} \times N \times a + \sigma_{Pi} \times N \times b + \sigma_{Si} \times N \times c \qquad (5 - 3 - 7)$$

分别得出强碱三元复合驱、弱碱三元复合驱、聚合物驱盈亏平衡时的阶段采出程度界限为:

$$R_{C1} = \frac{(I_{d1} + I_z) + N\sum_{i=1}^{t} (a\sigma_{A1i}N \times P_{A1} + b\sigma_{P1i}N \times P_P + c\sigma_{S1i}N \times P_{S1}) \times (1 + i_c)^{-i}}{N\sum_{i=1}^{t} [\sigma_{o1i}P_o\alpha \times (1 - R + R_s) - \sigma_{o1i}C_{m1}] \times (1 + i_c)^{-i}}$$

$$(5 - 3 - 8)$$

$$R_{C2} = \frac{(I_{d1} + I_z) + N\sum_{i=1}^{t}(a\sigma_{A2i}N \times P_{A1} + b\sigma_{P2i}N \times P_P + c\sigma_{S2i}N \times P_{S1}) \times (1 + i_c)^{-i}}{N\sum_{i=1}^{t}[\sigma_{o2i}P_o\alpha \times (1 - R + R_s) - \sigma_{o2i}C_{m2}] \times (1 + i_c)^{-i}}$$

$$(5 - 3 - 9)$$

$$R_{C3} = \frac{(I_{d2} + I_z) + N\sum_{i=1}^{t}(b\sigma_{P3i}N \times P_P) \times (1 + i_c)^{-i}}{N\sum_{i=1}^{t}[\sigma_{o3i}P_o\alpha \times (1 - R + R_s) - \sigma_{o3i}C_{m3}] \times (1 + i_c)^{-i}} \quad (5 - 3 - 10)$$

利用上述模型,可快速对 3 种驱替方式实施的经济有效性做出判断,并可优选出实施的技术经济潜力。

(三)3 种驱替方式两两对比经济界限模型的建立

为了方便 3 种驱替方式进行经济效益对比,建立了经济界限对比模型。

设强碱三元复合驱和弱碱三元复合驱提高采收率幅度和年增油量水平基本相当,则二者收益项基本相同,即 $\sum_{i=1}^{t}S_{1i} \times (1 + i_c)^{-i} \approx N\sum_{i=1}^{t}S_{2i} \times (1 + i_c)^{-i}$,以此为条件建立了强碱三元复合驱效益好于弱碱三元复合驱多提高采收率的界限模型为:

$$\Delta R_{C1,2} = \frac{N\sum_{i=1}^{t}(T_{1i} - T_{2i}) \times (1 + i_c)^{-i}}{N\sum_{i=1}^{t}S_{1i} \times (1 + i_c)^{-i}} = \frac{\sum_{i=1}^{t}(T_{1i} - T_{2i}) \times (1 + i_c)^{-i}}{\sum_{i=1}^{t}S_{1i} \times (1 + i_c)^{-i}} \quad (5 - 3 - 11)$$

同时,考虑聚合物驱与强碱三元复合驱和弱碱三元复合驱投入、产出的不同,得到强碱三元复合驱效益好于聚合物驱、弱碱三元复合驱效益好于聚合物驱多提高采收率的界限模型为:

$$\Delta R_{C1,3} = \frac{(I_{d1} - I_{d2})/n}{N\sum_{i=1}^{t}S_{1i} \times (1 + i_c)^{-i}} + \frac{\sum_{i=1}^{t}(T_{1i} - T_{3i}) \times (1 + i_c)^{-i} + R_{C3} \times N\sum_{i=1}^{t}S_{3i} \times (1 + i_c)^{-i}}{\sum_{i=1}^{t}S_{1i} \times (1 + i_c)^{-i}}$$

$$(5 - 3 - 12)$$

$$\Delta R_{C2,3} = \frac{(I_{d1} - I_{d2})/n}{N\sum_{i=1}^{t}S_{2i} \times (1 + i_c)^{-i}} + \frac{\sum_{i=1}^{t}(T_{2i} - T_{3i}) \times (1 + i_c)^{-i} + R_{C3} \times N\sum_{i=1}^{t}S_{3i} \times (1 + i_c)^{-i}}{\sum_{i=1}^{t}S_{2i} \times (1 + i_c)^{-i}}$$

$$(5 - 3 - 13)$$

式中 NPV——净现值,万元;

N——单井控制地质储量,10^4t;

i_c——基准收益率,%;

I_d——单井地面投资,万元;

t——项目周期,a;

I_z——单井钻井投资,万元;

Q_{oi}——第i年原油产量,10^4t;

C_m——操作成本,万元/t;

P_o——原油价格,万元/t;

α——原油商品率,%;

R——增值税税率,%;

R_s——其他税税率,%;

n——层系分摊套数;

P_p——聚合物单价,万元/t;

P_{A1},P_{A2}——烷苯基磺酸盐单价、石油磺酸盐单价,万元/t;

P_{S1},P_{S2}——氢氧化钠、碳酸钠单价,万元/t;

Q_{epi}——第i年聚合物用量当量,t;

C_{m1},C_{m2},C_{m3}——强碱三元复合驱、弱碱三元复合驱、聚合物驱的操作成本,万元/t;

σ_{A1i},σ_{A2i}——第i年强碱三元复合驱、弱碱三元复合驱表面活性剂用量年比例,%;

σ_{P1i},σ_{P2i},σ_{P3i}——第i年强碱三元复合驱、弱碱三元复合驱、聚合物驱聚合物用量年比例,%;

σ_{s1i},σ_{s2i},σ_{s3i}——第i年强碱三元复合驱、弱碱三元复合驱、聚合物驱碱用量年比例,%;

S_{1i},S_{2i},S_{3i}——第i年强碱三元复合驱、弱碱三元复合驱、聚合物驱年收益,万元;

T_{1i},T_{2i},T_{3i}——第i年强碱三元复合驱、弱碱三元复合驱、聚合物驱化学剂年投资,万元;

a,b,c——单井聚合物、表面活性剂、碱单位地质储量用量,t;

R_{C1},R_{C2},R_{C3}——强碱三元复合驱、弱碱三元复合驱、聚合物驱的采出程度界限,%;

$\Delta R_{C1,2}$,$R_{C1,3}$,$R_{C2,3}$——强碱比弱碱三元复合驱、强碱三元复合驱比聚合物驱、弱碱三元复合驱比聚合物驱多提高采收率界限,%。

该模型可以直观阐述3种驱替方式阶段采出程度界限与油价、单井控制地质储量之间的定量描述关系,可开展不同油价、不同驱替方式阶段采出程度界限、实施的油价界限、单井控制地质储量界限的敏感性分析,可快速实现多套方案的对比与优选。模型具有普遍适应性,即未知历年采油量等指标情况下,只需建立年产油量比例即可,降低了以往经济评价对开采指标预测的难度,方便了聚合物驱和三元复合驱开发效益对比。

(四)模型中关键参数的确定

1. 单井控制地质储量

在研究确定大庆油田二类油层剩余潜力的基础上,确定单套层系单井控制地质储量为

$(0.8\sim4.6)\times10^4t$,其中80%以上为$(1.6\sim3.2)\times10^4t$,因此确定单井控制地质储量评价范围为0.4×10^4t,并每隔$(0.8\sim4.6)\times10^4t$作为一个评价点,并对分布密集处进行加密处理。

2. 聚合物驱相关参数

统计21个已结束注聚合物的区块,单井单位控制地质储量的聚合物干粉用量为20~28t,平均为24.96t;聚合物驱年产油量比例和年聚合物用量比例如图5-3-3所示。

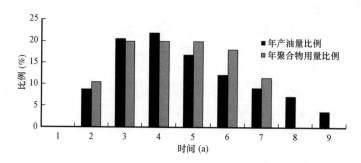

图5-3-3　聚合物驱年产油量比例和年聚合物用量比例

3. 强碱三元复合驱相关参数

统计6个强碱三元复合驱区块,平均单井单位地质储量聚合物、碱和表面活性剂的用量分别为34.6t、444.3t、61.6t,产油量、聚合物用量、表面活性剂用量、碱用量的年比例如图5-3-4所示。

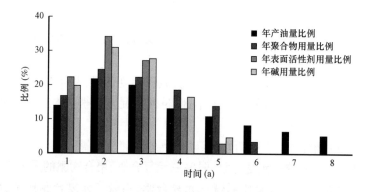

图5-3-4　强碱三元复合驱产油量、聚合物用量、表面活性剂用量、碱用量的年比例

4. 弱碱三元复合驱相关参数

统计7个弱碱三元复合驱区块,平均单井单位地质储量聚合物、碱和表面活性剂的用量分别为31.6t、421.8t、69.6t,产油量、聚合物用量、表面活性剂用量、碱用量的年比例如图5-3-5所示。

(五)应用实例

1.3种驱替方式实施的采出程度界限

大庆油田二类油层自上至下可细分为1~6套开发层系,单井控制地质储量为$(1.6\sim2.8)\times10^4t$。按照4种开发模式,应用评价模型及相关参数,分别制定了在油价65美元/

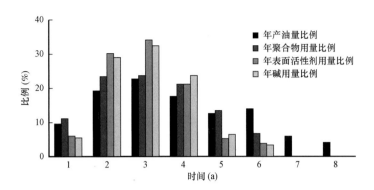

图 5 - 3 - 5　弱碱三元复合驱产油量、聚合物用量、表面活性剂用量、碱用量的年比例

bbl、不同单井控制地质储量条件下,3 种驱替方式的技术经济界限(表 5 - 3 - 4)。

表 5 - 3 - 4　油价 65 美元/bbl 条件下 3 种驱替方式实施的采出程度界限

开发模式	聚合物驱界限(%)					强碱三元复合驱界限(%)					弱碱三元复合驱界限(%)				
	单井控制地质储量					单井控制地质储量					单井控制地质储量				
	$1.6 \times 10^4 t$	$2.0 \times 10^4 t$	$2.2 \times 10^4 t$	$2.4 \times 10^4 t$	$2.8 \times 10^4 t$	$1.6 \times 10^4 t$	$2.0 \times 10^4 t$	$2.2 \times 10^4 t$	$2.4 \times 10^4 t$	$2.8 \times 10^4 t$	$1.6 \times 10^4 t$	$2.0 \times 10^4 t$	$2.2 \times 10^4 t$	$2.4 \times 10^4 t$	$2.8 \times 10^4 t$
一	13.7	11.2	10.2	9.5	8.3	24.8	21.3	20.0	18.9	17.3	22.9	19.4	18.1	17.1	15.4
二	8.1	6.7	6.2	5.8	5.1	16.9	14.9	14.2	13.7	12.8	15.0	13.1	12.4	11.8	10.9
三	6.3	5.2	4.8	4.5	4.0	14.2	12.8	12.3	11.9	11.2	12.4	11.0	10.5	10.1	9.4
四	2.5	2.2	2.1	2.1	1.9	9.0	8.6	8.5	8.4	8.2	7.2	6.9	6.7	6.6	6.5

　　为了明确 3 种驱替方式匹配关系,分别对比了 3 种驱替方式实施技术经济界限。4 种评价模式中,在单井控制地质储量为(1.6 ~ 2.8)×10^4 t、油价 65 美元/bbl 条件下,强碱三元复合驱效益若要好于弱碱三元复合驱,需多提高采收率 1.8% 以上;强碱三元复合驱效益若要好于聚合物驱,需多提高采收率 5.3% 以上;弱碱三元复合驱效益若要好于聚合物驱,需多提高采收率 3.6% 以上(表 5 - 3 - 5)。

表 5 - 3 - 5　油价 65 美元/bbl 条件下 3 种驱替方式两两对比提高采收率界限

开发模式	强碱三元复合驱与聚合物驱对比(%)					弱碱三元复合驱与聚合物驱对比(%)					强碱与弱碱三元复合驱对比(%)				
	单井控制地质储量					单井控制地质储量					单井控制地质储量				
	$1.6 \times 10^4 t$	$2.0 \times 10^4 t$	$2.2 \times 10^4 t$	$2.4 \times 10^4 t$	$2.8 \times 10^4 t$	$1.6 \times 10^4 t$	$2.0 \times 10^4 t$	$2.2 \times 10^4 t$	$2.4 \times 10^4 t$	$2.8 \times 10^4 t$	$1.6 \times 10^4 t$	$2.0 \times 10^4 t$	$2.2 \times 10^4 t$	$2.4 \times 10^4 t$	$2.8 \times 10^4 t$
一	10.1	9.1	8.7	8.5	8.0	8.2	7.2	6.9	6.6	6.1	1.9	1.9	1.9	1.9	1.9
二	7.8	7.2	7.1	6.9	6.7	5.9	5.4	5.2	5.1	4.8	1.8	1.8	1.8	1.8	1.8
三	7.0	6.6	6.5	6.4	6.2	5.2	4.8	4.7	4.6	4.4	1.8	1.8	1.8	1.8	1.8
四	5.4	5.4	5.4	5.4	5.3	3.7	3.6	3.6	3.6	3.6	1.8	1.8	1.8	1.8	1.8

2.3 种驱替方式匹配关系

以 S 开发区为例,目前聚合物驱、三元复合驱阶段采出程度分别为 17%、22% ,三元复合驱与聚合物驱相比高5%,强碱三元复合驱与弱碱三元复合驱基本相当。由于S开发区二类油层纵向上可分为3套开发层系,并采用1套井网多次上(下)返的开发模式,即采用模式三实施三次采油。S开发区西部单井控制地质储量为2.8×10^4t,在油价65美元/bbl条件下,3种驱替方式阶段采出程度界限分别为4.0%、11.2%、9.4%;东部区块单井控制地质储量为1.6×10^4t,3种驱替方式阶段采出程度界限分别为6.3%、14.2%、12.4%,3种驱替方式均经济有效。因此,从最大限度提高采收率和产量最大化角度,兼顾经济效益,S开发区东西部区块均应实施弱碱三元复合驱。但是,从3种驱替方式经济效益对比情况看,在模式三条件下,S开发区实施的经济效益优先次序分别为聚合物驱、弱碱三元复合驱和强碱三元复合驱。综合考虑S开发区开发实际情况,西部区块已实施完1套层系的聚合物驱,上(下)返层系聚合物驱效益明显优于三元复合驱;东部区块已实施完1套层系的弱碱三元复合驱,上(下)返层系弱碱三元复合驱的阶段采出程度界限为7.2%,仅需比聚合物驱高3.7%。因此,综合确定东部区块以弱碱三元复合驱为主,西部区块以聚合物驱为主。

三、后续水驱阶段合理液量规模

大庆油田三次采油处于后续水驱阶段的地质储量占比已达75%,具有注采比高、采油速度低、低效无效循环严重的特高含水期开发特征。依据后续水驱阶段"提液控水"的开发实践经验,合理产液量规模保持在大于经济界限,接近技术界限条件下,既可以最大程度地提高采收率,又能获得最佳的经济效益[8]。为此,利用经济学原理和油藏工程方法,建立了不同含水条件下的单井日产液量经济技术界限模型,明确了各开发区后续水驱阶段的合理液量规模。

(一)产液量经济界限

产液量经济界限取单井的经济极限产液量,指一口油井在一年内投入的总费用与产出的总收入相等时的产液量。根据盈亏平衡原理,建立不同含水条件下的产液量界限模型:

$$10000C_j + 365\beta Q_{1j}C_1 = 365\beta Q_{1j}(1 - f_w)\gamma P_o(1 - \alpha) \qquad (5-3-14)$$

由公式(5-3-14)得到单井日产液量的经济界限为:

$$Q_{1j} = \frac{27.4C_j}{\beta[(1 - f_w)\gamma P_o(1 - \alpha) - C_1]} \qquad (5-3-15)$$

式中　　Q_{1j}——单井日产液量,t;

　　　　C_j——与油水井相关的费用,万元/油井;

　　　　C_1——吨液处理费用,元/t;

　　　　β——开井时率;

　　　　f_w——含水率;

　　　　P_o——油价,元/t;

　　　　γ——商品率;

　　　　α——综合税率。

根据各油田的相关费用和开井时率,由式(5-3-15)可以得到不同含水率下产液量经济界限(图5-3-6)。由图5-3-6可以看出,含水率大于98%以后,各油田的产液量经济界限差异明显加大。

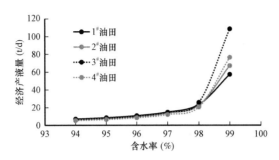

图5-3-6　不同油田的单井日产液量经济界限

(二)产液量技术界限

产液量技术界限一般指油层的最大产液能力,由不同含水率下的产液指数和最大生产压差决定。

1. 产液指数预测

由于常规产液指数预测方法的局限性,本次选取开采层位岩心测定的高倍数驱替相渗曲线,模拟油层长期冲刷的渗流状况,求取停注聚合物时刻的无量纲产液指数和实际采液指数,通过相似转换,得到不同含水率下的预测产液指数。

无量纲产液指数J_{DL}定义为:

$$J_{DL} = \frac{J_L}{J_L(f_w = 0)} = \frac{Q_w + Q_o}{Q_{omax}} \qquad (5-3-16)$$

将式(5-3-16)中的产油量、产水量分别用达西渗流公式表示,则可得到无量纲采液指数与油水相对渗透率的关系为:

$$J_{DL} = K_{ro} + \frac{K_{rw}\rho_w\mu_o B_o}{\rho_o\mu_w B_w} \qquad (5-3-17)$$

同样,根据产油量、产水量的达西渗流公式,可得到含水率与油水相对渗透率的关系为:

$$f_w = \frac{1}{1 + \frac{K_{ro}\rho_o\mu_w B_w}{K_{rw}\rho_w\mu_o B_o}} \qquad (5-3-18)$$

将式(5-3-17)和式(5-3-18)联合,对于给定的油层相渗曲线资料,能够计算出不同含水率对应的无量纲产液指数。

式中　J_{DL}——无量纲采液指数;

　　　J_L——采液指数,$t/(d \cdot MPa)$;

　　　$J_L(f_w=0)$——无水期采液指数(采油指数),$t/(d \cdot MPa)$;

　　　Q_{omax}——地面条件下含水率为零时的产油量,t/d;

149

Q_w——地面条件下产水量,t/d;

Q_o——地面条件下产油量,t/d;

f_w——含水率;

K_{ro}——油相相对渗透率;

K_{rw}——水相相对渗透率;

μ_o——地下油黏度,mPa·s;

μ_w——地下水黏度,mPa·s;

ρ_o——地面原油密度,kg/m³;

ρ_w——地面产出水密度,kg/m³;

B_o——油相体积系数;

B_w——水相体积系数。

设后续水驱阶段两个不同含水率下的无量纲产液指数分别为 J_{DL1} 和 J_{DL2},根据式 (5-3-16),可以表示成:

$$\frac{J_{DL2}}{J_{DL1}} = \frac{J_{L2}}{J_{L1}} \qquad (5-3-19)$$

在进入后续水驱时刻,聚合物驱层系进行了长时间的稳定生产,生产压差和产液量假设为油层的实际生产能力。因此,取停注聚合物时刻的产液指数为 J_{L1},此项由实际生产数据计算得到,则另一含水率对应的产液指数可以表示为:

$$J_{L2} = \frac{J_{DL2}}{J_{DL1}} J_{L1} \qquad (5-3-20)$$

式中 J_{L1}——停注聚合物时刻对应的产液指数,t/(d·MPa);

J_{L2}——后续水驱阶段任意含水率下对应的产液指数,t/(d·MPa);

J_{DL1}——停注聚合物时刻对应无量纲产液指数;

J_{DL2}——后续水驱阶段任意含水率对应无量纲产液指数。

2. 最大生产压差确定

依据大庆油田《采油井合理流动压力的经验确定方法》研究成果,对开发后期油井高压物性资料进行回归(相关系数为0.9677),确定出最低允许流动压力的经验公式为:

$$\frac{p_{min}}{p_b} = 0.101 \sqrt{19.846 \frac{p_R}{p_b} - 23.04} + 0.36 \qquad (5-3-21)$$

式中 p_{min}——最小流动压力,MPa;

p_b——地层饱和压力,MPa;

p_R——地层压力,MPa。

由矿场资料统计,大庆油田高含水期地层压力为10.8~11.4MPa,地层饱和压力为7.3~10.6MPa,计算得到最小流动压力为3.4~4.6MPa,最大生产压差为6.5~7.6MPa。

根据产液指数和最大生产压差,可以得到单井日产液技术界限为:

$$Q_{1\max} = J_{12}(p_R - p_{\min}) \tag{5-3-22}$$

式中　$Q_{1\max}$——单井日产液量技术界限。

（三）应用实例

以大庆油田 BBK 区块为例,说明确定单井合理产液量的过程。BBK 区块开发 SⅢ4-10 油层层系,2014 年 1 月停注聚合物,含水率为 95.45%,产液指数 5.36t/(d·MPa)。转入后续水驱开采至 2018 年底,含水率 98.14%,年产液量 332.58×10⁴t,油井开井数 212 口,开井时率 0.90,地层压力 10.8MPa,饱和压力 8.4MPa。首先,根据 2021 年 BBK 区块开采操作费用 36.84 万元/油井,处理液费用 11.71 元/t,油价 3271 元/t,商品率 0.995,税率 0.067,利用式(5-3-15),计算区块含水率 98.14% 对应单井日产液经济界限 24.95t。然后,利用 BBK 区块 SⅢ4-10 油层相渗曲线和流体参数,得到不同含水率下的无量纲产液指数(表 5-3-6)。

表 5-3-6　BBK 区块 SⅢ4-10 油层相渗资料及无量纲采液指数

含水饱和度	油相相对渗透率	水相相对渗透率	含水率(%)	无量纲采液指数
0.35	1.00	0	0	1.00
0.37	0.83	0.01	4.34	0.97
0.39	0.68	0.02	9.20	0.94
…	…	…	…	…
0.73	0.02	0.18	97.32	2.86
0.75	0.01	0.22	98.94	3.49
0.77	0	0.27	99.60	4.19
0.79	0	0.33	100.00	5.19

用差分法计算停注时含水率 95.45% 对应的无量纲采液指数为 2.48,以及含水率 94.7%~99.5% 对应的无量纲采液指数为 2.33~4.08。根据式(5-3-20),计算得到含水率 94.7%~99.5% 对应的采液指数见表 5-3-7。

表 5-3-7　BBK 区块不同含水率下的无量纲产液指数和产液指数

含水率(%)	94.70	95.45	97.30	98.15	98.50	99.00	99.50
无量纲产液指数	2.33	2.48	2.86	3.18	3.32	3.55	4.08
产液指数[t/(d·MPa)]	5.04	5.36	6.18	6.87	7.18	7.67	8.82

为了检验预测采液指数的可靠性,利用矿场统计资料进行对比。从图 5-3-7 可以看出,预测数据和实际数据符合率较高,可以作为后续阶段采液指数预测的基础。

由式(5-3-21)确定 BBK 区块的最低流压为 4.37MPa,最大生产压差为 6.43MPa。利用预测的采液指数和最大生产压差最终得到不同含水率下的技术产液量界限。最后确定出 BBK 区块的经济、技术产液界限(表 5-3-8)。通过对比不同含水率条件下的实际产液量,可以看出,BBK 区块目前应适当降低产液量,含水率 98.5% 以前需要保持产液量在 44~46t/d。在含水率超过 98.5% 以后,经济界限逐渐接近技术界限,至含水率 99.0% 时,该区块

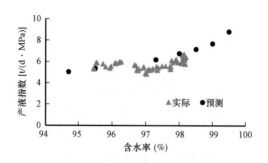

图 5 – 3 – 7　BBK 区块产液指数预测与实际对比

单井最大产液量为 49.3t/d, 已经低于经济界限 59.9t/d, 应该考虑关停或者转入新技术开发。

表 5 – 3 – 8　BBK 区块产液量界限与实际液量对比表

含水率(%)	94.70	95.45	97.32	98.15	98.50	99.00	99.50
经济界限(t/d)	7.48	8.83	16.03	24.95	33.01	59.88	100.00
技术界限(t/d)	32.80	34.46	39.75	44.19	46.14	49.33	56.71
实际液量(t/d)	33.54	34.46	40.10	47.54			

四、化学驱返层接替时机

在持续低油价下, 由于井网利用受限, 三次采油可投注的储量规模大幅下降。为进一步有效利用资源, 增大投注潜力, 针对层系上下返接替模式, 拓宽投注条件, 研究确定了三种返层接替时机。

(一)层系自然接替时机

层系自然接替模式是指目前开采层系达到经济界限含水点后开发待返层系。自然接替不需要封存有效产量, 可以最大限度地利用资源。依据盈亏平衡原理, 建立不同油价、液量规模条件下的含水界限模型, 由此, 给出各开发区各区块含水经济界限。含水经济界限对应的时间即为可以返层开发的时机。

$$f_w = 1 - \frac{Q_L \times (C_1 + C_2) + (C_3 + C_4 + C_5 + C_6) + 2 \times (C_7 + C_8 + C_9)}{P_o \times \gamma \times (1 - \alpha)} \times 100\%$$

$$(5 - 3 - 23)$$

式中　Q_L——产液量, 10^4t/a;

　　　f_w——极限含水率, %;

　　　P_o——油价, 美元/bbl;

　　　γ——商品率, %;

　　　α——综合税率, %;

　　　C_1——驱油物注入费, 元/t;

C_2——油气处理费,元/t;

C_3——采出作业费,万元/口(油井);

C_4——井下作业费,万元/口(油井);

C_5——测井试井费,万元/口(油井);

C_6——维护和维修费,万元/口(油井);

C_7——运输费,万元;

C_8——其他辅助作业费,万元;

C_9——厂矿管理费,万元。

依据各开发区成本参数,绘制了油价 65 美元/bbl 条件下,不同液量规模的含水界限图版(图 5 – 3 – 8)。

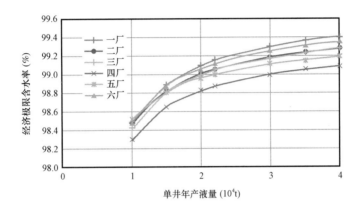

图 5 – 3 – 8　喇萨杏油田不同年产液量条件下含水界限图版(油价 65 美元/bbl)

统计 106 个三次采油区块含水率随时间变化的预测数据。结果表明,三次采油达到经济界限含水点的时间集中在 2020—2030 年,共有区块 67 个,地质储量 $6.0 \times 10^8 t$,其中一类油层区块 31 个,地质储量 $3.0 \times 10^8 t$,二类油层区块 36 个,地质储量 $3.0 \times 10^8 t$。"十四五"期间,二类油层达到经济极限含水区块 16 个,地质储量 $1.37 \times 10^8 t$。二类油层多套层系区可以实施二次上(下)返进一步保持产量平稳过渡;一类油层急需攻关聚合物驱后提高采收率技术减少关停对产量带来的影响。

(二)层系常规接替时机

层系常规接替模式按照区块含水率 98% 进行返层投注。区块达到含水率 98% 的时间即为接替时机。喇萨杏油田分别测算各区块达到含水率 98% 的时间。统计结果表明,常规接替模式返层时间集中在 2018—2025 年,共有区块 69 个,地质储量 $7.4 \times 10^8 t$。其中,"十四五"期间,达到含水率 98% 的区块 31 个,地质储量 $2.14 \times 10^8 t$。

(三)层系加快接替时机

层系加快接替模式是指如果开发待返层系的收益大于正在开采的层系,就在正开采层系的当前含水条件下进行层系接替。正开采层系的含水到达时间就是加快接替的时机。加快接替主要是为了产量的平稳衔接,需要损失一部分有效产量。根据效益追赶原理:加快接替时机取决于两套层系储量的比值与含水差异,返层层系地质储量越大,含水越低,接替时机前移;反之接替时机推后(图 5 - 3 - 9)。

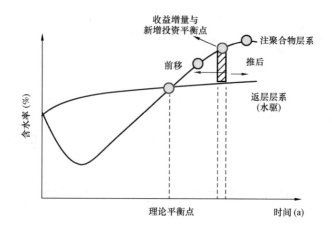

图 5 - 3 - 9　加快接替时机确定示意图

依据费效对等的原则,对比开发层系与待返层系地质储量、含水率等条件的差异,建立了一套井网多次上(下)返效益对比模型:

$$f_{w1} = 1 - \frac{N_2}{N_1}(1 - f_{w2}) - \frac{N_1 - N_2}{N_1} \frac{C_L}{P_o \gamma (1 - \alpha)} + \frac{n(f_f + f_b)}{J_1 N_1 P_o \gamma (1 - \alpha)} \quad (5 - 3 - 24)$$

式中　f_{w1},f_{w2}——目前正在实施的和今后要上下返层位的综合含水率,%;

　　　f_f——水井新增投资,万元/口;

　　　f_b——油井新增投资,万元/口;

　　　N_1,N_2——目前正在实施的和今后要上下返层位的地质储量,10^4t;

　　　J_1——目前实施区块的采液速度,%;

　　　C_L——后续水驱阶段吨液操作成本,元/t;

　　　n——目前正在实施区块的注采井数,口。

依据该模型,对比 129 套剩余潜力层系,在油价 65 美元/bbl 条件下,"十四五"期间,二类油层实现加快接替的区块有 38 个,地质储量 2.51×10^8t,比自然接替模式多 22 个区块。

参 考 文 献

[1] 石成方,吴晓慧. 喇、萨、杏油田开发模式及其演变趋势[J]. 大庆石油地质与开发,2019,38(5): 45 - 50.

[2] 朱丽莉,方艳君,吴梅,等. 喇萨杏油田开发过程中吸水指数变化规律[J]. 大庆石油地质与开发, 2017,36(1):70 - 74.

[3] 马春华. 特高含水期水驱开采特征及调整对策研究[D]. 大庆:大庆石油学院,2010.

[4] 赵凯鑫. 特高含水期水驱油藏合理地层压力界限研究[J]. 长江大学学报(自科版),2016,13(35): 53 - 56.

[5] 金贤镐. 特高含水期油田水驱合理流压界限研究[J]. 内蒙古石油化工,2015(13):142 - 144.

[6] 袁庆峰,庞彦明,杜庆龙,等. 砂岩油田特高含水期开发规律[J]. 大庆石油地质与开发,2017,36(3):49－55.

[7] 林玉保. 高含水后期储层优势渗流通道形成机理[J]. 大庆石油地质与开发,2018,37(6):33－37.

[8] 崔明玥. 北东块二类油层三元复合驱油试验阶段效果及认识[J]. 科学技术与工程,2011,27(11):43－47.

[9] 曹锡秋,隋新光,杨晓明,等. 对北一区断西三元复合驱若干问题的认识[J]. 大庆石油地质与开发,2001,20(2):33－35.

[10] 邵振波,李洁. 大庆油田二类油层注聚对象的确定及层系组合研究[J]. 大庆石油地质与开发,2004,23(1):65－69.

第六章　可采储量标定及 SEC 储量评估技术

可采储量是油田发展的重要物质基础,也是油公司生产经营决策的核心资产。衡量一个公司的价值和成长性首先就要依据国内、国际通行的标准和方法,对其储量进行合理的评估。目前,为满足国家、资本市场和公司等不同层面的需要,国内上游主要在国内和 SEC 两个储量分类体系下开展储量评估和管理工作。科学、准确、规范地对油田储量进行评估和披露,为制定开发决策、编制开发方案提供重要依据,同时也是公司质量信誉的重要体现,关系到油田的长期高质量发展。由于储量评估与油田发展息息相关,因此,国内外对可采储量评价工作都相当重视,先后建立了多种可采储量评价方法[1-5],不断规范可采储量评价流程,使可采储量评价技术得到了较快发展。

本章主要介绍可采储量标定及上市储量评估两套体系下的储量分类及评价方法以及在油田中的实际应用情况。

第一节　可采储量标定

一、我国的储量分类体系

储量分类是根据油气上游工业的现行技术条件、经济政策环境、地质成藏理论和生产运营模式对油气储量进行的确定性评价和商业性评价,油气储量分类体系是储量评估和管理工作的基础。储量分类体系主要可以分为四个层面:

国家层面:主要是注重资源合理利用与中长期规划。如中国,俄罗斯,美国 EIA、USGS,加拿大,挪威等。

行业学会层面:主要是注重公平竞争/可对比性。如 SPE/WPC/AAPG/SPEE/SEG—PRMS。

公司层面:主要是注重经营效益和决策水平。如 Exxon – Mobil,Chevron,Texaco,CNOOC 等。

资本市场层面:主要是注重资本投资回报。如 SEC(U. S. Securities and Exchange Commission,美国证券交易委员会)等。

我国储量的分类始于1966 年,这期间分类标准经历五次制修订(表6 – 1 – 1)。其中,2004年发布的国家标准 GB/T 19492—2004《石油天然气资源/储量分类》(图6 – 1 – 1),将储量分为"三级七类",实施以来,经过近15 年的实践,总体满足了我国油气管理,符合油气企业勘探开发生产实际,促进了行业健康有序发展。但是,随着油气矿产资源管理改革的持续深入推进,有关管理改革文件陆续出台,原分类标准与现有管理制度已不相适应,在规范使用过程中也存在储量名词较多、社会发布不规范等问题。因此,2020 年3 月我国发布了《油气矿产资源储量分类》(GB/T 19492—2020,简称"新国标"),"新国标"于 2020 年 5 月 1 日实施,替代了原标准《石油天然气资源/储量分类》(GB/T 19492—2004)。在"新国标"中依据油气藏的地质可靠程度和开采技术经济条件,对油气矿产的资源量和储量进行分类(图 6 - 1 - 2)。

表 6 - 1 - 1　我国油气储量分类体系发展的五个阶段

借用苏联分类（建国初期）		工作意见（1977）		《石油天然气储量规范》GBN 269/270—1998		《石油天然气资源/储量分类》GB/T 19492—2004		《油气矿产资源储量分类》（GB/T 19492—2020）	
阶段	储量分级	阶段	储量分级	阶段	储量分级	阶段	储量分级	阶段	储量分级
开发	一级地质储量	开发	探明储量	开发	探明已开发	油气生产	探明已开发		探明储量
整体解剖	二级地质储量	详探	基本探明储量	评价钻探/滚动勘探开发	探明未开发	产能建设/油藏评价	探明未开发	开发评价预探	控制储量
					基本探明				
广探	三级地质储量	预探初探	待探明储量	预探	控制储量	圈闭预探	控制储量		预测储量
					预测储量	区域普查	预测储量		

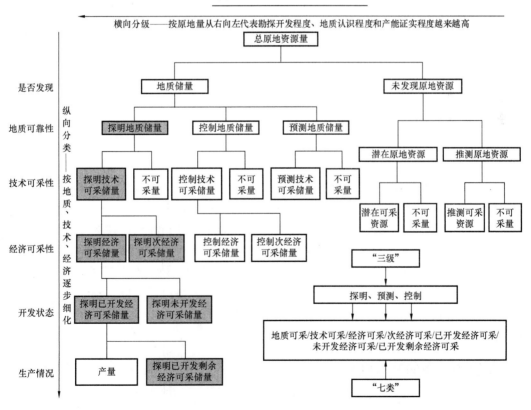

图 6 - 1 - 1　油气矿产资源储量分类(2004)

157

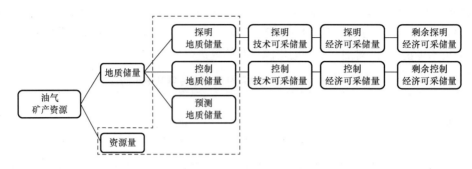

图 6-1-2　油气矿产资源储量分类（2020）

2020 年新发布的油气矿产资源储量分类中承认了油气资源评价工作的不确定性，将以往常用的"计算储量"统一调整为"估算储量"。同时对资源量不再分级，取消了"总原地资源量""未发现资源量""潜在原地资源量""潜在可采资源量""推测原地资源量""推测可采资源量"等概念。保留了对地质储量的三级分类：预测地质储量、控制地质储量和探明地质储量。但是弱化了"探明已开发"和"探明未开发"的概念，在"术语和定义"中没有对这两个概念进行定义，在油气矿产资源量和地质储量类型及估算流程中也没有将这两个概念列入其中，但是在"开发状态"部分又将储量划分为"已开发"和"未开发"，在实践中探明已开发储量通常由开发部门管理，探明未开发储量通常由勘探或油藏评价部门来管理。对各级储量的估算应遵循以下基本原则：

估算预测地质储量：应初步查明构造形态、储层情况，已获得油气流或钻遇油气层，或紧邻在探明地质储量或控制地质储量区、并预测有油气层存在，经综合分析有进一步勘探的价值，地质可靠程度低。

估算控制地质储量：应基本查明构造形态、储层变化、油气层分布、油气藏类型、流体性质及产能等，或紧邻在探明地质储量区，地质可靠程度中等，可作为油气藏评价和开发概念设计（开发方案）编制的依据。

估算探明地质储量：应查明构造形态、油气层分布、储集空间类型、油气藏类型、驱动类型、流体性质及产能等；流体界面或最低油气层底界经钻井、测井、测试或压力资料证实；应有合理的钻井控制程度或一次开发井网部署方案，地质可靠程度高。

估算技术可采储量：在控制地质储量中根据开采技术条件估算控制技术可采储量，在探明地质储量中根据开采技术条件估算探明技术可采储量。

估算经济可采储量：在控制技术可采储量中根据经济可行性评价估算控制经济可采储量，在探明技术可采储量中根据经济可行性评价估算探明经济可采储量。

在探明地质储量中估算探明技术可采储量和探明经济可采储量的工作流程，通常称为可采储量评价。

二、国内储量的基本概念

（1）油气矿产资源：指在地壳中由地质作用形成的、可利用的油气自然聚集物。以数量、质量、空间分布来表征，其数量以换算到 20℃、0.101MPa 的地面条件表达，可进一步分为资源量和地质储量两类。

（2）资源量：指待发现的未经钻井验证的，通过油气综合地质条件、地质规律研究和地质调查，推算的油气数量。

（3）地质储量：指在钻井发现油气后，根据地震、钻井、录井、测井和测试等资料估算的油气数量，划分为预测地质储量、控制地质储量和探明地质储量，这三级地质储量按勘探开发程度和地质认识程度依次由低到高。

（4）预测地质储量：指钻井获得油气流或综合解释有油气层存在，对有进一步勘探价值的油气藏所估算的油气数量，其确定性低。

（5）控制地质储量：指钻井获得工业油气流，经进一步钻探初步评价，对可供开采的油气藏所估算的油气数量，其确定性中等。

（6）探明地质储量：指钻井获得工业油气流，并经钻探评价证实，对可供开采的油气藏所估算的油气数量，其确定性高。

（7）技术可采储量：指在地质储量中按开采技术条件估算的最终可采出的油气数量。

（8）控制技术可采储量：指在控制地质储量中，依据预设开采技术条件估算的、最终可采出的油气数量。

（9）探明技术可采储量：指在探明地质储量中，按当前已实施或计划实施的开采技术条件估算的、最终可采出的油气数量。

（10）经济可采储量：指在技术可采储量中按经济条件估算的可商业采出的油气数量。

（11）控制经济可采储量：指在控制技术可采储量中，按合理预测的经济条件（如价格、配产、成本等）估算求得的、可商业采出的油气数量。

（12）剩余控制经济可采储量：指控制经济可采储量减去油气累计产量。

（13）探明经济可采储量：指在探明技术可采储量中，按合理预测的经济条件（如价格、配产、成本等）估算求得的、可商业采出的油气数量。

（14）剩余探明经济可采储量：指探明经济可采储量减去油气累计产量。

（15）采收率：指通过特定的过程或项目，评估的石油原地资源中可采出部分的数值表达，其最常表示为百分比（可采储量与地质储量比值）。在我国采收率分为技术采收率和经济采收率。对于水驱油层，采收率取决于波及系数和驱油效率，波及系数指注入水所波及的油层体积与油层总体积的比值。驱油效率指注入水波及到的地方所采出的油量与这个地方地质储量之比，采收率等于波及系数和驱油效率的乘积。

在可采储量评价工作中通常说的"采收率"特指"标定采收率"，即根据某一时刻的动态、静态资料估算至油田生产结束，并按照储量管理流程经过评审、备案得到权威储管机构承认的采收率。偶尔提到的"最终采收率"概念是指油田开发结束之后根据累计产油量和地质储量的比值。在油田开发过程中累计产油量和地质储量的比值被称为"地质储量采出程度"或简称为"采出程度"，在油田开发结束后"采收率"和"采出程度"相等。

油田采收率是衡量油田开发效果的重要综合性指标，是反映油田开发技术水平和采油工艺条件对油田储量利用程度的标志。

三、技术可采储量评价方法

油田开发工程技术人员在不断总结前人研究成果和工作经验的基础上，发展出了很多测算可采储量的方法，这些方法为准确预测油田可采储量奠定了基础。现行的行业标准 SY/T 5367—2010《石油可采储量计算方法》将目前国内可采储量的计算方法分为两大类：

一是静态法，也叫间接法。主要是对于未开发油田或开发初期的油田，因缺乏开发生产动态资料或开采动态尚未呈现一定规律，不能利用开发井的生产数据直接计算可采储量，一般采用理论公式、经验公式、类比等静态方法先确定采收率，再与地质储量相乘计算可采储量。

二是动态法，也叫直接法。主要是根据油藏的开采历史动态资料及其变化规律，预测未来开发动态趋势和计算可采储量。动态法的选择取决于开采历史动态资料的质量、数量及油藏的成熟度。动态法因其可以对未来的开采动态做出比较可靠的预测，故其优于静态法。

大庆油田经过多年的开发实践，针对油田各阶段存在的主要矛盾问题，不断创新发展可采储量标定方法，科学支撑了各阶段可采储量标定工作。主要创新发展了可采储量采出程度经验法、驱油效率校正法、多油层油藏动态预测法、基于递减曲线的"分解增量法"、平均单井增储评价法等。

（一）静态法

根据计算的地质储量和确定的采收率相乘计算可采储量，其采收率确定主要有以下三种方法：

1. 经验公式法

1）水驱砂岩油藏经验公式一

$$E_R = 0.274 - 0.1116\lg\mu_R + 0.09746\lg K - 0.0001802hS - 0.06741V_k + 0.0001675T_R$$

$$(6-1-1)$$

式中 E_R——原油采收率；

μ_R——油层条件下油水黏度比；

K——油层平均空气渗透率，mD；

h——油藏平均有效厚度，m；

S——井控面积，ha/井；

V_k——渗透率变异系数；

T_R——油层温度，℃。

式（6-1-1）应用的参数变化范围见表6-1-2。

表6-1-2 式（6-1-1）中各项参数的分布范围

参数	油水黏度比	平均空气渗透率（mD）	油层平均有效厚度（m）	井控面积（ha/井）	渗透率变异系数	油层温度（℃）
变化范围	1.9~162.5	69~3000	5.2~35.0	2.3~24.0	0.26~0.92	30.0~99.5
平均值	36.7	883	16.7	9.4	0.68	63.0

2）水驱砂岩油藏经验公式二

$$E_R = 0.05842 + 0.08461 \lg \frac{K}{\mu_o} + 0.3464\phi + 0.003871f \qquad (6-1-2)$$

式中　μ_o——地层原油黏度，mPa·s；

　　　ϕ——有效孔隙度；

　　　f——井网密度，口/km²。

式（6-1-2）应用的参数变化范围见表 6-1-3。

表 6-1-3　式（6-1-2）中各项参数的分布范围

参数	地层原油黏度（mPa·s）	空气渗透率（mD）	有效孔隙度	井网密度（口/km²）
变化范围	0.59~154.00	4.89~8900.00	0.159~0.330	3.19~28.30
平均值	18.40	1269.00	0.250	9.60

3）水驱砂岩油藏经验公式三

根据表 6-1-4 中经验公式确定水驱砂岩油藏相应井网密度（f）下的采收率。

表 6-1-4　国内不同类型油藏井网密度与采收率关系表（中国石油勘探开发研究院）

类别	流度［mD/（mPa·s）］	回归相关公式
I	300~600	$E_R = 0.6031e^{-0.02012f}$
II	100~300	$E_R = 0.5508e^{-0.02354f}$
III	30~100	$E_R = 0.5227e^{-0.02635f}$
IV	5~30	$E_R = 0.4832e^{-0.05423f}$
V	<5	$E_R = 0.4015e^{-0.1048f}$

4）底水碳酸盐岩油藏采收率经验公式

$$E_R = 0.2326 \left(\frac{\phi_t S_{oi}}{B_{oi}}\right)^{0.969} \times \left(\frac{\overline{K_e}\mu_w}{\mu_o}\right)^{0.4863} \times (S_{wi})^{-0.5326} \qquad (6-1-3)$$

式中　ϕ_t——地质储量计算用总孔隙度；

　　　S_{oi}——原始含油饱和度；

　　　B_{oi}——原始原油体积系数；

　　　$\overline{K_e}$——油层平均有效渗透率，mD；

　　　μ_w——地层水黏度，mPa·s；

　　　S_{wi}——原始含水饱和度。

式（6-1-3）应用的参数变化范围见表 6-1-5。

表 6-1-5　式（6-1-3）中各项参数的分布范围

参数	总孔隙度	原始含油饱和度	原始含水饱和度	原始原油体积系数	有效渗透率（mD）	地层原油黏度（mPa·s）	地层水黏度（mPa·s）
变化范围	0.05~0.12	0.70~0.80	0.20~0.30	1.031~1.537	10~30900	0.50~21.50	0.18~0.38
平均值	0.06	0.74	0.26	1.159	4060	5.25	0.27

5）水驱砾岩油藏采收率经验公式

$$E_{\mathrm{R}} = 0.9356 - 0.1089 \lg \mu_{\mathrm{o}} - 0.0059 p_{\mathrm{i}} + 0.0637 \left(\frac{\overline{K}_{\mathrm{e}}}{\mu_{\mathrm{o}}} \right)^{0.3409} + 0.001696 f$$

$$+ 0.003288 L - 0.9087 V_{\mathrm{k}} - 0.01833 n_{\mathrm{ow}} \qquad (6-1-4)$$

对于有明显过渡带的油藏：

$$E_{\mathrm{R}}^{\mathrm{T}} = E_{\mathrm{R}} (1 - 0.225 N_{\mathrm{ow}}/N) \qquad (6-1-5)$$

式中　p_{i}——原始油层压力，MPa；

　　　　L——油层连通率，%；

　　　　n_{ow}——采注井数比；

　　　　N_{ow}——油水过渡带地质储量，$10^4\mathrm{t}$；

　　　　N——整个油藏地质储量，$10^4\mathrm{t}$；

　　　　$E_{\mathrm{R}}^{\mathrm{T}}$——有油水过渡带油藏的原油采收率。

式（6-1-4）和式（6-1-5）应用的参数变化范围见表6-1-6。

表6-1-6　式（6-1-4）和式（6-1-5）中各项参数的分布范围

参数	地层原油黏度 （mPa·s）	原始地层 压力 （MPa）	有效 渗透率 （mD）	井网密度 （口/km²）	油层连通率 （%）	渗透率 变异系数	采注 井数比	过渡带 地质储量/ 地质储量
变化范围	2.0~215.0	4.45~31.00	30~540	3.75~30.42	42.0~100.0	0.8~1.0	1.89~6.00	0~0.408
平均值	21.6	13.30	142	12.40	73.1	0.9	2.94	0.021

6）稠油热采油藏采收率经验公式

$$E_{\mathrm{R}}^{\mathrm{CSS}} = 0.2114 + 0.1795 h_{\mathrm{r}} - 0.000033 D_{\mathrm{e}} + 0.00028 h + 0.001366 \lg K - 0.03067 \lg \mu_{\mathrm{o}}$$

$$(6-1-6)$$

式中　$E_{\mathrm{R}}^{\mathrm{CSS}}$——蒸汽吞吐原油采收率；

　　　　h_{r}——净总厚度比；

　　　　D_{e}——油藏中部深度，m。

式（6-1-6）适用于参数：h_{r}：0.3~0.74；D_{e}：170~1700m；h：5.0~42.0m；K：400~5000mD；μ_{o}：500~50000mPa·s；井距100~200m的蒸汽吞吐稠油油藏的采收率预测。

经验公式（6-1-7）：

$$E_{\mathrm{R}}^{\mathrm{SF}} = 0.0897 + 0.0282 h - 0.00044 h^2 + 0.0359 \mu_{\mathrm{o}} - 0.0141 \lg^2 \mu_{\mathrm{o}} + 0.6204 S_{\mathrm{oi}}$$

$$+ 0.0556 V_{\mathrm{k}} - 0.3952 V_{\mathrm{k}}^2 - 1.3148 \lg^2 h_{\mathrm{r}} - 0.00026 D_{\mathrm{e}}$$

$$(6-1-7)$$

式中　$E_{\mathrm{R}}^{\mathrm{SF}}$——蒸汽驱原油采收率。

式(6-1-7)适用于注汽速度大于 $2.0 \times 10^{-4} \mathrm{m}^3/(\mathrm{d} \cdot \mathrm{m}^2 \cdot \mathrm{m})$、采注比大于 1.2、蒸汽干度一般要大于 40% ;油藏参数:$h \geqslant 7\mathrm{m}$、$\mu_\mathrm{o} < 20000\mathrm{mPa} \cdot \mathrm{s}$、$S_\mathrm{oi} > 0.45$、$V_\mathrm{k} < 0.8$、$h_\mathrm{r} \geqslant 0.4$、$300\mathrm{m} \leqslant D_\mathrm{e} < 1400\mathrm{m}$ 的中、高孔渗、边底水不太活跃蒸汽驱稠油油藏的采收率预测。预测的结果为油藏条件可达到的采收率。注汽速度计算中的厚度为有效厚度。

7)溶解气驱油田采收率计算经验公式

$$E_\mathrm{R} = 0.2126 \left[\frac{\phi(1 - S_\mathrm{wi})}{B_\mathrm{ob}}\right]^{0.1611} \times \left(\frac{\overline{K}_\mathrm{e}}{\mu_\mathrm{ob}}\right)^{0.0979} \times (S_\mathrm{wi})^{0.3722} \times \left(\frac{p_\mathrm{b}}{p_\mathrm{a}}\right)^{0.1741} \quad (6-1-8)$$

式中　B_ob——饱和压力下原油体积系数;

　　　p_a——油藏废弃压力,MPa;

　　　p_b——饱和压力,MPa。

2. 理论公式法

1)弹性驱动油藏采收率计算公式

$$E_\mathrm{R} = \frac{[C_\mathrm{o} + (S_\mathrm{wi}C_\mathrm{w} + C_\mathrm{f})/S_\mathrm{oi}]}{[1 + C_\mathrm{o}(p_\mathrm{i} - p_\mathrm{b})]}(p_\mathrm{i} - p_\mathrm{b}) \quad (6-1-9)$$

式中　C_f——岩石压缩系数,MPa^{-1};

　　　C_o——地层原油压缩系数,MPa^{-1};

　　　C_w——地层水压缩系数,MPa^{-1}。

2)水驱油藏驱油效率—波及系数法

水驱油藏采出程度由式(6-1-10)表达:

$$R = E_\mathrm{D}E_\mathrm{A}E_\mathrm{Z} \quad (6-1-10)$$

式中　R——采出程度;

　　　E_A——面积波及系数;

　　　E_D——驱油效率;

　　　E_Z——厚度波及系数。

式(6-1-10)中各参数计算方法如下:

(1)驱油效率 E_D 与 f_w 关系计算。

根据分流量方程:

$$f_\mathrm{w} = \frac{1}{1 + \frac{\mu_\mathrm{w}}{\mu_\mathrm{o}} \cdot \frac{K_\mathrm{ro}}{K_\mathrm{rw}}} \quad (6-1-11)$$

根据威尔吉方程:

$$\overline{S}_\mathrm{w} = S_\mathrm{w} + \frac{1 - f_\mathrm{w}}{f_\mathrm{w}'} \quad (6-1-12)$$

油藏驱油效率 E_D 用式(6-1-13)表示:

$$E_D = \frac{\overline{S}_w - S_{wi}}{1 - S_{wi}} \tag{6-1-13}$$

式中　f_w——含水率；

　　　K_{ro}——油相相对渗透率；

　　　K_{rw}——水相相对渗透率；

　　　$\overline{S}_w$——平均含水饱和度；

　　　S_w——含水饱和度；

　　　f_w'——含水率导数；

　　　E_D——驱油效率，由水驱油实验取得。

（2）面积波及系数 E_A 与 f_w 根据以下经验公式计算：

$$E_A = \frac{1}{[a_1\ln(M+a_2)+a_3]f_w + a_4\ln(M+a_5)+a_6+1} \tag{6-1-14}$$

式中　M——水油流度比；

　　　a_1,a_2,a_3,a_4,a_5,a_6——常量系数。

表 6-1-7 提供了式（6-1-14）中的系数值。

表 6-1-7　面积波及系数关系式的系数

系数	井网型式		
	五点	直线	交错
a_1	-0.2062	-0.3014	-0.2077
a_2	-0.0712	-0.1568	-0.1059
a_3	-0.5110	-0.9402	-0.3256
a_4	0.3048	0.3714	0.2608
a_5	0.1230	-0.0865	0.2444
a_6	0.4394	0.8805	0.3158

流度比 M 按式（6-1-15）计算：

$$M = \frac{K_{rw}(S_{or})/\mu_w}{K_{ro}(S_{wi})/\mu_o} \tag{6-1-15}$$

式中　S_{or}——残余油含油饱和度。

（3）体积波及系数 E_Z 与 f_w 关系计算。

对于 $0 \leq M \leq 10$ 和 $0.3 \leq V_k \leq 0.8$，由式（6-1-16）通过迭代法计算 E_Z：

$$Y = b_1 E_Z^{b_2}(1-E_Z)^{b_3} \tag{6-1-16}$$

式中　b_1,b_2,b_3——常量系数。

式（6-1-16）中 Y 由式（6-1-17）计算：

$$Y = \frac{(F_{ow}+0.4)(18.948-2.499V_k)}{(M+1.137-0.8094V_k)10^{f(V_k)}} \tag{6-1-17}$$

式中　F_{ow}——油水比。

其中 $f(V_k)$ 由式(6-1-18)计算：

$$f(V_k) = -0.6891 + 0.8735V_k + 1.6453V_k^2 \qquad (6-1-18)$$

其中，b_1 取值 3.334088568；b_2 取值 0.7737；b_3 取值 -1.225859406。

将以上 E_D、E_A、E_z 和 f_w 关系的计算结果代入式(6-1-10)，得到 R 与 f_w 关系，取 $f_w = 0.98$ 时的 R 为采收率。

3. 类比法

对于已开发油田中的新油藏或邻近已开发油田的类似新油藏，可采用类比法预测和标定可采储量。类比法使用的前提是所评估油藏与所类比油藏具有可类比性，因此在应用过程中应明确类比条件和类比指标。

类比条件如下：

所评估油藏与所类比油藏，在地域上相邻或处于邻近区域；在岩性和沉积环境、岩石物性、原始压力和温度、流体性质、纯产层厚度、驱动机理等因素相似或相近；地面条件、已采用或设计采用的开采技术、开发方式、井网井距相同或相近。

主要的类比指标如下：

应选择主要的类比指标包括：油藏类型、地面条件、埋深、储量丰度、孔隙度、渗透率、原始压力和温度、地层原油黏度、原始油气比、开发方式、开发井网井距、单井稳定产量。

(二)动态法

动态法是已开发储量评估最常用方法，是针对开发时间较长、有一定油水运动规律的油藏。它是利用矿场实际资料如油、气、水及压力等数据的变化规律进行分析，预测油藏未来的发展趋势，进行储量评估的一种方法。主要包括水驱特征曲线法、递减曲线分析法、童式图版法、数值模拟法等。

1. 水驱特征曲线法

对于注水开发的油田，当油田开采到一定程度后，就可以用水驱特征曲线法计算油田可采储量和采收率。

(1)应用半对数坐标中累计产油量(N_p)与累计产水量(W_p)的关系曲线，有以下关系式：

$$\lg W_p = A + BN_p \qquad (6-1-19)$$

可采储量计算公式：

$$N_R = B\lg\frac{21.3B}{A} \qquad (6-1-20)$$

(2)应用普通坐标中累计液油比(L_p/N_p)与累计产液量(L_p)关系曲线，有以下关系式：

$$\frac{L_p}{N_p} = a + bL_p \qquad (6-1-21)$$

可采储量计算公式：

$$N_R = B(1 - \sqrt{0.02A}) \tag{6-1-22}$$

（3）应用半对数坐标中累计产液量（L_p）与累计产油量（N_p）关系曲线，有以下关系式：

$$\lg L_p = A + BN_p \tag{6-1-23}$$

可采储量计算公式：

$$N_R = B\lg\frac{21.7B}{A} \tag{6-1-24}$$

（4）应用普通坐标中累计液油比（L_p/N_p）与累计产水量（W_p）关系曲线，有以下关系式：

$$L_p/N_p = A + BW_p \tag{6-1-25}$$

可采储量计算公式：

$$N_R = \frac{1}{B}(1 - \sqrt{0.02A}) \tag{6-1-26}$$

（5）应用半对数坐标中含水率（f_w）与累计产油量（N_p）关系曲线，有以下关系式：

$$\lg f_w = a + bN_p \tag{6-1-27}$$

可采储量计算公式：

$$N_R = (-0.00877 - a)/b \tag{6-1-28}$$

（6）应用半对数坐标中含油率（f_o）与累计产油量（N_p）关系曲线，有以下关系式：

$$\lg f_o = a - bN_p \tag{6-1-29}$$

可采储量计算公式：

$$N_R = (a + 1.699)/b \tag{6-1-30}$$

（7）应用半对数坐标中水油比（WOR）与累计产油量（N_p）关系曲线，有以下关系式：

$$\lg WOR = a + bN_p \tag{6-1-31}$$

可采储量计算公式：

$$N_R = (1.69 - a)/b \tag{6-1-32}$$

在利用水驱曲线计算技术可采储量时，应遵循以下应用条件：

（1）历史开采动态资料比较齐全，其数量和可靠性足以建立具有合理确定性的水驱规律。

（2）含水率50%以上。

（3）若以年为时间单位，则要求3年以上的稳定水驱规律即稳定直线段至少包括3个及以上的数据点；若以月为时间单位，则要求12个月以上的稳定水驱规律即稳定直线段至少包括12个及以上的数据点。

（4）原则上，不能忽略近期开采动态，也不能为了建立水驱规律而强行要求所有资料点适应某种趋势或规律。

（5）不同水驱特征曲线方法在判断稳定水驱规律和确定直线段时，所对应的时间段和数据点数量需一致，以便对计算结果进行对比分析。

（6）由于未来水驱规律的不可预见性，在利用水驱规律外推和计算技术可采储量后，应根据初始产量，在合理递减率范围内推算对应可采储量的最大开采期，从开采时间角度验证所计算可采储量的合理性。根据现场开发经验，对于某一具体油藏或储量单元，合理的最大开采期应不超过 50 年。对于以油田或油区为计算单元，可结合长远开发规划适当延长最大开采期。

2. 递减曲线法

递减曲线法是一种适用于产量处于递减阶段油藏，预测产量和可采储量的方法，它在国外应用较为普遍，有四种常见公式：

（1）指数型递减曲线公式：

$$Q = Q_i e^{-Dt} \qquad (6-1-33)$$

可采储量计算公式：

$$N_R = (Q_i - Q)/D \qquad (6-1-34)$$

（2）双曲型递减曲线公式：

$$Q = Q_i (1 + nD_i t)^{-1/n} \qquad (6-1-35)$$

可采储量计算公式：

$$N_R = \frac{Q_i n}{(1-n)D}(Q_i^{1-n} - Q^{1-n}) \qquad (6-1-36)$$

（3）调和型递减曲线公式：

$$Q = Q_i (1 + nD_i t)^{-1} \qquad (6-1-37)$$

可采储量计算公式：

$$N_R = \frac{Q_i}{D}\ln\left(\frac{Q_i}{Q}\right) \qquad (6-1-38)$$

（4）直线型递减曲线公式：

$$Q = Q_i(1 + Dt) \qquad (6-1-39)$$

可采储量计算公式：

$$N_R = \frac{Q_i}{2D}\left[1 - \left(\frac{Q}{Q_i}\right)^2\right] \qquad (6-1-40)$$

式中　D——递减率，a^{-1} 或月 $^{-1}$；

D_i——递减阶段初始递减率，a^{-1} 或 月$^{-1}$；

Q——产油量，$10^4t/a$ 或 $t/月$；

Q_i——递减阶段初始产油量，$10^4t/a$ 或 $t/月$。

在利用递减曲线法计算技术可采储量时，应遵循以下应用条件：

（1）历史开采动态资料比较齐全，其数量和可靠性足以建立具有合理确定性的产量递减趋势。

（2）若以年为时间单位，则要求3年以上的稳定递减趋势；若以月为时间单位，则要求12个月以上的稳定递减趋势。

（3）原则上，不能忽略近期开采动态，也不能为了建立递减趋势而强行要求所有资料点适应某种趋势。

（4）由于未来递减趋势的不可预见性，在利用递减趋势外推和计算可采储量后，应根据初始产量和确定的递减率推算对应可采储量的最大开采期，从开采时间角度验证所计算可采储量的合理性。根据现场开发经验，对于某一具体油藏或储量单元，合理的最大开采期应不超过50年。对于以油田或油区为计算单元，可结合长远开发规划适当延长最大开采期。

（5）需注意生产时间 t 的单位与产量 Q 的单位应一致。

3. 童宪章图版法

童宪章根据水驱油藏含水率、采出程度和最终采收率得到了统计关系图版，利用图版和油田开发资料可近似求得水驱采收率值，进而计算可采储量。

$$\lg \frac{f_w}{1-f_w} = 7.5(R-E_R) + 1.69 \qquad (6-1-41)$$

将实际的采出程度及对应含水率数据绘制在图版中，根据实际曲线变化趋势与图版的拟合情况和指向，判断和确定 E_R。

童宪章图版法适用于开发调整工作较少、含水率随采出程度规律较好、与图版中曲线趋势拟合程度较高的油藏采收率确定。对于开发调整工作比较频繁、含水率随采出程度变化及波动较大的油藏，可以利用童宪章图版判断开发调整的阶段效果，但利用该方法确定采收率应慎重。

4. 数值模拟法

原则上，数值模拟法适用于任何类型、任何开发方式及任何开发阶段的油藏可采储量计算。其确定性和可靠性取决于地质模型和历史拟合的精度。实际中若利用数值模拟方法计算和评估可采储量，则需要具备两个条件：

（1）地质模型得到开采动态历史拟合的验证；

（2）有开发方案或开发概念设计的支持。

5. 可采储量采出程度经验法

利用油田静态参数综合确定生产井的水驱规律、可采储量采出程度与含水率的变化关系，根据目前的累计产油量和综合含水率来求取可采储量。适用于已投产但水驱曲线尚未出现水驱特征直线段开发单元。

对注水开发的砂岩油田,其可采储量采出程度与含水率之间变化关系可以用下面通式描述,即:

$$R_{f} = 1 - (1 - f_{b}^{m})^{n} \qquad (6 - 1 - 42)$$

$$R_{fk} = [1 - (1 - f_{b}^{m})]/[1 - (1 - f_{98}^{m})^{n}] \qquad (6 - 1 - 43)$$

其中:

$$f_{b} = (f - f_{0})/(1 - f_{0}) \qquad (6 - 1 - 44)$$

$$f_{98} = (0.98 - f_{0})/(1 - f_{0}) \qquad (6 - 1 - 45)$$

式中　m,n ——经验系数,由下文的经验系数公式计算确定;

　　　f_{0} ——油井初始含水率;

　　　R_{f} ——可动油采出程度(或称极限可采储量采出程度);

　　　R_{fk} ——可采储量采出程度。

$$m = a_{0} + (a_{1} + a_{2}V_{k})\lg(1 + \mu_{R})/\lg(1 + K) + a_{3}F_{0} \qquad (6 - 1 - 46)$$

$$n = b_{0} + (b_{1} + b_{2}V_{k})\lg(1 + K)/\lg(1 + \mu_{R}) + b_{3}F_{0} \qquad (6 - 1 - 47)$$

$$F_{0} = f_{0}/(1 - f_{0}) \qquad (6 - 1 - 48)$$

式中　K ——平均空气渗透率,mD;

　　　μ_{R} ——原始油水黏度比;

　　　V_{k} ——渗透率变异系数,它反映了油层非均质程度,具体由式(6-1-49)确定。

$$V_{k} = \frac{\left\{\left[\sum_{i=1}^{n}(K_{i} - K_{p})^{2}H_{i}\right]\Big/\sum_{i=1}^{n}H_{i}\right\}^{\frac{1}{2}}}{K_{P}} \qquad (6 - 1 - 49)$$

$$K_{P} = \sum_{i=1}^{n}(K_{i}H_{i})\Big/\sum_{i=1}^{n}H_{i} \qquad (6 - 1 - 50)$$

式中　K_{i},H_{i} ——统计油层的空气渗透率和射开厚度。

m,n 计算公式中的系数值见表 6-1-8。

表 6-1-8　m,n 计算公式中的系数表

系数	a_0	a_1	a_2	a_3
值	0.150	0.70	0.126	0.075
系数	b_0	b_1	b_2	b_3
值	0.050	0.09	-0.03	-0.017

用该方法计算可采储量公式为:

$$N_{R} = N_{P}/R_{fk} \qquad (6 - 1 - 51)$$

大庆喇、萨、杏油田二次加密井公式参数可按表 6 - 1 - 9 取值。

表 6 - 1 - 9　可采储量采出程度经验法的公式系数

开发区	m 值计算公式	n 值计算公式
喇嘛甸	$m = 0.65 + 0.075F_0$	$n = 0.160 - 0.017F_0$
萨北	$m = 0.64 + 0.075F_0$	$n = 0.163 - 0.017F_0$
萨中	$m = 0.65 + 0.075F_0$	$n = 0.165 - 0.017F_0$
萨南	$m = 0.63 + 0.075F_0$	$n = 0.170 - 0.017F_0$
杏北	$m = 0.61 + 0.075F_0$	$n = 0.178 - 0.017F_0$
杏南	$m = 0.63 + 0.075F_0$	$n = 0.170 - 0.017F_0$

其他一些具体区块的系数值可由确定经验系数公式求得。

6. 驱油效率校正法

该方法主要根据水驱开发调整对象的控制面积、碾平厚度、有效孔隙度、原始含油饱和度、油层空气渗透率、渗透率变异系数、原始油水黏度比、原始体积换算系数、初始含水率来计算调整对象控制储量和可采储量。用该方法可以计算出调整对象控制的地质储量、可动油储量、最终驱油效率、采收率和可采储量。

其计算步骤和具体公式如下：

（1）计算原始地质储量：

$$N_0 = \frac{100AH\phi S_{oi}\rho_{oi}}{B_{oi}} \qquad (6 - 1 - 52)$$

式中　A——调整对象面积，km^2；

　　　H——调整对象的碾平厚度，m；

　　　ϕ——平均有效孔隙度；

　　　S_{oi}——平均原始含油饱和度；

　　　ρ_{oi}——地下原油密度，g/cm^3；

　　　B_{oi}——原油体积系数。

（2）计算投产时达到一定水淹程度下剩余地质储量。

先确定油层驱油效率：

$$E_d = 0.4508 + 0.8857e^{[-200/(K+400)]} - 0.51\lg\mu_R \qquad (6 - 1 - 53)$$

式中　K——平均空气渗透率，mD。

式（6 - 1 - 53）是用喇、萨、杏油田相对渗透率曲线公报资料统计得到的。

再根据可采储量采出程度经验法确定在当前初始含水率情况下可动油采出程度：

$$R_{f_0} = 1 - (1 - f_0^m)^n \qquad (6 - 1 - 54)$$

根据式（6 - 1 - 55）计算出剩余地质储量：

$$N_f = N_0[1 - E_d(1 - R_{f_0})] \qquad (6 - 1 - 55)$$

（3）计算开发对象进行初始含水率校正后的最终驱油效率：

$$E_{dx} = E_d(1 - R_{f_0})/(1 - E_d R_{f_0}) \qquad (6-1-56)$$

（4）计算含水率 98% 时采收率：

$$E_R = E_{dx} R_{f98} \qquad (6-1-57)$$

其中：

$$R_{f98} = 1 - \left[1 - \left(\frac{0.98 - f_0}{1 - f_0}\right)^m\right]^n \qquad (6-1-58)$$

（5）计算开发调整对象的可采储量：

$$N_R = E_R N_f \qquad (6-1-59)$$

用该方法可以估计出调整对象的控制地质储量、可动油储量、最终驱油效率、采收率和可采储量。

7. 多油层油藏动态预测法

该方法根据油藏的流体物性和分小层地质参数建立起油藏地质模型，运用可采储量采出程度经验法描述小层的水驱规律；用采液指数、吸水指数与含水变化关系的统计规律确定油水井分层的注入采出能力与含水率、压力等的变化关系；通过物质守恒方程求解油藏每个小层开发指标。它适用于水驱开发无层间窜流的多油层砂岩油藏，能预测油藏在不同开发条件下动用储量、可采储量，它还可用于开发单元宏观开发指标的历史拟合与预测，在开发指标预测中，由于该方法对油田在开发过程中可能采取的各项开发调整措施，如油层的打开程度变化、油水井工作制度的改变、注采系统调整、分层注水、油井压裂、堵水、补孔等进行了定量的描述，所以可用该方法预测采取综合调整措施条件下开发指标变化及可采储量。

1）地质模型的建立

建立地质模型包括几个主要部分：一是确定模型各小层地质参数，二是计算各小层的地质储量和可动油；三是根据油藏流体物性、小层地质参数确定每个小层的含水变化规律、采液吸水能力。

（1）小层地质参数及油藏流体物性。

通过单井射孔通知单或小层数据表，可以统计开发对象平均单井射开每个小层、砂岩组或油层组的厚度、渗透率，由确定的储量计算参数可以得到各油层有效孔隙度、原始含油饱和度数据；由水淹层解释资料或投产后环空测试资料等监测资料可以初步确定出每个小层的初始含水率（也可以在后续拟合计算过程中得到）；由高压物性等实验室资料或矿场测试资料可以得到油藏的原始地层压力（调整井初始压力）、原始饱和压力、地下原油黏度、地层水黏度、岩石孔隙体积压缩系数、地下原油密度、原油体积系数数据。

（2）利用可采储量采出程度经验公式确定油层水驱规律，即：

$$R_f = 1 - (1 - f_b^m)^n \qquad (6-1-60)$$

$$f_b = (f_w - f_0)/(1 - f_0) \qquad (6-1-61)$$

（3）按照前述的驱油效率校正法确定出每小层控制储量、可动油储量。

（4）油井小层采液指数的确定：

$$J_L = Ae^B f_{po}\left(1 - C_g \frac{p_b - p_w}{p_e - p_w}\right) \qquad (6-1-62)$$

其中：

$$f_{po} = f_{WR} \qquad (6-1-63)$$

$$R = 1/(2 + \ln K) \qquad (6-1-64)$$

式中　A,B——经验系数，常数；

　　　C_g——脱气指数；

　　　p_e——地层压力，MPa；

　　　p_w——油井流压，MPa；

　　　f_{WR}——当前含水率。

由达西定律推导出的径向流公式，可以确定式（6-1-62）中的 A 值，即：

$$A = 85.277 \frac{2\pi K H \rho_{oi} D_o}{\mu_o \ln(r_e/r_w) B_{oi}} \qquad (6-1-65)$$

式中　r_e——供给半径，m；

　　　r_w——完井半径，m；

　　　D_o——油井油层打开程度。

$D_o < 1$ 时，表示打开不完全或封堵，$D_o > 1$ 时，表示采取了压裂等改造措施。

由实验室水驱油实验资料，整理得到 B 值与空气渗透率之间的经验关系，经回归分析得到计算公式：

$$B = \ln(1 + \ln K) \qquad (6-1-66)$$

由喇、萨、杏油田采液指数脱气后变化规律研究结果，脱气指数 C_g 可由式（6-1-67）确定：

$$C_g = 0.8 \frac{p_b}{p_i}\left[1 - e^{3.5(f_w-1)}\right] \qquad (6-1-67)$$

式中　p_b——地层饱和压力，MPa；

　　　p_i——原始地层压力，MPa。

（5）注水井小层吸水指数的确定。

计算表明，注水井小层吸水指数与油井含水变化关系符合指数关系：

$$J_z = Ae^{(Bf_{pw})} D_z, \quad f_{pw} = f_{zw} \qquad (6-1-68)$$

式中　D_z——水井油层打开程度。

$D_z < 1$ 时打开不完全或封堵、下水嘴；$D_z > 1$ 时，水井井底进行改造。

A 与 B 值与油井采液指数公式中系数 A,B 值相同。

f_{zw} 由式(6 - 1 - 69)计算:

$$f_{zw} = 1 - (1 - f_w^{m_p})^{n_p} \qquad (6 - 1 - 69)$$

式中　m_p,n_p——经验系数。

$$m_p = c_0 + (c_1 + c_2 V_k)\lg(1 + \mu_o/\mu_w)/\lg(1 + K) \qquad (6 - 1 - 70)$$

$$n_p = d_0 + (d_1 + d_2 V_k)\lg(1 + K)/\lg(1 + \mu_o/\mu_w) \qquad (6 - 1 - 71)$$

m_p,n_p 计算公式中的系数取值见表6 - 1 - 10。

表6 - 1 - 10　m_p,n_p 计算公式中的系数表

系数	c_0	c_1	c_2
值	0. 05	0. 4	0. 2
系数	d_0	d_1	d_2
值	1. 05	0. 09	- 0. 03

2)数学模型的建立

数学模型实际就是通过油层物质守恒方程,建立起各种指标之间的定量关系。

(1)地下采出量的计算。

油层 t 时刻产液量为:

$$Q_{Lt} = N_{rt}J_{Lt}(p_{et} - p_{wt}) \qquad (6 - 1 - 72)$$

式中　N_{rt}——t 时刻油井开井数,口。

采出地下体积为:

$$Q_{ct} = Q_{Lt}[f_{wt} + (1 - f_{wt})B_o/\rho_o] \qquad (6 - 1 - 73)$$

(2)地下注入量的计算。

油层 t 时刻注入体积即注入量($\rho_w \approx 1$):

$$Q_{zt} = N_{st}J_{zt}(p_{zt} - p_{et}) \qquad (6 - 1 - 74)$$

式中　N_{st}——t 时刻水井开井数,口;

p_{zt}——t 时刻水井井底流压,MPa。

当油层不封闭时,注入体积应作适当修正。即:

$$Q'_{zt} = C_s Q_{zt} \qquad (6 - 1 - 75)$$

式中　C_s——溢流系数。

当 $C_s < 1$ 时,表明注入水有一部分注到控制面积以外;当 $C_s > 1$ 时,表明有部分注入水来自控制面积以外。

(3)物质守恒方程的建立。

由物质守恒方程可知,在油井地层压力为 p_{et} 时:

累计注入体积 – 累计采出地下体积 = 油层地下体积变化值

用数学公式表示即为：

$$V_{zt} - V_{ct} = C_e V_o (P_{et} - p_o) \qquad (6-1-76)$$

其中：

$$V_{zt} = (Z_{p(t+1)} + Q_{zt}) C_s \qquad (6-1-77)$$

$$V_{ct} = N_{p(t-1)} B_o / \rho_o + W_{p(t-1)} + Q_{ct} \qquad (6-1-78)$$

$$V_o = N_{co} B_o / \rho_o + N_{cw} \qquad (6-1-79)$$

式中　$Z_{p(t-1)}$——上一阶段末累计注入体积；

$N_{p(t-1)}$——上一阶段末累计产油量，$10^4 t$；

$W_{p(t-1)}$——上一阶段末累计产水量；$10^4 t$；

N_{co}——原始地下油储量，$10^4 t$；

N_{cw}——原始地下水储量，$10^4 t$；

V_o——原始地下孔隙体积，m^3；

C_e——压缩系数，$10^4 MPa^{-1}$。

把各项指标代入整理可以得到计算 t 时刻地层压力的公式，即：

$$p_{et} = p_o + \frac{(Z_{p(t-1)} + Q_{zt}) C_s - N_{p(t-1)} B_o / \rho_o - W_{p(t-1)} - Q_{ct}}{C_e (N_{co} B_o / \rho_o + N_{cw})} \qquad (6-1-80)$$

至此，该方法的计算模型就建立起来了。

在求解之前，必须给定的参数是：生产井流压、注水井流压、油水井开井数及油水井打开程度（D_o、D_z）。这几项指标是油田上经常调整的，所以应按油田实际情况给出。当上述指标给定后，可联合起来迭代求解出每个油层的开发指标，再分层进行叠加就可以得到整个油藏的开发指标。

8. 基于递减曲线的"分解增量法"

该方法核心仍然是递减法，就是综合考虑各项精细调整措施的作用，通过与不实施精细挖潜条件下指标对比，研究增量产量及含水变化规律来确定增加可采储量，目的是尽量减小用递减法评价时，没有考虑措施后递减率变化而造成的误差。

实际上，假设油田由两个互不相干的独立系统组成，不变的部分就是假设不实施精细挖潜的指标变化情况，而实际上通过实施精细挖潜，由于调整措施的作用开发指标发生了变化，那么通过精细调整措施引起变化部分就是研究的重点。

其具体计算步骤为：

第一步：根据精细挖潜前的产量变化规律，对不进行精细挖潜条件下产油量、含水率进行预测。

第二步：根据精细挖潜后实际数据，计算精细挖潜增加的产液量、产油量。

第三步：研究增量产量、含水变化规律，确定增加可采储量。

具体计算公式(以指数递减形式为例)如下：

累计产量计算通用公式：

$$N_p = \frac{Q_i - Q}{D_i} \qquad (6-1-81)$$

若不实施精细挖潜,含水率到98%时产量为：

$$Q_{98} = Q_1 e^{[-D_1(t_3-t_1)]} \qquad (6-1-82)$$

则总的可采储量为：

$$N_r = N_{p1} + N_{rr} = N_{p1} + \frac{Q_1 - Q_{98}}{D_1} = N_{p1} + \frac{Q_1 - Q_1 e^{[-D_1(t_3-t_1)]}}{D_1} \qquad (6-1-83)$$

同理若实施精细挖潜,则总的可采储量为：

$$N_r' = N_{p2} + N_{rr}' = N_{p2} + \frac{Q_2 - Q_{98}}{D_2} = N_{p2} + \frac{Q_2 - Q_2 e^{[-D_2(t_4-t_2)]}}{D_2} \qquad (6-1-84)$$

则通过实施精细挖潜,增加的可采储量为：

$$\Delta N_r = N_r' - N_r = N_{p2} - N_{p1} + \frac{Q_2 - Q_2 e^{[-D_2(t_4-t_2)]}}{D_2} - \frac{Q_1 - Q_1 e^{[-D_1(t_3-t_1)]}}{D_1}$$

$$(6-1-85)$$

其中未知量为：D_2, t_4, t_3。

精细挖潜前含水变化可以用如下关系式描述：

$$f_w = a e^{bt} \qquad (6-1-86)$$

其中 a, b 为常数；两边取对数,则有：

$$\ln f_w = \ln a + bt \qquad (6-1-87)$$

故有：

$$t = \frac{\ln \dfrac{f_w}{a}}{b} \qquad (6-1-88)$$

当含水率到98%时：

$$t_1 = \frac{\ln \dfrac{f_{w1}}{a}}{b} \qquad (6-1-89)$$

$$t_3 = \frac{\ln \dfrac{f_{w98}}{a}}{b} \qquad (6-1-90)$$

因此：

$$t_3 - t_1 = \frac{\ln\frac{f_{w98}}{a}}{b} - \frac{\ln\frac{f_{w1}}{a}}{b} = \frac{\ln\frac{f_{w98}}{f_{w1}}}{b} \tag{6-1-91}$$

同理,精细挖潜后含水变化关系可以用如下关系式描述:

$$f'_w = a'e^{b't} \tag{6-1-92}$$

则有:

$$t_4 - t_2 = \frac{\ln\frac{f_{w98}}{a'}}{b'} - \frac{\ln\frac{f_{w2}}{a'}}{b'} = \frac{\ln\frac{f_{w98}}{f_{w2}}}{b'} \tag{6-1-93}$$

代入式(6-1-85),所以通过实施精细挖潜增加可采储量可以表述为:

$$\Delta N_r = N'_r - N_r = N_{p2} - N_{p1} + \frac{Q_2 - Q_2 e^{-D_2\left(\frac{\ln\frac{f_{w98}}{f_{w2}}}{b'}\right)}}{D_2} - \frac{Q_1 - Q_1 e^{-D_1\left(\frac{\ln\frac{f_{w98}}{f_{w1}}}{b}\right)}}{D_1}$$

$$\tag{6-1-94}$$

式中 Q_1——精细挖潜初始时产油,10^4t;

Q_2——精细挖潜结束时产油,10^4t;

t_1——精细挖潜起始时间;

t_2——精细挖潜结束时间;

t_3——不进行精细挖潜趋势预测到含水率98%的时间;

t_4——精细挖潜后新趋势预测到含水率98%的时间;

D_1——精细挖潜前递减趋势递减率;

D_2——精细挖潜后递减趋势递减率;

f_{w1}——精细挖潜前含水率;

f_{w1}——精细挖潜后实际含水率;

N_{p1}——精细挖潜前累计产油,10^4t;

N_{p2}——精细挖潜后累计产油,10^4t;

ΔN_r——精细挖潜阶段增油,10^4t。

9. 平均单井增储评价法

该方法主要是为了评价新区单井增加可采储量,通过建立单井可采储量与投产初期日产量与递减率之间关系,直接评价新区单井增加可采储量。根据指数递减法可采储量计算公式可以得出:

$$N_r = N_p + N_{rr} = N_p + \frac{qT}{100D_o} \tag{6-1-95}$$

式中 N_p——累计产油量,10^4t;

N_{rr}——剩余可采储量,10^4t;

q——投产初期单井日产油,t;

D_o——递减率,%;

T——单井投产年生产天数,d。

根据葡萄花油层和扶余油层投产初期单井日产量和递减率之间的关系,可以分别建立葡萄花油层和扶余油层的单井增加可采储量预测模型。

葡萄花油层:

$$N_r = N_p + \frac{QT}{100(1.0312Q^2 - 3.2164Q + 15.552)} \qquad (6-1-96)$$

扶余油层:

$$N_r = N_p + \frac{QT}{100(0.5927Q^2 - 3Q + 17.764)} \qquad (6-1-97)$$

10. 综合递减法

该方法主要是根据实际致密油区块的产量变化规律(图 6-1-3),可以分为快速递减和缓慢递减两个阶段,通过建立两个递减阶段之间的产量和递减率的关系,对致密油区块进行可采储量评价。

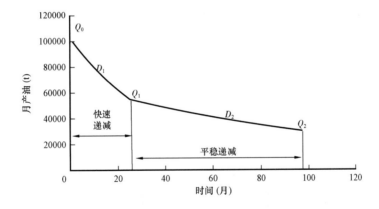

图 6-1-3　致密油区块两段递减模式

根据指数递减计算公式:

$$N_{rr} = \frac{Q_0 - Q_1}{D_1} + \frac{Q_1 - Q_2}{D_2} \qquad (6-1-98)$$

其中,$Q_0 = mQ_1$,$D_1 = nD_2$,$Q_2 = 0$,又 $Q_0 = qT$,则:

$$N_{rr} = \frac{(m + n - 1)qT}{mD_1} \qquad (6-1-99)$$

m,n 通过实际数据统计回归得出,定义决定系数:

$$k = \frac{m + n - 1}{m} \qquad (6-1-100)$$

式中　N_{rr}——剩余可采储量,t;

　　　　Q——初期月产量,t;

　　　　q——初期日产量,t;

　　　　D——月度递减率;

　　　　T——投产初期月度有效生产天数,d。

通过实际数据统计回归分析,确定回归参数,应用上述公式进行可采储量计算。

11. 模式图预测方法

在研究已开发三次采油区块主要指标变化规律的基础上,结合数值模拟研究结果,确定三次采油产液量、综合含水率、产油量和增油量的变化特点,以控制三次采油全过程产油量为原则,考虑区块地质条件、投注前含水率、采出程度和注入速度等因素,确定产液量和综合含水率全过程中几个关键点,采用油藏工程方法建立三次采油开采指标模式图预测方法,该方法主要适用于新投注区块和投注时间较短区块的可采储量标定。

12. 综合动态分析预测方法

主要是参照已有实际开发数据的三次采油类比区块(油层条件相近和指标变化规律相似的区块)产液量、综合含水率等主要指标的变化趋势,结合区块本身的地质特点及投注时的开采状况,类比外推预测区块以后几年的综合含水率和产液量变化趋势,然后计算出产油量。该方法主要适用于投注时间较长区块和后续水驱区块的可采储量标定。

模式图预测法和综合动态分析预测法主要用于化学驱可采储量评价。

四、经济可采储量评价方法

(一)现金流法

现金流法适用于探明未开发储量和控制经济可采储量的计算。采用静态法计算探明已开发油藏的技术可采储量,也可根据方案现金流法经济评价结果计算经济可采储量。

利用现金流法计算经济可采储量包括两个部分内容:首先需要对所评估的油藏进行开发可行性评价,确定储量的经济意义(经济的或次经济的),若财务内部收益率不小于行业目标收益率,则是经济的,否则为次经济的。其次根据开发可行性评价结果计算经济可采储量,若可行性评价是经济的,则年运营净现金流量等于零(或开始出现负值)时的年数为经济开采年限 T_E,该年限之前的累计产量为经济可采储量,技术可采储量与经济可采储量的差值为次经济可采储量;若可行性评价是次经济的,则无经济可采储量,次经济可采储量等于技术可采储量。

计算经济可采储量的主要步骤包括:

1. 编制开发概念设计

编制开发概念设计,论证并确定开发层系、开采方式、开发井网、产能、开发井数及油水井数等,同时应确定相应的钻井、采油、地面建设等工艺技术。在开发方案或概念设计基础上,预测各年度产油量、产气量、产液量等指标,采用人工补充能量或化学驱开发的油藏还需要预测注入剂的注入量。开采指标预测的截止点为技术可采储量全部被采出的时点,开采指标预测方法可以采用数值模拟法或类比法。

2. 开发总投资估算

勘探投资主要是根据国际惯例,评价基准日之前所有已发生的勘探投资原则上按沉没处理,预计要发生的勘探投资参与计算。

开发投资一般按开发方案或概念设计投资估算结果取值。开发投资包括开发井投资、开发建设投资及独立系统工程投资。其中:

1)开发井投资

指未开发油田开发所需新钻的采油井、注水井等投资。开发井投资应包括新区临时工程费、钻前准备工程费、钻井工程费、录井测试作业费、固井工程费、施工管理费和试油工作费等费用,可采用单位进尺成本指标计算。开发井投资的计算公式:

$$I_{tw} = \overline{D} \times W_d \times C_d \qquad (6-1-101)$$

式中 I_{tw}——开发井投资,万元;

$\overline{D}$——开发井平均井深,m;

C_d——开发井每米进尺成本,元/m;

W_d——钻井井数,口。

钻井井数应考虑钻井成功率或一定的预备井数量。

2)开发建设投资

包括地面油气集输工程、注水或注气工程、储运工程、轻烃回收、供电工程、供排水、通信、道路、计算机工程、后勤辅助、矿区建设、环保、节能、非安装设备购置及其他工程投资,海上等特殊油藏还需根据不同建设项目具体估算。开发建设投资可采用单井开发建设投资指标计算。产能建设地面工程投资计算公式:

$$I_{ts} = T_d \times W_{ks} \qquad (6-1-102)$$

式中 I_{ts}——开发建设投资,万元;

T_d——单井开发建设投资,万元;

W_{ks}——成功开发井数,口。

3)独立系统工程投资

指未开发油田范围外需新建配套的油、气、水、电、讯、路等各系统工程投资,应根据估计的具体工程量估算投资额。

3. 流动资金估算

流动资金指开发建设过程中占用在流动资产上的新增资金,对于未开发油田评价,流动资金周转次数按 4 次计算,在投产第一年投入。

4. 建设期贷款利息

对需要贷款开发的油田,还应计算利息费用。建设期贷款利息取评价基准日银行公布利息。简化计算可假定资金全部自有,建设期借款利息为零。

5. 油气生产成本和费用估算

油气生产成本是指油气生产过程中实际消耗的直接材料、直接工资、其他直接支出和其他生产费用等,应根据已开发油气田近几年成本的变化趋势综合确定。油气生产成本包括油气操作成本和折耗。

(1)油气操作成本(也称作业成本)指在油气生产过程中操作和维持井及有关设备和设施发生的成本总支出,主要包括12项,分别是:采出作业费(包括材料、燃料、动力、生产工人工资、福利费)、驱油物注入费、稠油热采费、油气处理费、轻烃回收费、井下作业费、测井试井费、天然气净化费、维护及修理费、运输费、其他辅助作业费和厂矿管理费等项目。

操作成本可分为固定成本和可变成本。在操作成本中,部分费用随产品产量的变化而变化,称为可变成本,另一部分费用与产品产量的变化无关,称为固定成本。固定成本和可变成本的劈分方法如下:

一是按通用项目划分。可变成本包括驱油物注入费、稠油热采费、轻烃回收费、油气处理费、天然气净化费、运输费。可变成本的各要素成本计算方法按每项成本的消耗量与相应的价格进行估算。其中:

驱油物注入费按照注入物的消耗量和单价计算。

稠油热采费按照注入蒸汽量和每吨费用指标计算。

轻烃回收费和天然气净化费均以天然气商品产量为基础,分别按每千立方米费用计算。

油气处理费以产液量为基础,按每吨液费用计算。

运输费估算包括:对于单井拉油,运输费按运输距离以产液量为基础,按每吨液量费用指标计算;对于管道输油,运输可以以生产井开井数为基础,按单井费用指标计算。

固定成本包括采出作业费、井下作业费、测井试井费、维护及修理费、厂矿管理费和其他管理费。组成固定成本的各要素成本可以以生产井开井数为基础,分别按单井费用指标计算。

二是按本油气田成本项目测算划分。在实际操作中,固定成本和可变成本可根据油(气)田实际统计资料测算取值。

(2)折耗是为了补偿油气资产在生产过程中的价值损耗而提取的补偿费用。依据中国所得税法规定和中国石油天然气集团公司实际上缴所得税现行操作,折耗的计算方法一般采用平均年限法。

6. 销售收入、税金及附加估算

油气价格:

原则上,原油及伴生气、轻烃等副产品价格采用计算基准日的市场销售价格,各油公司也可根据实际情况具体规定,合作开发油田根据合同具体确定。油气价格为不含税价格,在评价期保持不变。

销售收入估算:

原油产量中应综合考虑伴生气和轻烃产量,商品率中应包含自用油气产品量。

销售收入计算公式如下:

$$CIP = Q_o D_o P_o \qquad (6-1-103)$$

式中 CIP——销售收入,万元;

D_o——原油商品率；

P_o——原油出厂价格，元/t；

Q_o——原油产量，10^4t。

税金及附加估算：

对陆上油田，税费指销售税金及附加、矿产资源补偿费。销售税金及附加包括增值税、城市维护建设税、教育费附加、资源税等。海上油田税费内容税率有所不同，具体按海上油田相关规定执行。

下面条文中涉及的税费为目前国家相关法律和条例的规定，若有变化，需按国家相关法律和条例的最新规定执行：

（1）增值税：以商品生产和劳务服务各个环节的增值因素为征收对象的一种流转税。目前原油增值税税率为13%。

（2）城市维护建设税为增值税税额的7%。

（3）教育费附加为增值税税额的5%。

（4）资源税可按照最新国家规定的税率计算。资源税额以应税产品的课税数量为计税依据。注意目前资源税变化较大，建议评价中采用该地区最新的资源税税率。

（5）矿产资源补偿费为不含税销售收入的1%。

（6）所得税率一般为25%。

7. 现金流经济评价

现金流量计算：

现金流入（CI）包括销售收入、期末回收流动资金。

现金流出（CO）包括开发投资、流动资金、经营成本费用（包括操作成本、管理费用、销售费用）、销售税金及附加、所得税。

净现金流量为现金流入（CI）与现金流出（CO）的差值。

计算每年的净现金流量，编制现金流量表。

评价期（T）：现金流评价期采用非固定计算期，当年净现金流量小于零时，评价期结束。对于经济可采储量计算，评价期也就是经济开采期。

企业目标收益率（i_c）：由各油公司根据情况具体规定。

财务内部收益率（IRR）：评价期内使其财务净现值等于零的贴现率，其表达式为：

$$\sum_{t_n = 1}^{T} (CI - CO)_{t_n} (1 + IRR)^{-t_n} = 0 \qquad (6-1-104)$$

可利用专门财务软件计算财务内部收益率（IRR）。

经济开采年限和经济开采期：年净现金流量等于零时的年数为经济开采年限 T，从开始生产到经济开采年限 T_E 的年数为经济开采期（图6-1-4）。

8. 经济可采储量计算

根据企业目标收益率 i_c 和财务内部收益率 IRR 评价所评估油藏的可行性，确定储量的经济意义。若财务内部收益率 IRR 不小于行业目标收益率或企业目标收益率 i_c，则经济开

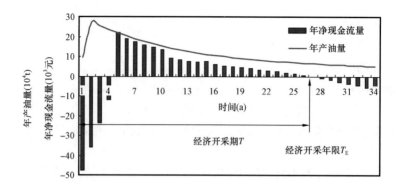

图 6 - 1 - 4   现金流法确定经济开采年限

采期内为经济可采储量。

(二)经济极限法

1. 适用范围

经济极限法基于动态法,适合于已开发经济可采储量计算。

2. 经济极限指标确定

经济极限指标主要有经济极限产量(Q_{EL})、经济极限含水率f_{wEL}、经济极限含油率f_{oEL}、经济极限水油比 WOR_{EL}等。相应计算公式如下:

$$Q_{EL} = \frac{C_T}{(P_o - TAX - C_V) \times D_o} \qquad (6 - 1 - 105)$$

$$f_{wEL} = \frac{Q_{lm} - Q_{EL}}{Q_{lm}} \qquad (6 - 1 - 106)$$

$$f_{oEL} = \frac{Q_{EL}}{Q_{lm}} \qquad (6 - 1 - 107)$$

$$WOR_{EL} = \frac{Q_{lm} - Q_{EL}}{Q_{EL}} \qquad (6 - 1 - 108)$$

式中　　C_T——固定成本,元/月;

C_V——吨油可变成,元/t;

TAX——吨油税,元/t;

Q_{EL}——经济极限产油量,10^4t/a 或 t/月;

Q_{lm}——月产液量,t。

3. 计算经济可采储量

1)递减曲线法

(1)指数递减类型经济可采储量计算:

在直角坐标系中,指数递减类型 Q—N_p 呈线性关系:$Q = A_1 - B_1 N_p$。当 $Q = Q_{EL}$时的累计产量即为经济可采储量 $N_R{}^E$。指数递减类型计算经济可采储量公式为:

$$N_R{}^E = (A_1 - Q_{EL})/B_1 \qquad (6-1-109)$$

（2）双曲线递减类型经济可采储量计算：

对于双曲线递减类型，Q^{1-n}—N_p 在直角坐标系中呈线性关系：$Q^{1-n} = A_2 - B_2 N_p$。当 $Q = Q_{EL}$ 时的累计产量即为经济可采储量 $N_R{}^E$。双曲线递减类型计算经济可采储量公式为：

$$N_R{}^E = (A_2 - Q_{EL}{}^{1-n})/B_2 \qquad (6-1-110)$$

（3）调和递减类型经济可采储量计算：

对于调和递减类型，Q—N_p 在半对数坐标系中呈线性关系：$\lg Q = A_3 - B_3 N_p$。当 $Q = Q_{EL}$ 时的累计产量即为经济可采储量 $N_R{}^E$。调和递减类型计算经济可采储量公式为：

$$N_R{}^E = (A_3 - \lg Q_{EL})/B_3 \qquad (6-1-111)$$

2）水驱特征曲线法

（1）含水率—累计产油关系曲线：

在半对数坐标系中含水率 f_w 与累计产油 N_p 呈线性关系：$\lg f_w = a + b N_p$。当 $f_w = f_{wEL}$ 时的累计产量为经济可采储量 $N_R{}^E$。计算经济可采储量公式为：

$$N_R{}^E = (\lg f_{wEL} - a)/b \qquad (6-1-112)$$

（2）含油率—累计产油关系曲线：

在半对数坐标系中含油率 f_o 与累计产油 N_p 呈线性关系：$\lg f_o = a - b N_p$。当 $f_o = f_{oEL}$ 时的累计产量为经济可采储量 $N_R{}^E$。计算经济可采储量公式为：

$$N_R{}^E = (a - \lg f_{oEL})/b \qquad (6-1-113)$$

（3）水油比—累计产油关系曲线：

在半对数坐标系中水油比 WOR 与累计产油 N_p 呈线性关系：$\lg\text{WOR} = a + b N_p$。当 WOR = WOR_{EL} 时的累计产量为经济可采储量 $N_R{}^E$。计算经济可采储量公式为：

$$N_R{}^E = (\lg\text{WOR}_{EL} - a)/b \qquad (6-1-114)$$

（4）累计产水—累计产油关系曲线（甲型曲线）：

在半对数坐标系中累计产水 W_p 与累计产油 N_p 呈线性关系：$\lg W_p = a + b N_p$。根据甲型曲线的累计产油与含水率关系式，当 $f_w = f_{wEL}$ 时的累计产量为经济可采储量 $N_R{}^E$。计算经济可采储量公式为：

$$N_R{}^E = \frac{\lg\left(\dfrac{f_{wEL}}{1 - f_{w\,EL}}\right) - [a + \lg(2.303b)]}{b} \qquad (6-1-115)$$

（5）累计产液—累计产油关系曲线（乙型曲线）：

在半对数坐标系中累计产液 L_p 与累计产油 N_p 呈线性关系：$\lg L_p = a + b N_p$。根据乙型曲线的累计产油与含水率关系式，当 $f_w = f_{wEL}$ 时的累计产量为经济可采储量 $N_R{}^E$。计算经济可采储量公式为：

$$N_R{}^E = \frac{\lg\left(\dfrac{1}{1-f_{wEL}}\right) - \left[a + \lg(2.303b)\right]}{b}$$

$$(6-1-116)$$

(6) 累计液油比—累计产液关系曲线(丙型曲线):

在直角坐标系中累计液油比 L_p/N_p 与累计产液 L_p 呈线性关系: $L_p/N_p = a + bL_p$。根据丙型曲线的累计产油与含水率关系式,当 $f_w = f_{wEL}$ 时的累计产量为经济可采储量 $N_R{}^E$。计算经济可采储量公式为:

$$N_R{}^E = \frac{1 - \sqrt{a(1 - f_{wEL})}}{b}$$

$$(6-1-117)$$

(7) 累计液油比—累计产水关系曲线(丁型曲线):

在直角坐标系中累计液油比 L_p/N_p 与累计产水 W_p 呈线性关系: $L_p/N_p = a + bW_p$。根据丁型曲线的累计产油与含水率关系式,当 $f_w = f_{wEL}$ 时的累计产量为经济可采储量 $N_R{}^E$。计算经济可采储量公式为:

$$N_R{}^E = \frac{1 - \sqrt{(a-1)(1 - f_{wEL})/f_{wEL}}}{b}$$

$$(6-1-118)$$

4. 注意事项

(1)在应用经济极限法计算经济可采储量过程中,采用的开发动态数据、动态方法选择、开采规律判断及趋势预测,应与动态法技术可采储量计算一致,以便对比分析。

(2)考虑到年度可采储量评估的需要,经济极限指标一般以月为单位,也可根据需要折算到年或日,具体选择应与开采数据点或产量的时间单位一致。计算经济极限指标的成本费用应根据财务报表,结合可采储量计算单元的划分情况,核实到可采储量计算单元。

(3)递减法和水驱曲线法的应用条件与动态法技术可采储量计算相同。

五、大庆油田可采储量标定

大庆油田"十五"以来,可采储量标定技术发展面临着一系列新的挑战。长垣水驱整体进入特高含水期,水驱特征曲线标定结果出现较大的偏差,已不能完全满足标定精度需要;化学驱储量规模逐步扩大,开发对象也由北部一类油层转变为南部一类油层和北部二类油层,开发对象层间非均质性增强,三元复合驱实施工业化推广,驱替体系更加复杂,区块开发效果差异化明显;外围新区难采储量动用规模不断增加,开发对象转向致密油、页岩油等非常规储量,可类比、可借鉴的区块更少。为此,大庆油田在依托行业标准的各种评价方法的基础上深化研究水驱、化学驱及低渗透难采储量的开发规律,完善和建立相适应的可采储量评价方法,并形成了集可采储量标定流程、方法、标定软件于一体的技术系列,大力发展了大庆油田可采储量标定技术。

(一)可采储量标定工作流程

可采储量标定工作一般在每年 10 月,由中国石油天然气股份有限公司下发任务,油田接到通知后,由公司主管部门召开启动会议组织勘探开发研究院、各采油单位等编制材料,并经油田公司审查修改后,提交勘探与生产分公司进行评审,完成结果认定及储量入库等工作。对于可采储量标定结果变化率或变化量符合相关规定的油田,还需要向国家储量管理部门进行申报评审备案(图 6 − 1 − 5)。

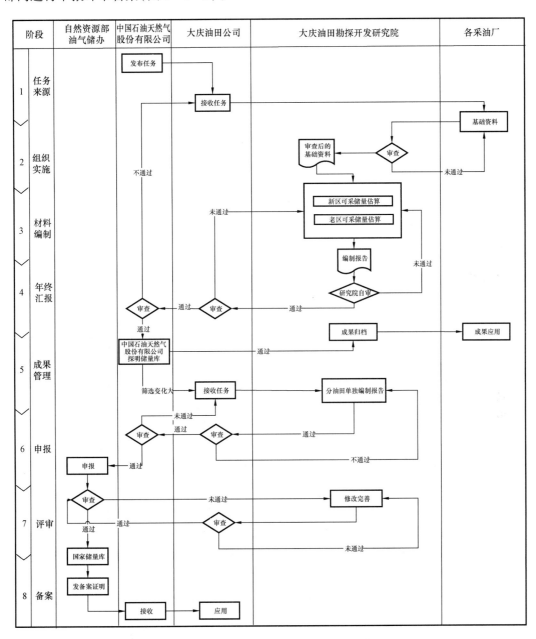

图 6 − 1 − 5 可采储量标定工作流程图

(二)可采储量标定对象

石油可采储量标定是国内石油探明储量管理工作的重要组成部分。大庆油田石油可采储量标定对象按照标定报告用途不同分为两类：

（1）中国石油天然气股份有限公司审查的报告以探明可采储量存量为标定对象，即可采储量标定工作前一年末入中国石油天然气股份有限公司探明储量数据库的石油及溶解气可采储量，此外还要兼顾探明储量复算工作，可采储量标定工作当年进行探明储量复算的油田不能作为标定对象；

（2）国家储量管理部门审查的报告以最后一次取得备案证明的探明可采储量数据为标定对象。

（三）可采储量标定原则

1. 单元划分原则

在可采储量计算过程中，如何划分计算单元直接影响到可采储量计算结果的可靠性。一般来讲，油田地质、开发条件和所处开发阶段不同，计算单元的划分也相应改变，也就是说，可采储量计算单元的划分要与油田的地质条件、所处的开发阶段和采用的可采储量计算方法相适应。具体划分原则如下：

（1）为便于可采储量标定成果入库，标定单元的划分总体上与探明储量数据库四级单元划分保持对应；

（2）老区可采储量标定以探明数据库中的"开发单元"作为可采储量标定单元；

（3）新区可采储量标定以探明数据库中的"计算单元"作为可采储量标定单元，计算单元如只有部分开发，应再划分为已开发和未开发两个单元；

（4）标定单元的划分要考虑经营方式，合理细分为合作开发和自营开发单元。

2. 方法选用原则

任何一种测算方法都具有它本身的适用性，只有在符合其应用条件的情况下测算的可采储量才符合油田实际，因此，不同开发阶段应选择与该阶段相适应的方法测算可采储量。总体应遵循"动态方法优先于静态方法，类比法优先于经验公式"的原则，兼顾"新区可采储量标定注重采收率合理性，老区可采储量标定注重储采比合理性"的原则（表6-1-11）。

（1）开发前期：它指的是从钻探开始到部署开发井网钻开发井这一阶段。在这一阶段，没有动态生产数据作参考，只有部分地质资料，因此，只能采用经验公式、类比法等评价可采储量，在开发井投产获取更多资料或复算地质储量后应对测算结果进行复核。

（2）不稳定开采期：它指的是从开发井投产到所有开发井投产完毕这一阶段。在这一阶段，静态资料已经比较丰富，同时还取得了动态生产数据，但由于开发井的陆续投产及注水井的陆续投注，地下油水运动还很不稳定，动态数据变化很难代表未来的趋势，所以可借助于经验法测算这一阶段的可采储量，如可采储量采出程度经验法、多油层油藏动态预测法等。

（3）稳定开采期：这一阶段开发动态比较稳定，油田实际生产数据呈现较好的规律性，可以采用水驱曲线或递减曲线测算这一阶段的可采储量。

（4）开发调整阶段：油田进入高含水开采阶段后，为提高油田的水驱开发效果，往往采取各种开发调整措施，如加密调整、注采系统调整、堵水、压裂等。这些措施使开发单元的水驱曲线发生了很大变化,不能直接用它测算可采储量,评价这一阶段可采储量较为有效的方法是递减曲线法、多油层油藏动态预测法、可采储量采出程度经验法等。

表 6 – 1 – 11　大庆油田不同阶段适用的可采储量评价方法

方法		开发前期	不稳定开采期	稳定开采期	开发调整阶段	开发后期	三次采油开采期
静态法	经验公式法	√	√				
	理论公式法	√	√				
	类比法	√	√				
动态法	水驱特征曲线法			√			
	递减曲线法			√	√	√	
	童宪章图版法			√	√		
	数值模拟法				√	√	√
	可采储量采出程度经验法		√		√		
	驱油效率校正法				√		
	多油层油藏动态预测法		√		√	√	
	基于递减曲线的"分解增量法"				√		
	平均单井增储评价法		√		√		
	综合递减法					√	√
	模式图预测方法						√
	综合动态分析预测方法						√

(5)开发后期:是指油田重大调整措施后到水驱开发结束这一阶段,在水驱曲线上翘之前可使用水驱特征曲线法;如果产量处于稳定递减阶段可使用递减曲线法;还可使用多油层油藏动态预测法。

(6)三次采油开采期:这时油田已达到水驱经济极限,不能继续开采,如果进行三次采油,应采用数值模拟法、模式图法、综合动态分析法等测算这一阶段的可采储量。

(四)可采储量标定结果选值原则

同一阶段可采储量测算方法不止一种,所以测算结果也不止一个,在标定可采储量时,必须要选择一个较为合理的值作为选值。当然,取各种方法计算结果平均值作为选值是一种办法,取其中一种作为选值也是一种办法,还有其他的取法,但不同取法,选值是不同的。可采储量每年标定一次,不同人选值,同一个人用不同取法选值都不一样,单从一个选值结果可能无法判断其是否合理,但如果与其他单元对比一下各种开发指标、从不同年份标定结果分析一下可采储量变化趋势或者从水驱机理上进行深入分析,就可能发现一些问题。因此,必须遵循一定的原则选值,才能保证选值更为合理。

(1)采用稳定性较好方法的计算结果作为选值。在一定阶段,虽然有几种方法都能计算,但从计算精度和计算结果的稳定性方面都能找出一种相对较合适方法,这时,就可以把它计算的结果作为选值。例如,用目前十几种水驱特征曲线都可以计算可采储量,然而采用瞬时量描述的水驱曲线不如采用累计量描述的水驱曲线稳定,所以一般选用累计关系水驱曲线测算可采储量。

(2)连续采用一种方法计算结果作为选值。在几种方法计算结果都可选的情况下,应该首先考虑沿用上次标定使用的方法计算结果作为选值,这可使标定结果连续性和可对比性增强,从而保证年度新增可采储量标定结果相对更准确。

(3)使用较通用方法计算结果作为选值。各油田在行业标准方法尚不符合应用条件情况下,发展了一些适合本油田地质开发特点的方法,解决了相应阶段可采储量评价的问题,但是,由于存在一些局限性,测算结果难于同其他油田标定结果互相对比,所以当行业标准方法可用时,应换用行业标准方法或各油田较通用方法计算结果作为选值。

(4)联系油田生产实际选值。无论用什么方法测算,最后选值都必须密切联系油田生产实际情况,否则,标定结果就可能脱离油田实际情况。联系实际,就是要在选值之前,对评价对象可采储量变化能做出定性的评价,为此,要了解调整措施工作量的大小和措施对开采对象水驱动用状况改善程度(看动态监测资料),与地质开发条件类似的单元或矿场开发调整试验进行对比,并结合以往的工作经验来推断可采储量的变化趋势,计算结果与推断情况吻合则可选值,二者不符,就要进一步从理论深入细致分析,直到有一个圆满的解释再选值(绝不能算什么是什么),这是标定可采储量工作中较难掌握又是必须掌握的一点。

(5)借助机理分析结果选值。在油田投产初期或开发调整初期,使用仅有的动态数据预测可采储量难以得出有说服力的结果,这时,必须从取得的静动态资料综合分析,去粗取精,利用室内水驱油实验或数值计算方法从机理上确定一些界限,再根据各种方法计算结果权衡出一个合理的选值,这需要有一定的理论基础和比较丰富的工作经验。

总而言之,选值绝不是随意地选用某一个值,而是要通过多方面的综合分析,去粗取精、去伪存真,选出一个方法上可靠、机理上清楚、符合油田开发实际的可采储量值。

(五)大庆油田可采储量标定结果

多年来,大庆油田通过实施水驱加密及精细措施调整技术、化学驱提高采收率技术、低渗透油田效益开发技术,标定可采储量不断增长,老区采收率不断提高。截至2020年底,油田累计标定可采储量 26.93×10^8 t,标定采收率45.61%,其中长垣主力油田标定采收率高达53.79%,在同类油田中一直处于领先水平。

(六)可采储量标定工作管理方式的变化及应对措施

近几年国家层面及中国石油天然气股份有限公司对矿权管理、储量管理要求不断变化,可采储量标定工作内涵也随之变化,具体表现在与"与采矿权管理、未开发储量管理"结合越来越紧密。主要变化体现在以下三个方面:

(1)与矿权管理结合更紧密,要求矿权变更必须有近3年备案证明,若不能及时通过复算或标定取得备案证明,则矿权到期后无法延续,影响油田合规开采;

(2)2016年取消五年一次的阶段标定,阶段标定标与年标合二为一,部分单元由于开发方式、开发技术、实际效果、评估方式等因素影响储采矛盾比较突出,无法通过阶段解决;

(3)从2020年开始要求标定对象只包括未开发转已开发及老区变化大的单元,部分油田虽实施工作量,但由于达不到变化大标准不能标定,造成年度工作量与增储不匹配。

针对上述几方面的变化,大庆油田积极思考,制定了切实可行的应对措施。通过密切跟踪矿权信息,与相关部门及时沟通,提前做好可采储量标定和备案工作,保障油田生产依法合规;通过系统梳理储采矛盾突出单元,综合分析各项影响采收率因素,通过年度标定的方式逐步予以解决;通过紧密跟踪分析各油田工作量及增储效果,对于达到变化大标准的单元及时标定,对于无法标定的单元及时开展储量复算。

第二节　SEC储量评估

2000年,中国石油在美国纳斯达克上市,每年需按SEC(美国证券交易委员会)准则进行储量评估并向市场披露。与国内的储量评估和管理不同,SEC有自己独立的、完整的储量分类、评估及披露体系。

一、SEC储量分类体系

SEC于1978年和1982年通过了石油和天然气的披露要求,颁布了储量的定义。长期以来,SEC披露的储量仅为证实储量,包括证实已开发储量和证实未开发储量,直到2009年1月,SEC正式发布了"油气报告现代化"准则。新准则基本采用了SPE－PRMS的分类框架(图6－2－1),SPE－PRMS以发现和商业性分类,以不确定性范围分级,并强调了项目成熟度在分类中的重要性。

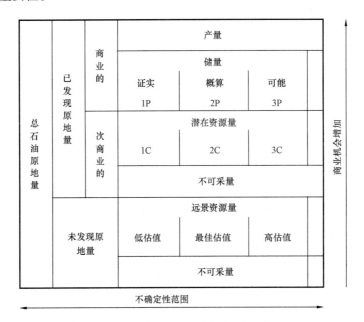

图6－2－1　SPE－PRMS资源分类框架(2007)

但SEC仅对储量类进行了定义和分级,不允许披露次经济类和资源类。将储量按确定性程度分为三级:证实储量(P_1)、概算储量(P_2)和可能储量(P_3)。

开发状态(已开发/Developed,未开发/Undeveloped)的分类适用于储量的各个级别,如证实已开发(P_1D)、证实未开发(P_1UD)、概算已开发(P_2D)、概算未开发(P_2UD)、可能已开发(P_3D)、可能未开发(P_3UD)。已开发储量进一步分为正生产(Producing)和未生产(Non - Producing)(图6 - 2 - 2)。

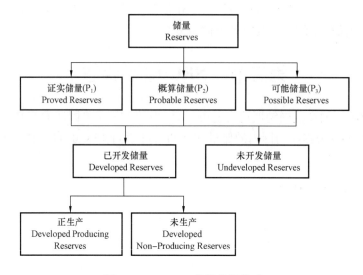

图6 - 2 - 2   SEC 储量分类体系

二、SEC 储量基本概念

(1)证实储量:指通过地球科学和工程数据的分析表明,在现行经济条件、操作方法和政府法规下,从某基准日到合同规定的开采期末(除非有证据表明延期具有合理的确定性),无论采用确定性方法或概率性方法,均被评估为可以从已知油气藏采出的、具有合理确定性的、经济可采的石油和天然气量。油气开发项目必须已经启动,或者作业者在合理的时间范围内启动项目。

(2)概算储量:指与证实储量相比采出的确定性程度较低的储量。

① 当用确定性方法评估时,实际采出量有可能超过估算的证实储量与概算储量之和。用概率性方法评估时,实际采出量等于或大于证实储量与概算储量之和的概率至少为50%。

② 即使解释的构造储层连续性或产能不满足合理的确定性标准,仍可将证实储量区域附近、数据控制和可用数据解释的可靠程度较低的油气藏区域的储量划为概算储量。与证实油气藏连通且构造上高于证实部分的储量也可划为概算储量。

③ 概算储量也包括与估计的证实储量采出量相比,采收率提高幅度更大时的增量。

(3)可能储量:指与概算储量相比采出的确定性程度更低的储量。

① 用确定性方法评估时,一个项目的最终采出总量超过证实储量、概算储量和可能储量之和的可能性很小。用概率性方法评估时,最终采出总量等于或超过证实储量、概算储量和可能储量之和的概率至少为10%。

② 可能储量可以位于概算储量附近的油气藏区域,区域的数据控制和可用数据的解释

有更大的不确定性。通常,在这类油气藏区域内,根据地球科学和工程资料无法从油气藏中清晰地界定出具有商业开采价值的面积和纵向范围。

③ 可能储量也包括与估计的概算储量采出量相比,采收率提高幅度更大时的增量。

④ "证实储量"+"概算储量"评估和"证实储量"+"概算储量"+"可能储量"评估必须是在油气藏或已明确确定的所属项目范围内,在合理的、可选择的技术和商业解释基础上进行。

⑤ 如果地质和工程资料证实属于同一油气聚集区内的一个油气藏的紧邻部分,与证实储量区之间可能存在断距小于储层厚度的断层或其他地质非连续体,或者紧邻区域尚无钻井,该紧邻区域可以被看作是可能储量。公司认为该紧邻部分和已知证实油气藏是相互连通的。如果这些区域和证实油藏具有连通性,那么构造高于或低于证实储量区的区域都可以被看作是可能储量。

⑥ 通过直接观察确定最高已知油(HKO)深度,认为存在潜在伴生气顶。只有通过可靠技术以及合理确定性原则确定出较高接触面后,位于最高已知油(HKO)深度之上的油藏构造才能看作是证实原油储量。

(4)证实已开发储量:指在下述条件下可采出的量。

① 通过现有井及设施,以及当前的作业方法采出的量,或所需设备费用远少于钻新井的费用。

② 如果抽提不涉及钻井,应使用现有的抽提设备和基础设施。

(5)证实未开发储量:指从未钻井区域钻新井,或通过对老井实施投入较大的再完井后可采出的证实储量。

未钻井区域的证实未开发储量限定于现有开发井紧邻区域,这些区域钻井后有合理确定性获得经济产量。或者通过可靠技术证实更远区域钻井后也具有合理确定性的经济产能。

未钻井区域只有在开发计划被采用且预计五年内能钻井的情况下才可界定为未开发储量,特定情况下除非能证明更长的开发时间是合理的。

任何情况下,都不能将预期注入流体或者其他提高采收率技术的面积归属于证实未开发储量,除非已有相同或相似油气藏证实这些技术有效,或者通过应用可靠技术确定了合理确定性的证据。

(6)证实已开发正生产储量:指在评估时预计从已射开且正生产的完井井段可采出的数量。对提高采收率项目,只有在项目实施后才可认为提高采收率储量是正生产的。

(7)证实已开发未生产储量:包括关井和管外储量。

关井储量是预计从以下情况采出的量:

① 评估时已射开但尚未生产的完井层段;

② 由于市场条件或管线连接的原因而关闭的井;

③ 由于机械原因而不能生产的井。

管外储量是预计从现有井可采出的数量,该层段在开始生产之前,需要进一步的完井工作或将来要重新完井。

在所有情况下,起始或恢复生产的费用比钻新井成本都相对较低。

三、SEC 储量评估方法

(一)基本要求

SEC 证实储量评估的基本要求包括合理确定性、经济可采性及项目可行性等三个方面。

1. 合理确定性

合理确定性界定是证实储量界定中最基本的原则,可以应用在地质可靠性、技术可行性、经济可采性和项目可行性等具体因素的判断之中。

如果采用确定性方法,合理确定性意味着实际采出量的可靠性非常高。如果采用概率法,则实际采出量等于或超过估算值的可能性至少为90%。如果估算的储量被采出的可能性大,则称为存在较高的确定性;随着时间推移和不断增加的地球科学(地质、地球物理和地球化学)数据、工程数据和经济数据,具有合理确定性的 EUR 很可能增加或维持不变,而不是减少。

2. 经济可采性

经济可采性是指证实储量生产后所产生的收益会超过或有合理的预期将超过其运营成本。经济可采性是 SEC 对证实储量的基本要求。一是经济可采性判断的是其对于证实储量独立开展的经济性评价,而公司内部项目开发经济性评价可能会包括其他级别储量;二是计算证实储量经济可采性时不需要贴现,价格和成本按 SEC 证实储量的要求执行,其收益按油气生产活动的终端价格执行。油气生产活动的终端一般是矿区或现场储罐的输出阀。

3. 项目可行性

项目可行性是指项目开发、生产、销售具有合理确定性,包括项目满足公司内部投资回报要求、已做出最终投资决策或具有投资承诺,同时要考虑政府、合作方、市场等外部因素对项目最终实施的影响,对外部环境较为复杂的国际合作项目要求在最终开发投资决策做出后再计算证实储量。

4. 技术可靠性

技术可靠性是指经过矿场试验检验并在被评价地层或类似地层中得到一致性和可重复性证实的一项或多项技术(包括计算方法)的组合。

可靠技术在评估证实储量时,要满足证实储量合理确定性要求。要通过明确的具有统计意义的历史资料,说明技术使用时具有一致性和可重复性。在类似地层应用的可靠技术,要通过地质、工程等资料与目标地层类比,说明可靠技术在目标地层的适用性。使用可靠技术评估证实储量时,要提供和保存上述论证资料。具体论证和记录包括以下几个方面:

(1)说明该可靠技术在储量评估或分类方面的具体应用情况;

(2)论述该可靠技术理论基础的合理性;

(3)通过实际资料对技术可靠性进行验证,验证资料的数量要在统计学上具有统计意义,并且能够提供合理的确定性结果;

(4)记录论证项目的具体情况,明确要取得可靠性所必须具备的条件,解释如何对输入数据进行质量控制,说明如何识别出技术应用时可能的误用情况。

(二)SEC 储量评估方法

证实储量评估一般在评价阶段完成后,具体评估方法要根据资料录取情况、开发生产阶段、油气藏复杂程度及驱动类型等情况综合选择,一般在开发前或开发早期选择容积法进行评估,在开发后期选择动态法进行评估,在具体评估中要合理应用类比油藏和可靠技术,以保证评估结果满足证实储量合理确定性要求。

1. 容积法

容积法属于间接性评估方法,不能直接确定储量大小,适用于油田或油藏早期阶段。评估时先通过容积法估算地质储量(PIIP),通过类比等方法估算采收率(RE),再通过独立的地质储量及采收率乘积得到最终可采量(EUR),储量由最终可采量减去累计产量求得。

证实储量要求评估具有合理确定性,而容积法评估涉及含油气面积(A)、有效厚度(h)、有效孔隙度(ϕ)、原始含水饱和度(S_{wi})、地层体积系数(B_{hi})及采收率(E_R)等多项参数。要满足合理确定性要求,并非每个参数都要采用保守值。在大多数情况下含油气面积(A)、有效厚度(h)和采收率(R_E)是容积法评估证实储量的关键参数,选择时要考虑证实储量(EUR)未来保持不变或增加的要求,对达不到合理确定性的增量不应包括在证实储量之中。

评估证实储量时,证实面积圈定要强调井控要求,有效厚度确定要明确最低已知烃(LKH)和最高已知油(HKO)位置,采收率估算一般通过类比求取,数值模拟法、经验公式法及其他分析法等可作为参考方法。

应用容积法评估证实储量时要重视可靠技术和类比油藏应用,可靠技术论证和类比油藏确定要有扎实基础,对达不到合理确定性要求的技术,不能作为论证证实储量参数的主要依据。

2. 动态法

动态法评估主要是利用油气藏矿场实际资料如油、气、水产量及压力等数据的变化规律进行分析,从而预测油气藏未来的生产趋势,求得证实储量。动态法是储量评估中相对准确的方法,主要包括递减曲线分析法、物质平衡法、油藏数值模拟法及其他产量趋势分析法等。

1)递减曲线分析法

就是利用实际生产历史资料的生产规律和开发趋势,对过去生产动态趋势进行外推来估算储量、剩余生产期限和未来产量,是产量动态趋势分析方法的一种,是油气田预测产量、评估储量的主要方法。要准确应用该技术,产量随时间必须要有明显递减趋势。一般来说,最近5~10年的产量数据是拟合产量随时间变化趋势的基础;有时根据油田的实际生产状况,可以根据经验选取历史数据中曾经出现过的递减段进行分析,即用已有的递减趋势来确定递减率,结合经济极限产量就可以估算证实已开发储量。

2)物质平衡法

是一种利用油气藏地层压力和累计产出量计算储量的方法。利用物质平衡法计算证实储量的主要流程:首先利用油气藏不同时期的全油气藏关井测压资料和对应的累计产出量

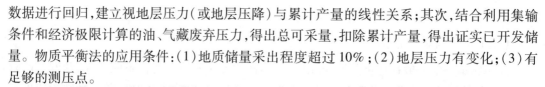

数据进行回归,建立视地层压力(或地层压降)与累计产量的线性关系;其次,结合利用集输条件和经济极限计算的油、气藏废弃压力,得出总可采量,扣除累计产量,得出证实已开发储量。物质平衡法的应用条件:(1)地质储量采出程度超过10%;(2)地层压力有变化;(3)有足够的测压点。

3)油藏数值模拟法

通过整合静态地质模型和建立在实际动态数据(压力、测试、产量、毛细管压力曲线和相渗曲线、PVT数据等)基础上的动态流动模型,预测油气藏未来生产趋势。一体化数模模型结果的合理性随着静态地质资料和动态生产资料的数量及质量的提高而提高,可以在生产的任何阶段使用数模法来评估油气的地质储量和最终可采量。油藏数值模拟法作为证实储量评估方法的条件是必须经过所有能得到的生产动态数据历史拟合后,才能进行动态预测,确定证实储量。

4)其他产量动态趋势分析法

具体包括:含水率与累计产量法、含油率与累计产量法、水油比与累计产量法、水驱特征曲线法、注采关系法等,主要是利用动态指标的不同组合呈线性关系,预测油气藏未来的生产趋势,结合经济极限值,得到PD储量。这些辅助方法主要应用在递减规律不明显阶段。

3. 类比法

用于资源评价时,类比油藏具有与目标油藏相似的岩石和流体性质、油藏条件(深度、温度和压力)和驱动机理,但类比油藏一般比目标油藏的开发阶段更进一步,因此可以为解释有限的数据和评估采收率提供指导。用于证实储量评价时,类比油藏还应与目标油藏具有下列共同特征:

(1)相同的地质地层(但不必和目标油藏存在压力连通);

(2)相同的沉积环境;

(3)相似的地质构造;

(4)相同的驱动机理。

类比油藏的性质总体上不优于目标油藏。类比油藏不仅可以应用到容积法评估时采收率、泄油面积、有效厚度下限等确定之中,还可以应用在动态法方法选择、递减类型判断、递减率确定以及可靠技术等之中。

在储量评估中要重视类比油藏的建立和应用,可根据油气田实际情况考虑油藏类型、流体、驱动类型、开发方式、岩性、物性等因素逐级细分建立典型类比油藏序列。

类比油藏建立原则上按独立的开发单元(评估单元)建立,在没有符合条件的开发单元(评估单元)时,也可按试验区、井组或典型井等为单元建立。

在类比油藏建立中要根据最新资料对地质储量、最终可采量、证实储量等参数进行复核。

在证实储量评估中,为满足类比油藏的性质总体不优于目标油藏,要根据类比目的,分析对类比结果有关键影响的参数,对关键参数进行类比,确保关键参数或参数组合达到总体不优于目标油藏的要求。

四、SEC 储量的评估与披露

(一)SEC 证实储量评估

1. 扩边与新发现储量评估

扩边与新发现储量是指年度新发现的油气田、新油气藏或老油气藏扩边的油气储量。扩边与新发现储量主要采用容积法评估,评估过程中应根据 SEC 合理确定性原则,重视类比油气藏和可靠技术的应用。

1)评估对象

扩边与新发现储量评估主要包括:

(1)油气藏评价项目结束,开发方案已获得批准,有合理确定性要实施开发或已经投入开发的油气藏;

(2)截至报告期末,由于其他原因未评估,但已开发且完全投产的油气藏。

2)评估单元

扩边与新发现储量评估时,评估单元针对以下不同情形分别确定:

(1)以独立的油气水系统或油气层组划分计算单元;

(2)平面含油气范围很大时,可根据钻井控制程度细分井区或断块;

(3)同一油气水系统中存在不同岩性或物性差别较大时,应视具体情况细分单元;

(4)大型复杂岩性油气藏,各井揭示的地层厚度差别较大时,应根据实际地层分布情况,分别采用油气层组、水平切片或等厚分层法等细分单元;

(5)油气层纵向分布井段长、无法准确判定油气水系统时,应按油气层集中段细分单元,油气层集中段的最大厚度不宜超过 50m;

(6)对合同区的含油气区块,在合同区范围内按照前述原则划分评估单元。

3)评估参数

(1)含油气面积。

证实含油气面积包括:通过钻井和流体界面(如果有流体界面的话)确定的区域。

当有合理确定性判断储层连续且今后钻井可获得经济可采的油气产量时,现有开发井紧邻的未钻井区域可划为证实未开发面积;其他更远的区域,除非通过可靠技术能够证实今后钻井也具有合理确定性的经济产能,才能划为证实未开发面积。

在没有流体界面资料的情况下,最低已知烃底控制着证实储量边界线,除非另有确凿的地质、油藏工程或生产数据表明证实储量边界为其他情况。

当钻井揭示了最高已知油(HKO)深度且潜在伴生气顶存在时,只有通过地质、油藏工程或生产数据以合理确定性原则确定了较高接触面,最高已知油(HKO)深度之上的构造高部位才可确认为证实石油储量。

上市公司在评价开发过程中重视测试、测井、地震等资料的综合应用,以便提高公司储量确定性。一般情况下,测井、地震等资料解释的含油气范围,只能作为圈定 SEC 证实面积的辅助证据,不能直接用来圈定 SEC 证实面积。但是按照 SEC 新规则解释,上述技术在经过矿场试验检验并在被评价地层或类似地层中得到一致性和可重复性结果,达到 SEC 可靠技术要求时,可以作为确定流体界面或证实储量面积外推的主要依据。

未钻井区域只有在开发计划被采用,预计五年内钻井的情况下才可划定为未开发储量,除非特定情况下,证明更长的开发时间是合理的。

任何情况下,都不能将预期注入流体或者其他提高采收率技术的区域归属于证实未开发储量,除非已有相同或相似油藏证实这些技术有效,或者有通过应用其他可靠技术确定合理确定性的证据。

(2)有效厚度。

有效厚度,或称净产层厚度,属于油气藏的一部分,是指在一定的生产条件下,储层中对单井经济产量有持续贡献的层段。并不包括未经测试证实经济生产能力的差油气层和疑问层,以及最低已知烃底之下解释的油气层。

确定有效厚度需综合考虑油气藏物理特性(岩石特征、流体特性、流体饱和度、毛细管特征等)、地质(不同岩石类型的分布)和油气藏工程(驱动及开采机制、完井方式、采油工艺)等。有效厚度确定必须以单井有效厚度为基础。为确定整个油气藏的有效厚度,通常需要通过绘图的方式,把一维的单井有效厚度转换到三维的油藏空间上,从而查明油藏有效厚度平面分布。

储量评估单元(油气藏)的平均有效厚度是通过绘制单元的有效厚度等值图来求取的。有效厚度等值图展示了整个评估单元相同有效厚度值的油气层分布,也提供了整个评估单元有效厚度的分布趋势。之后就是通过对有效厚度等值图不同等值线区间进行求积。对于一个具体储量评估单元,一旦确定了证实储量边界,综合考虑各项满足合理确定性要求的油气藏参数,即可绘制用于估算证实储量的评估单元有效厚度等值图。重要的是,编绘有效厚度等值图要综合考虑所有的资料。对于证实储量估算,有效厚度等值图上的最大值应根据油气藏中钻遇有效厚度最大值的井来确定,即最大等值线的数值不能大于油气藏中现有井揭示的最大有效厚度。

(3)有效孔隙度和含油气饱和度。

测井解释油气藏有效孔隙度及含油气饱和度方程的基础是岩心分析结果和各种测井响应值(自然伽马、自然电位、电阻率、声波、密度及中子等)。利用多种以孔隙度及饱和度求取为目的的方程,通过岩心及测井资料解释,就可得到评估单元的平均孔隙度及原始含油气饱和度。所选取的方程会因测井工具以及含油气岩石类型的不同而变化。对于证实储量评估所涉及的油气藏体积而言,选择准确、全面且合理的岩石物理解释结果至关重要。

在储量评估过程中,求取评估单元的岩石物理参数通常有两种方法。一是针对孔隙度及含油气饱和度分布较为稳定的油气藏,计算净孔隙体积及净含油气体积时可直接采用净岩石体积加权平均值。第二种方法是通过绘制孔隙度及含油气饱和度等值图的方式,这种方法能更精确地描述油藏参数在空间上的分布趋势。此外,严格绘制含油气饱和度等值图能更有效表现油气藏过渡带呈现的楔形区,也就是接近油气藏底界由含油气到含水的区域。

(4)地层原油体积系数、地面原油密度及气藏温度、压力及偏差系数。

根据目标油气藏实测资料及实验室分析化验结果,选用有代表性的参数值。如果缺乏足够资料,可采用类比油气藏的参数值。

(5)采收率。

对容积法评估的储量,油气藏的采收率主要采用类比法,通过类比同类型已开发油(气)藏确定一次采收率或二次采收率。

油气藏特征涉及参数较多,选择类比油气藏时,应重点分析影响采收率的关键参数。一般来讲,影响油藏采收率的关键参数包括孔隙度、渗透率、含油饱和度、渗透率变异系数、地层原油黏度、地面原油密度、气油比、开发方式和井网密度等。影响气藏采收率的关键参数包括(但不限于)孔隙度、渗透率、含气饱和度、渗透率变异系数、地层压力、废弃压力、驱动机理和井网密度等。

上市公司要求对油气藏参数采用图示方式表达,这样有助于选取储量计算的合适值,如孔隙度和渗透率分布图、油气藏剖面图、有效厚度等值线图、开发井位图、油气水产量等开发指标变化趋势图、动态法评估图等,以便全面准确反映类比油气藏的静态地质、动态生产和储量评估状况,提高目标油气藏证实储量采收率的可靠程度。

2. PD(已开发)储量更新评估

PD 储量更新是指每年按照最新的开发生产数据和经济参数分单元对上年度 PD 储量进行评估。PD 更新在不同开发阶段,应选择适应的方法进行更新评估。开发初期评估应以容积法、物质平衡法、油藏数值模拟法为主;开发中后期评估应以递减曲线分析法或其他产量动态趋势分析法、数值模拟法、物质平衡法为主(图 6－2－3)。

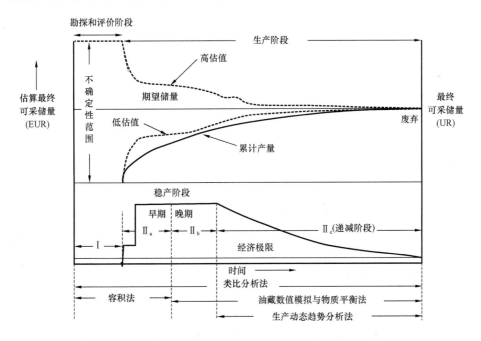

图 6－2－3　全生命周期项目不确定性和评估方法的变化(SPE－PRMS 应用指南)

1)评估对象

截至上一评估年末的 PD 储量,包括 PDP 与 PDNP(正生产与未生产),在具体评估中要

综合考虑当年 PUD(未开发)转 PD 储量。不包括当年扩边与新发现中的 PD 储量。

2)评估单元

评估单元应具有相同地质层位、相同储层岩性、相似的储层物性、相似的流体性质、相同的驱动类型、相同开发方式及相近的开发阶段等特点。实际工作中,评估单元最大为油气田级别,其他评估单元可以是单个油气藏,也可以是某个油藏内部的单一断块。此外,还可以根据开发生产实际,按开发方式、开发阶段、油气藏类型或合作方式等细化评估单元。

原开发单元若部分进行重大开发调整,如实施三次采油、转变开发方式、加密井网、精细注水及综合治理等提高采收率措施,需拆分原开发单元,每个重大调整部分应拆分成一个评估单元,剩余部分作为另一个评估单元。拆分后的单元待开发趋势一致时,可重新将这些拆分的单元合并。

3)经济极限计算

经济极限应按评估单元计算。经济极限指标有多种类型,原油储量经济极限包括极限产油量、极限含水率、极限含油率、极限水油比和极限油气比等;天然气及凝析油储量经济极限包括极限产气量、废弃压力和极限气油比等。

4)储量评估分类

具有足够生产数据,能够可靠地预测未来油藏产量时,就可以用基于生产数据的动态法进行原油 PD 储量更新评估。

开发初期,产量处于上升期或稳产期时,采用容积法、油藏数值模拟法或物质平衡法评估。

开发中后期,经过重大调整措施后,产量正处于上升期,但开发效果没有全部显现在动态产量曲线上时,由经过生产历史数据拟合的油藏数值模拟法,或类比已成功应用该项技术的相似油藏确定的采收率,计算得到 PD 储量。

开发中后期,经过重大调整措施后,产量处于下降期,但下降趋势不明显时,若出现具有足够数据点的稳定水驱规律即稳定直线段时,采用其他产量动态趋势分析法(如水驱特征曲线法)进行评估;若没有稳定水驱规律时,则按以下两种情况进行储量评估:

(1)整体加密井网调整导致储量增加的评估单元,递减率的修正可以类比具有稳定递减趋势的有代表性的区块(或井组)。

(2)局部加密井网调整导致储量增加的评估单元,加密井网区需单独评估,评估储量为PDP;未加密区已有批准的加密井网调整方案,可以类比井网加密区的采收率,评估储量为PUD 储量。

5)PDNP 储量评估与跟踪

PDNP 储量包括关井与管外储量。PDNP 储量主要类型包括:已射开未生产、市场或管线原因未生产、机械原因暂未生产等;上部接替层系或其他未射开层储量;提高采收率措施已实施但尚未见效的储量。对 PDNP 储量分类型、分单元提供未来生产计划及投资安排。

6)提高采收率储量评估

提高采收率是指在证实已开发储量区域通过改进井和设施、转换开采方式(由一次采油转为二次采油或三次采油、二次采油转为三次采油、稠油油藏蒸汽吞吐转为蒸汽驱或火烧油层等)、打加密井完善注采井网或细分层系开采等来提高原评估时确定的采收率,增加证实储量。

要通过提高采收率项目增加油气藏证实储量,必须在相同储层内有先导项目,或正式项目证明提高采收率措施在技术上和商业上都是成功的;此外,还可能要通过区内的常规商业应用证明拟用技术得到了检验。

根据这一指导原则,只有当满足以下两个条件之一时才能登记应用提高采收率技术增加的证实储量:

(1)在目标油气藏内开展了先导试验;

(2)同一油气藏或类似油气藏已实施了应用该技术的提高采收率项目。

评估单元中有部分区域开展了提高采收率先导试验,并且有明显提高采收率的效果,先导试验区可单独划分为一个新的评估单元,增加的证实储量为证实已开发储量;原评估单元剩余部分若有详细的通过实施该项提高采收率的技术方案,这部分储量可以类比先导试验区的采收率重新评估,增加的证实储量划分为 PUD 储量。

整个评估单元都采用了提高采收率技术,产量呈现上升趋势,但提高采收率效果当年没有完全显现时,可以类比评估单元内先导试验区的采收率或应用该项提高采收率技术的相似油气藏的采收率,增加证实储量,这部分证实储量界定为 PDNP 储量。

3. PUD 储量更新评估

为与开发项目的进展相匹配,上市公司 PUD 储量实行年度更新评估。具体是指在当前经济、技术及开发方案下,利用最新的地质、工程、生产动态资料及认识,对截至上一评估年度 PUD 储量的评估单元、储量级别、开发生产状态重新界定并重新评估油气证实储量。

1)评估对象

PUD 储量更新评估对象为截至上一评估年度末所有 PUD 储量。

2)评估单元

PUD 储量更新在上一评估年度 PUD 储量评估单元基础上开展,针对不同更新评估,评估单元可分为以下类型:

(1)原评估单元无开发进展或无新的地质及油藏认识的,沿用原 PUD 评估单元及开发状态;

(2)原评估单元部分投入开发的,需根据已有开发井控制范围对原单元进行劈分,并重新界定储量开发生产状态;

(3)原评估单元整体投入开发的,使用原单元或将其整体并入已有的 PD 储量评估单元,储量开发生产状态随之重新界定;

(4)原 PUD 储量范围内部分或全部计划采用提高采收率技术增加 PUD 储量的,根据已批准的开发方案所涉及的范围沿用或劈分原评估单元,开发状态保持不变。

3)评估原则

PUD 更新评估应重点遵循以下原则:

(1)应采用 PUD 单元及类比油气藏现有的地质、工程、开发与生产动态资料和认识;

(2)应采用现有的开发方案、油气价格及成本;

（3）应采用与开发生产阶段相匹配的评估方法，整体而言以采用静态法评估为主；

（4）更新后的储量类别及开发状态应与实际投资成本、开发生产状态及开发方案相匹配。

4）评估类型

（1）PUD 转 PD 储量。

按照实际进展及资料（包括类比油藏生产动态）对储量单元劈分、对开发状态重新界定，并选择相适应的方法对 PUD 及新转入的 PD 储量大小进行评估。

（2）开发状态无变化。

评估年度内没有实质性开发进展的 PUD 储量，根据最新资料及认识对储量重新评估，主要考虑的情形包括但不限于：

① 本区或邻区新的地质、开发及生产资料证实，原 PUD 储量油藏认识、储量参数有较大不确定性的；

② 开发方案包括开发与生产方式及工艺出现较大调整，导致主要储量参数（含油面积、有效厚度、采收率等）需重新确定的；

③ 原类比油气藏的实际开发生产动态与原预期发生较大变化，需重新标定采收率的；

④ 评估年度内经济条件（价格、成本）发生较大变化，储量参数（如面积、有效厚度等）标准需要重新界定的；

⑤ 其他导致储量重新计算的因素，如合资合作导致公司净权益储量发生变化、相关法律法规及政策出台后影响储量开发进程、下游油气销售合同出现较大变化的等。

（3）其他类型。

按照 SEC 规则要求，超 5 年未开发且不能提供合理解释的 PUD 储量，应予以降级或核销。

原 PUD 储量在现行技术、经济条件下达不到证实储量标准的，应予以降级或核销。

5）跟踪管理

PUD 储量跟踪管理是指以项目为对象对评估年度内 PUD 储量的开发生产、开发方案执行情况进行跟踪，还包括对 PUD 储量开发方案的实时调整和开展超 5 年未开发 PUD 储量的原因分析等。

（1）PUD 储量年度跟踪。

内容包括评估年度 PUD 储量数量，年度内 PUD 的重要变化包括 PUD 转 PD 储量的数量，PUD 转 PD 储量对应的开发井钻井及开发投资等。

（2）开发方案的跟踪。

主要是对 PUD 储量原有开发方案在评估年度实际执行情况的跟踪对比，以及对 PUD 开发方案的年度调整等。

（3）超 5 年未动用 PUD 储量的管理。

按照 SEC 规则，上市公司会对单个项目长期（距离首次登记时间已满或超 5 年）未开发的 PUD 储量的数量进行跟踪，并对继续保留较多长期未开发 PUD 储量的项目进行原因说明。

(二)SEC 净储量评估

近年来,随着公司日趋国际化,海外上游投资逐渐增多,并存在多样化投资模式。在中国国内合作项目也不断增加,需要对上述储量按不同模式开展公司净储量评估。

1. 不同财务合同下净储量评估

1)矿费制合同

通常矿费代表出租方权益,公司的权益储量中应该扣除矿费相应部分的储量。

当执行矿费制合同时,以下两种情况矿费可以包括在公司储量中:

(1)法律或石油合同未说明矿费是属于其他方的;

(2)明确定义或实际是按照税支付的矿费。

对于矿费或税以现金支付,或者理论上按实物而实际上通常按现金收取的情况,公司披露的权益储量应包括相应的矿费量,并在相应证实储量经济极限计算时,对支付的现金按生产成本处理。

但矿费是否登记储量并非完全取决于是现金支付或是实物支付。根据 SEC 规则,在美国其他方拥有的矿费无论是现金或实物支付都要从公司储量中剔除。

2)产品分成合同

SEC 对 PSC(Product Share Content,产品分成合同)合同下净储量计算在其公告中有专门说明。按照 SEC 要求,PSC 合同下净储量计算要按照经济权益方法计算。经济权益计算方法是按照 PSC 合同条款,通过计算和公司相关成本油和利润油等求得,具体评估时可通过建立反应储量相关投资成本和未来销售价值求得。评估中油价要取证实储量评估油价(图 6 - 2 - 4)。

3)风险服务合同

风险服务合同可以以矿费制或产品分成合同形式表现。公司净储量计算可依据合同具体财务结构分别按矿费制或产品分成合同计算净储量。

2. 净储量计算其他问题

1)新合同模式下净储量评估

对于新的合同模式、特殊或不确定情况下净储量评估要通过公司储量审计师团队讨论,并形成文字意见,最终由公司上市油气储量领导小组确定。

2)许可证和合同期限延长

在中国国内目前法制体系下,根据长期历史记录,上市公司许可证期限自动延长具有合理确定性,因此,对上市公司中国国内的证实储量评估时可以延长到目前许可证期限以外,但上市公司储量审计师团队每年要根据国家法制变化及实际情况进行讨论,形成具体延长要求,指导上市公司储量评估。

(三)SEC 储量价值评估

1. 证实储量产量预测

对于油气证实储量资产的产量预测,SEC 并没有提供具体的方法或计算过程。依据 SEC 证实储量的要求,产量预测的结果同样也应具有"合理确定性",即未来实际的产量达到预测值的可能性极大。

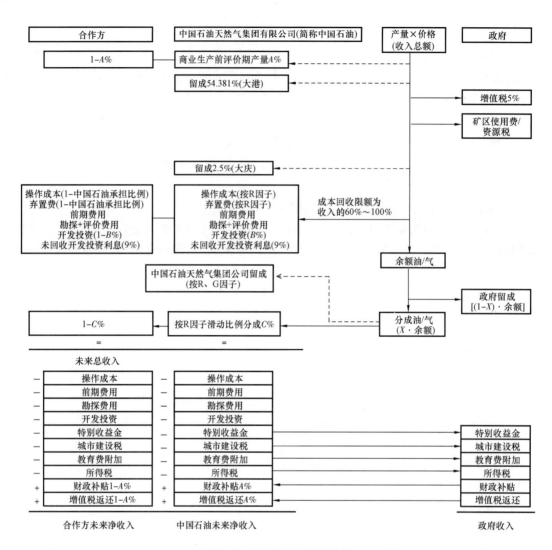

图 6-2-4　PSC 合同流程图

通常对于成熟正生产的油气资产证实已开发(PD)储量,通过分析历史油气产量随时间变化趋势,形成产量递减曲线,PD 储量的产量预测即可完成。对于另外一些资产,其历史油气产量随时间趋势分析结果不适合进行未来产量预测时,开展产量预测就应综合考虑多种因素,如:试油试采资料、成熟已开发的类比油藏的产量趋势、其他已有的工程及地质资料等。

油气总证实储量的产量预测除了要参考类比油藏的产量趋势外,需要充分结合油气田总体开发方案、油气田现有或待建地面基础设施处理能力、油气管输能力、天然气销售合同以及天然气收缩率等多方面因素。

2. 证实储量经济评价

1)经济评价参数

数据收集是储量经济评价的关键方面,经济评价要求的主要数据如下:

（1）每项 PD 储量和总证实储量,预测的总产量、未来经营成本和资本成本（开发和废弃成本）;

（2）与折旧和未回收的成本余额等有关的财务和会计资料;

（3）与 SEC 规则要求一致的产品价格。

2）经济评价过程和结果

每个资产的经济评价通常要求两项预测:

（1）总 PD 储量和相关的经营成本和开发/废弃成本预测;

（2）全部总证实储量和相关的经营成本和开发/废弃成本预测。

经济评价的主要结果是与总储量对应的净储量及其未来净现金流。根据经济评价计算的所有净储量必须满足经济生产能力要求,即:

在报告日期以后,对 PD 储量和证实储量所做的每项预测所产生的总的未贴现现金流必须是正值;

总证实储量对应的未贴现净现金流与总证实已开发储量对应的未贴现净现金流之差必须是正值,这个差值是证实未开发储量对应的未贴现净现金流。

如果上市公司对资产的废弃成本负有责任,每个资产的证实已开发储量和总证实储量的经济评价必须包括废弃成本。这里所定义的废弃成本是指扣除了残值以后的废弃成本。

对于完全已开发资产（该资产没有 PUD 储量）,要评估未来产量的经济性,必须进行两项核查:（1）确保 PD 储量的总未贴现未来净现金流为正（不考虑废弃成本）;（2）确保各年度 PD 储量的未贴现未来净现金流为正（不考虑废弃成本及开发投资）。

对于评估的 PUD 储量,要评估其经济性,与之有关的废弃成本必须予以考虑,确保储量未来总未贴现净现金流为正（即经济生产能力测试）;对于各年度而言,要确保各年度的未贴现未来净现金流为正（不考虑废弃成本及资本成本）。

经济评价结果包括:未来现金流入,未来未贴现净现金流及以 10% 贴现的净现金流的净现值。这些值用来计算贴现净现金流的标准化测算（SMV）。

在每个财年结束,根据上市公司拥有净权益的总证实油气储量进行现金流评价,净现金流以表格的形式披露给 SEC。这些组成部分综述如下:

未贴现未来净现金流 = 未来现金流入 - （未来开发、废弃和开采成本）- 未来所得税额

$$(6-2-1)$$

截至报告期末（即 12 月 31 日）贴现净现金流的标准化测算（SMV）=

未贴现未来净现金流 - 10% 的贴现 　　　$(6-2-2)$

式（6-2-1）和式（6-2-2）中每个组成部分的含义如下。

未来现金流入:是指未来上市公司的总收入。

未来开采成本:是指未来经营成本、用现金支付的矿区使用费和生产税之和。

未来开发和废弃成本:是指开发投资和废弃成本。

所得税前未来净流入:未来现金流入与上述未来成本之差。

未来所得税额:按所得税率计算的公司所得税额。

未贴现的未来净现金流:所得税前未来净流入与未来所得税额之差。

10% 贴现:贴现前的未来现金流与贴现净现金流的标准化测算之差。

贴现净现金流的标准化测算(SMV):截至报告期末(年末 12 月 31 日)以 10% 贴现的净现金流净现值。

(四)储量合并与披露

1. 储量合并

SEC 证实储量评估均采用确定性方法,因此不同等级储量要求采用算术和进行合并。

SEC 证实储量合并要同时满足储量内部管理和外部披露的需要。

按照 SEC 披露要求,上市公司证实储量首先划分为合并报表证实储量和权益证实储量两类,同时公司要单独披露储量超过公司总储量 15% 以上的国家或大洲。在以上分类基础上,根据披露需要,在地区、国家或大洲等层次进行合并。同时为满足内部储量管理需要,证实储量要在下属公司、油田、资产或项目级别合并形成主要变化历史记录。

2. 储量披露

上市公司证实储量对外披露要按照内控管理流程,在下属公司技术审查的基础上,经公司上市油气储量领导小组审查确认,报公司董事长批准后方可按流程统一对外披露。

储量披露口径统一按 SEC 规则评估的证实储量披露,披露内容和格式要符合不同上市地监管要求。其中,按 SEC 规则要求,在 20 - F 年报披露中,与储量相关的内容一般包括:

(1)按产品、储量状态及变化等对近三年储量列表披露;

(2)对于总证实储量占本公司总证实储量 15% 或以上的下属公司或机构,应在表格中分别披露;

(3)对 PUD 储量变化及 5 年以上未开发原因进行说明;

(4)披露本公司储量内控及第三方评估或审计报告;

(5)披露与储量相关的产量、价格、成本及钻井、勘探开发活动及资产等情况;

(6)披露与证实储量相关的贴现未来现金流标准化度量结果(SMV)及其主要变化。

五、大庆油田 SEC 储量评估

自 2000 年上市以来,大庆油田针对自身油气藏类型及驱替方式复杂的特点,在遵守 SEC 准则的基础上,不断创新发展适合自身特色的评估技术,成为 SEC 准则评估方法的有效补充,支撑了大庆油田 SEC 储量的精细科学评估。

(一)PD 储量评估技术

1. 常规水驱评估

大庆喇萨杏油田已经进入高含水后期开发阶段,油水关系复杂。为了保持稳产,每年都会进行井网加密、层系井网调整,同时还会实施大量的油水井调整措施,这些工作量的实施会导致某个油田或区块总的产油量不会呈现明显的递减规律,无法直接用递减法进行储量评估。为此,在 Arps 递减公式中引入了井数和产液量对递减公式进行修正,解决井数和产液量变化条件下总产量递减规律不明显,无法直接用递减法评估的实际困难。主要定义了两种修正递减类型,并给出了不同开发模式下递减率适用方法(表6-2-1)。

平均单井递减率:产量与井数比值。适用于井数变化条件下,总产量递减趋势不明显情形。

修正液量递减率:产量与液量比值。适用于液量变化条件下总产量递减趋势不明显情形。

修正递减公式为:

$$D = \left(k \frac{q_\circ}{a q_1} \right)^n \qquad (6-2-3)$$

式中　D——修正递减率;

　　　k——常数;

　　　$q_\circ$——产油量,10^4t;

　　　q_1——产液量,10^4t;

　　　a——油井数,口。

表6-2-1　不同开发模式下递减率确定方法

模式	情形	递减率关系	产油量递减率	含油率递减率	平均单井递减率
模式一	液量稳、井数稳	油井数 a 和产液量 q_1 保持稳定,则总递减率 D 等于修正递减率 D_1	适合	适合	适合
模式二	液量稳、井数增加	在油井数不断增加的情况下,递减率 D 小于平均单井递减率 D_1			适合
模式三	液量稳、井数下降	在油井不断关井的情况下,总递减率 D 大于平均单井递减率 D_1	适合		
模式四	井数稳、液量增加	在提液模式下,总递减率 D 小于含油率递减率 D_1		适合	
模式五	井数稳、液量下降	在降液模式下,总递减率 D 大于含油率递减率 D_1,此时应取含油率递减率 D_1	适合		

2. 三次采油评估

三次采油技术目前已成为大庆油田提高采收率的主体技术。由于三次采油开发规律变化与水驱差异较大,不能直接用递减法进行 SEC 储量评估。而数值模拟法虽然可以用来评估三次采油的 SEC 储量,但由于其建模复杂且周期长、历史拟合工作量大等,也使其应用受到了一定的限制。因此,应用78个已进入后续水驱的区块,建立了不同类型油层、不同驱替方式三次采油阶段采出程度与注聚合物前含水率的关系,其中:

北部一类油层:

$$Y = -0.6694X + 82.93 \qquad (6-2-4)$$

南部一类油层:

$$Y = -1.2593X + 137.99 \qquad (6-2-5)$$

北部二类油层:

$$Y = -0.4793X + 63.31 \qquad (6-2-6)$$

三元复合驱:

$$Y = -4.4768X + 449.65 \qquad (6-2-7)$$

式中 Y——聚合物驱阶段采出程度,%;

X——注聚合物前含水率,%。

通过上述关系式,在已知区块注聚合物前含水率的条件下,代入上述 4 个计算公式,就可以快速预测聚合物驱阶段采出程度。

(二)扩边新发现储量评估

1. 常规油含油面积合理圈定

针对井控程度较低、未达到提交 PUD 储量标准的区块,综合应用砂体地震预测技术、油藏精细分析技术等可靠技术,构造油藏等采用砂体定性预测、砂体定量预测及油水界面识别"三步法",岩性、断层—岩性油藏等采用砂体定性预测、砂体定量预测"两步法",精细刻画油藏边界,实现常规油含油面积合理圈定。

(1)储层定性预测。地震属性指的是那些叠前或叠后地震数据中所包含的几何学、动力学、运动学或统计学特征。它是地震资料中可描述的、可定量化的特征,并可以与原始资料以相同的比例显示出来。地震属性代表了原始地震资料中所包含的总信息的子集。然而,多数有效属性并不是独自存在的,事实上它们是以不同的方式来表示有限的几个基本属性。成功应用属性的关键在于选择最适当的属性。另外,用属性进行统计分析必须在理解其意义的基础上进行,不能基于简单的数学关系。

(2)储层定量预测。利用提取的振幅类和频率属性,采用基于地震属性分析的神经网络技术进行储层砂体预测,完成上砂岩组和中砂岩组砂岩厚度的预测。

(3)油水界面识别。以双城油田双 68 区块为例,整体上位于双城凹陷南洼陷西部隆起带上,构造形态为断背斜,层状构造油藏特征明显,总体表现为上油下水,各断块具有独立的油水系统,油水界面随构造的抬升而升高,油藏类型为边水驱动的断层复杂化的层状构造油藏,应用油藏精细分析技术,落实了每个断块的油水界面,明确了油藏的规模。在充分论证油藏连续性和油水界面识别的基础上,实现连片圈定含油面积。

2. 致密油含油面积合理圈定

圈入含油面积内井的产量都应达到储量起算标准,但受地面等因素影响,部分井未进行试油或未达工业产量,无法评估 SEC 储量,通过应用类比法、强度法论证单井产量,实现致密油圈定含油面积。以肇州油田州 254 区块为例:

类比法:肇州油田州 254 井区,州 2531 井未试油、州 603 - 4 井 2014 年应用常规压裂技术试油未达工业产量,通过应用类比法,类比周边井的测井、录井、大规模压裂井试油资料,考虑油藏特征、原油物理性质、工艺技术条件相似性,根据产能计算方程,结合大型水力压裂中产生有限导流垂直裂缝储层的产能估算公式,科学预测了单井产量。州 2531 井、州 603 - 4 井的试油产量分别为 7.7t/d、6.4t/d(表 6 - 2 - 2)。

$$q = J\Delta pH \qquad (6 - 2 - 8)$$

式中　q——日产油,t;

　　　J——比采油指数,t/(d·MPa·m);

　　　Δp——生产压差,MPa;

　　　H——有效厚度,m。

$$q = \frac{h\ \sqrt[4]{\omega_f K_f}\ \sqrt{\phi\mu K C_t}}{6.2164 \times 10^{-3}\mu B \sqrt[4]{t}}\Delta p \qquad (6 - 2 - 9)$$

式中　K_f——裂缝渗透率,D;

　　　ω_f——裂缝的宽度,m;

　　　μ——液体黏度,mPa·s;

　　　C_t——综合压缩系数,MPa^{-1};

　　　ϕ——地层孔隙度,%;

　　　t——投产时间;

　　　B——体积系数;

　　　K——地层渗透率,D。

表 6 - 2 - 2　肇州油田州 2531 井、州 603 - 4 井产量预测依据表

类别	井号	解释序号	射孔井段(m)	砂岩厚度(m)	有效厚度(m)	静压(MPa)	流压(MPa)	日产油(t)	生产压差(MPa)	采油指数(t/MPa)	比采油指数[t/(MPa·m)]	孔隙度(%)	饱和度(%)
类比井	肇 51 - 斜 35	5~9	1802.8~1890.8	16.0	8.7	20.69	2.50	9.6	18.19	0.5279	0.0607	13.3	58.1
	肇 71 - 斜 25	1~3,5~6	1701.0~1798.0	16.6	10.1	19.60	2.50	13.6	17.10	0.7953	0.0788	13.3	58.3
	肇 4001	4,6~8	1775.6~1864.4	14.6	7.3	20.38	2.50	6.3	17.89	0.3523	0.0483	12.9	56.6
	肇 64 - 50	10~12	1890.4~1918.0	19.0	9.3	21.28	2.50	4.3	18.78	0.2290	0.0246	11.9	53.6
	肇 60 - 60	8,10~11	1924.4~1987.8	16.2	11.2	21.88	2.50	3.1	19.38	0.1599	0.0143	11.3	50.9
	肇 69 - 斜 32	9,11,16,20	1706.7~1848.6	24.2	13.4	19.94	5.40	18.2	14.54	1.2521	0.0934	11.4	51.4
	肇 76 - 斜 54	7,9~10,14	1832.2~1959.4	15.2	9.1	21.34	2.87	13.1	18.47	0.7094	0.0780	12.9	56.7
	肇斜 4002	11~12,14	1809.3~1858.9	5.0	2.6	20.50	2.02	0.4	18.48	0.0216	0.0083	13.5	55.8
	州 2532	7~9	1678.6~1723.2	8.0	5.0	19.04	0.90	1.1	18.14	0.0628	0.0126	15.0	63.5
	肇 60 - 斜 48	6,13~15	1823.2~1885.5	17.0	10.4	20.72	5.55	14.5	15.17	0.9558	0.0919	13.4	58.8
目标井	州 2531	7,12,14	1686.4~1760.2	13.2	8.6	19.43	2.50	7.7	16.93	0.6323	0.0735	13.6	56.2
	州 603 - 4	11,13	1786.4~1809.8	11.6	7.2	20.50	2.00	6.4	18.48	0.0216	0.0083	13.6	57.7

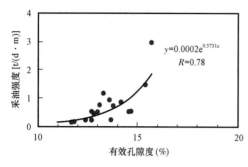

图 6 - 2 - 5   三肇地区扶余油层产能预测图版

强度法：为了科学合理预测未生产井的单井产量，对三肇地区扶余油层开展了产能预测图版研究，选取了类似储层的有效孔隙度和采油强度交会形成产能预测图版，确定了三肇地区有效孔隙度与采油强度的关系，从而预测单井产能（图 6 - 2 - 5）。利用该图版对州 2531 井、州 603 - 4 井进行产能预测，预测产量分别为 6.8t、5.8t，类比法与强度法两种方法预测结果相近，可应用于含油面积圈定结果论证。

3. 复杂断块含油面积合理圈定技术

海塔盆地属于强构造活动形成的断陷型盆地，具有多期次断裂、多物源沉积、多成因成藏的特点，与大庆长垣及外围盆地的砂岩油藏相比，发育砂砾岩、凝灰质、裂缝性储层等储集空间类型，形成了断层控藏机制的断块油藏、孔缝控藏机制的裂缝油藏等复杂类型油藏。

1）断块油藏

断块油藏 SEC 储量含油面积的合理确定：断层发育带及附近是油藏主要发育区，断层是控制含油边界的重要因素。海拉尔盆地断层发育情况统计表明，6 个油区的断层密度 1.0 ~ 3.4 条/km²，平均 1.7 条/km²，断层最大垂向断距以 20 ~ 100m 为主，占 60% ~ 70%，水平断距以 20 ~ 100m 为主，占 90%；根据断层活动时间、规模和对构造沉积控制作用，主要发育 3 ~ 6 级断层，在油气运聚过程中发挥着运移、遮挡、调节作用，因此，不同级次断层作为边界时的含油面积圈定方法不同。

断块油藏的单元划分原则。对于独立的断块油藏，依据断层及油藏边界划分储量单元；对于多断块组成的大型断块油藏，考虑断层发育级别及控制作用，按四级以上控藏断层为划分依据，将相似地质条件的小断块群划分为同一储量单元。

断层边界的合理性确定方法。海拉尔盆地储量单元油层跨度 50 ~ 100m，断层断距一般 25 ~ 30m，以小于 50m 为主，油源断层和控凹断层断距大于 100m；因不同类型断层对油藏控制作用差异，其两侧油层发育状况不同，分析了三种类型断层边界的确定方法。

同沉积断层边界的确定。同沉积断层通常为沟通烃源岩的油源断裂，是油气成熟期运移通道，成藏后静止，转化为封闭遮挡断层，垂直断距和水平断距一般大于百米，控制着地层沉积及油藏分布。同沉积断层两侧均发育油层，且上下盘油层厚度不等，断层断距远远大于油层厚度，证实储量含油面积断层边界的位置依据上下盘油层厚度半幅点位置和断层倾角确定。

遮挡型断层边界的确定。遮挡型断层通常为三级、四级断层，在油气成熟期断层活动处于静止期，将运移到此油气遮挡在附近的构造、岩性圈闭内，垂直和水平断距中等，控制着油藏边界。断层下盘单侧发育油层，断距可大于（或小于、等于）油层厚度，证实储量含油面积断层边界的位置依据下盘油层厚度半幅点位置和断层倾角确定。

渗透型断层边界的确定。渗透型断层一般为低级序断层，断层规模小，垂直和水平断距小于 20m，不具备控藏作用，可对不同断块内油水重新分布有一定调节作用。断层两侧均可发育油层，断距一般小于油层厚度，当下盘油层厚度 H_1 等于上盘油层厚度 H_2 时，证实储量含油面积断层边界的位置分别依据下盘的上断点、上盘的下断点圈定面积,当下盘油层厚度 H_1 与上盘油层厚度 H_2 不相等时,采用同沉积断层和遮挡型断层圈定上下盘含油面积边界的方法。

2)裂缝油藏

裂缝油藏 SEC 储量含油面积的合理确定:海塔盆地在苏德尔特油田、贝中油田、塔 19 油田等发育特殊类型的潜山油藏证实储量,油藏以孔隙—裂缝双重介质为储层,连通的裂缝网络控制着油层的分布,该类油藏的证实储量含油面积圈定取决于裂缝储层发育程度的可靠性。

裂缝油藏单元划分原则:裂缝潜山油藏分为块状和不规则两种类型,对于块状裂缝潜山油藏,油藏内部相互连通,以同一油水系统的油藏边界为依据划分储量单元;对于不规则裂缝网状油藏,以裂缝发育均衡程度及控藏断层为依据划分平面储量单元,纵向储量单元以裂缝发育段划分。

裂缝油藏含油面积圈定方法:依据块状潜山油藏和不规则层状潜山油藏的发育特点确定含油面积。对于块状潜山油藏,类比构造油藏圈定依据,以油藏底界(LKH)的油水界面构造深度作为证实储量含油面积边界。对于不规则网络状裂缝油藏,平面不受砂体和井距限制,依据测井、地震可靠技术预测裂缝网络发育程度,将起算厚度以上的连通裂缝网络储层作为证实储量含油面积边界。

(三)储量优化评估技术

SEC 储量同时受经济因素和开发因素影响,经济因素主要包括油价、成本等,开发因素主要包括资源品质、开发水平等,且不同因素在不同油价下敏感点不一样,对储量的影响程度不同。

油价与储量的关系:随着油价上升,储量增加。油价越低,PD 储量对油价变化越敏感。

操作成本与储量的关系:随着成本增加,储量减少。油价越低,PD 储量对成本变化越敏感。

初产与储量的关系:随着评估初始点增加,储量增加。不同油价下,初始点变化引起的储量绝对值变化差别不大。

递减率与储量的关系:随着递减率增加,储量减少。高油价下,由于储量基数大,递减率变化引起的储量绝对值变化更大。

在不同的油价情景下,应根据各因素的敏感性,以及各评估单元对不同因素的敏感性,找准评估的重点单元,实现储量的精细优化评估。

第三节　油气可采储量计算软件

大庆油田具有驱替方式多样、油藏类型复杂的特点,在油田的不同开发阶段,始终坚持创新,不断发展可采储量评价特色技术和辅助方法,形成了既立足于石油天然气行业标准,又具有"大庆特色"的可采储量评价技术体系。面对着日益庞杂的评估单元和数据,经过近 10 年的不断研发和完善,大庆油田建立了适应油气两种资源、满足国内和 SEC 两种口径的储量计算软件,极大提高了储量工作效率和成果水平。

一、软件开发历程

国外的储量评价有专门咨询机构,并建立了一套系统的、规范的、高效运作的储量评价体系。例如美国的 D&M 公司、加拿大的 Saproule 公司都是国际著名的咨询机构。各咨询机构都应用一套完善的储量计算标准和规程,并拥有一套先进的储量评价软件。

国内的中国石油、中国石化等石油企业均在发展自己的储量评价方法和技术,国内油田的年度新增可采储量标定工作,得益于各油田多年的评估经验积累和评估方法改进,已经形成行业标准;中国石油上市储量评估得益于 D&M 公司的多年辅导,通过不断的学习和积累,目前中国石油的上市储量评估逐渐转向自评估。在储量评估方法趋于稳定成熟的同时,国内各大石油企业也在不断探索开发自己的储量评价软件系统,以期达到储量评价工作的系统化、标准化及提高工作效率的目的。

大庆油田是我国陆上第一个大型砂岩油田,经历过多次加密、三次采油开发,分阶段稳产时间长,形成了一整套可采储量评价技术及特色技术。大庆油田也一直在积极探索可采储量评价软件的研发工作,2011 年,中国石油天然气股份有限公司勘探与生产公司储量处给大庆油田下发了"油气可采储量计算软件研究"设计生产项目,软件正式开始分阶段研发。

第一阶段(2011—2013 年):囊括原油可采储量计算行业标准所有方法,满足国内原油可采储量标定工作需求。

第二阶段(2014 年):增加天然气可采储量计算行业标准所有方法,满足国内天然气可采储量标定工作需求。

第三阶段(2015 年):增加 SEC 储量动态评估法,增加价值评估功能,满足上市储量评估基本需求。

第四阶段(2016 年):增加类比油气藏功能模块、PUD 储量价值评估功能,满足类比油气藏和 PUD 管理工作需求。

第五阶段(2019—2020 年):增加多曲线对比、历史可采储量倒推、PSC 产量分成合同功能模块、聚合物驱可采储量评价方法等功能模块。

经过几年攻关和快速开发,大庆油田成功研制了中国石油首款自主知识产权的,具备两项功能(可采储量标定、SEC 储量评估),适应两种资源(原油、天然气)的软件评估系统(PRES),在中国石油部分油田及大庆油田公司内部得到较好的应用,工作效率提高 2 倍以上,提高了储量的评价精度和管理效率。

二、软件基本功能

该软件项目以行业标准为基础,涵盖油气可采储量计算行业标准中的所有计算方法,考虑可采储量标定及上市储量评估工作的实际需要,建立了以基础数据模块、可采储量评价方法模块、图形处理模块及报表输出模块为主的软件系统。与国内外同类软件相比,界面布局清晰易用、内部算法先进、特色功能明显,形成了技术、经济可采储量计算一次完成,静态法预测产量剖面、水驱特征曲线微分法预测等关键技术。

该软件主要有以下几项功能:

（1）开发了图形操作时的多指标优选拟合段功能,通过结合油井产液量、开井数等指标进行拟合段综合选取,提高了可采储量评价的可靠性。

（2）创建了水驱特征曲线微分法预测功能,解决了水驱曲线法计算可采储量无法同时输出产量剖面的问题,该方法领先于国内外同类软件。

（3）实现了静态法标定时的产量预测功能,提高了运用静态法标定时进行经济可采储量预测的合理性,是一项创新性的成果。

（4）软件提供历史数据加载功能,方便用户对以往保存的标定结果进行对比分析。

（5）递减曲线的预测段动态数据随动显示、支持多次剪断,实现可采储量的分段预测,极大地满足了用户的实际需求。

（一）原油可采储量评价功能

根据原油技术可采储量和经济可采储量计算方法和技术流程,开发了国内原油可采储量计算功能模块,共计 5 类 33 种方法(图 6 - 3 - 1)。

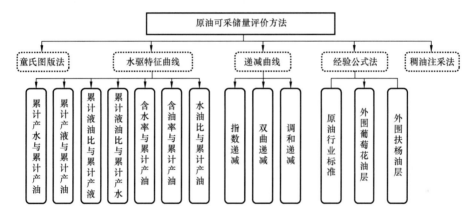

图 6 - 3 - 1 原油可采储量评价方法

（二）天然气可采储量评价功能

按照天然气评估方法的计算流程,设计了天然气的技术可采储量、经济可采储量计算功能模块。其中包括弹性二项法、改进衰减曲线法等 7 类 13 种评估方法(图 6 - 3 - 2)。

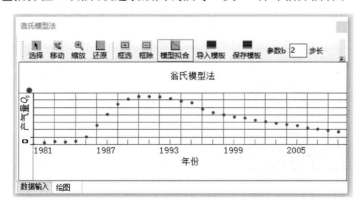

图 6 - 3 - 2 天然气可采储量评价方法

(三)PUD 储量管理及价值评估功能

根据 PUD 管理及价值评估的实际需求,进行了相关技术流程设计,形成了 PUD 储量管理及价值评估功能模块(图 6 – 3 – 3)。

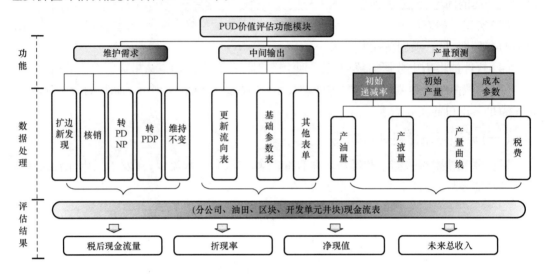

图 6 – 3 – 3　PUD 储量评估功能模块

(四)类比油气藏功能

对于类比油气藏功能,设计了简单易用的功能界面,采用 Fisher 判别分析方法建立分类油层判别函数,采用数组相关性分析方法选择与目标油藏最为相似的类比油藏(图 6 – 3 – 4)。

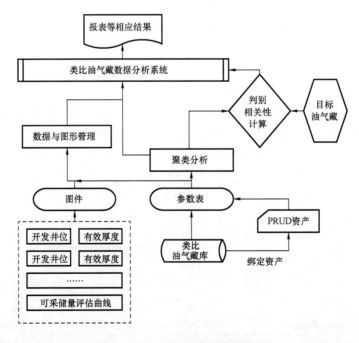

图 6 – 3 – 4　类比油藏功能流程图

（五）PSC 权益储量计算功能

1. 基础参数

控制条件：主产品相、评估时间、评估期（合同期）、评估截止条件。

设定参数：弃置费用费率、成本进项比例、建设期、流动资金等。

2. 导入产量表、投资成本费用表

产量预测表：油井数、水井数、年产油量、年产液量、年注水量等。

产品价格表：油价（阶梯油价）、汇率、商品率等。

投资成本费用表：前期费用、勘探投资、建设投资、弃置费用等。

3. 合同条款规定

投资费用回收：回收比例、是否回收。

税收条款：财政补贴、增值税返还、企业所得税等。

产量分配条款：资源方先期留成、固定比例、可变比例（R 因子等）。

4. 现金流量表

现金流入：营业收入、销项税额、增值税返还等。

现金流出：前期费用、勘探投资、开发投资、弃置费用等。

计算指标：投资财务内部收益率、财务净现值、投资回收期。

5. 利润表

营业收入：油气产品收入。

总成本费用：油气生产成本、管理费用、财务费用、营业费用。

计算指标：项目总投资收益率。

（六）聚合物驱可采储量计算功能

目前以大庆油田为代表的三次采油技术趋于成熟，但聚合物驱可采储量评价技术尚未形成软件化，考虑在原油可采储量计算评价平台的基础上，纳入聚合物驱可采储量计算功能，为三次采油可采储量评价提供有力的技术支撑。对聚合物驱已完成的区块进行地质和开发分类，设计聚合物驱可采储量计算主程序界面（图 6 - 3 - 5）。

（七）折旧折耗一体化计算功能

研发了折旧折耗一体化计算功能模块，能实现各单元储量折耗快速一体化测算（图 6 - 3 - 6）。

三、软件在大庆油田可采储量标定中的应用

该软件采取边研发、边完善、边应用的方式迭代开发。自软件研发以来，在大庆油田研究院、采油厂，甚至在中国石油内部其他油田分公司都得到广泛应用，在可采储量标定、开发指标预测等工作上极大提高了工作效率。

以油田常用的累计产水—累计产油关系曲线为例来展示喇嘛甸中块水驱一次井网的可采储量评价。首先点击【资产管理器】，找到评价资产节点，然后点击【可采储量评估（T）】菜

单,依次选中【水驱曲线法】—【累积产水—累积产油】(图 6-3-7),通过点击【框选】按钮来选取具有直线段的拟合点,然后点击【拟合】按钮,结果框就会自动显示出来。结果框的内容包括拟合起始时间、结束时间、拟合斜率、截距、拟合度、技术可采储量等相关参数,在图形功能操作框的下方有预测结果参数显示,可以按月和按年显示,并且可以导出到 Excel 表或数据库,过程结束后可以点击【保存数据】按钮进行标定结果临时保存,至此水驱曲线法评估完成(图 6-3-8)。

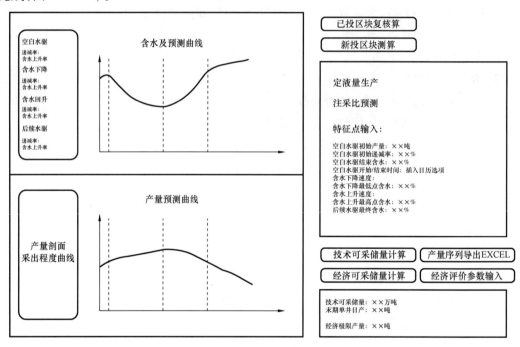

图 6-3-5　聚合物驱可采储量计算模块

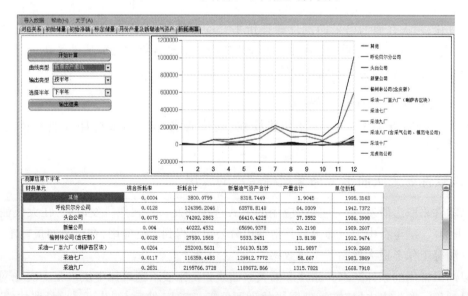

图 6-3-6　折旧折耗一体化计算模块

214

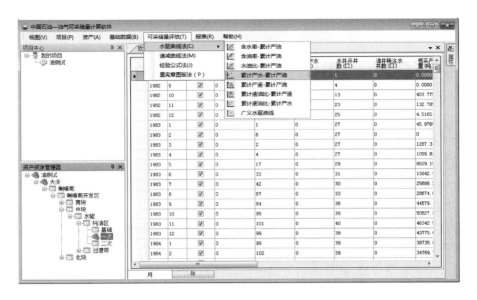

图 6 - 3 - 7　水驱曲线法评估资产节点及基础数据

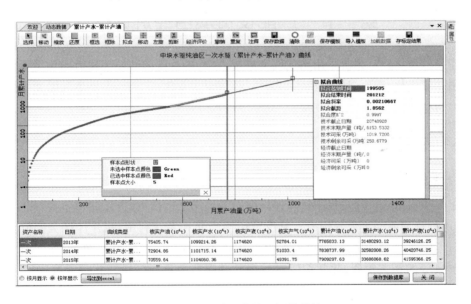

图 6 - 3 - 8　水驱曲线法评估结果

参 考 文 献

[1] 俞启泰.几种重要水驱特征曲线的油水渗流特征[J].石油学报,1999,20(1):56 - 60.

[2] 俞启泰.使用水驱特征曲线应重视的几个问题[J].新疆石油地质,2000,21(1):580 - 611.

[3] 刘世华,谷建伟,杨仁锋.高含水期油藏特有水驱渗流规律研究[J].水动力学研究与进展(A 辑),2011,26(6):660 - 665.

[4] 李丽丽,宋考平,高丽,等.特高含水期油田水驱规律特征研究[J].石油钻探技术,2009,37(3):91 - 94.

[5] 冯其红,王相,王波,等.非均质水驱油藏开发指标预测方法[J].油气地质与采收率,2014,21(1):36 - 39.

第七章　油田开发规划经济评价技术

　　油田开发规划经济评价技术是综合应用技术经济学、油藏工程以及数理统计等方法,对油田不同开发方案的经济可行性与合理性进行测算、论证和分析,以及方案优选的过程,最终实现规划指标体系与经济效益最佳组合的目的。开发规划经济评价涉及产能投资项目经济评价、开发规划方案价值评估等内容。由于油田开发工程具有投资大、投资回收期长和风险高等特点,经济评价工作需贯穿于油田开发的全过程。

　　本章介绍"十二五"以来,在油田开发经济评价方面开展的技术研究及取得的成果,重点对产能投资项目经济评价、开发规划方案价值评估以及形成的化学驱效益评价方法进行了阐述和说明。

第一节　产能投资项目经济评价

　　产能投资项目经济评价采用贴现现金流量法[1],随着国内外经济和市场环境变化、投资管理体制持续优化,需要根据财税体制调整、经营模式变化、安全环保要求等因素变化,相应地对评价指标和标准进行修改完善。

一、经济指标测算

(一)总投资

　　新建产能项目总投资是指项目在评价期所需要的全部投资,包括建设投资、化学药剂费用、建设期利息和流动资金等构成。总投资包括新井和老井利用,新井计算全部投资,老井扣除折旧考虑净值,不包括科研攻关费用。井网多次利用时考虑原井网、新井网、补孔作业及地面改造等的相关投资,化学剂配制站等公共投资要进行分摊。总投资按式(7-1-1)计算。

$$I_{tz} = I_{js} + I_{jw} + I_{lx} + I_{ld} \qquad (7-1-1)$$

式中　I_{tz}——总投资,万元;

　　　I_{js}——建设投资,万元;

　　　I_{jw}——化学剂费用,万元;

　　　I_{lx}——建设期利息,万元;

　　　I_{ld}——流动资金,万元。

　1. 建设投资

建设投资按工程内容可划分为开发井投资和地面建设投资两部分。

$$I_{js} = I_{kj} + I_{dm} \qquad (7-1-2)$$

式中　I_{kj}——开发井投资,万元;

$\quad\quad I_{dm}$——地面建设投资,万元。

1)开发井投资

开发井投资指从钻前工程至试油工程结束的全部工程,包括钻井投资、射孔投资和压裂投资,井网多次利用时还包括封堵及补孔投资,按式(7-1-3)计算。

$$I_{kj} = I_{zj} + I_{sk} + I_{yl} + I_{fb} \qquad (7-1-3)$$

式中　I_{zj}——钻井投资,万元;

$\quad\quad I_{sk}$——射孔投资,万元;

$\quad\quad I_{yl}$——压裂投资,万元;

$\quad\quad I_{fb}$——封堵及补孔投资,万元。

钻井投资按每米进尺定额和总井深计算。

$$I_{zj} = D_{jc}H_{js}M_{xj} \qquad (7-1-4)$$

式中　D_{jc}——每米进尺定额,元/m;

$\quad\quad H_{js}$——平均井深,10^4m;

$\quad\quad M_{xj}$——新井井数,口。

压裂投资可按式(7-1-5)计算。

$$I_{yl} = D_{yl}M_{yl} \qquad (7-1-5)$$

式中　D_{yl}——压裂定额,万元/口;

$\quad\quad M_{yl}$——压裂井数,口。

封堵及补孔投资可按式(7-1-6)计算。

$$I_{fb} = D_{fd}M_{fd} + D_{pk}M_{pk} \qquad (7-1-6)$$

式中　D_{fb}——封堵定额,万元/口;

$\quad\quad M_{fb}$——封堵井数,口;

$\quad\quad D_{pk}$——补孔定额,万元/口;

$\quad\quad M_{pk}$——补孔井数,口。

2)地面工程投资

地面工程是指从井口(采油树)以后到商品原油天然气外输为止的全部工程。地面建设工程投资估算可根据研究深度采用相应的投资估算方法。在规划设计阶段和油藏方案设计阶段,可以采用单井地面建设投资扩大定额法,计算公式如下:

$$I_{dm} = D_{dm}(M_{xj} + M_{lj}) \qquad (7-1-7)$$

式中　D_{dm}——单井地面建设投资定额,万元/口;

$\quad\quad M_{lj}$——利用老井数,口。

在地面方案设计阶段以及可行性研究阶段需进行详细估算。地面工程投资包括工程费用、工程建设其他费用、预备费,按式(7-1-8)计算。其中工程费用包括集输、井口设备注水、供电、道路系统、供排水投资以及老井利用、地面改造等投资;工程投资按式(7-1-9)计算;其他投资应用式(7-1-10)计算。预备费应用式(7-1-11)计算。工程费用中的配制站和注入站投资的分摊分别按式(7-1-10)至式(7-1-12)计算。

$$I_{dm} = I_{gc} + I_{qt} + I_{yb} \qquad (7-1-8)$$

式中　I_{gc}——工程费用,万元;

　　　I_{qt}——工程建设其他费用,万元;

　　　I_{yb}——预备费,万元。

$$I_{gc} = I_{js} + I_{tx} + I_{gz} + I_{gd} + I_{wc} + I_{dl} + I_{ps} + I_{dq} + I_{dg} + I_{zp} \qquad (7-1-9)$$

式中　I_{js}——集输系统投资,万元;

　　　I_{tx}——通信系统投资,万元;

　　　I_{gz}——供水、注水系统投资,万元;

　　　I_{gd}——供配电系统投资,万元;

　　　I_{wc}——污水处理系统投资,万元;

　　　I_{dl}——道路系统投资,万元;

　　　I_{ps}——排水系统投资,万元;

　　　I_{dq}——地面其他投资,万元;

　　　I_{dg}——地面改造投资,万元;

　　　I_{zp}——应分摊的注入站和配制站投资,万元。

$$I_{zp} = I_{pf} + I_{zf} \qquad (7-1-10)$$

$$I_{pf} = I_{pg} \frac{Q_{rk}}{Q_{rmax}} \qquad (7-1-11)$$

$$I_{zf} = I_{zg} \frac{M_{qj}}{M_{zs}} \qquad (7-1-12)$$

式中　I_{pf}——配制站分摊的投资,万元;

　　　I_{zf}——注入站分摊的投资,万元;

　　　I_{pg}——配制站固定资产净值,万元;

　　　Q_{rmax}——配制站预计的最大工作规模,10^4t;

　　　Q_{rk}——评价区块的工作规模,10^4t;

　　　I_{zg}——注入站固定资产净值,万元;

　　　M_{zs}——注入站所管井数,口;

　　　M_{qj}——区块注入井数,口。

$$I_{qt} = b_{qt} I_{gc} \qquad (7-1-13)$$

式中　b_{qt}——其他费占工程费用系数。

218

$$I_{yb} = b_{yb}I_{gc} \qquad (7-1-14)$$

式中　b_{yb}——预备费占工程费用系数。

2. 建设期利息

建设期利息是指筹措债务资金时在建设期内发生并按规定允许在投产后计入油气资产原值的利息,即资本化利息。建设期利息包括银行借款和其他债务资金在建设期内发生的利息以及其他融资费用。建设期利息应在开发井投资和地面工程投资估算的基础上统一计算。估算建设期利息,需要根据项目进度计划,提出建设投资分年计划,列出各年投资额,同时应根据不同情况选择名义年利率或有效年利率。

1) 有效年利率

无论按年、季、月计息,均可简化为按年计息,即将名义年利率按计息时间折算成有效年利率。计算公式为:

$$r_{yx} = \left(1 + \frac{r_{my}}{n_{jx}}\right)^{n_{jx}} - 1 \qquad (7-1-15)$$

式中　r_{yx}——有效年利率;

　　　r_{my}——名义年利率;

　　　n_{jx}——每年计息次数,次。

2) 计算方法

为简化计算,假设借款均在每年的年中支用,按半年计息,其后年份按全年计息。按付息方式,建设期利息计算分两种情况:

(1) 建设期如果采用项目资本金付息,建设期利息按单利计算。

$$I_{lxn} = r_{my}\left(I_{kbn} + \frac{I_{jkn}}{2}\right) \qquad (7-1-16)$$

式中　I_{lxn}——各年应计利息,万元;

　　　I_{kbn}——年初借款本金累计,万元;

　　　I_{jkn}——本年借款额,万元。

(2) 采用银行借款付息,建设期利息按复利计算。

$$I_{lxn} = r_{yx}\left(I_{kbn} + \frac{I_{jkn}}{2}\right) \qquad (7-1-17)$$

3. 流动资金

流动资金是指运营期内长期占用并周转使用的资金,等于流动资产与流动负债的差额,但不包括运营中临时性需要的营运资金。流动资金的估算基础是经营成本,估算方法一般采用分项详细估算法。在预可行性研究阶段可采用扩大指标估算法,按运营期年经营成本的一定比例计算,一般取 20%~25%。

$$I_{ld} = b_{jy}C_{jy} \qquad (7-1-18)$$

式中 I_{ld}——年流动资金,万元;

  b_{jy}——流动资金占经营成本比例;

  C_{jy}——年经营成本,万元。

(二)弃置费用

油气资产弃置费用是指油气资产(油气水井设施、油气水集输处理设施和输油气水管线)废弃时发生的拆卸、搬移、填埋、场地清理、生态环境恢复等支出。弃置费用应以估算的弃置费用(也称为未折现弃置成本)为基准,以投资形成资产评价使用期为折现期,以中国石油天然气集团公司长期借款利率为贴现率,将弃置费用折现到投资形成资产当年的费用额。弃置费用一般按建设投资比例计提。

$$I_{\text{qz}} = b_{\text{qf}} I_{\text{js}} \qquad (7-1-19)$$

式中 I_{qz}——弃置费用,万元;

  b_{qf}——弃置费用计提比例。

(三)成本费用

成本费用是指油气开发投资项目在运营期内为油气生产所发生的全部费用。根据中国石油天然气集团公司有关财务规定,财务分析中总成本费用包括油气生产成本和期间费用。

1. 生产成本

生产成本包含操作成本和折耗,按式(7-1-20)计算。

$$C_{\text{sc}} = C_{\text{cz}} + \text{DEP} \qquad (7-1-20)$$

式中 C_{sc}——年生产成本,万元;

  C_{cz}——年操作成本,万元;

  DEP——年折耗,万元。

1)油气操作成本

油气操作成本是指在油气生产过程中操作和维持井及有关设备和设施发生的成本总支出,对应生产作业过程操作成本主要包括采出作业费、驱油物注入费、稠油热采费、油气处理费、轻烃回收费、井下作业费、测井试井费、天然气净化费、维护及修理费、运输费、其他辅助作业费和厂矿管理费等项目。油气操作成本估算可采用相关因素法,即根据驱动各项操作成本变动的因素以及相应的费用定额估算操作成本。成本变动因素包括采油气井数、总生产井数、采液量、注水量、采油量等。

采出作业费是指采油采气过程中,直接消耗于油气井、计量站、集输站、集输管线以及其他生产设施的各种材料、燃料、动力的费用,以及直接从事于生产的采油队、采气队、集输站等生产人员的工资及职工福利费。采出作业费可以以油气开井数为基础按单井费用指标计算。

驱油物注入费是指为提高采收率,对地层进行注水、注气或者注化学物等所发生的材料、动力、人员等费用。驱油物注入费可以注入物量为基础按单位注入量费用指标计算。

稠油热采费是指采用蒸汽吞吐或其他热采方式开采稠油、高凝油所发生的材料、动力、人员等一切费用。以注入蒸汽量为基础按每吨费用指标计算。

油气处理费是指在集中处理站中对原油进行脱水、脱气及含油污水脱油、回收过程中所发生的材料、动力、人员等一切费用,以处理液量为基础按照每吨费用指标进行计算。

轻烃回收费是指从原油或天然气中回收凝析油和液化石油气过程中所发生的材料、动力、人员等一切费用。以产量为基础按每吨费用指标计算。

井下作业费包含维护性井下作业费和增产措施井下作业费两部分。维护性井下作业是维持油气水井正常生产必须进行的作业,包括检泵、修井等;增产措施井下作业是为增加油气产量而进行的井下作业,包括压裂、酸化、排水采气等。井下作业费分为油气井井下作业费和注入井井下作业费,可以油气开井数为基础按照单井费用指标计算。

测井试井费是指油气生产过程中为掌握油气田地下油气水分布动态所发生的测井试井费用,分为油气井测井试井费和注入井测井试井费,可以油气开井数为基础按单井费用指标计算。

天然气净化费是指在天然气处理厂(净化厂)对天然气进行脱水、脱油、脱硫等过程中发生的材料、燃料、动力、人员等一切费用,以天然气产量为基础按每千立方米费用指标计算。

维护及修理费是指为了维持油气田地面系统的正常运行,对油气资产地面设施设备进行维护、修理所发生的费用;对辅助设备和设施进行修理所发生的费用;为保证安全生产修建小型防洪堤、防火墙、防风沙林等不属于资本化支出的费用。维护及修理费可按地面工程投资的一定比例计算,也可以油气开井数为基础按单井费用指标计算。

运输费是指为油气生产提供运输服务的费用,包括单井拉油运费等。油气田生产一般性的运输费用,可以总井数或油气开井数为基础按单井费用指标计算,单井拉油运输费应根据运输距离以采液量为基础按每吨费用指标计算。

其他辅助作业费是指上述费用以外的直接用于油气生产的其他辅助作业费用,以总井数为基础按单井费用指标计算。

厂矿管理费是指油气生产单位包括采油(气)厂、矿两级生产管理部门为组织和管理生产所发生的管理性支出,以全部定员为基础按人员费用指标估算,也可以总井数为基础按单井费用指标计算。

操作成本可按式(7-1-21)计算。

$$C_{cz} = (D_{cc} + D_{jx} + D_{cs} + D_{wx})M_{ys} + D_{zs}Q_w + D_{qh}Q_o +$$
$$D_{jh}Q_g/1000 + D_{cl}Q_L + (D_{ys} + D_{fz} + D_{ck})M_{zj} \quad (7-1-21)$$

式中　C_{cz}——操作成本,万元;

D_{cc}——采出作业费定额,万元/口;

D_{jx}——井下作业费定额,万元/口;

D_{cs}——测井试井费定额,万元/口;

D_{wx}——维护修理费定额,万元/口;

M_{ys}——采油井数,口;

D_{zs}——注水费定额，元/m^3；

Q_w——年注水量，$10^4 m^3$；

D_{qh}——轻烃回收费定额，元/t；

Q_o——年产油量，$10^4 t$；

D_{jh}——天然气净化费定额，元/$10^3 m^3$；

Q_g——年伴生气产量，$10^4 m^3$；

D_{cl}——油气处理费定额，元/t；

Q_L——年产液量，$10^4 t$；

D_{ys}——运输费定额，万元/口；

D_{fz}——其他辅助作业费定额，万元/口；

D_{ck}——厂矿管理费定额，万元/口；

M_{zj}——油水井数，口。

2）折耗

折耗是为了补偿油气资产在生产过程中的价值损耗而提取的补偿费用。按现行会计准则，产能项目经济评价一般采用产量法计算油气资产折耗。

$$DEP = r_{zj}I_{zt} \qquad (7-1-22)$$

式中　DEP——油气资产折耗，万元；

I_{zt}——当年年末未摊销资本化投资，万元；

r_{zj}——年折旧折耗率。

$$r_{zj} = \frac{Q_o}{N_{re} + Q_o} \qquad (7-1-23)$$

式中　N_{re}——上年末剩余可采储量，$10^4 t$。

根据油气成本核算的改革，将获得商业价值油气储量的成功探井、开发井及地面设施投资支出予以资本化，计提折耗。如果从相同的矿区中生产出了石油和天然气，应以两种矿产的产量为基础对资本化成本进行摊销。

2. 期间费用

期间费用包括财务费用、管理费用以及营业费用，按式（7-1-24）计算。

$$C_{qf} = C_{cf} + C_{gf} + C_{yf} \qquad (7-1-24)$$

式中　C_{qf}——期间费用，万元；

C_{cf}——财务费用，万元；

C_{gf}——管理费用，万元；

C_{yf}——营业费用，万元。

1）管理费用

管理费用是指地区分公司一级的行政管理部门为管理和组织生产经营活动所发生的各项费用。为简化计算，管理费用分为摊销费、安全生产费和其他管理费。

（1）摊销费包括无形资产摊销和其他资产摊销。无形资产从开始使用之日按照规定期限摊销，没有规定期限按十年分期摊销；其他资产自投产之日起，按照不短于五年的期限分期摊销。

（2）安全生产费用是按照国家和中国石油天然气集团公司有关规定对在中华人民共和国境内直接从事勘探生产、危险品生产和存储、交通运输的企业等均应提取的费用。油气勘探生产企业依据开采的油气产量提取安全生产费用。

（3）其他管理费是指管理费用中除摊销费和安全生产费以外的部分。根据管理费用的构成和变动规律，其他管理费用以全部定员为基础进行估算。如果没有定员计划，其他管理费以总开井数为基础按单井费用指标计算。

2）财务费用

财务费用指企业为筹集资金而发生的各项费用。包括生产经营期间发生的利息、汇兑净损失、调剂外汇手续费等。

（1）利息是指生产经营期间发生的利息净支出。包括流动资金借款和长期借款在生产经营期间所发生的利息净支出。

（2）其他财务费用。包括生产经营期间发生的汇兑净损失、调剂外汇手续费、金融机构手续费以及筹资发生的其他财务费用。其中，对于项目有外汇借款的，在考虑其他财务费用时，除汇兑损益较难定量外，偿还外汇借款和生产经营中所发生的其他财务费用应根据项目的还款方式及资金融通方式计取。生产经营中不涉及外汇的，可只考虑生产经营中所发生的其他财务费用。

3）营业费用

营业费用是指企业销售商品过程中发生的费用，包括运输费、装卸费、包装费、保险费、展览费和广告费，以及为销售本单位商品而专设的销售机构（含销售网点、售后服务网点等）的业务费、职工薪酬、折旧费、信息系统维护费等经营费用。为了简化计算，经济评价中将营业费用归为工资或薪酬、折旧费、修理费和其他营业费用几部分。其他营业费用是指由营业费用中扣除工资或薪酬、折旧费和修理费后的其余部分，经济评价中按营业收入的一定比例计算。

（四）营业收入

营业收入是指销售产品所获得的收入，包括销售原油和天然气收入，按式（7-1-25）计算。

$$S_{yy} = r_{os}P_oQ_o + r_{gs}P_gQ_g + S_{fc} \qquad (7-1-25)$$

式中　S_{yy}——产品营业收入，万元；

　　　r_{os}——原油商品率；

　　　P_o——原油价格，元/t；

　　　r_{gs}——天然气商品率；

　　　P_g——天然气价格，元/10^3m^3；

　　　S_{fc}——其他产品收入，万元。

油气商品率是指可以通过销售获取收入的产品数量,可以根据油气产量和油气商品率计算。

评价中采用的销售价格为不含税价。原油价格评价中采用的原油价格由中国石油根据国际市场原油价格预测和发布。

油气生产过程中生产的副产品如轻烃、液化气、硫磺回收等,其价格原则上采用市场价。

天然气价格执行国家规定天然气价格时,根据项目评价的范围确定天然气价格包括的内容:井口价、净化费;有多个不同类别用户时,应根据分配的气量计算加权平均价。执行"新气新价"时,可根据"新气新价"的政策,按"保本盈利"的原则确定经济评价的计算价格;也可按照用户可承受价格,反算到气田的"竞争价格"作为经济评价的计算价格。

(五)税费

在项目财务评价中涉及的销售税金及附加有:资源税、城市维护建设税及教育费附加、石油特别收益金、所得税等。同时要计算增值税,因为增值税是城市维护建设税及教育费附加的计算基础。

1. 增值税

增值税是以商品生产和劳务服务各个环节的增值因素为征收对象的一种流转税。计算公式如下:

$$S_{zs} = S_{xs} - S_{js} \qquad (7-1-26)$$

$$S_{xs} = r_{zs} S_{yy} \qquad (7-1-27)$$

$$S_{js} = r_{zs} b_{jxs} C_{cz} \qquad (7-1-28)$$

式中　S_{zs}——年增值税,万元;

$\qquad$ S_{xs}——年销项税,万元;

$\qquad$ S_{js}——年进项税,万元;

$\qquad$ r_{zs}——增值税率;

$\qquad$ b_{jxs}——操作成本中进项税所占比例。

2. 城市维护建设税

城市维护建设税是以缴纳的增值税为依据和规定税率计算缴纳的一种税,专项用于城市维护和建设。计算公式如下:

$$S_{cj} = r_{cj} S_{zs} \qquad (7-1-29)$$

式中　S_{cj}——年城市建设维护费,万元;

$\qquad$ r_{cj}——城市建设税率。

3. 教育费附加

教育费附加是对缴纳增值税的单位和个人征收的一种附加费,专项用于发展地方性教育事业,包括教育费附加和地方教育费附加。计算公式如下:

$$S_{jy} = (r_{jy} + r_{dy})S_{zs} \qquad (7-1-30)$$

式中　S_{jy}——年教育附加费,万元;

　　　r_{jy}——教育费附加税率;

　　　r_{dy}——地方教育费附加税率。

4. 资源税

资源税是为调节资源级差收入,促进企业合理开发资源,加强经济核算,提高经济效益而征收的一种税。计算公式如下:

$$S_{zy} = r_{zy}S_{yy} \qquad (7-1-31)$$

式中　S_{zy}——年资源税,万元;

　　　r_{zy}——资源税率。

5. 石油特别收益金

石油特别收益金是指国家对石油开采企业销售国产原油因价格超过一定水平所获得的超额收入按比例征收的收益金。石油特别收益金实行5级超额累进从价定率计征,按月计算、按季缴纳。征收比率按石油开采企业销售原油的月加权平均价格确定。为简化计算,石油特别收益金以年为单位计算。计算公式如下:

$$S_{sy} = \left[\left(\frac{P_o}{r_{td}r_{hl}} - P_{sy} \right)r_{sy} - K_{sy} \right]r_{td}r_{hl}r_{os}Q_o \qquad (7-1-32)$$

式中　S_{sy}——年石油特别收益金,万元;

　　　P_{sy}——起征点,美元/bbl;

　　　r_{sy}——征收比率;

　　　K_{sy}——速算扣除数;

　　　r_{td}——吨桶换算系数;

　　　r_{hl}——汇率。

6. 所得税及调整所得税

所得税是指按税法规定,根据生产经营所得和其他所得征收的一种税,按式(7-1-33)计算。

$$S_{sd} = r_{sd}S_{ys} \qquad (7-1-33)$$

$$S_{ys} = S_{lr} - S_{tz} \qquad (7-1-34)$$

式中　S_{sd}——年所得税,万元;

　　　r_{sd}——所得税率;

　　　S_{ys}——应纳税所得额,万元;

　　　S_{lr}——年利润总额,万元;

　　　S_{tz}——纳税调整项目,万元。

财务分析为融资前分析时,需要对调整所得税进行计算,调整所得税按式(7-1-35)

计算。

$$S_{td} = r_{td}S_{xl} \qquad (7-1-35)$$

$$S_{xl} = S_{lr} + C_{cf} \qquad (7-1-36)$$

式中 S_{td}——年调整所得税,万元;

S_{xl}——年息税前利润,万元。

(六)利润总额

利润总额是指一定时期内通过生产经营活动所实现的最终财务成果,按式(7-1-37)计算。

$$S_{lr} = S_{yy} - C_{sc} - C_{qf} - S_{yj} - S_{sy} - C_{yj} \qquad (7-1-37)$$

$$S_{yj} = S_{cj} + S_{jy} + S_{zy} \qquad (7-1-38)$$

式中 S_{yj}——年营业税金及附加,万元。

二、财务分析

新建产能项目经济评价是油气开发建设项目前期研究工作的重要内容,应根据国民经济与社会发展以及石油天然气行业、地区产业和中国石油天然气股份有限公司业务发展规划的要求,采用科学、规范的分析方法,对拟建的油气开发建设项目的财务可行性和经济合理性进行分析论证,做出全面的经济评价,为科学决策提供依据。

新建产能项目经济评价主要是进行项目的财务分析,是在国家现行财税制度和价格体系的前提下,从项目的角度出发,计算项目范围内的财务效益和费用,分析评价项目的盈利能力、偿债能力和财务生存能力,判断项目的财务可接受能力,评价项目在财务上的可行性。

(一)现金流量分析

1. 现金流量含义

产能项目经济评价和价值评估都采用现金流量分析方法进行财务分析。现金流量是指资金在流通过程中的流转数量,是以项目为系统,项目寿命期内现金流入和现金流出的总称。现金流量分析是对项目从融资、建设、投产、运营到废弃的生命周期内,现金流出和现金流入全部资金活动的分析,是进行项目经济评价的基础。

2. 现金流量构成

现金流量由现金流入和现金流出构成。现金流入是指项目增加的现金收入,包括销售收入、回收固定资产余值、流动资金等;现金流出是指整个投资和生产过程中发生的各项现金支出总和,包括建设投资、流动资金、经营成本、销售税金及附加、所得税等。

3. 现金流量表分析

现金流量分析主要通过现金流量表反应项目在计算期内逐年发生的现金流入和现金流出情况(表7-1-1)。

表7-1-1　项目投资现金流量表　　　　　　　　单位:万元

序号	项目名称	合计	建设期及生产期(a)					
			1	2	3	4	……	n
1	现金流入							
1.1	营业收入							
1.2	销项税额							
1.3	补贴收入							
1.3.1	征收所得税补贴							
1.3.2	不征收所得税补贴							
1.4	回收油气资产净值							
1.5	回收流动资金							
2	现金流出							
2.1	利用井净值							
2.2	建设投资							
2.3	流动资金							
2.4	运营期投资							
2.5	经营成本							
2.6	化学药剂费用							
2.7	成本进项税额							
2.8	增值税							
2.9	营业税金及附加							
2.10	石油特别收益金							
2.11	弃置费用							
3	所得税前净现金流量(1-2)							
4	累计税前净现金流量							
5	调整所得税							
6	所得税后净现金流量(1-2-5)							
7	累计税后净现金流量							

(二)财务分析指标

1. 财务盈利能力

1)财务净现值

财务净现值是反映项目对国民经济净贡献的绝对指标。它是用社会折现率将项目计算期内各年的净效益流量折算到建设初期的现值之和。当净现值大于零时,表示建设项目付出代价之后,除得到符合社会折现率的社会盈利外,还可以得到超额社会盈余。通常情况,财务分析为融资前分析,按式(7-1-39)至式(7-1-41)计算。

$$\text{FNPV} = \sum_{t=1}^{T} (\text{CI} - \text{CO})_t (1 + i_c)^{-t} \qquad (7-1-39)$$

227

$$CI = S_{yy} + S_{xs} + S_{hd} + S_{hg} \tag{7-1-40}$$

$$CO = I_{js} + I_{ljz} + C_{jy} + S_{yj} + S_{sy} + S_{td} + S_{js} + S_{zs} + I_{ld} + I_{jwn} + I_{qz} \tag{7-1-41}$$

式中　FNPV——财务净现值,万元;

　　　　T——项目计算期,a;

　　　　t——时间,a;

　　　　CI——年现金流入,万元;

　　　　CO——年现金流出,万元;

　　　　i_c——基准折现率;

　　　　S_{hd}——回收流动资金,万元;

　　　　S_{hg}——回收固定资产残值,万元。

2)内部收益率(FIRR)

内部收益率是反映项目对国民经济净贡献的相对指标,它是指项目在计算期内各年经济效益流量的现值累计等于零时的折现率,表达式为式(7-1-42)。

$$\sum_{t=1}^{T} (CI - CO)_t (1 + FIRR)^{-t} = 0 \tag{7-1-42}$$

3)投资回收期(P_t)

投资回收期按式(7-1-43)计算。

$$P_t = T_z - 1 + \frac{CXL}{CX} \tag{7-1-43}$$

式中　P_t——投资回收期,a;

　　　　T_z——累计净现金流量开始出现正值年份,a;

　　　　CXL——第 T_z-1 年累计净现金流量,万元;

　　　　CX——第 T_z 年净现金流量,万元。

4)总投资收益率

总投资收益率(ROI)是指项目运营期内年平均息税前利润与项目总投资的比率,表示总投资的盈利水平,计算公式如下:

$$ROI = \frac{EBIT}{TI} \times 100\% \tag{7-1-44}$$

式中　ROI——总投资收益率,%;

　　　　EBIT——运营期内年平均息税前利润,万元;

　　　　TI——可利用探井评价井投资、项目评价总投资和运营期投资,万元。

5)资本金净利润率

资本金净利润率(ROE)是指项目运营期内年平均净利润与项目资本金投资的比率,表示项目资本金投资的盈利水平,计算公式如下:

$$ROE = \frac{NP}{EC} \times 100\% \tag{7-1-45}$$

式中　ROE——资本金净利润率,%;

　　　NP——项目运营期内年平均净利润,万元;

　　　EC——项目资本金投资,万元。

2. 清偿能力

1)利息备付率

利息备付率(ICR)是指在借款偿还期内的息税前利润与应付利息的比值,它从付息资金来源的充裕性角度反映项目偿付债务利息的保障程度和支付能力,其计算公式如下:

$$ICR = \frac{EBIT}{PI} \times 100\% \qquad (7-1-46)$$

式中　ICR——利息备付率,%;

　　　EBIT——借款偿还期内的息税前利润,万元;

　　　PI——计入总成本费用的应付利息,万元。

利息备付率应分年计算。利息备付率高,表明利息偿付的保证度大,风险小。利息备付率一般应大于1,或结合债权人的要求判定。

2)偿债备付率

偿债备付率(DSCR)是指在借款偿还期内可用于还本付息的资金与应还本付息金额的比值,表示可用于还本付息的资金偿还借款本息的保障程度,计算公式如下:

$$DSCR = \frac{EBITDA - S_{jksd}}{PD} \qquad (7-1-47)$$

式中　DSCR——偿债备付率;

　　　EBITDA——息税前利润加折耗和摊销,万元;

　　　S_{jksd}——借款偿还期所得税,万元;

　　　PD——应还本付息金额,万元。

偿债备付率应分年计算,偿债备付率高,表明可用于还本付息的资金保障程度高。偿债备付率应大于1,并结合债权人的要求确定。

按照贷款机构要求的借款偿还期,计算利息备付率和偿债备付率指标。

3)资产负债率

资产负债率(LOAR)是指年末负债总额与资产总额的比率,计算公式如下:

$$LOAR = \frac{TL}{TA} \times 100\% \qquad (7-1-48)$$

式中　LOAR——资产负债率,%;

　　　TL——年末负债总额,万元;

　　　TA——年末资产总额,万元。

对该指标的分析,应结合国家宏观经济状况、行业发展趋势、中国石油天然气集团公司融资模式等具体条件判定。项目财务分析中,在长期债务还清后,可不再计算资产负债率。

三、不确定性与风险分析

项目财务分析所采用的数据大部分来自预测和估算,具有一定程度的不确定性。为分析不确定性因素对评价指标的影响,需要进行不确定性分析和风险分析,估计项目可能承担的风险,考察项目的财务可靠性,提出项目风险的预警、预报和相应的对策,为投资决策服务。不确定性分析,包括盈亏平衡分析、敏感性分析和情景分析。

(一)盈亏平衡分析

盈亏平衡分析是指通过计算项目达产年的盈亏平衡点,分析项目成本与收入的平衡关系,判断项目对产品数量变化的适应能力和抗风险能力。由于项目产量具有波动性,每年的盈亏平衡点都不一样,正常生产年份的盈亏平衡点不具有代表性。因此,可通过计算生产运营期内的整体盈亏平衡点进行盈亏平衡分析。

盈亏平衡点(BEP),是指随着影响项目的各种不确定因素(如投资额、生产成本、产品价格、销售量等)的变化,项目的盈利与亏损至少会有一个转折点,这个转折点称为盈亏平衡点。盈亏平衡点越低,项目盈利的可能性就越大,对不确定因素变化所带来的风险的承受能力就越强。通过盈亏平衡点可计算出盈亏平衡产量,计算公式如下:

$$Q_{BEP} = BEPQ_{sn} \qquad (7-1-49)$$

式中　Q_{BEP}——盈亏平衡产量,10^4t;

　　　BEP——盈亏平衡点;

　　　Q_{sn}——设计生产能力,10^4t。

盈亏平衡点的计算公式如下:

$$BEP = \frac{C_{zg}}{S_{zy} - C_{zk} - S_{zf}} \times 100\% \qquad (7-1-50)$$

式中　C_{zg}——总固定成本,万元;

　　　S_{zy}——总营业收入,万元;

　　　C_{zk}——总可变成本,万元;

　　　S_{zf}——总营业收入及附加,万元。

(二)敏感性分析

敏感性分析主要在原油价格、建设投资、操作成本、产量一定比例波动,而相应的其他条件不变情况下,分析新建产能项目的税后内部收益率、净现值、投资回收期等效益指标的变化。通过敏感性分析,提出影响经济效益的主要因素,使决策者了解项目今后可能遇到的风险及对项目经济效益的影响程度,从而提高投资决策的准确性和客观性。

1. 敏感度系数

敏感度系数(SAF)是指新建产能项目效益指标变化率与不确定性因素变化率之比,计算公式为:

$$SAF = \frac{\Delta A/A}{\Delta F/F} \qquad\qquad (7-1-51)$$

式中　SAF——评价指标 A 对于不确定性因素 F 的敏感度系数；

　　　$\Delta A/A$——不确定性因素 F 发生 ΔF 变化率时，评价指标 A 的相应变化率；

　　　$\Delta F/F$——不确定性因素 F 的变化率。

SAF > 0 表示评价指标与不确定性因素同方向变化；SAF < 0 表示评价指标与不确定性因素反方向变化。|SAF| 较大者敏感度系数高。

2. 临界点

临界点是指不确定性因素的变化使新建产能项目由可行变为不可行的临界数值，例如：单井产量界限、临界油价等，可采用不确定性因素相对基本方案的变化率或其对应的具体数值表示。采用何种表示方式由不确定因素的特点决定。临界点可通过试算法或公式求解，也可根据敏感性分析图求得。

将不确定因素变化后计算的评价指标与基本方案评价指标进行对比分析，结合敏感度系数及临界点的计算结果，按不确定性因素的敏感程度进行排序，找出最敏感性的因素，分析敏感因素可能造成的新建产能项目的开发风险，并提出应对措施（表 7-1-2）。

表 7-1-2　不确定因素对内部收益率的敏感性影响分析表

序号	不确定因素	变化率（%）	内部收益率（%）	敏感度系数	临界点（%）	临界值
基本方案						
1	建设投资	-20				
		-15				
		-10				
		-5				
		5				
		10				
		15				
		20				
2	……	-20				
		-15				
		-10				
		-5				
		5				
		10				
		15				
		20				

（三）经济风险分析

经济风险分析是采用定性与定量相结合的方法，分析风险因素发生的可能性，以及给项目带来经济损失的程度,其分析过程包括风险识别、风险估计、风险评价与风险应对。

1. 风险识别

风险识别主要是运用系统论的观点对项目全面考察综合分析。常用的方法有基准化分析法、问卷调查法、检查表法、流程图分析法、事件分析法、头脑风暴法、财务报表分析法等。运用这些方法,找出潜在的各种风险因素,并对各种风险进行比较、分类,确定各因素间的相关性与独立性,判断其发生的可能性及对项目的影响程度,按其重要性进行排队,或赋予权重。

2. 风险估计

风险估计主要运用主观概率和客观概率的统计方法,确定风险因素基本单元的概率分布,根据风险因素发生的可能性及对项目的影响程度,运用概率论和数理统计分析的方法如概率树分析法、蒙特卡罗模拟法以及 CIM 模型等,计算项目效益指标相应的概率分布或累计概率、期望值、标准差,以此判断风险等级。

3. 风险评价

风险评价是指对项目经济风险进行综合分析,根据风险识别和风险估计的结果,依据项目风险判别标准,找出影响项目成败的风险因素。项目风险大小的评价标准应根据风险因素发生的可能性及其造成的损失来确定,一般采用评价指标的概率分布或累计概率、期望值、标准差作为判别标准,也可采用综合风险等级作为判别标准。

4. 风险应对

风险应对是根据风险评价的结果,研究规避、控制与防范风险的措施,为项目全过程的风险管理提供依据。

四、产能项目经济评价系统

产能项目经济评价系统研制遵循 2007 年颁布的《中国石油天然气集团公司油气勘探开发建设项目经济评价方法与参数(第三版)》要求,根据实际油田评价具体要求和特点,结合产能项目经济评价工作中研究建立的方法进行研发,软件具备技术先进、功能齐全、用户界面友好、操作便捷的特点,可提高产能项目评价的工作效率和投资决策管理水平。

(一)系统开发的总体思路和原则

按照油田油气产能项目经济评价工作总体要求、系统开发的总体思路体现系统性、实用性、集成性和扩展性。

1. 系统性

能够系统体现和满足油田油气产能项目经济评价工作要求,以油气产能项目经济评价业务为核心,辅助产能项目评价参数确定、指标倒算、不确定性分析、风险评估、项目优选评价及界限分析等功能,为油气产能项目经济评价提供全过程的辅助决策工具。

2. 实用性

综合考量产能项目经济评价全过程的工作需要,业务流程规范化,数据接口标准化,定性与定量相结合,提高系统的应用效率和使用性。同时安全性也是需要考虑的关键点。

3. 集成性

在系统总体框架内,从简到繁,循序渐进,按软件工程的规范,考虑软件开发集成化和资源共享。采用模块化设计思想,要从系统整体考虑,既要保持主要模块的核心独立性,又要理顺各个模块间的信息交流,更有利于油气产能项目经济评价工作的有机整体性发展。

4. 扩展性

总体设计应体现高起点、可扩展、兼容性,充分考虑将来扩充或二次开发的可行性。

系统开发和应用体现下述原则:

(1)在借鉴已有的实践设计经验和新方法理论的同时,注重适应油田产能建设项目评价与产能项目风险评估的实际需要;

(2)提供多种实用的决策模型及算法,设计不同数据接口方式,以满足不同层次决策人员的要求;

(3)系统整体开发按照"软件工程"设计、测试、应用、集成模式,提高系统研发整体效率。

(二) 总体目标和系统框架

在系统开发的总体思路与原则基础上,紧密围绕产能项目经济评价工作实际,坚持业务、方法有形化管理,实现系统建设的"数据、业务、方法"三个统一。系统的设计与开发主要包含以下八个核心内容:

(1)采用2007年颁布的《中国石油天然气集团公司油气勘探开发建设项目经济评价方法与参数(第三版)》,实现对油田油气产能项目的经济评价与不确定性分析;

(2)采用"二分法"实现不同成本模式下项目投资界限倒算;

(3)考虑单井日产量与油价变化影响,实现有/无产量模式下的单井投资界限确定;

(4)采用蒙特卡罗随机模拟技术,量化产能项目效益风险;

(5)采用多准则综合评价技术,建立评价指标体系,实现产能项目的优选排队;

(6)建立项目数据库,实现对系统数据的管理与维护;

(7)提供完善的图表展示功能,实现对结果数据的 Excel 导出与图形保存;

(8)为油田开发人员分析决策提供方便的窗口和技术手段。

以上述八项核心内容,构建出油气产能项目经济评价系统整体框架(图7-1-1),提高产能项目经济评价的工作效率和科学化水平。

(三) 开发应用环境

油气产能项目经济评价系统(HyPEsys V1.0)是在 Windows 7 环境下,采用 VB. NET 编程工具进行终端开发。根据业务特点,采用了瀑布软件开发模型、面向对象的开发方法。

(1)操作系统:Windows 7/10。

(2)办公系统:Office 2016(Excel、Word、Access)。

(3)图形绘制:Teechart 8.0。

(4)分辨率:对显示器分辨率无特殊要求,但一般为 1024×768 以上。

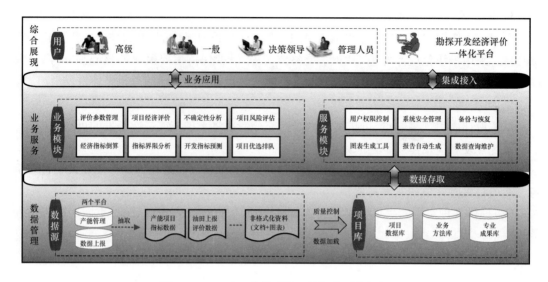

图 7 - 1 - 1　油田产能项目经济评价系统框架

(四)主要功能

系统的主要模块包括数据管理、项目经济评价、不确定性分析、风险评估、界限分析、项目优选、图表及报告自动生成等功能。具体功能包括:

1. 数据管理

(1)数据加载。设计规范的数据模板,支持模板数据"一键式"导入(支持 Excel 模板的下载)、数据粘贴、数据导出到 Excel 表等。

(2)数据查询与维护。通过自定义生成条件,方便对产能项目进行个性化统计与分析;支持单个或批量参数创建、修改、删除操作,提供参数导入、复制等维护功能。

(3)数据备份与恢复。具有系统数据的备份与恢复功能,保障数据应用安全。

(4)数据质量控制。数据质量是系统正常运行的基础,应加强、实现对数据加载、更新过程的质量控制。按一定的核查方法和准则,对录入及统计数据的质量控制(对部分有取值限制或固定格式的参数)自动校验与提醒(异常数据、缺失数据)。

(5)项目数据库建立。梳理、设计数据填写模板,规范不同数据源的数据结构。主要按系统级、油田公司级、采油厂级、产能项目级、中间级及成果级六个方面进行管理。

① 系统级:指系统公共参数。

② 油田公司级:油田层面下发的各类参数。

③ 采油厂级:采油厂层面的各类参数。

④ 产能项目级:包括产能项目层面相关数据。

⑤ 中间级:计算过程中产生的中间数据。

⑥ 成果级:产能项目评价技术成果(word 文件、ppt 文件、excel 文件及图件)

2. 项目经济评价

完成对油气产能建设项目的财务评价和敏感性分析,并得到相应的财务报表及关键财务评价指标(内部收益率、净现值、投资回收期等),为项目及方案决策提供财务依据。

(1)关键指标计算:投资指标、成本指标、收入、利润及财务分析指标。

(2)项目不同方案对比功能(以图、表形式展示不同方案主要指标)。

(3)对多项目进行批量评价(基础方案、扣分摊、降投资)。

(4)实现不同成本模式下项目投资(产量)界限倒算。

3. 不确定性分析

对产能项目进行敏感性分析与盈亏平衡分析。敏感性分析是通过分析不确定因素发生增减变化时,对财务分析指标的影响,并计算敏感度系数和临界点,辅助用户找出敏感因素。系统主要设计针对 IRR 和 NPV 进行单指标的敏感分析,给出敏感分析图表,也可以依据分析要求,选择适当的敏感因素。盈亏平衡输出方式有三种选择:输入达产年法、最大固定成本法、固定成本散点法。

4. 产能项目风险评估

引进蒙特卡罗随机模拟技术,对项目 NPV 进行项目经济有效的概率分析。NPV 概率分析是分析产能项目在不同因素的不同概型条件下,NPV 大于零的概率分布状态,并给出 NPV 大于零的概率,NPV 最可能值等参数指标,量化了产能项目效益风险程度大小,为项目决策提供依据。系统确定产量、价格、成本、投资为不确定性影响因素,通过统计分析与专家辅助等技术手段综合确定不确定性因素的量化表征。系统提供了因素的四个常规分布(正态分布、对数分布、三角分布、均匀分布)。

5. 界限分析

新井界限分析是考虑在单井日产量、油价变化的前提下,确定出单井投资界限。主要包括项目有产量和无产量两种情况,对于无产量的项目,可以通过产量预测(选方法)确定出评价期内产量剖面;给出产能评价区块在有无产量情况下单井投资或产量界限,以及不同油价情景下变化图版,并支持结果图表导出;措施界限分析可输出不同油价和投资下的产油下限变化指标、不同投资和日产量下的油价下限变化指标、不同油价和日产量下的投资上限变化指标及成本上限变化指标。

6. 产能项目的综合评价

结合产能项目特点建立项目评价指标体系,采用 Topsis 法、模糊评判法进行多项目综合评价,给出不同分类和优化排队结果。主要包含评价指标赋权和项目优选两个核心功能。

(1)指标赋权:在项目优选评价指标体系中,确定评价指标的权重就是要确定各评价对象在总体评价体系中的重要程度,并对这种重要程度做出量化的描述。常用的权值确定方法主要有定性赋权法、定量赋权法(信息熵法、变异系数法)、综合赋权法。

(2)项目优选:利用建立的指标体系,实现对不同数据源产能区块的优选排队。主要采用单指标排队和多指标综合评价两种模式。单指标排队设置了税后内部收益率、净现值率和税后投资回收期三项指标,主要采用冒泡法进行指标的排队;多指标综合评价的评价指标体系主要甄选了操作成本、利润、百万吨产能投资、净现值率、内部收益率、投资回收期六项指标。

7. 成果展示输出

具有完备的评价结果展示输出功能。一是输出经济评价结果表（参见2007年版《中国石油天然气集团公司油气勘探开发建设项目经济评价方法与参数（第三版）》）、分类统计表及经济指标汇总表三类报表；二是自动生成项目评价总结报告（.doc）及多媒体（.ppt）。

油气产能项目经济评价系统（HyPEsys V1.0）主界面如图7-1-2所示。

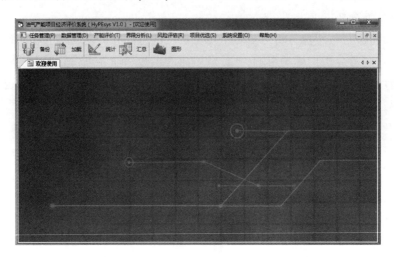

图7-1-2　HyPEsys V1.0主界面

（五）系统特点

系统在方法研究和软件研制过程中，除整理、引进一些国内外已成熟的并在油田应用较好的方法和国内石油行业标准外，还引进和研制了配套新的方法和技术，取得许多突破性的成果，很多方面在国内石油行业处于先进水平，解决了油田投资项目评价与风险评估过程中诸多关键技术，形成了规范化、系统化的配套的软件系统。具有以下特点：

（1）由于软件的设计和开发体现了集成化、可扩展、兼容性的原则，易于系统的综合集成和软件深度开发，对成果的应用起到了积极的促进作用。

（2）灵活的数据管理。提供评价参数方便灵活的管理与维护功能，可对数据进行修改、编辑、粘贴等，具有键盘输入、文件输入、数据库输入、粘贴等灵活方便的多种输入与输出功能；同时支持新建评价任务与产能项目的数据复制，提高参数录入效率。

（3）符合行业规范。系统采用的经济评价方法与参数和计算方法均以国家和中国石油天然气集团公司的最新经济政策为依据，并结合油田实际，形成统一的经济基本参数指标体系和相应的计算方法。

（4）适应不同用户的评价工作。支持采用不同操作成本模式下的评价，实现对油气产能项目多种方式（单区块、多项目批量运算）评价，指标测算简捷、方便，易操作，可面向不同用户的油气产能项目经济评价需求，也可支持产能项目后评价工作。

（5）多成本取值模式下的项目评价。项目评价中采用"两种"操作成本取值模式：一是按单井定额计提；二是按成本分项构成测算，即根据驱动各项操作成本变动的因素以及相应的费用定额估算操作成本。成本变动因素主要包括采油井数、总生产井数、采液量、注水量、采油量等,换成与单位的关系可表示为万元/油井数、万元/总井数、元/吨油、元/吨液、元/立方米水、元/吨蒸汽、元/千立方米气 7 类。系统设计中支持了成本构成单位的变更,应用更为灵活,满足实际评价中成本测算需求。

(6)内容丰富的成果输出。系统提供常用报表和图形结果的输出功能,支持结果表的 Excel 导出,并具有评价结果的版本控制功能。

第二节 化学驱效益评价

化学驱产能项目具有阶段采出程度高、产量波动大、指标变化规律复杂等开发特点。随着化学剂的注入,化学驱产能项目开发周期上可划分含水下降、含水回升和后续水驱阶段。产量也会随着注化学药剂受效后上升,停注后会逐渐下降。后续水驱阶段,产量和含水率与水驱开发项目基本一致。产量和含水率与水驱不同的变化趋势,使得化学驱成本变化有其自身的特点。以增量法为核心,通过建立化学驱成本预测方法和多角度的效益评价模型进一步明确化学驱成本的主要影响因素,给出不同层次化学驱项目的经济效益,以及不同驱替方式的效益对比结果。

一、操作成本预测方法

(一)化学驱操作成本变化特点

操作成本是化学驱产能项目效益分析最主要指标之一,在评价化学驱效益前,需对单位操作成本进行预测。而成本预测是指依据掌握的经济信息和历史成本资料以及成本与各种技术经济因素的相互依存关系,采用统计学方法,对企业未来成本水平及其变化趋势做出研判。

化学驱操作成本的变化趋势与水驱不同,具体表现在以下几方面:

(1)由于化学驱干粉的投入,化学驱全过程产量波动较大,相应引起单位操作成本的波动;

(2)同一含水阶段,化学驱产能项目全过程平均单位操作成本均低于水驱;

(3)投注化学剂后,含水率下降,单位操作成本也随之下降,停注化学药剂后,随着含水率的上升,操作成本逐渐增加。

引起上述差异的主要原因有:井下作业量增加、驱油物注入量的增加、油气处理作业物耗的增加、采油速度的提高、开采周期的缩短等。因此,化学驱操作成本预测方法应与水驱不同,不能简单地沿用水驱操作成本预测方法,有必要对影响水驱和化学驱开发操作成本的因素进行分析,建立体现化学驱开采特点的多因素分类、分阶段预测的方法,突破了套用水驱原有预测方法的针对性不强、忽视多种因素交叉影响等方面的局限。

(二)化学驱操作成本影响因素

1. 化学驱操作成本的影响因素筛选

操作成本的影响因素比较复杂,结合化学驱开发规律,通过收集油田近六年 49 个化学驱区块的开发地质、生产动态及相关的宏观经济数据,根据现行的成本核算方法、生产实际和相关数据的拟合分析,并对操作成本总额和吨油操作成本与相关因素的关系进行逐项分析,初步选取了开发地质、生产动态、宏观经济3类18项影响因素(表7-2-1)。

表7-2-1　化学驱操作成本影响因素及分类

分类	具体因素
开发地质	含油面积、动用地质储量、动用可采储量、油藏中深、平均渗透率、原油黏度
生产动态	采油速度、注入量、油井数、注入井数、产液量、产油量、递减率、含水率
宏观经济	油价、消费物价指数、生产者物价指数、职工人数

在进行操作成本预测时,应该采用与操作成本具有相关性,且数据易收集的因素进行操作成本预测。由于开发地质和宏观经济某些指标与生产动态类的一些指标具有较强相关关系,例如,开发地质等因素的影响体现在生产动态指标中,区块的职工人数是由区块的井数和生产规模决定,消费物价指数和生产者物价指数有较明显的相关性;同时,开发地质和职工人数等因素不随时间的变化而变化,因此一般不体现在逐年操作成本预测模型中。通过经验分析,排除开发地质和职工人数等因素,选出9项操作成本作为主要影响因素(表7-2-2)。

表7-2-2　化学驱操作成本9类主要影响因素

分类	具体因素
生产动态	产液量、注入量、采油速度、注入井数、油井数、产油量、含水率
宏观经济	油价、生产者物价指数

2. 影响因素的灰色关联分析

9项影响因素采用灰色关联分析法[2]最终确定用于建立操作成本预测模型的因素。对于两个系统之间的因素,其随时间或不同对象而变化的关联性大小的量度,称为关联度。在系统发展过程中,若两个因素变化的趋势具有一致性,即同步变化程度较高,可称为两者关联程度较高;反之,则较低。灰色关联分析方法是根据因素之间发展趋势的相似或相异程度,亦即"灰色关联度",作为衡量因素间关联程度的一种方法。灰色系统理论提出了对各子系统进行灰色关联度分析的概念,意图通过一定的方法,去寻求系统中各子系统(或因素)之间的数值关系。因此,灰色关联度分析对于一个系统发展变化态势提供了量化的度量,非常适合动态历程分析。

灰色关联分析的具体步骤如下。

(1)确定不同影响因素的特征量矩阵。统计分别处于空白水驱、注聚合物受效期和后续水驱的49个区块,将操作成本记为$X_i(i=1,2,\cdots,49)$。考虑9项影响因素组成评判方案优劣的指标集,记为$x_{ij}(i=1,2,\cdots,49;j=1,2,\cdots,9)$。则操作成本影响因素的特征量矩阵:

$$X = \begin{bmatrix} X_1 \\ X_2 \\ \cdots \\ X_m \end{bmatrix} = \begin{bmatrix} x_{11} & x_{12} & \cdots & x_{1n} \\ x_{21} & x_{22} & \cdots & x_{2n} \\ \cdots & \cdots & \cdots & \cdots \\ x_{m1} & x_{m2} & \cdots & x_{mn} \end{bmatrix} \qquad (7-2-1)$$

（2）特征量矩阵的规范化。为消除不同的量纲对决策结果的影响,需要对因素特征量矩阵做规范化处理,令 $a_{ij} = (x_{ij} - x_{i\min})/(x_{i\max} - x_{i\min})$,得到指标规范化矩阵为:

$$\overline{A} = \begin{bmatrix} A_1 \\ A_2 \\ \cdots \\ A_m \end{bmatrix} = \begin{bmatrix} a_{11} & a_{12} & \cdots & a_{1n} \\ a_{21} & a_{22} & \cdots & a_{2n} \\ \cdots & \cdots & \cdots & \cdots \\ a_{m1} & a_{m2} & \cdots & a_{mn} \end{bmatrix} \qquad (7-2-2)$$

（3）计算关联系数。根据灰色关联分析法,第 j 个影响因素的关联系数为:

$$r_{ij} = \frac{\min_i \min_j |a_{ij} - a_j^0| + \rho \max_i \max_j |a_{ij} - a_j^0|}{|a_{ij} - a_j^0| + \rho \max_i \max_j |a_{ij} - a_j^0|} \qquad (7-2-3)$$

（4）计算关联度。第 j 个影响因素的关联度:

$$r_j = \frac{1}{m} \sum_{i=1}^{m} r_{ij} \qquad (7-2-4)$$

（5）提取关联度较强的因素(一般认为,关联度大于 0.85 的因素为较强因素),为分析聚合物驱操作成本的构成特点和预测操作成本提供依据。

通过 9 项因素与操作成本进行灰色关联分析看,筛选出关联度大于 0.85 的产液量、注入量、采油速度、注入井数、油井数和生产者物价指数 6 个影响化学驱操作成本的因素,作为预测模型的指标(表 7-2-3)。

表 7-2-3 影响化学驱操作成本因素灰色关联筛选结果

影响因素	产液量	注入量	采油速度	注入井数	油井数	生产者物价指数
灰关联度	0.924	0.919	0.915	0.905	0.898	0.878

从灰色关联分析结果看:开发地质因素与操作成本的关联度均低于 0.85,因此,开发地质因素可以由相应的生产动态和宏观经济指标来体现。从筛选出的 6 个主要影响因素看,定量分析上产液量是影响化学驱操作成本的最大因素。分析认为,产液量对操作成本的影响,不仅体现在采出作业费用上,而且还直接影响到处理作业中直接燃料费、直接动力费、直接人员费等相关费用。

（三）分阶段化学驱操作成本预测模型

由于操作成本受到许多不确定因素影响,不同因素与成本关系不同,无法用单一的相关性方法和单一的影响因素对操作成本进行预测,因此需要综合多种因素进行多因素分阶段的相关性分析及预测[3]。

基于前述化学驱开发操作成本的特点和影响因素的分析,结合化学驱开发特点,采用主成分分析方法预测操作成本。主成分分析是通过给综合指标所蕴含的信息以恰当的解释,深刻反映事物的内在规律[4]。具体地说,是形成少数的几个主分量,使它们尽可能多地保留原始变量的信息,且彼此间不相关;是考察多个定量(数值)变量间相关性的一种多元统计方法。通过少数几个主分量（即原始变量的线性组合）来解释多变量的方差——协方差结构。通过降维，把多个指标化为少数几个综合指标，而尽量不改变指标体系对因变量的解释程度。化学驱开发分阶段操作成本受不同因素影响，波动较大。采取主成分分析可以通过降维，把影响化学驱操作成本因素综合形成几个主成分指标，通过主成分的线性组合体现化学驱操作成本变化规律和多种因素的交叉影响。

应用主成分回归方法，建立了基于化学驱成本变动的多因素、分阶段操作成本预测模型。

$$CB = Y_i + Y_s + \cdots \qquad (7-2-5)$$

$$Y_i = c_1 Z_1 + c_2 Z_2 + c_3 Z_3 + \cdots + K \qquad (7-2-6)$$

式中　CB——化学驱操作成本总额，万元；

Y_i——注化学药剂阶段操作成本总额，万元，$i = 1,2,3,\cdots$；

Y_s——水驱阶段操作成本总额，万元；

Z_i——主成分，$i = 1,2,3,\cdots$；

$c_1,c_2,c_3,\cdots,K$——常数。

应用某油田数据，采用主成分分析方法建立化学驱不同开发阶段的预测模型。统计某油田"十三五"期间化学驱区块开发和经济数据，筛选出 49 个区块。根据区块的油层性质和分布情况，确定其中 40 个区块为拟合组，9 个区块为检验组。得出分阶段的操作成本预测模型：

$$CB = Y_i + Y_s \qquad (7-2-7)$$

其中：

$$Y_i = 25.77 Z_{c1} - 149.11 Z_{c2} - 178.28 Z_{c3} + 11024.40 \qquad (7-2-8)$$

$$Y_s = 15.98 Z_{s1} + 1.22 Z_{s2} - 292.04 \qquad (7-2-9)$$

注化学药剂阶段主成分表达式为：

$$Z_{c1} = 0.47 x_1' + 0.28 x_2' + 0.43 x_3' + 0.51 x_4' + 0.05 x_5' + 0.51 x_6' \qquad (7-2-10)$$

$$Z_{c2} = 0.19 x_1' + 0.41 x_2' + 0.25 x_3' - 0.11 x_4' + 0.21 x_5' - 0.08 x_6' \qquad (7-2-11)$$

$$Z_{c3} = -0.13 x_1' + 0.10 x_2' - 0.13 x_3' + 0.07 x_4' + 0.51 x_5' + 0.05 x_6' \qquad (7-2-12)$$

水驱阶段主成分表达式为：

$$Z_{s1} = 0.63 x_1' + 0.37 x_2' + 0.61 x_3' - 0.29 x_4' + 0.05 x_5' + 0.61 x_6' \qquad (7-2-13)$$

$$Z_{s2} = -0.18 x_1' + 0.50 x_2' - 0.01 x_3' + 0.05 x_4' - 0.77 x_5' - 0.20 x_6' \qquad (7-2-14)$$

式中　Z_{ci},Z_{si}——注化学药剂、注水阶段主成分，$i = 1,2,3,\cdots$；

x_1'——产液量，10^4 t；

x_2'——注入量，10^4 t；

x_3'——采油速度,%;

x_4'——注入井数,口;

x_5'——油井数,口;

x_6'——PPI,工业生产者出厂价格指数。

采用9个检验区块实际数据对预测模型进行精度检验。从检验的情况看,误差在5%以内(表7-2-4),预测方法符合化学驱操作成本变化规律,适用于化学驱操作成本预测。

表7-2-4　拟合组分阶段操作成本预测精度

不同开发阶段	区块数量	误差(%)
空白水驱	9	2.78
注化学药剂阶段	9	-4.33
后续水驱	6	2.27

二、化学驱经济效益评价模型

化学驱项目经济方法遵循"有无对比"的原则,利用"有项目"与"无项目"的效益费用计算增量效益与增量费用,用于分析项目的增量盈利能力,并作为项目决策的重要依据之一。

化学驱项目增量操作成本是化学驱比继续水驱增加的成本。其中,基础井网继续水驱开发的操作成本费用定额,取区块所在采油厂水驱平均水平;化学驱开发方案操作成本费用定额,应充分考虑化学驱与水驱的不同,在区块所在采油厂水驱操作成本费用平均水平基础上,对采出作业费、驱油物注入费、井下作业费、维护及修理费、油气处理费等费用定额进行调整。

根据化学驱项目特点,评价的不同角度、决策所处的不同阶段和目标,可分成项目纯增量效益、项目综合效益和项目战略效益三个层次的评价。

(一)项目纯增量效益评价

项目纯增量效益评价是从项目自身角度出发,测算项目的盈利能力。化学驱采油与原井网继续水驱对比,化学驱采油提高了油田的采收率,缩短了开发时间,加速了资金的回流。据折现现金流原理,建立了纯增量化学驱项目经济效益评价模型,确定化学驱有实施潜力的项目,评价考核指标是项目财务净现值大于零。

$$\Delta NPV_1 = \sum_{t=1}^{T} \frac{S_t + L_t + W_t + SR_t}{(1 + i_c)^t} - \sum_{t=1}^{T} \frac{C_t + T_t^1 + T_t^2 + TZ_t + w_t P_j}{(1 + i_c)^t} \quad (7-2-15)$$

式中　ΔNPV_1——项目财务净现值,万元;

S_t——第t年营业收入,万元;

L_t——第t年回收固定资产余值,万元;

W_t——第t年回收流动资金,万元;

SR_t——第t年其他收入,万元;

C_t——第t年经营成本费用,万元;

T_t^1——第 t 年销售税金及附加,万元;

T_t^2——第 t 年所得税,万元;

TZ_t——第 t 年投资,万元;

w_t——第 t 年药剂用量,t;

P_j——药剂价格,万元/t。

(二)项目综合效益评价

从目前的国内石油公司的管理现状看,以油田公司整体考虑,无论新井是否建设,公司的员工成本和管理费用等相关费用均会照常发生。因此,化学驱项目的建设投资摊薄了整个公司的人工成本和管理费用等。因此,从油田地区分公司的角度看,化学驱项目分摊的人员费用和厂矿管理费等费用可视为化学驱项目的综合效益。从公司综合效益角度出发,对常规项目纯效益评价进行改进,得出综合效益评价方法。评价指标是摊薄成本后税前净现值大于零。

$$\Delta \mathrm{NPV}_2 = \sum_{t=1}^{n} \frac{S_t + L_t + \mathrm{SR}_t}{(1+i_c)^t} - \sum_{t=1}^{n} \frac{C_t - \mathrm{RG}_t' - \mathrm{CK}_t' - \mathrm{GF}_t' - \mathrm{QF}_t' + T_t^1 + T_t^2 + \mathrm{TZ}_t + \mathrm{YT}_t}{(1+i_c)^t} \tag{7-2-16}$$

式中　$\Delta\mathrm{NPV}_2$——综合效益项目财务净现值,万元;

　　　RG_t'——人工成本摊薄,万元;

　　　CK_t'——厂矿管理费摊薄,万元;

　　　GF_t'——其他管理费用摊薄,万元;

　　　QF_t'——期间费用摊薄,万元;

　　　YT_t——第 t 年营业费用,万元。

(三)项目战略效益评价

从长远和战略的角度考虑,油价、储量和技术等具有不确定性,而这些不确定性因素的变化会带来相应的价值变化。化学驱项目的期权主要体现在两方面,一方面是技术进步,开发效果应不断提升,应用注入参数优化技术和新型化学剂体系,室内实验采收率还能提高3%~5%,现场应用三次采油至少可提高1%;另一方面是由油价波动带来的期权价值,长期油价围绕着一个基值波动。评价时应考虑这些不确定因素变化的价值。期权价值模型由项目价值和期权价值组成,其判断标准是考虑期权综合效益大于零。

$$\Delta \mathrm{NPVN} = \Delta \mathrm{NPV}_2 + C \tag{7-2-17}$$

其中:

$$C = SN(d_1) - Ke^{-rt}N(d_2) \tag{7-2-18}$$

$$d_1 = \frac{\lg(S/K) + rT + \sigma^2 T/2}{\sigma\sqrt{T}}, \quad d_2 = \frac{\lg(S/K) + rT - \sigma^2 T/2}{\sigma\sqrt{T}} \tag{7-2-19}$$

式中　ΔNPVN——战略效益财务净现值,万元;

　　　C——期权价值,万元;

　　　S——标定资产的当前价格,万元;

　　　$N(d_1)$——标准正态累积概率分布函数;

　　　K——期权执行价格,万元;

　　　$N(d_2)$——标准正态累积概率分布函数;

　　　r——无风险复合利率;

　　　σ——价格波动率。

三、化学驱经济界限分析

影响化学驱效益的因素较多,且这些因素之间也具有相关关系,需要筛选确定出影响转注效益的主要因素。可采用复相关分析方法确定注化学剂经济界限需考虑的影响因素,应用化学驱与水驱经济效益对比模型,建立化学驱经济界限模型,并求解经济界限。

(一)化学驱经济界限模型

化学驱经济界限主要指油田水驱开发过程中的转注化学剂的时机。为此,需要首先筛选影响转注化学剂的因素,然后根据化学驱与水驱经济效益对比模型,求解经济界限。通过复相关分析方法确定注化学剂经济界限需考虑的影响因素。

1. 影响因素确定

研究一个变量与多个变量的线性相关性称为复相关分析。从相关分析角度来说,复相关中的变量没有因变量与自变量之分,但在实际应用中,复相关分析经常与多元线性回归分析联系在一起,因此,复相关分析一般指因变量 y 与 m 个自变量 $x_1,x_2,\cdots,x_m$ 的线性关系。给定评价指标体系:

$$\boldsymbol{X} = \{x_1,x_2,\cdots,x_m\} \qquad (7-2-20)$$

现考察任意一项指标 x_j 与其余指标系 $\{x_1,\cdots,x_{j-1},x_{j+1},\cdots,x_m\}$ 之间的复相关性,以决定指标 x_j 是否需要从给定的指标体系中删去。假设给定了 m 个指标 $x_1,x_2,\cdots,x_m$ 的 n 组观察数据矩阵:

$$\boldsymbol{A} = (x_{ij})_{n\times m} = \begin{pmatrix} x_{11} & x_{12} & \cdots & x_{1m} \\ x_{21} & x_{22} & \cdots & x_{2m} \\ \cdots & \cdots & \cdots & \cdots \\ x_{n1} & x_{n2} & \cdots & x_{nm} \end{pmatrix}_{n\times m} \qquad (7-2-21)$$

矩阵的列代表 m 个评价指标,行代表 n 个样本。

指标 x_i 与 x_j 之间的协方差 s_{ij} 为:

$$s_{ij} = \frac{1}{n}\sum_{k=1}^{n}(x_{ki}-\bar{x}_i)(x_{kj}-\bar{x}_j),1 \leqslant i \neq j \leqslant m \qquad (7-2-22)$$

通常将矩阵 $S=(s_{ij})_{m\times m}$ 称为指标集 $\{x_1,x_2,\cdots,x_m\}$ 的二阶矩阵。讨论 x_j 与其他指标 $\{x_1,\cdots x_{j-1},x_{j+1}\cdots,x_m\}$ 的关系。如果 x_j 与其他指标 $\{x_1,\cdots,x_{j-1},x_{j+1}\cdots,x_m\}$ 独立,则说明指标 x_j 无法用其余指标体系代替。保留的指标应该是相关性越小越好,这就是讨论复相关性将用到的极大不相关方法。

在给定样本数据矩阵的情况下,计算指标体系的相关矩阵。

$$R=(r_{ij})_{m\times m},\quad r_{ij}=s_{ij}/\sqrt{s_{ii}s_{jj}} \tag{7-2-23}$$

现考察 x_j 与其他指标 $\{x_1,\cdots x_{j-1},x_{j+1}\cdots,x_m\}$ 之间的线性相关程度,称为复相关系数,简记为 ρ_j。实际上,为了计算复相关系数 ρ_j 的值,先对指标体系相关矩阵 R 进行初等变换,交换 R 的第 j 行和最后一行,再交换 R 的第 j 列和最后一列,即经过行列初等变换,将相关矩阵的 r_{11} 变到最后一行、最后一列。记初等变换后的矩阵为:

$$\begin{pmatrix} R_j & r_j \\ r_j^T & 1 \end{pmatrix} \tag{7-2-24}$$

则 x_j 与其他指标 $\{x_1,\cdots x_{j-1},x_{j+1}\cdots,x_m\}$ 之间的复相关系数

$$\rho_j^2=r_j^T R_j^{-1} r_j,j=1,2,\cdots,m \tag{7-2-25}$$

通过上面的算法,最后可计算出所有的复相关系数

$$\rho_1^2,\rho_2^2,\cdots,\rho_m^2 \tag{7-2-26}$$

逐步排除相关系数大的指标,去除包含信息重复的因素。应用东部某油田化学驱开发和经济数据,从复相关分析结果可以看出(表7-2-5),单井控制地质储量、产油量、成本、吨剂增油量所表示的重复信息较大,因此可以排除这几项因素。选取阶段采出程度、油价、投资等三个指标分析水驱转注化学驱开发的经济效益界限。

表7-2-5　转注化学剂效益因素复相关系数结果

步骤	阶段采出程度	吨剂增油量	油价	投资	成本	产油量	单井控制地质储量
1	0.80	0.81	0.75	0.79	0.77	0.85	0.87
2	0.68	0.71	0.68	0.73	0.75	0.78	—
3	0.52	0.65	0.42	0.62	0.68	—	—
4	0.48	0.52	0.35	0.50	—	—	—

2. 注化学剂阶段采出程度界限

1)阶段采出程度界限

从阶段采出程度内涵出发,考虑油价、地质储量、投资、成本等影响注化学剂开发的因素[5],建立注化学剂提高采收率界限公式。

$$R_{\mathrm{eor}} = \frac{N \sum\limits_{t=1}^{n} \{I_{\mathrm{js}}(t) + I_{\mathrm{jw}}(t) + [CG(t) + LD(t) - LH]\}(1 + i_{\mathrm{c}})^{-t}}{\sum\limits_{t=1}^{n}(C_{\mathrm{v}} + \mathrm{Gf} + \mathrm{Yf})(1 + i_{\mathrm{c}})^{-t}} - \frac{\sum\limits_{t=1}^{n}[r_{\mathrm{os}}(1 - \mathrm{SJ})P_{\mathrm{o}}](1 + i_{\mathrm{c}})^{-t}}{N}$$

$$(7 - 2 - 27)$$

式中　R_{eor}——阶段采出程度界限,%;

　　　$I_{\mathrm{js}}(t)$——第 t 年建设投资,万元;

　　　$I_{\mathrm{jw}}(t)$——第 t 年化学剂费用,万元;

　　　$CG(t)$——第 t 年单井固定费用,万元;

　　　$LD(t)$——第 t 年流动资金,万元;

　　　LH——回收流动资金,万元;

　　　r_{os}——原油商品率;

　　　P_{o}——原油价格,元/t;

　　　C_{v}——可变操作费用,元/t;

　　　Gf——其他管理费用定额,元/t;

　　　Yf——营业费用定额,元/t;

　　　SJ——单位营业税金及附加,元/t;

　　　N——地质储量,10^4t。

2)油价界限

油价界限是财务净现值为零的油价下限。累计产量越低,单井投资越大,油价界限越高。

$$P_{\mathrm{oj}} = \frac{\sum\limits_{t=1}^{n}\{I_{\mathrm{js}}(t) + [CG(t) + LD(t) - LH] + Q_{\mathrm{d}}(t)(C_{\mathrm{v}} + \mathrm{Gf} + \mathrm{Yf})\}(1 + i_{\mathrm{c}})^{-t}}{\sum\limits_{t=1}^{n}[Q_{\mathrm{d}}(t)r_{\mathrm{os}}(1 - \mathrm{SJ})](1 + i_{\mathrm{c}})^{-t}}$$

$$(7 - 2 - 28)$$

式中　$Q_{\mathrm{d}}(t)$——第 t 年单井产量,10^4t;

　　　P_{oj}——油价界限,元/t。

3)单井投资界限

投资界限是指在一定的初始产量和变化趋势下,保证既定收益目标的最高投资,即财务净现值为零的投资界限。

$$I_{\mathrm{dl}} = \left\{\sum\limits_{t=1}^{n} Q_{\mathrm{d}}(t)[r_{\mathrm{g}}(P_{\mathrm{g}} - \mathrm{SJ}) - (C_{\mathrm{v}} + \mathrm{Gf} + \mathrm{Yf})] - \sum\limits_{t=1}^{n}[CG(t) + LD(t) - LH]\right\}(1 + i_{\mathrm{c}})^{-t}$$

$$(7 - 2 - 29)$$

式中　I_{dl}——单井投资界限,万元/口;

　　　r_{g}——天然气商品率;

　　　P_{g}——天然气价格,元/m³。

(二)化学驱经济界限模型应用实例

通过分析"十三五"期间油田注化学剂区块提高采收率、单井控制地质储量、含水率三个指标的范围,应用纯增量化学驱经济效益评价模型,考虑不同油价、不同单井控制地质储量、不同含水以及不同老井利用率条件下,分别建立了两种效益对比模型的转注化学剂驱提高采收率界限图版[6](图7-2-1和图7-2-2)。

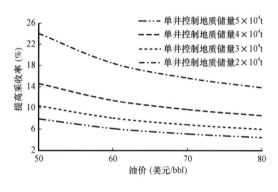
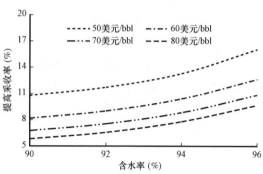

图7-2-1　增量成本模型提高采收率界限图版　　图7-2-2　增量净现值模型提高采收率界限图版

由图版可以看出:(1)单井控制地质储量和提高采收率呈负相关,即当单井控制地质储量增大时,经济有效地提高采收率的最低界限值就会逐渐变小。反之,当提高采收率值增大时,经济有效的单井控制地质储量最低界限值就会逐渐变小。(2)油价变化同样可以导致经济有效的单井控制地质储量和提高采收率的最低界限值变化,随着油价地提高单井控制地质储量和提高采收率的界限值降低。(3)当转注化学驱含水值增大时,经济有效地提高采收率和单井控制地质储量最低界限值都会逐渐变大[7]。

根据界限图版,给出了油田"十三五"期间三个二类油层潜力区块在内部收益率达到6%条件下含水率、提高采收率、油价界限(表7-2-6)。

表7-2-6　二类油层区块转注聚合物驱经济界限表

项目	区块		
	BDD	BXD	NXD
提高采收率界限(%)	8.9	9.2	11.5
油价界限(美元/bbl)	47.1	48.7	55.2
含水率界限(%)	97.3	96.9	95.3

第三节　已开发油田效益评价

已开发油田效益评价工作贯穿于油田开发全过程。全面开展区块、单井效益评价,及时掌握油田生产经营状况,加强"双负"油藏(负效益井和负效益区块)治理,优化生产组织和投资成本,从而达到优化产量结构、明确降本增效方向、提高经济效益的目的。

中国石油天然气集团有限公司的已开发油田效益评价工作最早可以追溯到 1999 年,自 2004 年以来,先后出台了《油气田效益评价标准》和《已开发油气田效益评价准则》,在展示油田生产经营状况、高成本井治理、油井措施风险决策、产量成本优化等方面发挥巨大作用。各油田根据要求,已开发油田效益评价已经从区块细化至单井进行效益评价,研究内容则逐步延伸,运用已开发油田效益评价结果剖析产量、投资、成本与效益关系,达到提升油田整体效益的目标。

一、效益评价分类标准

已开发油田效益评价是以单井效益评价为基础,区块效益评价相结合,分析油田不同层面的经济效益。评价方法主要采用盈亏平衡分析法,根据油井的营业收入、成本费用、利润之间关系的综合分析,判断油井经营状况。按照不同的分类标准划分油井的效益类别,反映油井的效益状态(表 7 - 3 - 1)。

表 7 - 3 - 1　单井(区块)效益类别划分方式表

成本分类				成本项目		效益判别标准	单井效益类别	区块效益类别
营运成本	生产成本	操作成本	最低运行费	直接材料费	稠油热采费	税后收入 最低运行费	无效益井	无效益区块
				直接燃料费	油气处理费			
				直接动力费	天然气净化费			
				直接人员费用	运输费			
				驱油物注入费	维护性井下作业费			
				测井测试费		操作成本 > 税后收入 > 最低运行费	边际效益井	
				厂矿管理费				
				其他直接费用				
				轻烃回收费				
				维护及修理费				
			折旧折耗			生产成本 > 税后收入 > 操作成本	三类效益井	三类效益区块
		期间费用				营运成本 > 税后收入 > 生产成本	二类效益井	二类效益区块
		勘探费						
						税后收入 > 营运成本	一类效益井	一类效益区块

(一)单井效益分类

根据效益评价思路和成本分析方法,从现行的油井生产管理,通过对操作成本 16 项构成的分析,提出维持油井简单生产的单井最低运行费概念。具体是指,维持油井正常生产所必须发生的 10 项操作成本构成费用,包括材料费、燃料费、动力费、生产工人工资、职工福利费、维护性井下作业费、油气处理费、天然气净化费、驱油物注入费、运输费(仅指拉油)、稠油热采费。

在此基础上,以操作成本和最低运行费为界,将油井的效益类别分为效益井、边际效益井和无效益井。为与油田(区块)对应,将效益井继续细分为效益一类井、效益二类井和效益三类井。

1. 效益一类井

当油气井的年产油气及伴生产品的税后收入大于该井的生产成本和应分摊的期间费用及地质勘探费用之和时,为效益一类井。

判别式:

$$Qr_{os}(P - R) > C_{sc} + C_{qf} + F_{dz} \qquad (7-3-1)$$

式中　　Q——年产油量,10^4t;

r_{os}——原油商品率;

P——不含增值税原油价格,元/t;

R——单位税金,元/t;

C_{sc}——年生产成本,万元;

C_{qf}——应分摊的期间费用,万元;

F_{dz}——地质勘探费用,万元。

2. 效益二类井

当油气井的年产油气及伴生产品的税后收入等于或小于该井的生产成本和应分摊的期间费用及地质勘探费用之和,且大于该井的生产成本时,为效益二类井。

判别式:

$$C_{sc} + C_{qf} + F_{dz} > Qr_{os}(P - R) > C_{sc} \qquad (7-3-2)$$

3. 效益三类井

当油气井的年产油气及伴生产品的税后收入等于或小于该井的年生产成本,且大于该井的操作成本时,为效益三类井。

判别式:

$$C_{cz} < Qr_{os}(P - R) \leqslant C_{sc} \qquad (7-3-3)$$

4. 边际效益井

当油气井的年产油气及伴生产品的税后收入等于或小于该井的年操作成本,且大于该井的最低运行费用时,为边际效益井。

判别式:

$$C_{cz} \geqslant Qr_{os}(P - R) > C_{min} \qquad (7-3-4)$$

其中:

$$C_{\min} = C_{cl} + C_{rl} + C_{dl} + C_{ry} + C_{wj} + C_{yc} + C_{zr} + C_{ly} + C_{cr} + C_{jh}$$

式中　$C_{\min}$——最低运行费用,万元;

$\quad\quad C_{cl}$——直接材料费,万元;

$\quad\quad C_{rl}$——直接燃料费,万元;

$\quad\quad C_{dl}$——直接动力费,万元;

$\quad\quad C_{ry}$——直接人员费,万元;

$\quad\quad C_{wj}$——维护性井下作业费,万元;

$\quad\quad C_{yc}$——油气处理费,万元;

$\quad\quad C_{zr}$——驱油物注入费,万元;

$\quad\quad C_{ly}$——运输费(仅指拉油),万元;

$\quad\quad C_{cr}$——稠油热采费,万元;

$\quad\quad C_{jh}$——天然气净化费,万元。

5. 无效益井

当油气井的年产油气及伴生气的税后收入等于或小于该井的最低运行费用时,为无效益井。

判别式:

$$QI(P - R) \leqslant C_{\min} \tag{7-3-5}$$

(二)区块效益分类

按照油田现行的财务制度和成本项目构成,以投入产出的关系,将已开发油田(区块)分为:效益一类、效益二类、效益三类和无效益类。

1. 效益一类区块

当油气田(区块)的年产油气及伴生产品的税后收入大于该油气田(区块)的年生产成本和应分摊的期间费用及地质勘探费用之和时,为效益一类油气田(区块)。

判别式:

$$QI(P - R) > C_{sc} + C_{qf} + F_{dz} \tag{7-3-6}$$

2. 效益二类区块

当油气田(区块)的年产油气及伴生产品的税后收入等于或小于该油气田(区块)的年生产成本和应分摊的期间费用及地质勘探费用之和,且大于生产成本时,为效益二类油气田(区块)。

判别式:

$$C_{sc} < QI(P - R) \leqslant C_{sc} + C_{qf} + F_{dz} \tag{7-3-7}$$

3. 效益三类区块

当油气田(区块)的年产油气及伴生产品的税后收入等于或小于该油气田(区块)的年生产成本,且大于操作成本时,为效益三类油气田(区块)。

判别式：

$$C_{cz} < QI(P - R) \leqslant C_{sc} \qquad\qquad (7-3-8)$$

4. 无效益区块

当油气田(区块)的年产油气及伴生产品的税后收入等于或小于该油气田(区块)的操作成本时,为无效益油气田(区块)。

判别式：

$$QI(P - R) \leqslant C_{cz} \qquad\qquad (7-3-9)$$

二、效益评价内容及分析

已开发油田效益评价范围包括国内已开发的油田,对外合作区块暂不纳入评价范畴,效益评价对象分为油井和油田(区块)。已开发油田效益评价分为季度简化评价和年度效益评价两部分。季度简化评价除按季度评价油田整体效益状况外,重点是跟踪上年度无效井和无效区块在本年各季度治理后的效益变化情况。年度效益评价包括油井和油田(区块)效益评价分类、评价结果分析、操作成本构成及主要影响因素分析、低效无效区块及单井的治理措施及效果评价。

各年度的效益评价工作应尽早开展,及时向相关单位公布效益评价结果等相关数据,包括无效区块、无效井号、效益情况等信息,组织相关单位共同研究,在开发现状分析、潜力评价的基础上,编制无效区块、无效井的挖潜治理方案。经审查通过后,纳入年度计划启动实施,并按季度跟踪评价效益变化情况。

(一)评价参数准备

在进行效益评价之前,需统计整理出采油厂/分公司总井数、开井数、年产油量、累计产油量、剩余可采储量、综合含水率等开发指标,以及对应的收入、税金以及成本收益等生产经营指标。同时,还需对评价油价、销售税金及附加、期间费用、勘探费用等基础参数的选取进行说明。

(二)单井效益评价内容

单井效益评价是指对生产油井的成本、收入、利润等指标进行的分析。具体包括参评井范围、成本费用分析、成本影响因素、分类井效益评价等。

1. 参评井范围

主要说明参评的井数及占比、产油量等指标情况。同时,介绍未参评井的相关信息,以及相应的未参评原因。

2. 效益分类分析

给出不同评价对象的五种效益井类别评价结果,分析不同效益类别产油量、单井日产量、含水率、成本、利润等指标。

3. 成本费用分析

介绍油田参评井的总成本费用,并详细分析总成本费用的构成、分项占比及操作成本各项构成变化等信息。同时,分析油田分油藏、分单位、分开发方式的成本特点和变化趋势。

4. 成本影响因素

成本的高低直接影响效益评价结果和油田效益的好坏,分析成本影响因素,能更好地明确降本增效方向、提高经济效益。成本影响因素的分析,需要从近几年的效益评价结果中在成本变动规律的基础上,研究不同指标与成本变动的关系,从开发阶段、产量结构、宏观环境等多方面,分析成本的影响因素。

(三)油田(区块)效益评价内容

油田(区块)效益评价的评价对象是已开发并正在生产的油田(区块)。处于试油、试采阶段而没有正式投入开发的油田(区块),以及边缘、零散的油气井不作为评价单元,但其产量和成本要单独统计。

1. 油田(区块)划分原则

油田(区块)效益评价单元的划分必须做到油气藏、地面集输系统和财务核算三方面相结合。划分原则:

(1)以油藏管理单元为基础,充分考虑地面集输系统、财务核算的相对独立性;

(2)规模较大的油田中,油藏类型、流体性质、开发方式、开采工艺、开发阶段等有较大差异或地面集输系统、财务核算相对独立的油藏(区块),可以划分为若干个评价单元;

(3)地理位置、油藏类型、流体性质、开发方式、开采工艺、开发阶段相近,且同属一个地面集输系统和财务核算单元的规模较小的油田,可合并为一个评价单元;

(4)采用重大、新型开采技术(如聚合物驱、汽驱等)并将工业化生产的油田(区块)作为独立的评价单元;

(5)新投入开发油田(区块)单独作为一个评价单元。

2. 参评范围

依据划分原则,说明参评的油田(区块)是否有调整,如果调整了,按照新增、拆分、合并等性质对区块变动进行说明。

3. 效益分类分析

按照四类效益类别,分类给出当年油田(区块)数量、产油量、含水率、成本、利润等指标,分析不同类油田(区块)的效益特点。同时,分析不同类别油田(区块)中五类效益井的分布情况,单井分析和区块分析相结合,使效益评价结论更具体。

单井(区块)效益分类分析中,重点要把不同单位的无效单井(区块)进行对比和趋势分析,研究无效单井(区块)的分布和构成,搞清无效单井(区块)逐年变化情况,为下步的效益提升措施选择提供依据。

三、提高油田开发效益重点工作

为提高已开发油气田效益评价工作指导效益提升的作用,重点开展负效区块(井)跟踪评价、重点专项井效益分析、高成本区块跟踪分析等内容。通过挖潜治理措施,实现变负效为有效,变有效为高效的目的。其中,"双负"治理是油田开发效益提升的重要措施。

(一)"双负"内涵及分析内容

"双负"是指效益评价中的负效井和负效区块,即无效益井和无效益区块的总称。针对"双负"的分析是效益评价工作的重点内容。"双负"分析工作主要包括跟踪上年度"双负"在本年各季度治理后的效益变化情况、本年度"双负"的数量及分布情况、本年度"双负"指标特点、"双负"形成原因分析、"双负"治理措施评价等。

针对效益评价分析出的负效井(区块),需要进一步地深入分析。首先,要分析"双负"在油田的数量和分布情况,明确"双负"的开发和效益指标特点,整体把握无效益的规模和类别。其次,针对"双负",要从生产运行、开发动态、开发阶段等多种因素,分析无效原因,并按照无效原因进行分类统计,并有针对性地采取治理措施。同时,要对上一年的"双负"治理措施和治理效果等情况进行统计,通过分析"双负"油藏特点和开发动态特点,与油藏工程相结合,明确治理措施,提升增油效果。

(二)"双负"治理措施效益分析

对"双负"治理通常会根据地质条件和开发状况采取相应的措施来改善油井或区块生产状况。通常采用的措施是指通过消除井筒附近的伤害或在地层中建立高导流能力的结构来提高油井的生产能力所选取的技术措施,包括大钻、压裂、酸化、堵水、补层等地质和工艺类措施。

对于增产类治理措施的效益分析是基于投入产出平衡原理,采用有无对比法开展的经济评价,有项目即为实施措施项目,无项目即为不实施措施项目。依据盈亏平衡原理,判别措施效益状况的指标有 5 项,即投入产出比、投入回收期、最低经济增油量、措施收益、经济有效率。油井增产措施效益评价方法就是计算增量的投入产出比、投入回收期、最低经济增油量、措施收益、经济有效率。

1. 增量投入产出比

指措施增量产出与措施投入的比值,是衡量措施经济效果的主要指标之一。计算公式为:

$$C_{\mathrm{B}} = \frac{\sum_{t=1}^{n} \left[\Delta q_t (P_{\mathrm{o}} - T_{\mathrm{axo}}) \right]}{I + \sum_{t=1}^{n} C_t} \qquad (7-3-10)$$

式中　C_{B}——增量投入产出比;

　　　Δq_t——有效期内第 t 月的增油量,t;

　　　P_{o}——原油价格,元/t;

　　　T_{axo}——吨油税费,元/t;

　　　I——措施费用,元;

　　　n——措施有效期,月。

2. 增量投入回收期

指措施产出抵偿措施投入所需的时间,是考察措施回收能力的主要指标。计算公式为:

$$\sum_{t=1}^{T} \left[\Delta q_t (P_o - T_{axo}) - \Delta C_t \right] - I = 0 \qquad (7-3-11)$$

式中　T——投入回收期,月。

3. 最低经济增油量

指抵偿措施投入的最低增油量。计算公式为:

$$\Delta q_{min} = \frac{I + \sum_{t=1}^{T} \Delta C_t}{P_o - T_{axo}} \qquad (7-3-12)$$

式中　Δq_{min}——最低经济增油量,t。

4. 措施收益

指措施实施后,由措施增油量所带来的增量效益,是考察措施经济效果的主要指标之一。计算公式为:

$$C_s = \sum_{t=1}^{n} \left[\Delta q_t (P_o - T_{axo}) - \Delta C_t - I \right] \qquad (7-3-13)$$

式中　C_s——措施收益,万元。

第四节　开发规划方案价值评估

一、价值评估概论

(一)价值定义

价值由油田生产价值和产生现金的非经营性资产价值所组成。油田生产价值是指以标定的折现率折现的油田营运现金流之和。油田生产价值取决于其未来的现金流量折现,只有油田生产投入资本的回报率超过资本成本时,才会创造价值。

(二)价值评估方法

价值评估方法有三种:(1)贴现现金流价值评估法,它认为一项资产的价值应等于该资产预期在未来所产生的全部现金流的现值总和;(2)相对价值评估法(比率价值评估法),它根据某一变量,如收益、现金流、账面价值或销售额等,考察同类"可比"资产的价值,对一项新资产进行价值评估;(3)或有要求权价值评估法(期权价值评估法),它使用期权定价模型来估计有期权特性的资产价值。使用的价值评估方法不同,得出的结果会有较大差异。目前,油田常用的是贴现现金流价值评估方法。

(三)贴现现金流价值评估原理

贴现现金流价值评估法是被广泛应用的价值评估方法,它适用于公司财务状况正常且未有大的举措的正常公司,目前这种方法适用于重组上市后的油田公司对公司经营运作情况进行评价。基本原理：

$$V = \sum_{t=1}^{n} \frac{CF_t}{(1 + r')^t} \qquad (7-4-1)$$

式中　V——资产的价值，万元；

n——资产的寿命，a；

CF_t——资产在 t 时刻产生的现金流，万元；

r'——反映预期现金流风险的贴现率，%。

（四）油田公司价值评估模型

因为公司价值来源于使用价值，即价值来源于其有用性，公司的有用性体现在未来的获利能力，因此油田公司运营价值综合反映了油田公司未来的获利能力。价值评估的最终目标是为了确定油田公司未来的收益能力（价值）。因此可在已有财务资料现状的情况下，根据计划的勘探开发生产经营情况来预测公司自由现金流，对油田公司未来自由现金流量进行折现得出油田公司价值（油田公司未来的收益能力）。石油行业是具有高风险的行业，用价值评估法对油田公司勘探开发业务估价确定的价值也是具有较高风险的，因此作为油田公司的经营决策者不应仅关心最后确定的价值，还应确定出油田公司关键业绩指标，以考察油田公司的经营管理状况。因此在建立适用于油田公司运营价值评估方法的同时，还建立了一系列油田公司运营关键业绩指标体系。

自由现金流贴现模型有 FCFF 稳定增长模型和 FCFF 模型的一般形式两种。FCFF 稳定增长企业的现金流以固定的增长率增长，它是假设资本支出和折旧的关系满足稳定增长（即没有额外的增长，也无须追加资本投资，也就是资本性支出应以固定的比率冲抵折旧，而不是显著大于折旧），因此 FCFF 稳定增长模型对资本性支出和折旧的关系十分敏感，减少（或增加）资本性支出与折旧的相对值会导致公司自由现金流（FCFF）的增加（或减少）。因为 FCFF 稳定增长模型的价值是自由现金流与资本加权平均成本和永久增长率差值相除，因此 FCFF 稳定增长模型对于预期增长率与资本加权平均成本非常敏感。而资本加权平均成本对未来增长率的敏感性更高，因此使用 FCFF 稳定增长的价值评估模型时，如果永久增长率预测稍有偏差将引起企业价值的估计产生较大的偏差。因此在评估油田公司运营时不适合采用。

FCFF 模型的一般形式适用于可以获得充足的信息来预测公司自由现金流的任何公司进行价值评估。在 FCFF 模型一般形式中，公司的价值可以表示为预期 FCFF 的现值：

$$V = \sum_{t=1}^{\infty} \frac{FCFF_t}{(1 + WACC)^t} \qquad (7-4-2)$$

式中　$FCFF_t$——资产的价值，万元；

WACC——稳定增长阶段的资本加权平均成本，万元。

如果公司在 n 年后达到稳定增长状态，稳定增长率为 g_n，则该公司的价值可以表示为：

$$V = \sum_{t=1}^{n} \frac{FCFF_t}{(1 + WACC)^t} + \frac{FCFF_{n+1}/(WACC - g_n)}{(1 + WACC)^n} \qquad (7-4-3)$$

FCFF 模型是对整个企业进行估价,因为公司自由现金流是债务偿还前现金流,所以使用公司价值评估方法的好处是不需要明确考虑与债务相关的现金流。在财务杠杆预期将随时间发生重大变化的情况下,可以简化计算、节约时间。由于 FCFF 是债务偿还前现金流,它不太可能是负值,从而最大限度地避免了评估中的尴尬局面。因此对油田公司运营价值评估可采用 FCFF 模型的一般形式。这样建立起油田公司运营价值评估模型为:

$$V = \sum DCF_t + DTV \qquad (7-4-4)$$

其中:

$$\sum DCF_t = \sum (FCF_t \cdot DF_t)$$

$$DTV = \frac{FCF_t}{WACC - T} DF_{t+1}$$

式中 $\sum DCF_t$——预测期价值,万元;

DTV——连续价值,万元;

FCF_t——自由现金流,万元;

DF_t——折现因子;

T——长期增长率。

在油田公司运营价值评估模型中自由现金流是指石油企业在一定时间内(一般为一年)营运现金流和营运新增投资的差值。营运现金流是指企业在一定时间内(一般为一年)营运现金流入和营运现金流出的差。营运现金流入指业务收入(即勘探开发油气销售收入)。营运现金流出包括:付现业务成本(油气开发操作成本和勘探费用)、付现销售管理费用、付现其他业务成本、业务税金及附加、所得税。营运新增投资包括营运资本的增加、固定资产上的资本支出(石油公司主要是勘探开发资本化投资)、其他净营运资产的增加。

(五)提升油田生产价值的主要方式

(1)提高现有资产的盈利水平,即提高投资资本回报率;

(2)提高新增投资的资本回报率;

(3)在新增资本回报率超过加权平均资本成本的情况下,提高增长率;

(4)评估各项业务的投资收益,通过降低业务外包或资产剥离等方式缩减对低效率业务单元的投入,将新增资本重点投向预期投资资本回报率超过资本成本的业务单位;

(5)在没有新增资本投入的情况下,通过加速资本周转速度来提升创造业务单元的资本运作效率;

(6)在投资资本回报率一定的情况下,通过降低资本成本来提升油田生产的价值。

二、价值评估主要指标计算方法

反应油田业绩的关键指标包括营运现金流、单位油(气)勘探综合成本、单位油(气)开发综合成本、单位油(气)操作成本、单位油(气)营运成本、自由现金流、投资资本回报率、息税前利润、价值等。

（一）营运现金流

营运现金流是指油气生产活动创造现金流的能力，是息税前利润扣减其与所得税率的乘积后，再加上折旧折耗，计算公式：

$$GCF = EBIT(1 - r_{sd}) + DEPR \qquad (7 - 4 - 5)$$

式中　GCF——营运现金流，万元；

　　　EBIT——息税前利润，万元；

　　　r_{sd}——所得税率；

　　　DEPR——折旧折耗，万元。

按国内会计准则计算的折旧、折耗，根据中国石油天然气股份有限公司规定的固定资产类别和折旧年限确定。

按国际会计准则计算的折旧、折耗，只对"油气资产"按国际石油公司采用的产量法计算，产量法的油气资产折耗计算为：

$$DEPR = V_{jz}r_{zj} \qquad (7 - 4 - 6)$$

$$r_{zj} = \frac{Q_z}{Q_z + N'} \times 100\% \qquad (7 - 4 - 7)$$

式中　V_{jz}——油气资产平均净值，万元；

　　　r_{zj}——折旧率，%；

　　　Q_z——当年油气总产量，10^4t；

　　　N'——年末动用剩余可采储量，10^4t。

（二）单位油（气）勘探综合成本

单位油（气）勘探综合成本是反映油气勘探阶段投入产出关系的投资效果指标。单位勘探综合投资获得的探明可采储量越大，效益越好。计算公式：

$$ECB = I_k/N_{xz} \qquad (7 - 4 - 8)$$

式中　ECB——单位油（气）勘探综合成本，美元/bbl；

　　　I_k——当年勘探综合投资，万元；

　　　N_{xz}——当年新增可采油（气）储量，10^4t。

勘探综合投资包括物探、探井、非安装设备、计算机、勘探辅助工程等投资。当年新增可采储量指新区勘探新增的可采储量。

（三）单位油（气）开发综合成本

单位油（气）开发综合成本是指开发的经济性和效率，反映开发建设阶段的投入产出关系的开发效益指标。单位开发综合投资获得的新增动用可采储量越大，效益越好。计算公式：

$$DCB = \frac{I}{IPPR \cdot ROE \cdot TYX} \qquad (7-4-9)$$

式中　DCB——单位油(气)开发综合成本,美元/bbl;

　　　I——开发综合投资,万元;

　　　IPPR——新增动用油(气)可采储量,10^4t;

　　　ROE——汇率,元/美元;

　　　TYX——桶油换算系数。

开发综合投资包括开发井、油(气)田地面建设、非安装设备、计算机、开发辅助工程等投资。

当年新增动用油(气)可采储量包括新区动用的可采储量,老区提高采收率新增的可采储量。

(四)单位油(气)操作成本

单位油(气)操作成本是总操作成本与当期油(气)商品量之比。该指标反映每桶油(气)商品量需要的操作成本是多少。计算公式:

$$LCB = \frac{C_{cz}}{PVOCr_{hl}TYX} \qquad (7-4-10)$$

式中　LCB——单位油田操作成本,美元/bbl;

　　　C_{cz}——操作成本,万元;

　　　r_{hl}——汇率;

　　　PVOC——当期油田商品量,10^4t。

(五)单位油(气)营运成本

单位油(气)营运成本是油(气)营运总成本与当期油(气)商品量之比。该指标反映勘探、开发总体营运的经济性和效率。计算公式如下:

$$OCB = \frac{OC}{PVOCr_{hl}r_{td}} \qquad (7-4-11)$$

$$OC = C_{cz} + DEPR + SG\&A + KT \qquad (7-4-12)$$

$$KT = K_z(1 - K_1) \qquad (7-4-13)$$

式中　OCB——单位油田营运成本,美元/bbl;

　　　OC——油田营运总成本,万元;

　　　r_{td}——吨桶换算系数;

　　　SG&A——管理和销售费用,万元;

　　　KT——勘探费用,万元;

　　　K_z——勘探投资,万元;

　　　K_1——勘探成功率,%。

(六)自由现金流

自由现金流是指经营活动创造现金收入的能力,计算公式如下:

$$FCF_t = GCF_t - OCP_t \qquad (7-4-14)$$

其中:

$$OCP_t = \delta WC_t - CA_t - \delta qWC_t$$

式中　FCF_t——自由现金流,万元;

　　　GCF_t——营运现金流,万元;

　　　OCP_t——营运新增投资,万元;

　　　δWC_t——营运资本的增加,万元;

　　　CA_t——固定资产上的资本支出,万元;

　　　δqWC_t——其他净营运资产的增加,万元。

自由现金流和营运现金流均是经营生产活动创造现金流的能力,而自由现金流是指扣除当年投资和企业可自由支配的现金流,比营运现金流更能体现出企业的现金流量状况,因此,方案评价时选用自由现金流指标,可以不再选用营运现金流。

(七)投资资本回报率

投资资本回报率是指单位投资资本的获利水平,主要反映公司经营活动中有效利用营运性资本创造回报的能力,计算公式如下:

$$ROIC = NOPLAT/IC \qquad (7-4-15)$$

$$NOPLAT = EBIT \times (1 - r_{sd}) \qquad (7-4-16)$$

式中　ROIC——投资资本回报率,%;

　　　NOPLAT——调整税后净营运利润,万元;

　　　IC——投资资本,万元;

　　　r_{sd}——所得税率。

(八)息税前利润

息税前利润是指与经营管理直接相关的经营业绩,计算公式如下:

$$EBIT = REVE - C_{cz} - DC - KT - SG\&A - DEPR - ST \qquad (7-4-17)$$

式中　REVE——销售收入,万元;

　　　ST——业务税金及附加,万元。

(九)价值

价值是指企业运营资产预期存续期内所有年度收益资本化,计算公式如下:

$$V_{zb} = \sum DCF_1 + DTV \qquad (7-4-18)$$

式中　V_{zb}——价值,万元;

　　　$\sum DCF_1$——预测期价值,万元;

　　　DTV——连续价值,万元。

价值评估中,价值是指企业运营资产预期存续期内所有年度收益资本化,其中连续价值是按照规划期以后业务的长期增长率估算,受人为因素较大,一般评价时可以不作为方案优选的决策指标。

三、应用模拟

采取自由现金流贴现模型中的 FCFF 模型对 A 油田 2021—2025 年的三套方案进行价值评估,确定出价值最优的方案。

(一)开发规划方案要点

按照产量安排、规划总共编制了三套方案,三套方案到 2025 年产量分别为 $733 \times 10^4 t$、$833 \times 10^4 t$ 和 $1000 \times 10^4 t$(表 7 - 4 - 1)。

表 7 - 4 - 1　A 油田原油产量规划部署表　　　　　　　　　　　　单位:$10^4 t$

项目	2021 年	2022 年	2023 年	2024 年	2025 年
方案一	947	893	840	787	733
方案二	967	933	900	867	833
方案三	1000	1000	1000	1000	1000

规划期安排钻井数从方案一的 4463 口增加到方案三的 7930 口(表 7 - 4 - 2)。

表 7 - 4 - 2　A 油田 2021—2025 年规划安排钻井数

方案	阶段钻井(口)						年均钻井(口)					
	大区一	大区二	大区三	大区四	大区五	小计	大区一	大区二	大区三	大区四	大区五	小计
方案一	1064	1323	1789	215	71	4463	213	265	358	43	14	893
方案二	1749	1713	2231	215	120	6028	350	343	446	43	24	1206
方案三	2675	2388	2532	215	120	7930	535	478	506	43	24	1586

(二)价值评估参数选取及结果

1. 评价参数及说明

价值评估的评价参数按照油田有关规定选取。油价按分年阶梯油价选取(表 7 - 4 - 3);原油商品率 99.47%;原油体积换算系数 7.428,汇率 6.9 元/美元;所得税 25%。

表 7 - 4 - 3　阶梯油价表　　　　　　　　　　　　单位:美元/bbl

年份	2021 年	2022 年	2023 年	2024 年	2025 年	2026 年以后
阶梯油价	45	45	50	50	60	60

2. 投资及成本测算

测算三套方案勘探开发总投资为 220.6 亿元 ~ 395.3 亿元，年均 44.1 亿元 ~ 79.1 亿元。三采药剂费为 48.5 亿元 ~ 75.8 亿元，年均 9.7 亿元 ~ 15.2 亿元（表 7 - 4 - 4）。

表 7 - 4 - 4　2021—2025 年规划方案开发投资情况表　　　　　单位：亿元

序号	指标名称	方案一		方案二		方案三	
		阶段	年均	阶段	年均	阶段	年均
1	勘探开发总投资	220.6	44.1	272.2	54.4	395.3	79.1
1.1	勘探及油藏评价投资	29.9	6.0	29.9	6.0	38.5	7.7
1.2	原油开发	190.7	38.1	242.3	48.5	356.8	71.4
1.2.1	油田产能建设	131.6	26.3	183.2	36.6	297.7	59.5
1.2.2	其他投资	59.1	11.8	59.1	11.8	59.1	11.8
2	原油百万吨产能投资	18.8		19.4		19.3	
3	三采药剂费	48.5	9.7	56.6	11.3	75.8	15.2

在整个规划期采取一定的控成本措施，三套方案规划期操作成本总额年均分别为 70.1 亿元、72.1 亿元、79.9 亿元，平均单位操作成本分别控制到 17.8 美元/bbl、17.1 美元/bbl、17.0 美元/bbl（表 7 - 4 - 5）。

表 7 - 4 - 5　三套方案阶梯油价下操作成本对比

指标	方案一	方案二	方案三
年均操作成本（亿元）	70.1	72.1	79.9
平均单位操作成本（美元/bbl）	17.8	17.1	17.0

3. 综合价值评估结果

评价结果表明：该油田 2021—2025 年规划方案三投资最大，但实施后将取得很好的效益，其投资资本回报率将达到 3.2%。

表 7 - 4 - 6　油田 2021—2025 年阶梯油价效益指标对比

项目	方案一	方案二	方案三
勘探开发总投资（亿元）	220.6	272.2	395.3
油田产能建设（亿元）	131.6	183.2	297.7
原油百万吨产能投资（亿元）	18.8	19.4	19.3
完全成本（美元/bbl）	51.1	50.7	48.1
投资资本回报率（%）	0.9	1.3	3.2
自由现金流（亿元）	272.3	163.2	68.9
净利润（亿元）	19.0	30.7	86.4

参 考 文 献

[1] 中国石油天然气集团公司. 中国石油天然气集团公司油气勘探开发投资项目经济评价方法[M]. 北

京:石油工业出版社,2017.

[2] 吴江,刘先涛. 灰色方法在原油单位生产成本预测中的应用[J]. 西南石油学院学报,2001,23(4):
　　71-74.

[3] 周庆. 基于灰色主成分的聚合物驱操作成本预测方法[J]. 岩性油气藏,2012,24(5):116-119.

[4] 孙燕芳,王勇. 作业成本动因分析在采油厂成本管理中的应用研究[J]. 石油大学学报,2004,20(3):
　　26-29.

[5] 刘三军,韩江国,梁晓飞. 喇嘛甸油田开发经济界限的确定[J]. 大庆石油地质与开发,2001(4):
　　44-45.

[6] 方艳君,李榕,周庆. 大庆油田水驱转注聚合物经济界限[J]. 大庆石油地质与开发,2016,35(5):
　　114-117.

[7] 孙春芬,赵兰水,金桂芬,等. 聚合物驱和三元复合驱经济效益分析[J],石油规划设计,2006,17(1):
　　68-73.

第八章　油田开发规划优化技术

关于规划优化技术定义,不同学科或应用领域定义不同。对于油田开发规划优化部署这个决策科学范畴而言,规划优化技术则有一个相对统一的概念,即在油田开发规划编制业务活动中,综合运用运筹学理论、系统工程思想和专家经验,实现有限资源优化配置和管理科学决策的一项技术手段、一种模式方法,统称为油田开发规划优化技术。

油田开发规划是一项具有综合性、前瞻性和战略性的工作,是多学科相互融合的复杂系统工程,油田开发规划优化技术则是油田开发专业知识同运筹学理论、系统工程思想相结合的产物。大庆油田从"六五"开始,就积极地把运筹学理论和系统工程思想引入到油田开发规划方案编制与决策领域,并根据油田不同规划阶段出现的新情况、新问题,开展多次规划优化方法的研究工作,收到很好的社会经济效益。油田开发规划优化技术正是在这种环境下逐步孕育壮大、发展完善,成为提高油田开发规划编制科学性、辅助开发决策的一项重要技术手段。

本章主要介绍油田开发规划优化技术发展历程、核心的运筹学方法及在油田开发规划编制中的研究与应用。

第一节　规划优化技术发展历程

大庆油田开发规划优化经过几十年的研究、发展与完善,已逐步形成与不同规划阶段相适应、具有油田开发规划特色的规划优化技术方法体系。从简单定量到定性与定量相结合、从确定性模型到不确定性方法的转变,从单一方法到多种方法系统综合集成,全面推进了优化技术在油田开发规划编制与决策中的应用,有效地指导了油田不同规划阶段的规划编制与开发战略决策(图 8 - 1 - 1)。

回顾大庆油田开发规划优化技术发展历史,可划分为六个阶段:

一、定性应用阶段(1959—1971 年)

油田开发伊始,大庆人以"两论"为指导,把毛泽东的军事哲学运用到油田开发上来,搞系统运筹,搞大会战,使油田管理不断趋于协调。系统的状态也不断趋于合理,为高速优质拿下大庆油田奠定了基础:

(1)在辩证唯物主义哲学思想指导下,进行系统运筹;

(2)军事系统工程思想在油田的应用;

(3)老油田系统工程管理经验("六分四清")在大庆油田的推广。

二、微观定量应用阶段(1972—1984 年)

主要标志可概括为以下三点:

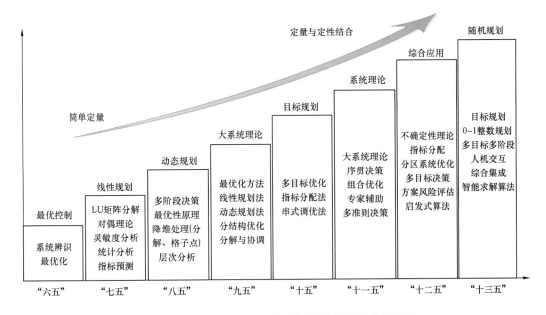

图 8-1-1　大庆油田不同规划阶段优化技术发展历程

（1）数学家华罗庚教授以大庆油田为研究对象，推广应用"统筹法"和"优选法"，系统运筹由自发向自觉、由定性向定量转变，促进了系统运筹在油田开发规划各项活动中的应用与发展；

（2）油田"六五"规划编制中，应用随机过程理论和系统辨识技术研究多层递阶预报方法，开辟预测油田开发指标的新思路；

（3）20世纪80年代初，以葛家理、齐与峰教授为代表的学者应用最优控制理论，研究油田开发规划产油量最优控制问题，客观地描述油田的动态系统演化，取得较好的应用效果。

三、宏观定量应用阶段（1985—1995 年）

运筹学方法在油田中得到全面应用，由微观定量发展到宏观系统的定量管理与决策，并逐步走向成熟，取得系列研究成果，代表性的成果有：

（1）利用运筹学方法（线性规划、动态规划）建立油田开发规划优化模型，解决资源优化配置与多阶段规划优化问题，指导了油田"七五""八五"规划编制；

（2）随着计算机技术的发展和运筹学方法的推广，相继研制各系统配套的数据库管理和辅助决策系统；

（3）大庆油田计划与控制决策系统，辅助了油田计划管理与决策；

（4）正交设计、均匀设计、层次分析、聚类分析、模糊评判等方法在各个领域都得到广泛的应用，微观定量应用水平也得到进一步提高。

四、定性与定量结合应用阶段（1996—2005 年）

充分发挥专家知识、人机交互的优势，融合大系统理论思想，实现定性与定量的结合，推动了规划优化技术的深度发展：

（1）油田开发规划大系统优化模型与专家支持系统，利用大系统理论解决了"九五"期间油田产液结构调整中规划分区优化与指标分解协调问题；

（2）建立基于目标规划的油田开发规划大系统规划优化模型，规划优化的主要着眼点由以往的单目标优化转移到多目标协调发展上，优化过程更加灵活，支撑了"十五"规划编制；

（3）应用环境（计算机、数据库、网络）提升；

（4）微观定量方法全面发展。

五、系统工程思想应用阶段（2006—2010 年）

系统工程思想在油田应用得到飞速发展，油田规划编制思想内涵得到提升，形成开发规划方案编制新技术，在"十一五"规划编制中起到重要作用：

（1）系统工程思想——物理、事理、人理；

（2）基于动态规划的最优性原理——序贯决策思想；

（3）方案组合优化与方案多准则评判——枚举法、正交设计、模糊评判、Topsis 等；

（4）专家系统辅助决策。

六、多学科融合的全面发展阶段（2011 年至今）

大系统理论、不确定性理论、智能算法、综合集成及研讨、规划信息建设全面发展与高度融合，深化定量与定性结合的系统化新思路，发展完善配套技术，在"十二五"及"十三五"规划中起到了决定性作用：

（1）多目标优化技术与油田指标分配；

（2）不确定性技术——不确定因素表征、系统随机建模、方案风险评估；

（3）智能求解算法——启发式、遗传算法、蒙特卡罗随机模拟；

（4）系统工程思想——综合集成及研讨；

（5）信息应用技术——规划业务管理平台建设。

总之，伴随着油田开发的不断深入和信息技术的迅猛发展，人们对油田开发规划优化问题的研究与认识，经历了"由浅入深"、由"简单到复杂"、由"笼统到具体"循环往复与螺旋上升的过程，形成了配套的油田开发规划优化技术系列，标志着大庆油田规划优化技术的应用已迈向了新的台阶，走在了世界大型油田管理与决策的前列。

第二节　常用运筹学方法简介

油田常用的运筹学方法按内容分为线性规划、动态规划、目标规划、二层规划及不确定规划，按追求目标分为单目标优化和多目标优化，按研究对象分为确定性模型与不确定性模型两类。

一、线性规划

线性规划是研究目标函数和约束条件都是线性的数学规划理论和算法，应用最广泛，理论已经十分成熟,常用于解决生产计划、资源优化配置等问题。第一类是在有限的人力、物力、资金等资源条件下,研究如何合理安排,取得最大的经济效果(如生产经营利润);第二类是为了达到一定的目标,研究如何组织,使消耗资料最少。

线性规划问题可用数学模型表达,一般包括决策变量(待确定的资源数量)、约束方程(对资源的限制条件)和目标函数三个主要组成因素。先根据问题要达到的目标选取适当变量(称为决策变量),问题的目标通过变量的函数形式表示(称为目标函数),对问题的限制条件用有关变量的等式或不等式表达(称为约束条件)。

模型表达式如下:

$$\begin{cases} \max c_1 x_1 + c_2 x_2 + \cdots + c_n x_n \\ \text{s. t.} \\ a_{11} x_1 + a_{12} x_2 + \cdots + a_{1n} x_n \leqslant b_1 \\ a_{21} x_1 + a_{22} x_2 + \cdots + a_{2n} x_n \leqslant b_2 \\ \vdots \\ a_{m1} x_1 + a_{m2} x_2 + \cdots + a_{mn} x_n \leqslant b_m \end{cases} \qquad (8-2-1)$$

式中　x_i——决策变量,$i=1,2,\cdots,n$;

　　　b_j——约束条件右端项,$j=1,2,\cdots,m$;

　　　a_{ji}——约束条件常系数。

所谓线性,就是指模型的目标、函数和约束方程,都是决策变量的线性表达式;所谓规划,就是在限制条件所圈定的高维线性可行解空间(在可行域构成的多边凸面体顶点上)中寻找最优解过程。因此,求解线性规划的思路是:从可行域中逐次求出每个顶点的目标函数值,并比较目标函数值大小,求得满足目标函数要求的可行解即为问题的最优解。

从式(8-2-1)可以看出,当决策变量和目标函数不同时,则会演变出新的数学模型(表8-2-1):

表8-2-1　几类数学规划模型对比

数学模型	常规解法
线性规划	G. D. Dantzig 单纯形算法;大 M 法
整数规划	R. E. Gomory 割平面法;Balas & Dakin 分支定界法
多目标规划	修正单纯形法、多目标法
非线性规划	最优化方法

(1)当变量连续取值,且目标函数和约束条件均为线性时,称为典型线性规划;

(2)当变量中全部或部分取整数时,则为整数规划;

(3)当目标函数为多个时,则为多目标规划;

(4)当目标函数或约束条件不全是线性时,则称为非线性规划。

一般来说,建立的模型变量少、约束方程数目少,各种因素之间的关系就比较简单,人对客观事物的认识也比较易于深化,会比较容易获得满意的结果。反之,诸如油田开发这样的非常复杂的大系统,各种因素之间关系错综复杂,一些控制原则性问题认识不清,获得的最优解不能令人满意,这说明模型参数、状态方程或约束条件确定存在不合理。这种情况下,需要对状态方程和约束条件做一些合理的调整,对模型的参系数和控制参数进行灵敏度分析。

二、动态规划

动态规划是运筹学的一个分支,是研究多阶段决策问题的理论和方法。所谓多阶段决策过程是指这样一类活动过程:它可以划分为若干个互相联系的阶段,在各阶段中需要做出的方案选择称之为决策,当每个阶段的决策选定以后,过程也就随之确定。综合各个阶段所确定的决策就构成一个决策序列,称为一个策略。显然由于各个阶段所确定的决策不同,对应整个过程就可以有一系列不同的策略。当对过程采取某一策略时,可得到一个确定的效果;采取不同的策略,就会得到不同的效果。多阶段的决策问题,就是在所有可能采取的策略中选取一个策略,使目标函数达到最优值的策略为最优策略。

动态规划所面临的问题是复杂多样的,从某种意义上说,动态规划是解决问题的一种方法,是研究问题的一种途径,而不是一种特殊算法,与线性规划问题不同,动态规划问题没有一个标准的数学表达式和明确定义的一组规则,而必须对具体问题进行具体分析处理。动态规划常用于求解以时间划分阶段的动态过程的优化问题,但是在一些与时间无关的静态规划问题中,只要引入时间因素,也可以用动态规划方法方便地进行求解。在解决离散优化问题时,动态规划比其他的规范方法更为简单、方便。

(一)最优性原理

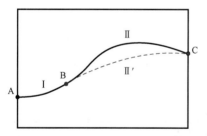

图 8 - 2 - 1 最优轨迹示意图

多阶段决策过程的最优策略具有这样的性质:不论初始状态和初始决策如何,相对于前面决策所形成的状态来说,其后各阶段决策序列必须构成最优策略。

在概念上,可以把这个原理看作是:如果给定从点A到C的最优轨迹,那么从任一中间点B到C的部分轨迹必须是从点B到C的最优轨迹。在图8-2-1中,如果路线Ⅰ—Ⅱ是从A到C的最优路线,那么,根据最优性原理,路线Ⅱ是从B到C的最优路线。

油田开发规划编制中采用的"序贯决策法"就是依据动态规划的这个原理。

(二)动态规划问题的一般形式(N阶段)

常用动态规划的结构图(图8-2-2)描述一般N阶段动态规划问题的特性。

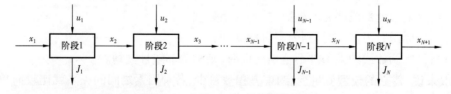

图 8 - 2 - 2 多阶段动态规划结构图

图 8 - 2 - 2 中 $x_1, x_2, \cdots, x_{N+1}$ 是状态变量，$u_1, u_2, \cdots, u_N$ 是决策变量，$J_1, J_2, \cdots, J_N$ 是阶段效益。由图 8 - 2 - 2 可以看出，x_2 及 J_1 是由 x_1 及 u_1 确定的，即：

$$x_2 = x_2(x_1, u_1)$$

$$J_1 = J_1(x_1, u_1)$$

一般说来，状态转移方程及阶段效益为：

$$x_{i+1} = x_{i+1}(x_i, u_i), i = 1, 2, \cdots, N$$

$$J_i = J_i(x_i, u_i), i = 1, 2, \cdots, N$$

$$(8 - 2 - 2)$$

目标函数为：

$$S = \sum_{i=1}^{N} J_i(x_i, u_i) \qquad (8 - 2 - 3)$$

任意一个动态规划问题，都是要确定使最优值函数最小或最大的参数，即：

$$\min S = \sum_{i=1}^{N} J_i(x_i, u_i) \quad \text{或} \quad \max S = \sum_{i=1}^{N} J_i(x_i, u_i) \qquad (8 - 2 - 4)$$

对于一个实际问题，如果它是属于动态规划问题，画出它的动态规划结构图是十分必要的，此外还应找出状态转移方程和阶段效益的函数关系。这些不仅是对该问题最本质的认识，也是应用动态规划方法求解所必需的。

在多阶段决策问题中，各个阶段采取的决策依赖于当前的状态，又随即引起状态的转移，又影响以后的发展。一个决策序列就是在变化的状态中产生出来的，因此，把处理它的方法称为动态规划方法。

(三)动态规划寻优途径

动态规划方法的关键在于正确写出动态规划的递推关系式，动态规划寻优过程分为逆序法和顺序法两种形式。

(1)逆序法：设初始状态 x_1 已知，并假定最优值函数 $f_k(x_k)$ 表示从 k 阶段到 N 阶段所得到的最大效益。

(2)顺序法：设终止状态 x_{N+1} 已知，并假定目标函数 $f_k(x_k)$ 表示 k 阶段末的结束状态，从 1 阶段到 k 阶段所得到的最大效益。

已知终止状态用顺推方法与已知初始状态用逆推方法本质上是没有区别的。但顺序法无法满足油田开发规划增产措施存在的"后效性"特征。

(四)动态规划降维处理方法

随着状态和决策变量数目的增加，动态规划实际应用中会产生"NP - Hard"问题，需要进行降维处理，常用的方法有：

(1)疏密法：将决策变量通过分划成网格的方式离散化，在其离散的格子点上计算出所有的 $f_1, f_2, \cdots, f_n$，逐级求细分点上的最优解，这种方法也称"格子点法"。可以看出要达到的精确度越高，格子点划分越细，数据量就越大。对于这种情况可以根据实际情况采用两步法进行,第一步考虑"粗格子点法",然后在较"粗"的格点上计算 $f_1,f_2,\cdots,f_n$,从而确定出最优解 f_k;第二步在最优解附近的小范围内进一步细分,直到满足要求为止。

（2）坐标轮换法:固定初始点,求解原问题,从若干局部解中选最优解。但不一定收敛到绝对的最优解,一般只收敛到某一局部最优解。为了能改进问题的解的状况,通常在实际计算时,可选择若干个初始点 x_n 进行计算,然后从所得到的若干个局部最优解中选出较好的解当作原问题的解。

（3）乘子法:引入拉格朗日乘子。

三、目标规划

目标规划是 Charnes 和 Cooper 于 1961 年提出的,其思想就是在给定的决策环境中,引入偏差变量,并使决策结果与预定目标的偏差达到最小的数学模型。目标规划是按制定的目标顺序检查,尽可能使优化结果达到预定目标,即使不能达到预定的目标,也要使离目标的偏差最小,得到满足条件下的"满意解",因此,目标规划又称"软规划"。

（一）达成函数

通过使各偏差变量值达到最小,建立能反映和衡量各个目标达成程度的关系函数称为达成函数。它是关于目标和约束的偏差变量的函数。在将多目标规划模型转化为目标规划模型的过程中,对于现实目标或约束,引入正（$\rho_i \geqslant 0$）、负（$\eta_i \geqslant 0$）偏差变量,归纳起来为如表 8-2-2 所示的转换规则。

表 8-2-2　偏差变量极小化规则

目标或约束类型	目标规划格式	极小化的目标函数
$f_i(x) = b_i$	$f_i(x) + \eta_i - \rho_i = b_i$	$\min a = \rho_i + \eta_i$
$f_i(x) \leqslant b_i$	$f_i(x) + \eta_i - \rho_i = b_i$	$\min a = \rho_i$
$f_i(x) \geqslant b_i$	$f_i(x) + \eta_i - \rho_i = b_i$	$\min a = \eta_i$

将目标或约束按其重要程度划分优先级后,建立其达成函数（目标偏差函数）,按其优先级先后顺序,写成达成向量形式如下:

$$a = (a_1, a_2, \cdots, a_p)$$

式中　a——寻求字典序极小化达成向量;

a_p——按优先级顺序 p 极小化的现实目标或约束偏差变量的线性函数。

这样,就可借助对达成向量 a 进行字典序极小化来衡量达到目标的程度。

（二）字典序极小化

所谓字典序极小化含义就是给出有序非负元素 a_p 数组 a,若 $a_p^{(1)} < a_p^{(2)}$,且 $a_r^{(1)} = a_r^{(2)}$（$r = 1,2,\cdots,p-1$）,则由 $a^{(1)}$ 确定的解优先于 $a^{(2)}$ 所确定的解,若没有其他比 a 更好的解时,a 就是字典序极小化向量,也即处于第 p 优先级的目标,总是优先于任何低级 $p+1$ 的目标,不管低级乘上多大的有限数 M,其级别依然低于高级目标,即:$P_p \gg MP_{p+1}$。权系数 ω_k 用来

区别具有相同优先级的若干目标。

(三)目标规划的一般模型

目标规划的一般模型为：

$$\begin{cases} lex\min \boldsymbol{a} = (\omega_1 P_1, \omega_2 P_2, \cdots, \omega_k P_k) \\ s.t. \\ f_i(x) + \eta_i - \rho_i = b_i \\ g_j(x) \leqslant c_j \\ x, \eta_i, \rho_i \geqslant 0, \eta_i \rho_i = 0 \end{cases} \qquad (8-2-5)$$

式中　$f_i(x)$——目标函数；

$\quad\quad g_j(x)$——约束条件；

$\quad\quad b_i$——期望值；

$\quad\quad \omega_k$——第 k 优先级的权系数。

上述标准形式反映了在多目标决策问题中，各目标 b_i 的重要程度及相互之间关系。在同一优先级别下的各目标偏差可以互相抵消、补偿，而在不同的优先级别里，各目标的偏差不能互相抵消，只有在尽可能满足较高优先级别的目标要求，并在不使它退化前提下，依次考虑较低级别目标要求。

(四)目标规划的优点

多目标优化问题目标函数是相互冲突的，不存在同时优化每个目标函数的最优解，而是有多个帕累托解。因此，目标规划要较线性规划更具有应用性(表 8 - 2 - 3)，更容易获得最接近目标的"满意解"。目标规划也是非常适合作为灵敏度分析的一种方法，它可以更加准确地多角度描述过程发展规律。例如决策者或用户凭借经验改变优先级顺序或优先级权系数，就可得到不同规划思想的规划方案部署；也可以利用正、负偏差变量反馈回来的信息，对优化参数进行调整，使之尽可能地达到实际的目标值，得出满意的优化结果。

表 8 - 2 - 3　多目标与单目标方法对比表

项目		多目标方法	单目标方法
方法的特点		由决策者探寻和确定备选可行方案范围。利用自己的知识和经验对方案进行评价和判断	强调分析者的作用，忽视决策者的作用。具有强迫性质
目标的性质		没有统一的量纲，目标相互矛盾	统一的度量单位
约束条件		约束集具有弹性	要求绝对满足约束集
优化内容	形式	达成向量	目标函数
	特点	若干个优先等级不同的分量；每个分量都能获得确定的达成值；每个分量都要求极小化	要么达成最优值，要么无最优解，无适中的达成值
	内容	五种基本优化形态组合	有两种基本形态
	严密性	满意的、相对意义上的最优解，具有通融性	绝对意义上的最优解，具有严密性
对解的选择		通过改变优先级等参数可以得到多组备选方案	只能得到唯一最优解

类似于油田开发规划方案编制这样的复杂大系统,完全理想化的最优解并不一定是"最实用的",因为油田开发有其自身的规律和特点,一些有影响作用的因素不可能全部定量描述到模型中去。从理论上讲,目标规划也不是"一枪命中"的方法,它仅仅是为实际问题的处理提供了有用的可以作为决策基础的信息,要使整个规划达到满意的程度,需进行多次调整、求解,称这种解为规划的满意解。

四、不确定规划

不确定规划是运筹学与最优化理论的一个新型分支,研究部分或全部参数是随机变量的数学规划问题,是不确定性环境下一种最优建模方法。从建模理念的角度来说,不确定性规划处理这些不确定性函数的基本途径有三种:

第一种是美国经济学家丹泽 1955 年提出的期望值模型,即在期望约束条件下,使得期望收益达到最大或期望损失达到最小的优化方法;第二种是由查纳斯和库伯于 1959 年提出的机会约束规划,是在一定的机会测度下达到最优的理论;第三种是由清华大学刘宝碇教授于 1997 年提出的相关机会规划,是一种使事件的机会在不确定性环境下达到最优的理论,它与期望值模型和机会约束规划一起构成了不确定规划的三大分支。

(一)期望值模型

期望值模型(EVM)是处理随机优化问题的一种有效的方法,指在期望值约束下,使目标函数的期望值达到最优的数学规划。这意味着期望值 $E[f(x,\xi)]$ 越大,其对应的决策 x 越好。

$$\begin{cases} \max E[f(x,\xi)] \\ \text{s. t.} \\ E[g_j(x,\xi)] \leq 0, j = 1,2,\cdots,m \end{cases} \qquad (8-2-6)$$

式中　x——决策变量;

　　　ξ——随机变量。

期望完全由分布所确定,它考虑变量长期、稳定的趋势。实际中并不总是关心期望收益的最大化或期望费用的最小化问题,更多的是考虑所研究系统的可靠性或风险问题。比如以概率 0.1 完成 $3000 \times 10^4 t$ 产油量和概率 1 完成 $3000 \times 10^4 t$ 产油量,期望值是相同的,但存在的风险是全然不同的。在油田开发规划方案编制中,考虑完成目标可能存在的风险是非常必要的,期望模型在一定程度上抹杀了随机性,掩盖了风险值和决策偏好。

(二)机会约束规划

机会约束规划是在一定的概率意义下达到最优的理论,即允许所做决策在一定程度上不满足约束条件,但该决策使约束条件成立的概率不小于某一个足够小的置信水平。极大化机会约束规划模型可表示为:

$$\begin{cases} \max \bar{f} \\ \text{s. t.} \\ \Pr\{f(x,\xi) \geqslant \bar{f}\} \geqslant \beta \\ \Pr\{g_j(x,\xi) \leqslant 0, j = 1,2,\cdots,m\} \geqslant \alpha \end{cases} \qquad (8-2-7)$$

式中　α,β ——分别为事先给定的约束条件和目标函数的置信水平；

$\max \bar{f}$——目标函数在保证置信水平至少是 β 时的乐观值。

机会约束规划"必须在观测到随机变量实现以前做出决策的情况"，正好满足油田的实际生产中有许多参数具有一定的不确定性的特点，可使结果更能反映开发实际。对于油田开发规划多阶段的特性，可以通过不同的置信水平来分别描述不同阶段应达到的水平。但产油量等规划目标的完成情况不一定完全满足建立的约束条件，但可以限定约束条件成立的概率不小于某一概率值（这通常需要经验）。

(三)相关机会规划

按数学定义来讲，相关机会规划是使事件的机会函数在不确定性环境下达到最优的优化理论，通过极大化随机事件成立的机会从而给出最优决策。

$$\begin{cases} \max \Pr\{f_k(x,\xi) \leqslant 0, k = 1,2,\cdots,n\} \\ \text{s. t.} \\ g_j(x,\xi) \leqslant 0, j = 1,2,\cdots,m \end{cases} \qquad (8-2-8)$$

在油田开发规划这样一个复杂的决策系统中，决策中存在多个开发指标，但希望最大化完成产量目标的机会函数。对于相关机会规划，不能确定这个方案是可行还是不可行，只能说这个方案可行的概率是多大。应用到规划中就是考虑如何安排工作量才能使完成产量目标的概率最大化，或给出完成产量目标最大概率时的方案。

从模型结构看，不确定规划的表现形式可以是单目标规划、多目标规划、目标规划、动态规划和多层规划。不确定规划理论的基本框架如图 8-2-3 所示，Ψ 图本质上是一个三维

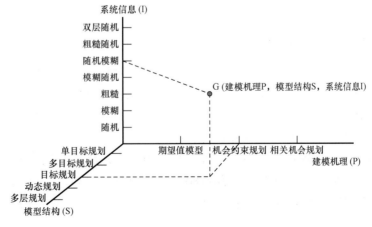

图 8-2-3　不确定规划理论的基本框架 Ψ 图

坐标系(建模机理 P,模型结构 S,系统信息 I)。任何一类不确定规划都可以在其中表示出来。例如,平面"建模机理 P = 相关机会规划"表示相关机会规划;平面"系统信息 I = 随机"表示随机规划;平面"模型结构 S = 目标规划"表示目标规划;点 G"(建模机理 P,模型结构 S,系统信息 I) = (机会约束规划,目标规划,随机模糊)"表示随机模糊相关机会目标规划。这个框架(图 8 – 2 – 3)奠定了不确定规划发展基础。

传统优化方法与现代优化方法对比,现代优化方法更适应油田开发后期优化决策(表 8 – 2 – 4)。

表 8 – 2 – 4　传统优化方法与现代优化方法比较

方法分类	待解决问题	优化方法	评价方法
传统	连续性问题,以微积分为基础,规模较小	理论上的准确与完美,主要方法:线性与非线性规划、动态规划、多目标规划、整数规划等;排队论、库存论、对策论、决策论等	算法收敛性收敛速度
现代	离散性不确定性大规模	启发式算法追求满意(近似解)实用性强(解决实际工程问题)	算法复杂性

第三节　油田开发规划优化方法的研究与应用

大庆油田于 1960 年投入开发,先后经历了开发试验、快速上产、高产稳产、持续稳产等阶段,分别实现年产原油 $5000 \times 10^4 t$、$4000 \times 10^4 t$、$3000 \times 10^4 t$ 以上持续 27 年、12 年、7 年,目前进入高质量发展阶段(图 8 – 3 – 1)。正如本章第一节所述,在油田不同规划阶段都开展规划优化方法与应用的研究工作,尤其是在油田每个重要的稳产阶段都会组织开展一系列的开发技术研究,通过与系统工程理论、运筹学方法与最优化技术的有机融合,深化、丰富了规划编制体系内涵,为规划编制技术创新与发展、提高水平及方案科学性,起到积极促进作用,逐步形成与稳产阶段特点相适应配套的规划优化技术序列和规划编制理念,这是大庆油田独有的技术特色。

一、稳产措施优化部署与宏观决策

"七五"期间继续保持原油产量 $5000 \times 10^4 t$ 水平 10 年稳产,油田开发的调整和改造重点由主力油层转向中低渗透层,采取了打加密调整井、增大稳产措施工作量等措施,特别是油田含水升高、能耗上升,增加了油田规划方案编制的难度,也使地面工程面临着各种生产能力不适应,油田稳产面临的困难和问题很多。主要表现在:

(1)作为主体油田的喇萨杏油田进入高含水采油期,实现稳产所需的措施工作量大幅度增加。预计"七五"期间,含水率将要上升到 80% 以上,年产液量超过 $3 \times 10^8 t$,稳产措施工作量将比"六五"期间增加得更多,所花投资及生产费用必将更大,资金紧缺成为"七五"规划中一个突出问题。

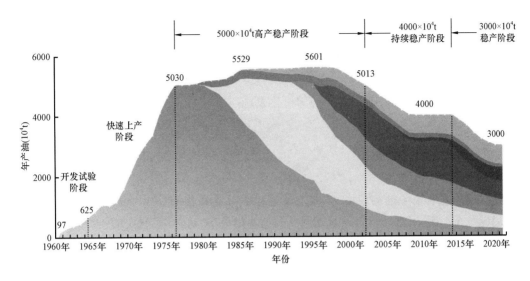

图 8 - 3 - 1　大庆油田历年原油产量变化图

（2）老区调整井单井产量越来越低，过渡带四条带及外围新油田开发单井产量也相当低，油水井套管损坏及地面站、管线、容器等问题也越来越严重，老区改造工程量将大幅度增加。

（3）钻井数量要逐年增加，建成百万吨产能所需投资要增加；地下油水分布状况越来越复杂，挖潜难度和井下作业工作量也越来越大，大规模的增产措施工作量会导致施工作业队伍紧张。

（4）在"七五"期间，油田内部的自备电厂还没有建成，油田的用电主要靠计划外拨，全油田每年供电能力的提高都有一定的限度，用电比较紧张，耗电增量的控制一直是当时规划编制的一个不可缺少的内容指标。

如何优化安排部署各种增产措施，实现产量安排与稳产衔接，规划阶段总体费用最小，这是典型的油田开发规划产量构成优化与决策问题。

优化建模遵循的规划原则：

（1）编制的规划必须保证企业所确定的原油生产任务要求；

（2）油田开发规划部署必须符合油田开发方针及各项政策界限；

（3）各种措施工作量的安排，必须符合油田的实际情况，不能超越油田自身的客观条件，具有实施的现实可能性。

在满足上述条件下，使油田整体效益达到最佳。

鉴于目标函数和约束方程都呈线性，同时要求可行解都是非负的特点，以及类似资源分配的措施工作量安排问题，考虑到线性规划解法的成熟性，采用线性规划模型编制"七五"期间油田开发规划。

（一）决策变量

决策变量就是决策的内容和对象，对规划优化建模原则与追求目标来说，都与稳产措施工作量的规划部署安排密切相关，是实现产量目标的重要因素，因此，规划期间安排的各种稳产措施工作量就是决策变量。"七五"开发规划中,油田主要稳产措施主要包括下电泵、下抽油机、电泵换型、抽油机换电泵、抽油机换型、压裂、钻加密井等七种类型,并定义油田各开发区(纯油区、过渡带)为最小规划单元。

在每个规划单元中,同一种稳产措施其单井增产效果、含水等开发生产条件以及投资与发生的生产费用都是不同的,而对于油田优化系统整体,同一种稳产措施相对于规划单元来说就是 N 个。若决策变量记为 $x(i,k,l)$,则表示第 i 规划投产年第 k 规划单元第 l 种增产措施工作量。T 表示规划年,N 表示规划单元数,$M(k)$ 表示第 k 规划单元的措施类别数。

(二)目标函数

油田当前主要任务是实现稳产,在这个过程中首先面临的一个矛盾就是日益增长的稳产费用(生产费用和投资)。为寻求规划期间总费用最小,可建立目标函数:

$$\min z = \sum_{i=1}^{T} \sum_{k=1}^{N} \sum_{l=1}^{M(k)} \sum_{t=i}^{T} c(i,k,t,l)x(k,i,l) \qquad (8-3-1)$$

考虑到货币的时间价值,它应为在整个规划期内贴现的总费用最低,即规划期内每年所付费用的现值总和最小,所以用"动态"思想表示总费用,式(8-3-1)可写成如下形式:

$$\min z = \sum_{i=1}^{T} \frac{1}{(1+i_c)^{i-1}} \left[\sum_{k=1}^{N} \sum_{l=1}^{M(k)} \sum_{t=i}^{T} c(i,k,t,l)x(k,i,l) \right] \qquad (8-3-2)$$

(三)约束条件

完成国家产量计划,实现油田稳产,既要从当前的客观和长远的效果利益出发,恰当地对安排好各种措施提出要求和期望,又要兼顾各个规划单元达到最优的前提下的全油田最优。因此,在油田开发规划产量构成优化问题中,规划期间的原油生产任务、油田对承担各项增产措施的能力和规划原则界限等是规划决策的约束条件。根据约束条件,使决策变量的求解可行域符合油田客观可能性要求,为规划方案提供最大限度的可能性。

1. 产油量约束方程

保证油田所属规划单元采取的措施完成下达的产量任务,则规划第 t 年油田产量约束方程为:

$$\sum_{k=1}^{N} \sum_{l=1}^{M(k)} \sum_{t=i}^{T} a(i,k,t,l)x(k,i,l) \geqslant \Delta Q_o(t) \qquad (8-3-3)$$

2. 产水量约束方程

油田规划第 t 年规划单元的合计产水量不超过油田产水增量上限值,即:

$$\sum_{k=1}^{N} \sum_{l=1}^{M(k)} \sum_{t=i}^{T} w(i,k,t,l)x(k,i,l) \leqslant \Delta Q_w(t) \qquad (8-3-4)$$

3. 油田耗电量约束

措施的增加必然导致耗电量的增加,因此必须控制措施每年耗电量的增加幅度。

$$\sum_{k=1}^{N} \sum_{l=1}^{M(k)} \sum_{t=i}^{T} e(k,t,l,i)x(k,i,l) \leqslant \Delta E(t) \qquad (8-3-5)$$

4. 钻井井数均衡约束

综合考虑每年钻井的均衡性及社会效益影响,全油田年钻井数在规划期间不出现大的波动,均衡约束条件为:

$$\left| \sum_{k=1}^{N} [1+IK(k)]x[k,t,M(k)] - \frac{1}{T} \sum_{i=1}^{T} \sum_{k=1}^{N} [1+IK(k)]x[k,t,M(k)] \right| \leqslant DR(t)$$

$$(8-3-6)$$

5. 措施工作量约束

考虑油田的实际施工能力、地质情况、措施设备供应、施工队伍迁移等方面的原因,每年对全油田和各规划单元的措施量安排给予一定的限制。

全油田:

$$\underline{Y}(t,l) \leqslant \sum_{k=1}^{N} x(k,t,l) \leqslant \overline{Y}(t,l) \qquad (8-3-7)$$

规划单元:

$$\underline{D}(k,t,l) \leqslant x(k,t,l) \leqslant \overline{D}(k,t,l) \qquad (8-3-8)$$

(四)稳产措施优化部署模型

稳产措施优化部署模型 Model-1 为:

$$\min z = \sum_{i=1}^{T} \frac{1}{(1+i_c)^{i-1}} \Big[\sum_{k=1}^{N} \sum_{l=1}^{M(k)} \sum_{t=i}^{T} c(i,k,t,l)x(k,i,l) \Big] \qquad (8-3-9)$$

$$\text{s. t.} \begin{cases} \displaystyle\sum_{k=1}^{N} \sum_{l=1}^{M(k)} \sum_{t=i}^{T} a(i,k,t,l)x(k,i,l) \geqslant \Delta Q_o(t) \\[2mm] \displaystyle\sum_{k=1}^{N} \sum_{l=1}^{M(k)} \sum_{t=i}^{T} w(i,k,t,l)x(k,i,l) \leqslant \Delta Q_w(t) \\[2mm] \displaystyle\sum_{k=1}^{N} \sum_{l=1}^{M(k)} \sum_{t=i}^{T} e(k,t,l,i)x(k,i,l) \leqslant \Delta E(t) \\[2mm] \left| \displaystyle\sum_{k=1}^{N} [1+IK(k)]x[k,t,M(k)] - \frac{1}{T} \sum_{i=1}^{T} \sum_{k=1}^{N} [1+IK(k)]x[k,t,M(k)] \right| \leqslant DR(t) \\[2mm] \underline{Y}(t,l) \leqslant \displaystyle\sum_{k=1}^{N} x(k,t,l) \leqslant \overline{Y}(t,l) \\[2mm] \underline{D}(k,t,l) \leqslant x(k,t,l) \leqslant \overline{D}(k,t,l) \end{cases}$$

式中 i_c——规划期间行业基准收益率;

$a(i,k,t,l)$——第 i 规划投产年第 k 规划单元第 l 种增产措施在第 t 年单井年增油;

$b(i,k,t,l)$——第 i 规划投产年第 k 规划单元第 l 种增产措施在第 t 年单井产水量;

$c(i,k,t,l)$——第 i 规划投产年第 k 规划单元第 l 种增产措施第 t 年的单井费用;

$e(k,t,l,i)$——第 i 规划投产第 k 规划单元第 l 种增产措施第 t 年的单井耗电增量;

$\Delta Q_o(t)$——油田规划第 t 年增产措施产油量;

$\Delta Q_w(t)$——油田规划第 t 年增产措施产水量;

$\Delta E(t)$——油田规划第 t 年增产措施耗电量;

$DR(t)$——油田规划第 t 年钻新井波动值;

$IK(k)$——油田第 k 规划单元钻水油井数比;

$\overline{Y}(t,l),\underline{Y}(t,l)$——全油田第 t 年第 l 种增产措施工作量上、下限;

$\overline{D}(k,t,l),\underline{D}(k,t,l)$——油田第 k 规划单元第 t 年第 l 种增产措施工作量上、下限。

【例 8 – 3 – 1】 LSX 油田"七五"规划期间的总任务是实现 $5000 \times 10^4 t$ 以上稳产。LSX 油田在 6 个采油单元基础上,按纯油区和过渡带细分为 12 个规划单元($N = 12$)。稳产的基本措施仍然以钻加密调整井,自喷井转抽,油井压裂和地面流程改造为主。抽油井采取换泵换型措施,提高产液能力。主要的增产措施有:老自喷井下电泵、老自喷井下抽油机、老电泵井换更大排量的电泵、老抽油机井换为电泵开采、老抽油机井换更大排量的抽油机、油井压裂、钻加密调整井 7 类。稳产措施工作量及部署要求如下:

(1)年油井压裂 1000 口。

(2)三年内全面完成电泵转抽,四年内完成抽油机转抽。规定老井下电泵、老井装抽油机的年工作量不得超过 400 口;规划期内全油田抽油机换型不超过 700 口;规划期内全油田转抽的井数不得超过 2660 口。

(3)规定钻井的年工作量不超过 1200 口;规定每个调整区在规划期内的钻井总工作量不得超过该调整区的方案设计井数。

(4)每年的钻井工作量与规划期内平均年钻井工作量之差值不能多于某一给定数值,以保证逐年的钻井安排比较协调。

(5)电泵、抽油机、新井有效期为 5 年,首年生产时率为 1/3;压裂(纯油区)有效期 3 年,压裂(过渡带)有效期 2 年,压裂首年计产 1/2。

依据"七五"规划期间 LSX 油田的规划目标、任务、增产措施部署要求及开发原则和技术界限,确定模型参数,并对优化模型 Model – 1 用约束条件来加以具体化。从 LSX 油田的实际问题出发,设计了三个不同情景下的实现油田稳产方案:

方案一:主打加密调整井实现油田稳产,推迟老井转抽与电泵、抽油机换型。

方案二:集中完善老井转抽和电泵、抽油机换型,提高老井产液量,减缓递减。

方案三:综合考量措施工作量的均衡与协调,调整井、老井转抽、电泵抽油机换型与压裂等措施并用。

考虑模型具有的多阶段、多单元等特点,采用求解大型规划的 LU 分解算法对模型进行求解。由于模型各个约束条件之间相互制约,在理想状态下很难获得最优解,或获得的最优解达不到实际要求,因此要对约束条件右端项作合理调整,通过对模型的参系数和控制参数的灵敏度分析,多次求解,得到符合油田实际的"最优解",见表8-3-1。

表8-3-1　不同情景优化方案规划指标

方案	措施工作量（口）			钻井（口）	基建能力（10^4 t）	综合含水率（%）	经济指标（亿元）		
	转抽	换型	压裂				总投资	生产费用	总利润
一	—	—	5000	9655	2530	78.1	81	60	97
二	2660	3000	5000	—	179	85.7	18	81	151
三	2660	700	5000	4967	1585	82.0	56	121	121

从三个方案的优化对比结果可以看出:

方案一:通过钻井满足产量要求,有利中低渗透层挖掘,增加可采储量多,含水低;不足是投资高,经济效益差,年均钻井多,油田钻建队伍不适应。

方案二:集中完善了老井转抽,有利于油田压力系统的调整,整体经济效果好;缺点是靠措施工作量不能维持稳产,油田含水上升快。

方案三:综合应用各类增产措施实现稳产,完善了老井转抽和油田一次井网的加密,契合"七五"规划编制原则和调整方针,各项措施工作量安排部署较协调,与油田实际施工能力相适应,经济效益较好。

从遵循油田开发方针原则、实现原油稳产目标、提升开发效果与经济效益以及兼顾工作量配套等多方面综合衡量,推荐方案三为规划优选方案。从表8-3-2可以看出,优化方案三满足 LSX 油田"七五"规划部署实际要求,并具有以下特点:

表8-3-2　油田"七五"规划优选方案规划指标

年次	增油措施工作量（口）							年产油（10^4 t）	含水率（%）	总投资（亿元）	税利（亿元）
	下电泵	下抽油机	换泵	抽油机换泵	抽油机换型	压裂	钻井				
1	370	400	—	30	—	1000	918	5186	76.42	10.61	28.22
2	400	401	—	—	—	1000	829	5113	78.42	10.61	26.37
3	290	400	53	77	67	1000	942	5050	79.95	11.14	24.14
4	—	399	60	88	74	1000	1164	4980	81.09	11.69	22.07
5	—	—	67	105	79	1000	1115	4922	81.99	11.87	20.53
合计	1060	1600	180	300	220	5000	4967	25251		55.92	121.33

(1)综合应用各种措施实现稳产,且各类措施的部署安排比较协调,与油田实际的施工能力相适应;

(2)完成了电泵转抽和抽油机转抽目标,完善了一次调整井的加密,有利于"七五"期间全油田调整方针的贯彻执行;

(3)开发指标规律性较好,规划期间含水率上升8%,年均上升1.6%,平均年综合递减率6.7%。

在大庆油田规划优化模型建立过程中,首次把管理科学和经济科学等软技术全面应用到油田开发建设和规划上来,开创了运用大型规划编写油田开发规划方案的先河。模型把油田作为一个大系统来考虑,融数据统筹分析、方案优选、方案对比分析为一体。把运筹学的理论与油田生产的迫切要求有机地结合起来,从过去主要是直观经济决策转向为定量的科学决策,并逐步过渡到宏观定量运筹,为大型企业应用软科学,促进决策微观向宏观、由定性向定量发展提供了成功的经验。

二、产量投资成本及效益优化配置

大庆油田发展史上 5000×10^4 t 高产稳产,铸就了大庆精神和大庆辉煌。站在新的历史起点上,抓住老油田深度开发的政策机遇,挑战油田开发技术极限,谋划和推进 4000×10^4 t 持续稳产新目标,还面临着各种地质储量潜力、开发新技术效果还不十分明朗的困难,进一步增加了开发规划的编制难度。一是主力油田处于特高含水、特高采出程度开发阶段,稳产难度相当大;二是剩余难采储量 9.62×10^8 t,96% 分布在外围油田,开发动用难度相当大;三是大庆油田剩余可采储量 4.47×10^8 t,83% 分布在长垣油田特高含水油层,调整挖潜难度相当大。实现大庆油田原油 4000×10^4 t 持续稳产,油田将面临着开发潜力与产量需求的矛盾性而带来的挑战,既要考虑每个产量构成(按大开发区到采油厂)的优化,又要统筹考虑产量、投资、成本及效益优化配置的全油田优化;既要考虑油田产量目标确定条件下的产量指标的合理分解,又要综合考量各规划单元与油田整体之间存在的相互制约与统一协调的关系,这显然是大系统理论下的目标规划优化决策问题(图 8-3-2)。

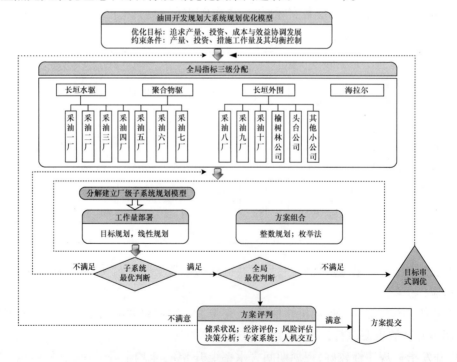

图 8-3-2 基于大系统思想的规划编制技术路线

(一)基于专家知识的产量分配系数确定方法

运用数理统计与专家经验相结合的方式,采用"两步法",确定规划单元产量分配系数,实现全油田产量的合理分配。如图8-3-3所示。

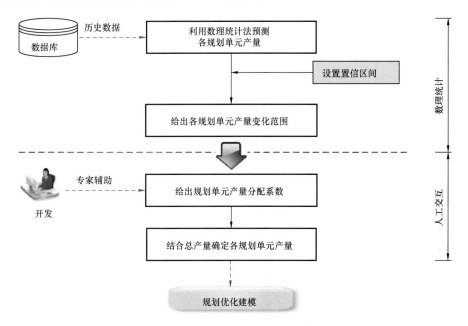

图8-3-3 规划产量分配流程

第1步:确定各规划单元在规划期内每年产量范围。根据规划单元历年产量数据,通常采用数理统计、灰色预测以及人工神经网络方法进行预测,或多种方法相互补充的方式,建立统计预测模型。由于历史拟合的非唯一性和预测方法的多样性,也就是产量预测存在的不确定性,预测值是一个估计值。因此,根据模型预测值的置信区间确定给出第 i 规划单元规划期各年产量的变化范围。即:

$$[Q_o^{(i)} - \varepsilon^{(i)}, Q_o^{(i)} + \varepsilon^{(i)}]$$

第2步:确定分配系数。结合专家知识库及专家实际经验确定给出第 i 规划单元产量分配方案,即给出不同组产量分配系数。

$$\hat{Q}_o^{(i)} = Q_o^{(i)} - \varepsilon^{(i)} + \Delta \overline{Q}_k^{(i)}$$
$$\beta^{(i)} = \hat{Q}_o^{(i)}/Q_o \tag{8-3-10}$$

式中 $\varepsilon^{(i)}$——第 i 规划单元置信区间幅度, $i = 1, 2, \cdots, m$;

$Q_o^{(i)}, Q_o$——第 i 规划单元预测产量、油田目标产量, 10^4t;

$\Delta \overline{Q}_k^{(i)}$——第 k 名专家确定的基于下限上浮的规划单元产量均值, 10^4t;

$\hat{Q}_o^{(i)}$——第 i 规划单元分配的产量, 10^4t;

$\beta^{(i)}$——第 i 规划单元产量分配系数。

(二)分规划单元优化

进入新的开发阶段,以规划单元确定的产量任务为目标,在地质潜力、工作能力约束下,优化安排各项措施工作量[5]。油田整体分为长垣水驱、外围油田、三次采油及海拉尔四个规划单元,规划单元产量任务由全油田产量分配系数确定。按驱动方式,分别建立水驱和化学剂驱两类规划单元优化模型。

1. 水驱规划单元优化模型

水驱规划单元增产措施主要包括加密井、未动用、待探明、老井压裂、三换等 5 类。以最小化单元规划期内各年偏差产量之和、规划期间总成本费用最小为目标函数,建立满足各措施规划期内总约束、措施工作能力均衡约束、未动用与待探明储量均衡约束下的目标规划优化模型。在潜力足够时,给出完成任务的措施工作量安排,在潜力不足时,给出距离任务产量差距最小的措施工作量安排。

1)决策变量

水驱规划单元需要对增产措施工作量进行合理安排,即以各增产措施年度工作量为决策变量 x_{ijt},含义是第 $i(i=1,2,3)$ 规划单元第 t 年投入的第 j 种增产措施的工作量。

2)目标约束与绝对约束

产量目标约束:第 i 规划单元的年任务产量为年末措施自然产量、新井产量、老井措施产量与年偏差产量之和。设油田第 i 个规划单元第 t 年的老井预测产量为 $Q_{LJ}^{(i)}(t)$,规划分配产量为 $\hat{Q}_{o}^{(i)}(t)$,则产量增量目标值 $\Delta Q_{o}^{(i)}(t) = \hat{Q}_{o}^{(i)}(t) - Q_{LJ}^{(i)}(t)$。

$$Q_{CS}^{(i)}(t) + Q_{XJ}^{(i)}(t) \geqslant \Delta Q_{o}^{(i)}(t) \qquad (8-3-11)$$

成本目标约束:规划期间各类增产措施发生的成本运行费用不超过决策者期望值。

$$\sum_{t=1}^{T} \left\{ CB_{dy}^{(i)} \left[Q_{CS}^{(i)}(t) + Q_{XJ}^{(i)}(t) + Q_{LJ}^{(i)}(t) \right] \right\} \leqslant CB_{ZE}^{(i)} \qquad (8-3-12)$$

措施工作总量约束:规划期间新井、老井压裂、三换井数不超过工作总量。

$$\sum_{t=1}^{T} x_{ijt} \leqslant X_{j}^{(i)}, \quad j = 1,4,5 \qquad (8-3-13)$$

措施工作均衡约束:新井加密、老井压裂、三换年度井数不超过当年的浮动界限。

$$\underline{X}_{j}^{(i)}(t) \leqslant x_{ijt} \leqslant \overline{X}_{j}^{(i)}(t), \quad j = 1,4,5 \qquad (8-3-14)$$

储量约束:未动用与待探明年增储量控制在界限范围内。

$$\underline{R}_{j}^{(i)}(t) \leqslant r_{ij}^{(i)} x_{ijt} \leqslant \overline{R}_{j}^{(i)}(t), \quad j = 2,3 \qquad (8-3-15)$$

3)优化模型

追求水驱规划单元规划期内各年产量偏差之和以及总成本费用最小化,目标规划模型 $[P^{(i)}, i = 1,2,3]$ 为:

$$[P^{(i)}]lexmin \ \boldsymbol{a} = \left\{ \sum_{t=1}^{T} (\eta_{1t}^{(i)-} + \rho_{1t}^{(i)+}), \rho_2^{(i)+} \right\}$$

$$\text{s. t.} \begin{cases} Q_{CS}^{(i)}(t) + Q_{XJ}^{(i)}(t) + \eta_{1t}^{(i)-} - \rho_{1t}^{(i)+} = \Delta Q_o^{(i)}(t) \\[2mm] \sum_{t=1}^{T} \{ CB_{dy}^{(i)} [Q_{CS}^{(i)}(t) + Q_{XJ}^{(i)}(t) + Q_{LJ}^{(i)}(t)] \} + \eta_2^{(i)-} - \rho_2^{(i)+} = CB_{ZE}^{(i)} \\[2mm] \sum_{t=1}^{T} x_{ijt} \leqslant X_j^{(i)}, \quad j = 1,4,5 \\[2mm] \underline{X}_j^{(i)}(t) \leqslant x_{ijt} \leqslant \overline{X}_j^{(i)}(t), \quad j = 1,4,5 \\[2mm] \underline{R}_j^{(i)}(t) \leqslant r_{ij}^{(i)} x_{ijt} \leqslant \overline{R}_j^{(i)}(t), \quad j = 2,3 \\[2mm] x_{ijt} \geqslant 0, x_{ijt} \in Z, \eta \cdot \rho = 0, \eta \geqslant 0, \rho \geqslant 0 \end{cases} \quad (8-3-16)$$

式中 $Q_{CS}^{(i)}(t), Q_{XJ}^{(i)}(t)$——第 i 规划单元第 t 年措施产油量与新井产油量(为 x_{ijt} 隐函数),$10^4 t$;

$Q_{LJ}^{(i)}(t), \hat{Q}_o^{(i)}(t)$——第 i 规划单元第 t 年老井产量和分配产油量,$10^4 t$;

$X_j^{(i)}$——第 i 规划单元第 j 种增产措施总工作量;

$\underline{X}_j^{(i)}(t), \overline{X}_j^{(i)}(t)$——第 i 规划单元第 t 年投入第 j 种增产措施工作量下限、上限;

$\underline{R}_j^{(i)}(t), \overline{R}_j^{(i)}(t)$——第 i 规划单元第 t 年未动用与待探明储量下限、上限,$10^4 t$;

$r_{ij}^{(i)}$——第 i 规划单元未动用与待探明的单井控制储量,$10^4 t/$井;

$CB_{dy}^{(i)}$——第 i 规划单元单位成本费用定额,元/吨油;

$CB_{ZE}^{(i)}$——第 i 规划单元规划期间总成本运行费用期望值,万元。

2. 三次采油优化模型

三次采油规划规划单元主要有聚合物和三元复合驱两种注剂方式,追求以最小化单元规划期内各年偏差产量之和、规划期间发生的成本费用最小为目标函数,满足年度新增区块动用储量部署要求的绝对约束的部署安排。

1)决策变量

三次采油规划规划单元需要对动用储量进行合理安排,即以聚合物和三元复合驱注入方式下,各年动用储量为决策变量 x_{pjt},含义是该规划单元第 p 种注入方式第 j 区块在第 t 年动用地质储量。

2)目标约束与绝对约束

产量目标约束:每年产量包括年已注聚合物产量、新井产量、待注聚合物措施产量,规划单元的年任务产量——已注聚合物产量、新井产量、待注聚合物措施产量与年偏差产量之和。设油田三采规划单元第 t 年的规划分配产量为 $\hat{Q}_o^{(4)}(t)$,第 t 年新井产量为 $Q_{ow}^{(4)}(t)$、第 t 年已注聚合物产量为 $Q_{oz}^{(4)}(t)$,则待注区块完成的产量目标值 $\Delta Q_o^{(4)}(t) = \hat{Q}_o^{(4)}(t) - Q_{ow}^{(4)}(t) - Q_{oz}^{(4)}(t)$。

$$\sum_{p=1}^{2} \sum_{j=1}^{M(p)} Q_{opj}^{(4)}(t) \geqslant \Delta Q_o^{(4)}(t) \quad (8-3-17)$$

成本目标约束:规划期间三采规划单元发生的成本运行费用不超过决策者期望值。

$$\sum_{t=1}^{T} CB_{dy}^{(4)} \left[\sum_{p=1}^{2} \sum_{j=1}^{M(p)} Q_{opj}^{(4)}(t) + Q_{ow}^{(4)}(t) + Q_{oz}^{(4)}(t) \right] = CB_{SE}^{(4)} \qquad (8-3-18)$$

年动用储量约束:规划期间每年动用储量不超过给定的界限。

$$\underline{R}^{(4)}(t) \leqslant \sum_{p=1}^{2} \sum_{j=1}^{M(p)} x_{pjt} \leqslant \overline{R}^{(4)}(t) \qquad (8-3-19)$$

3)优化模型

最小化单元规划期内各年偏差产量之和、成本最小的目标规划模型为 $[P^{(4)}]$:

$$[P^{(4)}] \, lexmin \, \boldsymbol{a} = \left\{ \sum_{t=1}^{T} (\eta_t^{(4)-} + \rho_t^{(4)+}), \rho_2^{(4)+} \right\}$$

$$s.t. \begin{cases} \sum_{p=1}^{2} \sum_{j=1}^{M(p)} Q_{opj}^{(4)}(t) + \eta_{1t}^{4-} - \rho_{1t}^{4+} = \hat{Q}_o^{(4)}(t) - Q_{ow}^{(4)}(t) - Q_{oz}^{(4)}(t) \\ \sum_{t=1}^{T} CB_{dy}^{(4)} \left[\sum_{p=1}^{2} \sum_{j=1}^{M(p)} Q_{opj}^{(4)}(t) + Q_{ow}^{(4)}(t) + Q_{oz}^{(4)}(t) \right] + \eta_2^{(4)-} - \rho_2^{(4)+} = CB_{SE}^{(4)} \\ \underline{R}^{(4)}(t) \leqslant \sum_{p=1}^{2} \sum_{j=1}^{M(p)} x_{pjt} \leqslant \overline{R}^{(4)}(t) \\ x_{pjt} \geqslant 0, x_{pjt} \in R, \eta \cdot \rho = 0, \eta \geqslant 0, \rho \geqslant 0 \end{cases}$$

$$(8-3-20)$$

式中　$Q_{opj}^{(4)}(t)$——第 p 种注入方式第 j 待注区块第 t 年产油量,$10^4 t$;

　　　$\underline{R}^{(4)}(t)$,$\overline{R}^{(4)}(t)$——规划单元第 t 年动用储量下限和上限,$10^4 t$;

　　　$M(p)$——规划单元第 p 种注入方式三采区块个数;

　　　$CB_{dy}^{(4)}$——三采规划单元单位成本费用,元/吨油;

　　　$CB_{SE}^{(4)}$——规划期间规划单元成本运行费用期望值,万元。

(三)油田整体规划优化

油田整体规划优化问题(图8-3-2)实际是一个大系统优化问题,每个规划单元可看作一个子系统,且每个子系统又是一个多目标、多阶段的优化问题。这些子系统之间既是相对独立的,又通过全油田的生产部署相联系,因此,油田整体规划优化问题可以抽象为具有原方块角形结构的大系统多目标模型[3]。利用这种模型能充分刻画油田整体规划的特性,通过基于大系统理论的油田指标合理分解与协调,实现油田工作量规划部署及产量目标。

1. 决策变量

对于油田开发优化模型来说,任何规划部署方案的产油、含水等及所需的开发投资、生产费用的大小,都与规划的各种增产措施工作量多少有关。增产措施工作量这一因素既较其他因素全面,又能贯彻始终。因此选取"措施工作量"为系统的决策变量。

在数学模型中,决策变量用 x_{ijk} 表示,含义是油田第 i 个规划单元在第 k 年实施第 j 种增产措施的工作量。

2. 优化目标

产量、投资、成本和效益是油田中长期规划评价的主要技术指标和经济指标。油田产量、投资、成本和效益优化配置就是寻找产量、投资和效益之间的合理匹配点,综合考虑油田开发状况与资源的均衡分配,这是一个多目标决策问题。主要有以下几个目标:

(1)通过成熟技术应用及新技术工业化推广,实现规划期内产量稳产指标;

(2)规划期间新井开发总投资不超过投资总额限制;

(3)规划期间发生的生产费用越小越好;

(4)以经济效益为中心,追求规划期间经济效益最大化。

优化目标在优先级中所处的地位可能是同级的,也可能是不同级的,那么所取不同的优先级、不同的形态以及优先级权重系数就可构成上百种组合,每种组合就是一种优化方式。因此,在油田实际规划方案编制中,可通过改变系统优先级的顺序、或同级优先级权重值和目标形态,实现不同情景下规划要求。

3. 目标约束与绝对约束

油田开发规划的目标不是孤立的,涉及的产量、投资、成本和效益等指标是相互关联的,其中这些指标也受到客观条件的限制。油田规划编制过程中的约束主要分为产油量约束、投资约束、工作量约束、规划指标规律约束等方面。

(1)产油目标约束。从满足油田可持续发展战略、实际生产能力及效益为中心等方面考虑,全油田产油量应达到稳产指标要求,各规划单元满足分配的产量任务要求。若水驱规划单元与三采规划单元第 t 年产量为 $Q_{SQ}(t)$、$Q_{SC}(t)$,即:

$$Q_{SQ}(t) = \sum_{i=1}^{3} \left[Q_{CS}^{(i)}(t) + Q_{XJ}^{(i)}(t) + \hat{Q}_{LJ}^{(i)}(t) \right]$$

$$Q_{SC}(t) = \sum_{p=1}^{2} \sum_{j=1}^{M(p)} Q_{opj}^{(4)}(t) + Q_{ow}^{(4)}(t) + Q_{oz}^{(4)}(t)$$

则油田第 t 年产量目标可表示为:

$$Q_{SQ}(t) + Q_{SC}(t) \geqslant Q_o(t) \tag{8-3-21}$$

其中 $Q_{SQ}(t)$、$Q_{SC}(t)$ 为决策变量 x_{ijk} 的隐函数。

(2)投资目标约束。指规划期间各个规划单元的新区新井与老区新井开发投资不能超过油田当期投资总额 I_z 限制。

$$\sum_{i=1}^{4} \sum_{t=1}^{T} I_{it} \leqslant I_z \tag{8-3-22}$$

(3)成本目标约束。追求规划期间总成本费用最小、效益最好,是每个决策者期望的。但是费用的期望目标值相对是比较模糊的,不易给出确定的数值。一般取不可能达到的值,通过追求正偏差变量最小而达到预期目标。

$$\sum_{i=1}^{3} \sum_{t=1}^{T} \left[\mathrm{CB}_{\mathrm{dy}}^{(i)} Q_{\mathrm{SQ}}(t) \right] + \sum_{t=1}^{T} \left[\mathrm{CB}_{\mathrm{dy}}^{(4)} Q_{\mathrm{SC}}(t) \right] \leqslant \mathrm{CB_E} \qquad (8-3-23)$$

（4）效益目标约束。最大化规划期间油田整体利润最大。

$$\mathrm{PRFT} = \sum_{t=1}^{T} (SP - \mathrm{CB_{dw}}) \left[Q_{\mathrm{SQ}}(t) + Q_{\mathrm{SC}}(t) \right] \qquad (8-3-24)$$

（5）工作量约束。该约束是对措施总量的一种限制。若设规划期间新井、压裂与三换累计工作量不超过其总量 X_j，则约束可表示为：

$$\sum_{i=1}^{3} \sum_{k=1}^{T} x_{ijk} \leqslant X_j, \quad j = 1,4,5 \qquad (8-3-25)$$

另外，根据油田规划编制的需要及油田自身生产能力的限制，要求规划期间每年实施的措施工作量要保持一定的均衡性。因此还可添加增产措施的均衡约束。

4. 优化模型

设方案要求目标的优先级和形态为：

第一优先级：完成油田产油量目标。

第二优先级：各种措施增加的费用不高于上限或尽量小。

第三优先级：油田投资不高于投资上限。

第四优先级：最大化油田整体效益。

目标优先级可以根据油田开发实际情况调整各个约束条件配上正、负偏差变量，结合分规划单元子系统模型 $[P^{(i)}]$，油田大系统目标规划模型可表示为：

$$(\mathrm{GP}) \, lex\min \, \boldsymbol{a} = \left\{ \sum_{t=1}^{T} \sum_{i=0}^{4} \omega_{1t}^{(i)} \left[\eta_{1t}^{(i)-} + \rho_{1t}^{(i)+} \right], \sum_{i=0}^{4} \omega_{2}^{(i)} \rho_{2}^{(i)+}, \omega_{3}\rho_{3}^{(0)}, \omega_{4}\rho_{4}^{(0)} \right\}$$

$$\mathrm{s.\,t.} \begin{cases} Q_{\mathrm{SQ}}(t) + Q_{\mathrm{SC}}(t) + \eta_{1t}^{(0)} - \rho_{1t}^{(0)} = Q_{\mathrm{o}}(t) \\[2mm] \sum_{i=1}^{3} \sum_{t=1}^{T} \left[\mathrm{CB}_{\mathrm{dy}}^{(i)} Q_{\mathrm{SQ}}(t) \right] + \sum_{t=1}^{T} \left[\mathrm{CB}_{\mathrm{dy}}^{(4)} Q_{\mathrm{SC}}(t) \right] + \eta_{2}^{(0)} - \rho_{2}^{(0)} = \mathrm{CB_E} \\[2mm] \sum_{i=1}^{4} \sum_{t=1}^{T} I_{it} + \eta_{3}^{(0)} - \rho_{3}^{(0)} = I_{\mathrm{z}} \\[2mm] \sum_{t=1}^{T} (SP - \mathrm{CB_{dw}}) \left[Q_{\mathrm{SQ}}(t) + Q_{\mathrm{SC}}(t) \right] + \eta_{4}^{(0)} - \rho_{4}^{(0)} = \mathrm{PRFT} \\[2mm] \sum_{i=1}^{3} \sum_{k=1}^{T} x_{ijk} \leqslant X_j \\[2mm] P^{(i)}, i = 1,2,3,4 \end{cases}$$

$$(8-3-26)$$

式中　$Q_o(t)$——油田第 t 年的产量目标，10^4t；

I_{it}——第 i 规划单元第 t 年的新井投资，万元；

CB_E——油田操作成本费用期望值，元/吨油；

S——原油商品率；

P——原油价格，元/t；

CB_{dw}——油田吨油成本定额，元/吨油；

PRFT——油田整体利润期望值，万元；

X_j——油田第 j 种措施总量控制，口；

ω——目标优先级权系数；

$P^{(i)}$——第 i 规划单元子系统目标规划模型，$i=1,2,3,4$。

由式(8-3-26)可知，模型(GP)具有原方块角形结构的大系统多目标模型特点。和单目标优化问题不同，目标规划是多目标决策，因此没有绝对意义的最优解，只有相对意义的满意解，问题在于如何从众多的有效解中找到一个满意解，这就要充分依靠决策者的经验，参与分析过程，在求解中，根据现行有效解，调整、修改目标值、优先级和权因子，尽快求出满意解，这个过程是其他数学模型所不能代替的，体现了目标规划的灵活性和有效性。

从所建模型可以看出，所研究的规划问题满足以下三个条件：

(1)全局和各子系统中同一目标函数的优先等级一致；

(2)全局和各子系统中同一目标函数的权重一致；

(3)各子系统之间彼此独立。

由此可见，油田的规划优化是多目标多阶段多独立子系统的大系统规划问题，求解此类大系统问题的两个关键步骤是分解和协调。因此针对模型所具有的原方块角形结构特点，提出了求解此类大系统规划优化问题的新算法——串式调优法。

(四)大系统目标规划模型求解方法

1. 串式调优法

串式调优法的基本思想是：首先将大系统目标规划模型(GP)分解为 $(m+1)$ 个子系统，同时建立各子系统相应的目标规划模型，并对这些子系统进行求解，然后检验其最优解是否为全局系统的最优解。如果是，则此解即为原大系统问题的最优解；如不是，则根据各子系统正、负偏差值所提供的信息在全局系统和子系统之间进行协调。利用调整后的指标值重新计算，然后再进行检验、协调，经过若干次协调后，就可得到各个子系统的满意规划方案。串式调优法框图如图8-3-4所示。

串式调优法步骤：

步骤一：利用模型 $[P^{(i)}]$ $(i=1,2,\cdots,m)$ 计算第 i 个子系统，设系统 $[P^{(i)}]$ 的最优解为 $\bar{x}^{(i)}$，并设 $\bar{x}^{(i)}=(\bar{x}^{(1)},\bar{x}^{(2)},\cdots,\bar{x}^{(m)})$，并对第一优先级(为了叙述上的方便，认为在达成函数中是极小化正偏差)进行如下调整：

(1)如果 $\sum\limits_{i}^{m} f^{(i)}[\bar{x}^{(i)}] \leqslant b_1^{(0)}$，则转入步骤三；

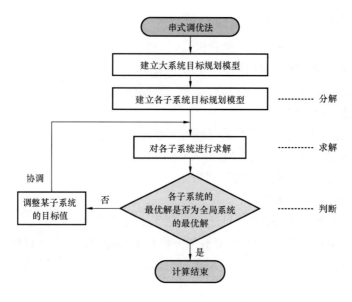

图 8 - 3 - 4　串式调优法流程

（2）如果 $\sum\limits_{i}^{m} f^{(i)}[\bar{x}^{(i)}] > b_1^{(0)}$，且 $\rho_1^{(i)} > 0(i = 1,2,\cdots,m)$，则转入步骤三；

（3）如果 $\sum\limits_{i}^{m} f^{(i)}[\bar{x}^{(i)}] > b_1^{(0)}$，且存在 $i_0,i_0' \in \{1,2,\cdots,m\}$，使得 $\eta_1^{(i_0)} > 0,\rho_1^{(i_0')} > 0$，设

$M = \{i/\eta_1^{(i)} > 0, i = 1,2,\cdots,m\}$，$M' = \{i/\rho_1^{(i)} > 0, i = 1,2,\cdots,m\}$，转入步骤二。

步骤二：调整第 $i(i \in M \cup M')$ 个子问题的目标值 $b_1^{(i)}$，设调整后的值为 $\bar{b}_1^{(i)}$，则：

当 $i \in M$ 时，说明目标值 $b_1^{(i)}$ 偏高，应给予一个 $\eta_1^{(i)}$ 的减量，即：

$$\bar{b}_1^{(i)} = b_1^{(i)} - \eta_1^{(i)} \qquad (8-3-27)$$

当 $i \in M'$ 时，说明目标值 $b_1^{(i)}$ 偏低，应给予一个 $\rho_1^{(i)} \times \sum\limits_{m \in M} \eta_1^{(m)} / \sum\limits_{m \in M'} \rho_1^{(m)}$ 的增量，即：

$$\bar{b}_1^{(i)} = b_1^{(i)} + \rho_1^{(i)} \times \frac{\sum\limits_{m \in M} \eta_1^{(m)}}{\sum\limits_{m \in M'} \rho_1^{(m)}} \qquad (8-3-28)$$

然后转步骤一。

步骤三：在满足当前优先级的前提下，计算并调整下一优先级。其方法与第一优先级的调整相同（调整过程中主要受目标或约束的优化方式影响）。

继续下去，就可得到大系统规划问题（GP）的满意解。

对于极小化负偏差的情况其算法与极小化正偏差的算法类似，只需将步骤一中的（1）、（2）、（3）中的比较 $\sum\limits_{i=1}^{m} f_1^{(i)}[\bar{x}^{(i)}]$ 与 $b_1^{(0)}$ 大小关系的符号反向即可。对于需要尽量接近的目标值，由于此时达成函数中同时含有正、负偏差变量，则不能直接比较 $\sum\limits_{i=1}^{m} f_1^{(i)}[\bar{x}^{(i)}]$ 与 $b_1^{(0)}$ 是否相等，因为计算上的误差问题，需要引入控制精度误差 ε_0，其值根据需要来确定。令：

$$\varepsilon = \left| \sum_{i=1}^{m} f_1^{(i)} \left[\overline{x}^{(i)} \right] - b_1^{(0)} \right| \qquad (8-3-29)$$

这样问题就转化为 ε 是否满足精度要求来控制串式调优。若误差 ε 高于精度要求 ε_0 则进行串式调优;否则退出串式调优。至于串调时,对目标值的修正方法均相同。

在第二步中对偏高的目标值 $b_1^{(i)}$(即 $i \in M$ 时)给予了一个 $\eta_1^{(i)}$ 的减量,而对于偏低的目标值 $b_1^{(i)}$(即 $i \in M'$ 时)给予了一个 $\rho_1^{(i)} \times \sum_{m \in M} \eta_1^{(m)} / \sum_{m \in M'} \rho_1^{(m)}$ 的增量,目的是保证子系统目标串调后使总目标值不变,这是油田开发规划中的一个基本要求。

2. 指标分配模型

目标协调就是在全局目标不变的前提下,按一定原则方法重新分配各个子系统目标值,使得全局系统优化部署更为合理。为消除在"规划单元规划优化"模型建立时人为因素的干扰,从目标规划模型出发,给出基于比例的全局指标分配新方法,实现整个油田规划期间的生产任务合理地分配到各个大区。通常要得到相对比较合理的分配结果,需要进行多次分配与调整。

1)比例分配模型

比例分配模型思路是:全油田的各项规划指标一定在全局模型的可达域中,按照全局目标在可达域中的比例关系,等比例确定各个子系统的规划目标值。这样分配的优点是充分考虑了各个系统生产能力的上限和下限,使得指标分配相对均衡,较好地解决了规划目标合理分配与协调的难题。下面以产油指标为例说明指标分配的原理。

设油田第 $k(k=1,2,\cdots,T)$ 年的产油指标为 a_{1k},则 $a_{1k} \in [\underline{a}_{1k}, \overline{a}_{1k}]$,对应的产油指标分配比例因子 θ_{1k} 为:

$$\theta_{1k} = \frac{\overline{a}_{1k} - a_{1k}}{a_{1k} - \underline{a}_{1k}} \qquad (8-3-30)$$

且设 $[\underline{a}_{1k}^{(i)}, \overline{a}_{1k}^{(i)}]$ 为第 i 个子系统产油目标值的可达域,则按等比例第 k 年分配给第 i 个子系统的产油量 $a_{1k}^{(i)}$ 为:

$$a_{1k}^{(i)} = \frac{1}{1+\theta_{1k}} \overline{a}_{1k}^{(i)} + \frac{\theta_{1k}}{1+\theta_{1k}} \underline{a}_{1k}^{(i)} \qquad (8-3-31)$$

指标分配模型为决策者提供了一种新的指标分配方法。由式(8-3-23)可得到:

$$\sum_{i=1}^{I} a_{1k}^{(i)} = a_{1k}$$

即各子系统所分配的产油指标之和等于全局的产油规划指标。

2)成本—产能(C-C)分配模型

C-C 模型基本思路是:在完成全局规划指标的前提下使费用最低且保证油田的可持续发展,指标的分配与三方面因素有关:

(1)油田整体规划指标。各子系统产油指标之和不得低于油田的产油指标,且费用指标之和不得大于油田的总费用上限。

（2）各子系统采油成本。不同子系统采油成本不同。决策者则希望成本低的子系统指标高些,成本高的子系统指标低些。

（3）各子系统最大采油能力。综合考虑各子系统最大生产能力,使油田生产实现可持续发展。

若设 c_i 为第 i 子系统的产油成本,$\bar{a}_i$ 为该系统的产油上限,a_i 为用串式调优法求得的产量指标值,则子系统的相对于 a_i 的 C–C 系数表示为:

$$\rho_i = \frac{\bar{a}_i - a_i}{c_i} \qquad (8-3-32)$$

显然 C–C 系数 ρ_i 是反映该子系统的生产潜力及产油成本的综合参数。ρ_i 的值大,则说明子系统的产油指标还可增加;ρ_i 的值越小,则说明该系统的产油指标应该减少。

C–C 模型求解指标分配步骤:

步骤 1:用串式调优法求解大系统规划模型(GP)。

步骤 2:用 C–C 模型求每个子系统指标分配值 $a_i(i=1,2,\cdots,m)$,并对 m 个子系统 $[P^{(i)}](i=1,2,\cdots,m)$ 进行求解。

步骤 3:设 $\bar{\rho} = \max\limits_{1 \leqslant i \leqslant m} \{\rho_i\}$,$\underline{\rho} = \min\limits_{1 \leqslant i \leqslant m} \{\rho_i\}$,$\varepsilon > 0$ 为一给定的误差值,则当 $\bar{\rho} - \underline{\rho} \leqslant \varepsilon$ 时,停止迭代,否则转到步骤 2。

大系统目标规划模型求解方法的优点就是把大系统问题化为若干个子问题进行求解,避免了求解主导规划问题,使目标规划更加灵活,更能表达决策者的经验与意愿,同时简化了求解过程,提高计算速度;模型具有多种优化方式,处理问题灵活,可实现不同规划情景下的优化部署,为决策提供丰富的优化信息,保证了油田规划方案的科学性、先进性、合理性和可行性,为油田规划编制方案优选与决策提供了技术支持。

【例 8–3–2】 某油田 A 油区规划期间的规划指标见表 8–3–3。A 油区下分 6 个规划单元,7 种稳产增油措施,每个规划单元有决策变量 $5 \times 7 = 35$ 个,整个油区共有 $35 \times 6 = 210$ 个决策变量。规划目的是在保证各子系统优化的前提下,追求油区整体规划部署最优,这显然是大系统目标规划优化问题。

表 8–3–3 A 油区规划指标

指标	第 1 年	第 2 年	第 3 年	第 4 年	第 5 年	合计(平均)
产油量(10⁴t)	1100	1095	1090	1085	1080	5450
产水量(10⁴t)	3736	3943	4552	4833	5120	22184
含水率(%)	77.25	78.27	80.68	81.67	82.58	80.28

建立大系统目标规划模型,采用串式调优法求解模型。首先分别对 6 个规划单元的子系统模型进行计算,其结果为每个子系统的规划方案,然后将计算结果代入到表示 A 油区的全局系统模型中,检验这些解是否为全局系统的最优解,也就是检验 A 油区各年的各个规划指标是否满足。如果满足,则得到的规划方案即为 A 油区的规划方案;否则,找出 A 油区中没有满足规划指标的目标函数,然后根据正、负偏差变量所提供的信息以及各个子系统规划

指标的满足情况,对 A 油区没有得到满足的规划指标重新进行分配协调。这时一些规划单元的规划指标就要发生变化,其中达到了规划指标,并且还有潜力的规划单元要增加,与此同时没有达到规划指标的规划单元要减少。利用调整后的指标值重新计算,然后再进行检验,经过若干次协调后,就可得到 A 油区的规划方案。协调次数的多少与初始指标分配情况有关,指标分配得比较合理,需要协调的次数就少;反之,需要协调的次数就相对多些,但是只要初始指标分配值在目标函数的可达域中,就很快能够求出优化方案。

在模型求解过程中,主要采取比例分配模型和 C-C 分配模型将表8-3-3中产量指标合理分配到 6 个规划单元中,其分配结果见表8-3-4。从表8-3-4可以看出,比例分配模型由于没有考虑各规划单元采油成本,而是把成本高与成本低的同等看待,导致个别规划单元分配产量偏高。

表8-3-4 A 油区不同规划单元产量指标分配结果

分配模型	规划单元	产油量(10^4t)					
		第1年	第2年	第3年	第4年	第5年	合计
比例分配模型	1	226.92	211.41	191.48	172.76	156.07	958.65
	2	165.11	142.80	132.36	120.06	100.46	648.79
	3	308.98	291.68	283.48	282.93	277.04	1449.12
	4	400.31	391.23	353.21	298.63	250.56	1693.93
	5	10.77	43.65	86.03	124.87	160.59	425.92
	6	0.06	14.57	43.43	88.07	135.72	281.87
C-C 分配模型	1	187.91	152.08	137.51	126.76	116.39	720.65
	2	115.99	88.35	87.98	88.26	81.96	462.54
	3	332.81	345.01	334.25	335.81	327.02	1675.67
	4	454.71	463.01	426.74	362.39	294.69	2001.54
	5	8.66	33.96	64.68	92.99	122.50	322.80
	6	0.05	12.08	39.30	83.79	136.47	271.87

表8-3-5 为 A 油区采用 C-C 指标分配模型的优化部署结果。从全局系统模型求解得到的每类措施工作量部署安排看,在满足油田生产能力的前提下具有一定的平稳性,符合规划编制部署原则要求。

表8-3-5 A 油区规划优化部署

年份	七类增油措施(口)							产油量(10^4t)
	第1类	第2类	第3类	第4类	第5类	第6类	第7类	
第1年	191	205	25	22	24	0	1061	1100.13
第2年	181	193	11	20	26	0	975	1094.50
第3年	168	189	15	18	28	0	886	1090.46
第4年	169	190	24	19	33	0	796	1090.18
第5年	167	191	33	23	38	0	696	1079.80

油田开发工程具有的长期性、动态性、风险性、多目标性等特性,决定油田开发规划研究与编制的困难性,也决定油田开发规划优化不是一个简单数学模型就能解决和描述的过程。研究表明,目标规划是处理多目标多系统复杂优化问题比较合适的方法。基于大系统理论思想探索形成的具有大庆油田规划特点的定性与定量相结合、专家辅助的综合集成方法,能很好解决在产量目标确定下的指标合理分配、分规划单元及油田全局系统的协调优化问题,研究建立的分层分解统一协调串式调优法,保证所建模型求解结果的最优性。由于在规划编制过程中融进决策者经验和系统优化思想,可最终得到完成给定目标前提下符合油田生产实际要求的满意解。同时,通过调整模型目标优先级顺序或权重值,便可达到不同的规划目标要求,克服单目标规划模型的局限性,模型应用更为灵活。

三、油田不确定规划优化方法

主力油田全面转入高含水后期开发,油田开发的对象逐渐变差,规划资源品质低,技术攻关难度大,开发投资与成本高,存在开发效果差、指标预测等不确定性。不确定性主要表现在:(1)资源的不确定性。规划最大的风险是储量。现阶段对地质结构认识的有限性导致对资源评估的不确定性。储采失衡矛盾加剧,后备资源不足。(2)攻关技术成熟度的不确定性。大庆外围油田油藏类型多样,油水关系复杂,大规模水平井和压裂技术还不成熟,接替储量品质差、采收率低,增储上产难;复合驱技术全面推广面临技术瓶颈,大规模实施的结果还有待进一步研究;老油田剩余油分布复杂,各种调整措施效果预测难度大,面对油田长垣水驱二次转三次加密、三采由一类油藏转二类油藏、外围转向致密油开发,影响产量变化趋势的不确定性因素多。(3)油价的不确定性。油价高低直接制约着资源潜力的大小、技术攻关的进展以及油田经济效益。要完成油田 3000×10^4 t 稳产的规划目标,就必须进行大量的措施投入,找到更多的探明储量,推广提高采收率的新技术等,所有这些都会带来油田投资及成本费用的增长,也会带来更多的不确定性。因此,必须针对油田新领域、新需求、新形势,研究适合大庆油田特点的不确定性规划优化技术。规划优化技术路线图如图 8-3-5 所示。

(一)不确定性因素分析

规划编制的核心是产量预测。由于开发对象变差、开发攻关技术的不成熟、油价变化等因素影响,不同阶段、不同驱动方式下与规划产量相关的诸多开发指标都存在着不确定性。

1. 规划主要不确定性指标的确定

从各大区产量构成因素分析看,影响各大区产量的因素主要分为以下四个方面:(1)水驱未措施产量预测就是老井的递减率。不同地区、不同地质条件,老井递减率有明显差异,同时老井递减率确定还要受到钻新井、长关井、注采系统调整、精细挖潜、钻关、封堵、水驱向聚合物驱转移等因素影响。(2)老井措施增油量主要是措施年增油量和措施潜力。由于受地下的岩石、流体物性以及生产动态的影响,很难精准预测各类措施的增油效果,虽然采用多种预测方法,但也规避不了不确定因素对预测结果准确性的影响。同时,措施潜力也与地质、工艺、油价密切相关,带来措施潜力统计结果存在不确定性。(3)影响新井产量主要是区块采油速度、储量动用率、设计产能、贡献率、到位率、含水率、递减率等指标。油田动用储量

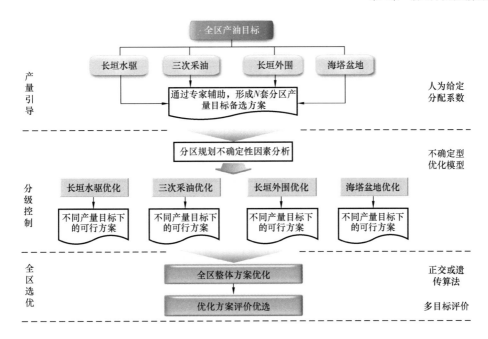

图 8-3-5　优化技术路线图

品质差,储量丰度低、有效厚度小,规模动用存在较大的风险,单井日增油效果通常对比已开发邻近区块的单井日产水平定性给出。(4)三次采油是以一个区块作为单元来预测全区产量。三采产量变化受注入速度、化学剂注入量、采出程度、注聚合物浓度、注聚合物前初始含水率、阶段采出程度、阶段提高采收率、有效厚度、注采井距、注入压力等地质因素和开发因素影响,归结到区块产量上就是区块采油速度的变化。

由此可以看出,制约油田开发规划稳产目标完成的不确定性因素是多方面的,既有定性上的,又有定量上的,而建模所能吸纳体现的却是全部因素中很少的一部分。如何从众多因素中遴选出有代表性的不确定指标,研究指标变化规律及定量描述方法,是量化不确定性因素表征及优化建模的技术关键。考虑到系统建模及规划宏观决策,按照"好选取、易建模、可量化"的原则,依据规划产量构成结构及规划优化模型构建的需要,结合统计方法与专家经验,综合研究确定出分大区、分产量构成的三类关键指标,如图 8-3-6 所示。

第一类:递减率指标。

未措施产量预测就是老井的递减率。

第二类:措施增油指标。

长垣水驱措施增油指标为单井措施年增油和新井单井日产油,而长垣外围由于老井措施增油占全区的比例比较小,可忽略不计,主要的增油指标就是新钻井单井日产油。

第三类:三采区块采油速度高值。

从新投注区块规划部署上看,总是使得部署的区块产量峰值叠加更加合理,以达到完成产量目标。考虑三次采油优化过程的模式控制,把区块的采油速度峰值作为影响三次采油产量的主要不确定指标。对同一区块,产量模式是确定的,但产油模式高值是波动的,导致预测效果是变化的,体现出效果的不确定性。

291

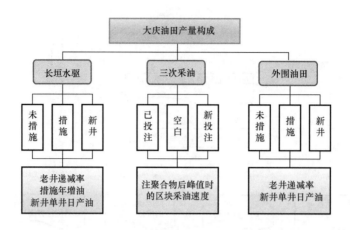

图 8 – 3 – 6　规划产量不确定性因素分析流程

2. 不确定性指标的量化表征

开发规划编制中所涉及的不确定性指标具有客观性,可用随机变量来刻画指标的值,并借助于数理统计分析方法给出其表征。对于有数据样本点(且数据样本点足够多)的不确定性指标,其量化方法主要有三种情形:(1)随机变量分布的类型已知,需要由观测数据确定该分布的参数;(2)由观测数据确定随机变量概率分布类型,并在此基础上确定其参数;(3)如现有的观测数据难以确定随机变量的理论分布形式,则定义一个实验分布。对于没有数据样本点的指标,或指标数据样本少,无法用定量方法准确给出分布类型,可由专家给定其分布类型以及其参数。

下面以三采区块采油速度高值不确定性指标为例,阐述其量化表征过程。

1)建立采油速度高值与主控因素定量关系

三次采油采油速度高值主要受油层地质因素、开发因素影响。统计分析 51 个三采区块采油速度高值与影响因素的关系,初步筛选出 7 个主要影响因素。经过三个轮次的复相关分析,从油层属性、生产过程、全过程控制几个方面,确定有效渗透率、有效厚度、注入速度、注聚合物浓度、阶段采出程度五个因素作为主控因素(表 8 – 3 – 6)。

表 8 – 3 – 6　影响采油速度高值因素复相关分析表

因素	分析轮次	有效厚度(m)	有效渗透率(D)	注聚合物前初始含水率(%)	阶段提高采收率(%)	注聚合物浓度(mg/L)	注入速度(PV/a)	阶段采出程度(%)
复相关系数	1	0.613	0.357	70.3	94.6	0.681	0.550	85.0%
	2	0.602	0.355	96.7	—	0.648	0.514	67.7%
	3	0.488	0.364	—	—	0.646	0.444	56.6%

按地质分布与油层分类,建立了三个采油速度高值量化表达式。

南部地区回归关系式:

$$H_v = 12.7398x_1 - 2.2294x_2 + 0.1148x_3 + 0.3797x_4 + 0.0003x_5 - 2.3485$$

北部地区Ⅰ类回归关系式：

$$H_\mathrm{v} = 30.4662x_1 + 0.729x_2 + 0.1964x_3 - 0.0013x_4 + 0.0007x_5 - 4.2426$$

北部地区Ⅱ类回归关系式：

$$H_\mathrm{v} = 3.9205x_1 - 7.7667x_2 + 0.1235x_3 + 0.0999x_4 + 0.0023x_5 + 1.5954$$

式中　H_v——采油速度高值,%；

x_1——注入速度,PV/a；

x_2——有效渗透率,D；

x_3——阶段采出程度,%；

x_4——有效厚度,m；

x_5——注聚合物浓度,mg/L。

经显著性 $F > F_{0.05}$ 检验,线性关系显著,即所取因素对采油速度高值影响是显著的,可以根据建立的关系式确定区块的采油速度高值。

2)确定采油速度变化模式图

采油速度模式图是描述新投注区块在聚合物驱阶段产油量变化趋势预测的图版,利用建立的模式图版,通过区块类比及专家经验,可以很快确定出新注区块的采出指标的预测趋势,为三次采油规划的编制与宏观决策提供依据。

确定采油速度模式图主要有两个步骤:

步骤1:通过对51个已注区块采油速度的统计分析,确定不同地区采油速度高值的均值。不同地区在采油速度达到高值的统计结果见表8-3-7。

表8-3-7 采油速度高值均值统计表

地区		第2年达到峰值			第3年达到峰值		
		区块数	累计值(%)	均值(%)	区块数	累计值(%)	均值(%)
南部地区		7	35.13	5.02	11	47.66	4.33
北部地区	Ⅰ类	5	26.43	5.29	16	74.33	4.65
	Ⅱ类	2	8.58	4.29	8	34.47	4.31

步骤2:测算出规划期间各年采油速度与高值的比例关系,建立采油速度模式图。考虑规划今后的应用,统计年限定为10年(为保证采油速度变化趋势的合理性,对没有结束的区块的产量按规划方案取值)。通过统计分析处理,分别建立两个投注时间点的三个采油速度变化模式图(表8-3-8和表8-3-9)。

按照确定的采油速度与高值的比例关系,绘制不同地区模式图(图8-3-7和图8-3-8)。

3)确定采油速度高值分布类型及变化范围

利用SPSS软件工具对南部地区和北部地区的51个区块采油速度高值进行分析,结果表明:在95%置信水平下,南部地区和北部地区的采油速度高值分别近似地服从正态分布(图8-3-9)。

表 8 - 3 - 8　采油速度高值与各年比例表（一）

地区		高值（%）	比例（第2年达到峰值）									
			1	2	3	4	5	6	7	8	9	10
南部地区		5.02	0.48	1.00	0.77	0.55	0.39	0.28	0.22	0.16	0.12	0.10
北部	Ⅰ类	5.60	0.45	1.00	0.88	0.58	0.39	0.28	0.21	0.16	0.12	0.09
	Ⅱ类	4.29	0.42	1.00	0.83	0.66	0.51	0.39	0.28	0.21	0.15	0.14

表 8 - 3 - 9　采油速度高值与各年比例表（二）

地区		高值（%）	比例（第3年达到峰值）									
			1	2	3	4	5	6	7	8	9	10
南部地区		4.33	0.21	0.78	1.00	0.72	0.50	0.35	0.26	0.19	0.15	0.11
北部	Ⅰ类	4.65	0.20	0.74	1.00	0.75	0.55	0.38	0.28	0.19	0.14	0.11
	Ⅱ类	4.31	0.16	0.74	1.00	0.81	0.60	0.46	0.34	0.26	0.22	0.18

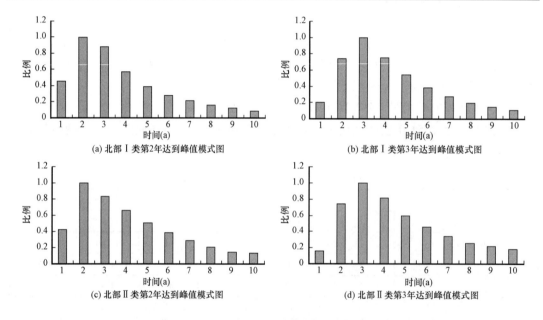

(a) 北部Ⅰ类第2年达到峰值模式图　　　　　(b) 北部Ⅰ类第3年达到峰值模式图

(c) 北部Ⅱ类第2年达到峰值模式图　　　　　(d) 北部Ⅱ类第3年达到峰值模式图

图 8 - 3 - 7　北部地区不同年采油速度模式图

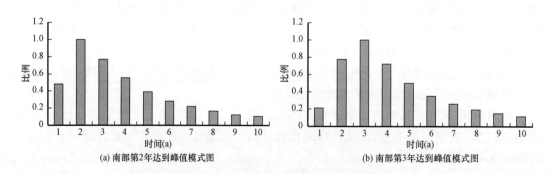

(a) 南部第2年达到峰值模式图　　　　　(b) 南部第3年达到峰值模式图

图 8 - 3 - 8　南部地区不同年采油速度模式图

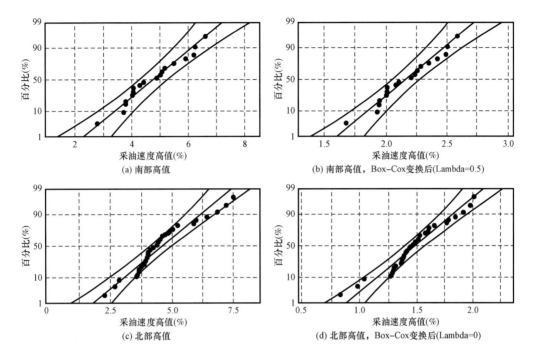

图 8 - 3 - 9　南部与北部地区采油速度高值概率图

通常确定采油速度高值变化的范围采用三种方法：

（1）数值统计法。把各地区统计出的高值变化的区间作为采油速度高值的变化范围，并假设高值在此范围内变化是以均匀分布的方式。

（2）区间估计法。采油速度高值变化是随机事件，其高值变化的上限、下限必然与所取的概率（置信水平 $1 - \alpha$）有关。则正态分布对于均值 μ 置信水平为 95% 时的置信区间可表示为：

$$\left[\overline{X} \pm \frac{S}{\sqrt{n}} t_{0.05/2}(n - 1) \right] \qquad (8 - 3 - 33)$$

（3）综合均值法。数值统计法确定的高值变化范围偏大，而区间估计法估计区间存在不确定性，综合考虑确定采油速度高值的变化限值（表 8 - 3 - 10）。

表 8 - 3 - 10　采油速度高值变化范围参数表

高值时间	地区		数值统计（%）		概率统计（%）		综合均值（%）	
			下限	上限	下限	上限	下限	上限
第 2 年	南部地区		4.00	6.61	4.09	5.17	4.05	5.89
	北部地区	I 类	4.03	7.22	4.25	5.35	4.14	6.29
		II 类	4.13	4.44	3.91	4.70	4.02	4.57
第 3 年	南部地区		2.41	6.27	4.09	5.17	3.25	5.72
	北部地区	I 类	2.61	6.78	4.09	5.17	3.32	6.02
		II 类	3.51	5.52	3.91	4.70	3.71	5.11

对同类区块,模式是确定的,但峰值是波动的,体现出预测效果的不确定性。

(二)水驱不确定性规划优化模型

油田产量构成包括老井未措施、老井措施、老区新井、新区新井四个部分。其中:主要增油措施包括老井措施(压裂、三换、堵水、酸化、解堵、微生物吞吐、侧钻水平井、直井细分缝网压裂、其他)、老区新井(直井、水平井)、新区新井(未动用直井、未动用水平井、待探明直井、待探明水平井)共三大类,同时要兼顾增油措施与相关油层组的部署关系。

优化建模遵循的规划原则:

(1)规划编制考虑到实际开发环境中存在的老井自然递减率、措施增油效果和新井日产油三类指标存在的不确定性;

(2)油田开发规划涉及油田全局发展战略,规划决策部署要考虑产量、成本费用、储量接替合理配置的多目标优化;

(3)油田开发规划部署必须符合油田开发方针及各项政策界限;

(4)各种措施工作量的安排,必须符合油田的实际情况。

要优化的问题是:合理优化部署安排规划期内的各项增产措施工作量,追求产量目标完成的概率最大化、规划期间发生的成本费用期望值最小化、新增可采储量最大,构建最大化机会和最优化期望值的多目标、多阶段"混合型不确定优化模型",在满足上述条件下,寻求油田产量目标完成概率最大的一簇可行方案集。

1. 决策变量

决策变量就是决策的内容和对象。对于油田开发规划优化问题来说,任何规划部署方案的产油量、含水率等及所需的投资、生产费用的大小,都与规划的各种增产措施工作量多少有关。增产措施工作量既比其他的因素全面,又能贯彻始终。因此选取"增产措施工作量"为系统的决策变量(表8-3-11)。

表8-3-11 增产措施分类表

措施类别	措施序号(p)	措施名称	决策变量	变量序号(i)	变量表示
老井措施	1	压裂	工作量	1	x_{ijk} $i=1,2,\cdots,11$
	2	三换	工作量	2	
	3	堵水	工作量	3	
	4	酸化	工作量	4	
	5	解堵	工作量	5	
	6	微生物吞吐	工作量	6	
	7	侧钻水平井	工作量	7	
	8	直井细分缝网压裂	工作量	8	
	9	其他	工作量	9	
老区新井	10	直井	工作量	10	
	11	水平井	工作量	11	

措施类别	措施序号(p)	措施名称	决策变量	变量序号(i)	变量表示
新区新井（未动用）	12	直井	动用储量	12	
	13	水平井	动用储量	13	x_{ijk} $i=12,13,\cdots,15$
新区新井（待探明）	14	直井	动用储量	14	
	15	水平井	动用储量	15	

设 x_{ijk} 表示决策变量,含义是第 k 年投入的第 j 油层第 i 种增产措施的工作量。其中下标 p 表示措施序号(其中下标 $i=1,2,\cdots,11$ 表示以部署的工作量为决策变量,$i=12,13,\cdots,15$ 表示以动用储量值为决策变量),下标 j 表示油层组数,下标 k 表示措施投产的年次($k=1,2,\cdots,T$)。

2. 优化目标

追求规划期间产量目标完成的概率最大、规划期间成本费用期望值最小、规划期间新增可采储量越大越好。

(1)最大化完成产油目标概率。规划期内产油包括老井自然产量、老井措施增油、钻新井产量及上年后效产量四部分,规划各年完成产量下达的任务表示为:

$$\sum_{j=1}^{J}\sum_{i=1}^{15}\sum_{k=1}^{t}r_{ijk}a_{ijkt}x_{ijk}+\sum_{j=1}^{J}Q_{LJ}(j,t)+Q_{hx}(t)\geq Q_{osq}(t) \qquad (8-3-34)$$

式中 $Q_{LJ}(j,t)$——老井第 t 年的预测产量。

通常老井预测的产量采用两种算法:

① 已知规划期每年的老井自然递减率 $D_{\xi}(k)$,有:

$$Q_{LJ}(j,t)=Q_{LJ0}(j)\prod_{k=1}^{t}[1-D_{\xi}(k)] \qquad (8-3-35)$$

② 若老井符合某种递减规律(如双曲递减规律),且已知某油层组初始递减率 $D_{z\xi}(j)$,则:

$$Q_{LJ}(j,t)=Q_{LJ0}(j)[1+D_n(j)D_{z\xi}(j)t]^{-1/D_n(j)} \qquad (8-3-36)$$

由于措施增产效果及递减率的随机性会导致规划优化的产量按一定规律在某个范围内变化,存在规划产量完成的风险。因此,采用最大化机会模型来定量描述产量完成情况,最大化完成产量目标概率可表示为:

$$\max\prod_{t=1}^{T}Pr\{\sum_{j=1}^{J}\sum_{i=1}^{15}\sum_{k=1}^{t}r_{ijk}a_{ijkt}x_{ijk}+\sum_{j=1}^{J}Q_{LJ}(j,t)+Q_{hx}(t)\geq Q_{osq}(t)\}$$

$$(8-3-37)$$

式中 $Q_{osq}(t)$——规划第 t 年水驱目标产量,10^4t;

$Q_{LJ0}(j)$——第 j 油层组未措施老井初始产量,10^4t;

$Q_{hx}(t)$——规划初年产能在规划第 t 年的后效产量,10^4t;

$D_{\xi}(k)$——规划第 k 年的老井自然递减率(随机变量);

$D_{z\xi}(j)$——规划第 j 油层组未措施老井初始递减率(随机变量);

r_{ijk}——措施单井年增油效果(随机变量),10^4t;

a_{ijkt}——第 k 年投产的第 j 类油层第 i 种措施在第 t 年的单井增油系数;

$D_n(j)$——第 j 油层老井递减指数。

(2)最小化成本费用期望。假定考虑的各种措施在有效期内是有效的,那么可以把整体效益最好、措施运行费用最小作为追求的目标。在规划期内,措施运行费用主要包括与油有关的费用、与液有关的费用、与注水有关的费用、与井数有关的费用四个方面。

则规划期间发生的总成本费用 CB_{sq}:

$$CB_{sq} = \sum_{t=1}^{T}\sum_{j=1}^{J}\sum_{i=1}^{9}\sum_{k=1}^{t} r_{ijk}c_{ijkt}x_{ijk} + \sum_{t=1}^{T}\sum_{j=1}^{J}\sum_{i=1}^{9} c_{J\,ij}x_{ijt} + \sum_{t=1}^{T}\sum_{j=1}^{J}\sum_{i=10}^{15}\sum_{k=1}^{t} \left(r_{ijk}c_{ijkt}x_{ijk} + c_{w\,ij}x_{ijt} \right)$$

$$(8-3-38)$$

考虑老井递减率的随机性,成本费用中应包含老井发生的成本费用 CB_{LJ}。因此采用期望值模型来定量描述随机条件下成本费用最小的一个预期:

$$\min E(CB_{sq} + CB_{LJ}) \qquad (8-3-39)$$

式中 c_{ijkt}——第 k 年投产的第 i 种措施在第 t 年与油、液、水相关的单井成本费用系数;

$c_{J\,ij}$——第 k 年投产的第 j 油层第 i 种老井措施与井有关的成本费用系数;

$c_{w\,ij}$——第 k 年投产的第 j 油层第 i 种新井与井有关的成本费用系数。

(3)最大化新增可采储量。追求规划期间新增可采储量越大越好。

$$\max\left(\sum_{t=1}^{T}\sum_{j=1}^{J}\sum_{i=10}^{11} s_{zijt}x_{ijt} + \sum_{t=1}^{T}\sum_{j=1}^{J}\sum_{i=12}^{15} s_{ij}x_{ijt} \right) \qquad (8-3-40)$$

式中 s_{zijt}——第 k 年投产老区新井年增加可采储量(考虑钻井成功率),10^4t/井;

s_{ij}——第 j 类第 i 种新区新井的采收率,$i = 12,13,\cdots,15$。

3. 约束条件

(1)动用储量总量约束:不同油层组储层性质差别大,考虑新区(未动用、待探明)潜力状况分布,新区新井规划期间累计动用储量不高于油层组总量约束。

$$\sum_{t=1}^{T} x_{ijt} \leq S_i(j), \quad i = 12,13,\cdots,15; \quad j = 1,2 \qquad (8-3-41)$$

同时考虑不同油层组年新区新井动用储量均衡:

$$\underline{S}_{ij}(t) \leq x_{ijt} \leq \overline{S}_{ij}(t), \quad i = 12,13,\cdots,15; \quad j = 1,2 \qquad (8-3-42)$$

式中 $S_i(j)$——第 j 类油层新区新井的动用储量总量,10^4t;

$\overline{S}_{ij}(t), \underline{S}_{ij}(t)$——第 j 类油层组不同新井年动用储量上限、下限,10^4t。

(2)资源(潜力)约束:各种增产措施在规划期间受工作量总界限控制,在总量控制内的工作量潜力资源是经济有效的。

不同油层组老井措施与新井总量约束:

$$\sum_{t=1}^{T} x_{ijt} \leq Y_{ij}, \quad i = 1,2,\cdots,11; \quad j = 1,2 \qquad (8-3-43)$$

老井措施与新井总量约束：

$$\sum_{t=1}^{T}\sum_{j=1}^{J}x_{ijt}\leqslant X_i,\quad i=1,2,\cdots,11 \tag{8-3-44}$$

式中　Y_{ij}——第 i 种措施井数累计上限,口;

　　　X_i——规划期间第 i 种措施工作量上限,口。

(3)年工作量均衡约束:考虑每年工作量实施水平和潜力规模,制定的不同油层组老井措施与新井每年部署的工作量受实施能力限制。不同油田(单元)不同措施工作量实际是有一定限制的,在措施规划部署中既要考虑措施资源状况,又要考虑措施施工相对均衡,保证工作量能顺利完成。同时均衡钻建安排,保证油田钻井和资金的投入,在各年之间的安排能比较合乎规律地协调发展,避免在某一年间发生畸轻畸重的不均衡状况。

$$\underline{x}_{ij}(t)\leqslant x_{ijt}\leqslant \bar{x}_{ij}(t),\quad i=1,2,\cdots,11;\ j=1,2 \tag{8-3-45}$$

式中　$\underline{x}_{ij}(t)$——第 t 年第 i 种措施工作量下限值,口;

　　　$\bar{x}_{ij}(t)$——第 t 年第 i 种措施工作量上限值,口。

(4)措施产量规模约束:根据措施总潜力,考虑产量总体目标要求,规定老井措施规划期间当年增油规模限制(老井措施不考虑产量后效性)。

$$\sum_{j=1}^{J}\sum_{i=1}^{9}r_{ijt}a_{ajkt}x_{ijt}=\left[\Delta\underline{Q}_{cs}(t),\Delta\bar{Q}_{cs}(t)\right] \tag{8-3-46}$$

式中　$\Delta\bar{Q}_{cs}(t)$——第 t 年当年老井措施增油上限,10^4t;

　　　$\Delta\underline{Q}_{cs}(t)$——第 t 年当年老井措施增油下限,10^4t。

4. 水驱不确定性优化模型

采用最大化机会和最优化期望值方式构建"混合型不确定性规划优化模型"。水驱不确定性优化模型 Model-2 为:

$$\max\prod_{t=1}^{T}\Pr\left\{\sum_{j=1}^{J}\sum_{i=1}^{15}\sum_{k=1}^{t}r_{ijk}a_{ijkt}x_{ijk}+\sum_{j=1}^{J}Q_{LJ}(j,t)+Q_{hx}(t)\geqslant Q_{osq}(t)\right\}$$

$$\min E(CB_{sq}+CB_{LJ})$$

$$\max\left\{\sum_{t=1}^{T}\sum_{j=1}^{J}\sum_{i=10}^{11}s_{zijt}x_{ijt}+\sum_{t=1}^{T}\sum_{j=1}^{J}\sum_{i=12}^{15}s_{ij}x_{ijt}\right\}$$

$$\text{s.t.}\begin{cases}\sum\limits_{j=1}^{J}\sum\limits_{i=1}^{9}r_{ijt}a_{ajkt}x_{ijt}=\left[\Delta\underline{Q}_{cs}(t),\Delta\bar{Q}_{cs}(t)\right]\\[2mm]\sum\limits_{t=1}^{T}x_{ijt}\leqslant S_i(j);\underline{S}_{ij}(t)\leqslant x_{ijt}\leqslant \bar{S}_{ij}(t)\\[2mm]\sum\limits_{t=1}^{T}\sum\limits_{j=1}^{J}x_{ijt}\leqslant X_i;\underline{x}_{ij}(t)\leqslant x_{ijt}\leqslant \bar{x}_{ij}(t)\\[2mm]x_{ijt}\in \mathbf{Z}\end{cases} \tag{8-3-47}$$

(三)三次采油规划优化模型

三采产油构成主要分为已注聚合物区块产油、新井产油、空白水驱产油、试验区产量和新投注聚合物区块产油五大部分,其中已注聚合物区块产油、新井产油、空白水驱产油和试验区产量在知识库中作为已知给定,每年可调配的部分就是新投注区块产油量,可以通过不同注入时间、采用不同驱替方式(三元复合驱或聚合物驱),进行新投注区块产油量安排。如何优化安排区块的注入时间,采用哪种驱替方式就是优化的主要问题。对于这类区块投与不投、上聚合物驱或三元复合驱、什么时间注的选择性问题,很适合用 0－1 规划对其进行分析。

优化建模遵循的规划原则:

(1)规划期间产量目标完成的概率最大;

(2)规划期间化学剂成本费用期望值最小;

(3)年动用储量规模控制;

(4)年化学剂聚合物规模控制;

(5)年化学剂表面活性剂规模控制;

(6)年地面配制站能力限制;

(7)各厂钻建工作量均衡控制。

在新投注聚合物区块采油速度模式已知的前提下,要优化的问题是:建立基于 0－1 规划的三次采油不确定性规划优化模型,在年动用储量、年注化学剂用量规模、地面配制站能力、各钻建厂工作量等约束下,确定如何安排区块,能使整个规划期内完成产量目标的概率最大化,化学剂成本费用最小化。求得满足规划要求的一簇可行方案集。

1. 决策变量

设 x_{nsk} 为 0－1 变量,表示第 n 厂第 s 区块在第 k 年是否动用。

2. 优化目标

(1)最大化产油目标完成概率。区块年产油量应大于等于三次采油年产量任务。

$$\sum_{n=1}^{N}\sum_{k=1}^{t}\sum_{s=1}^{S(n)}H_{ns}M_{ns}v_{ns(t-k+1)}x_{nsk} + Q_{sc}(t) \geqslant Q_{osc}(t) \qquad (8-3-48)$$

考虑区块采油速度高值变化的不确定会引起年产油不确定性,产油量的变化用概率分布表示。那么规划期间完成产量目标的概率最大化为:

$$\max\prod_{t=1}^{T}\mathrm{Pr}\left\{\sum_{n=1}^{N}\sum_{k=1}^{t}\sum_{s=1}^{S(n)}H_{ns}M_{ns}v_{ns(t-k+1)}x_{nsk} + Q_{sc}(t) \geqslant Q_{osc}(t)\right\} \qquad (8-3-49)$$

其中:

$$Q_{sc}(t) = Q_{yz}(t) + Q_{xj}(t) + Q_{kb}(t) + Q_{sy}(t)$$

式中　v_{nsk}——第 n 厂第 s 区块在第 k 年的采油速度与高值的比例;

　　　H_{ns}——第 n 厂第 s 区块采油速度高值(随机变量,按浮动区间);

　　　N——采油厂数;

　　　$S(n)$——第 n 厂包含的区块数;

$Q_{osc}(t)$——规划第 t 年三次采油目标产量，10^4t；

$Q_{xj}(t)$——规划第 t 年新井产油量，10^4t；

$Q_{kb}(t)$——规划第 t 年空白水驱产油量，10^4t；

$Q_{yz}(t)$——规划第 t 年已注区块产油量，10^4t；

$Q_{sy}(t)$——规划第 t 年试验区产油量，10^4t；

M_{ns}——第 n 厂第 s 区块的动用储量，10^4t。

（2）最小化化学剂成本费用。规划期间发生的成本费用不超过给定的最小限额 CB_{sc}。

$$CB_{sc} = \sum_{t=1}^{T} \sum_{n=1}^{N} \sum_{k=1}^{t} \sum_{s=1}^{S(n)} \left\{ c_1 Z_{ns[3(t-k)+1]} + c_2 Z_{ns[3(t-k)+2]} + c_3 Z_{ns[3(t-k)+3]} \right\} x_{nsk}$$

$$(8-3-50)$$

对区块的规划部署来说，总希望规划期间内化学剂花费越小越好，即：

$$\min \sum_{t=1}^{T} \sum_{n=1}^{N} \sum_{k=1}^{t} \sum_{s=1}^{S(n)} \left\{ c_1 Z_{ns[3(t-k)+1]} + c_2 Z_{ns[3(t-k)+2]} + c_3 Z_{ns[3(t-k)+3]} \right\} x_{nsk}$$

$$(8-3-51)$$

式中　c_i——第 i 种化学剂（聚合物、表面活性剂、碱）单位用量成本定额，元/t；

Z_{nsk}——第 n 厂第 s 区块第 k 年投入的第 i 种化学剂量，10^4t。

3. 约束条件

（1）年动用储量规模：储量规模与产量和化学剂用量有直接关系。年动用储量增大，产量和化学剂用量也会增大，带来的是投资和成本费用的增加，所以限制规划期间每年投注新区块的总动用储量。

$$\underline{M}(t) \leqslant \sum_{n=1}^{N} \sum_{s=1}^{S(n)} M_{ns} x_{nst} \leqslant \overline{M}(t) \tag{8-3-52}$$

式中　$\overline{M}(t)$，$\underline{M}(t)$——年动用储量上限、下限，10^4t。

（2）年聚合物规模：年注聚合物用量增加，成本费用增大，考虑成本的整体控制，要对年注聚合物规模加以限制。

$$\underline{W}_1(t) \leqslant \sum_{n=1}^{N} \sum_{k=1}^{t} \sum_{s=1}^{S(n)} Z_{ns[3(t-k)+1]} x_{nsk} \leqslant \overline{W}_1(t) \tag{8-3-53}$$

式中　$\overline{W}_1(t)$，$\underline{W}_1(t)$——年注聚合物用量上限、下限，10^4t。

（3）年表面活性剂规模：考虑表面活性剂生产厂产品的生产能力以及成本费用的整体控制，规定年表面活性剂规模限制。

$$\underline{W}_2(t) \leqslant \sum_{n=1}^{N} \sum_{k=1}^{t} \sum_{s=1}^{S(n)} Z_{ns[3(t-k)+2]} x_{nsk} \leqslant \overline{W}_2(t) \tag{8-3-54}$$

式中　$\overline{W}_2(t)$，$\underline{W}_2(t)$——年注表面活性剂量上限、下限，10^4t。

（4）年地面配制站能力限制：当年投注区块的聚合物总量不能超过区块隶属的配制站能力上限。

$$\sum_{n=1}^{N}\sum_{k=1}^{t}\sum_{s=1}^{S(n)} GZ_{pns}Z_{ns[3(t-k)+1]}x_{nsk} \leqslant \overline{Z}_p(t) \qquad (8-3-55)$$

为避免单区块隶属多配制站的"一对多"问题,增加一个区块只能隶属于一个配制站约束,即一个区块只能隶属于一个配制站:

$$\sum_{n=1}^{N}\sum_{s=1}^{S(n)}\sum_{p=1}^{P} GZ_{pns} = 1 \qquad (8-3-56)$$

式中 P——地面配制站数;

GZ_{pns}——配制站与第 n 厂第 s 区块的对应关系(0 或 1);

$\overline{Z}_p(t)$——第 p 配置站在第 t 年的实际能力(除去已注区块在第 t 年能力),10^4t。

(5)年投注区块均衡约束:为使每年各厂投注的新区块数量相对均衡,同时也考虑各厂年钻建工作量安排及地面配制站现有能力限制,给出每年每个厂至少投入区块限制。

$$\sum_{s=1}^{S(n)} x_{nst} \geqslant GK_{nt} \qquad (8-3-57)$$

(6)决策变量约束:一个区块在规划期间中只能上一次。

$$\sum_{t=1}^{T}\sum_{n=1}^{N}\sum_{s=1}^{S(n)} x_{nst} \leqslant 1 \qquad (8-3-58)$$

4. 三次采油不确定优化模型

在年动用储量、年注化学剂用量规模、地面配制站能力、各钻建厂工作量等约束下,考虑到采油速度高值的不确定性,基于 0 – 1 规划建立不确定性规划优化模型 Model – 3 为:

$$\max \prod_{t=1}^{T} \Pr\left\{ \sum_{n=1}^{N}\sum_{k=1}^{t}\sum_{s=1}^{S(n)} H_{ns}M_{ns}v_{ns(t-k+1)}x_{nsk} + Q_{sc}(t) \geqslant Q_{osc}(t) \right\}$$

$$\min \sum_{t=1}^{T}\sum_{n=1}^{N}\sum_{k=1}^{t}\sum_{s=1}^{S(n)} \left\{ c_1 Z_{ns[3(t-k)+1]} + c_2 Z_{ns[3(t-k)+2]} + c_3 Z_{ns[3(t-k)+3]} \right\} x_{nsk}$$

$$\text{s. t.} \begin{cases} \underline{M}(t) \leqslant \sum_{n=1}^{N}\sum_{s=1}^{S(n)} M_{ns}x_{nst} \leqslant \overline{M}(t) \\[2mm] \underline{W}_1(t) \leqslant \sum_{n=1}^{N}\sum_{k=1}^{t}\sum_{s=1}^{S(n)} Z_{ns[3(t-k)+1]}x_{nsk} \leqslant \overline{W}_1(t) \\[2mm] \underline{W}_2(t) \leqslant \sum_{n=1}^{N}\sum_{k=1}^{t}\sum_{s=1}^{S(n)} Z_{ns[3(t-k)+2]}x_{nsk} \leqslant \overline{W}_2(t) \\[2mm] \sum_{n=1}^{N}\sum_{k=1}^{t}\sum_{s=1}^{S(n)} GZ_{pns}Z_{ns[3(t-k)+1]}x_{nsk} \leqslant \overline{Z}_p(t) \\[2mm] \sum_{n=1}^{N}\sum_{s=1}^{S(n)}\sum_{p=1}^{P} GZ_{pns} = 1; \quad \sum_{s=1}^{S(n)} x_{nst} \geqslant GK_{nt}; \quad \sum_{t=1}^{T}\sum_{n=1}^{N}\sum_{s=1}^{S(n)} x_{nst} \leqslant 1 \end{cases} \qquad (8-3-59)$$

(四)模型智能求解算法

考虑不同分区不确定性优化模型具有多目标、多不确定参数的显著特点,结合随机模拟技术与启发式算法,基于遗传算法(NSGA－Ⅱ)和蒙特卡罗随机模拟思想构建多目标不确定性优化模型的智能算法,寻找 Pareto 解。算法流程如图 8－3－10 所示。

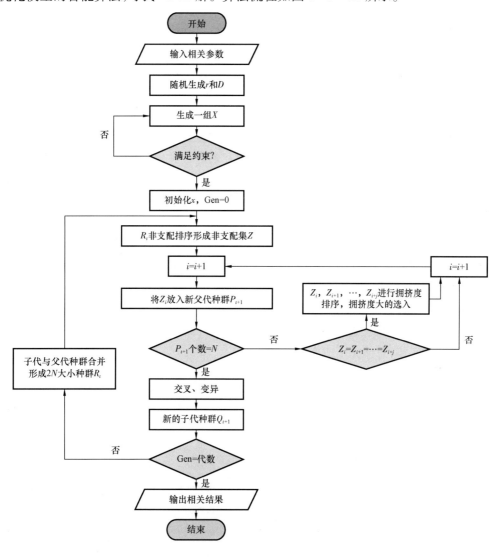

图 8－3－10　不确定性优化模型求解算法流程

本算法中,结合不确定性指标的实际取值规律,以及模拟的规模,对不确定性指标随机抽样过程进行了几种改进,取得预期效果。不确定模拟过程中几种做法如下:

做法1:定义一定的步长,按步长遍历相应的不确定变量,不同变量的取值经过排列组合后,作为相应参数组代入模型计算。该方法精确度较高,但如果不确定变量个数多,模型计算时间长。

做法2:将不同的不确定变量视为不同的维度,形成一个多维的超空间,在空间内根据变量的分布,随机选取 N 个样本点作为相应不确定参数组合。因为空间内选取的点少,所以计算的精度会相对较低,但相较于做法1计算速度能得到显著提高。如果 N 取足够大的值,能满足规划宏观决策的需要。

做法3:由于地质条件等其他因素的影响,对于单井增油效果来说,单井增油趋势在规划期间不会出现上扬,老井自然递减率也会保持一定的变化趋势。因此在处理类似的随机抽样时,考虑增加与实际指标变化趋势相符的控制。例如,措施单井年增油随机变量,其变化范围表示为 $r = [a, b]$,$r_1, r_2, \cdots, r_T$ 分别为规划各年的抽样值,则应有 $r_1 \geqslant r_2 \geqslant \cdots \geqslant r_T$,这样控制能排除做法1、做法2中不合理的样本点,降低无效样本数,提高计算效率。

最后,将方案随机产生的不确定性参数代入相应的约束条件和目标函数,与遗传算法部分结合进行计算,最终求出相应的完成产量目标概率和成本期望值。

【例8-3-3】 某油田按不同递减幅度设计6套开发规划产量目标方案。利用建立的水驱不确定优化模型 Model-2,对6套产量目标方案进行优化。考虑各类增产措施在规划期间工作量上下限控制,为确保在工作量区间内随机抽样样本点的相对均衡,在模拟参数取值上尽量大一些(运算时间允许),因此根据计算规模参数设置如下:种群个数200,遗传代数1000,模拟次数5000。

相同的潜力约束条件下,不同的递减幅度,由于增油措施补产不同,其产量目标完成的概率不同。从优化的结果看(表8-3-12),递减幅度 $70 \times 10^4 t$、$80 \times 10^4 t$ 和 $90 \times 10^4 t$ 的产量目标完成可能性大(如设大概率事件的概率为90%),而递减幅度 $60 \times 10^4 t$ 的产量目标基本能完成,但存在风险;递减幅度 $50 \times 10^4 t$ 的产量目标整体上完不成,完成目标风险很大,其风险主要体现在规划后两年;递减幅度 $40 \times 10^4 t$ 的产量目标只有前两年能达到产量目标要求,主要风险都在后三年,总体完不成产量目标。

表8-3-12 某油田水驱规划方案不同产量目标优化结果

目标方案	产量递减幅度 ($10^4 t$)	优化方案个数	各年的产量完成概率(%)					规划期间完成概率
			第一年	第二年	第三年	第四年	第五年	
1	40	15	1.0000	0.9830	0	0	0	0
2	50	40	1.0000	1.0000	0.8640	0.7800	0.5750	0.3875
3	60	73	1.0000	1.0000	0.9060	0.9370	0.9665	0.8204
4	70	82	1.0000	1.0000	0.9860	0.9540	0.9650	0.9077
5	80	180	1.0000	0.9968	0.9930	0.9892	0.9791	0.9791
6	90	212	1.0000	1.0000	1.0000	1.0000	0.9997	0.9997

产生这样的原因是多方面的。不论水驱产量采用哪种递减模式,都不是一个数能控制的。老井递减在规划期间的递减趋势是上下波动的,新井补产和老井措施的补产的能力也是上下波动的,这就涉及多个不确定指标的组合问题,所以实际预测将来的时候,即便最大概率为1,也存在实际应用的风险。

从每个产量目标得到的满意方案(Pareto——帕累托解)集所构成的二次曲面,理论上涵盖了所有的满意解,如图8-3-11所示。

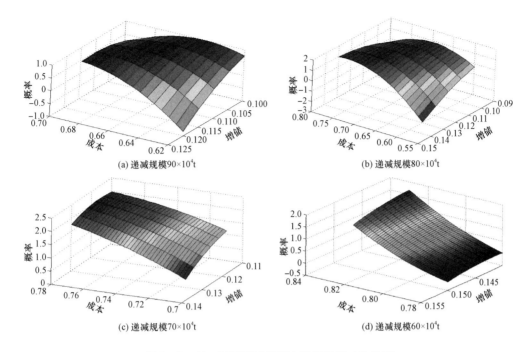

图 8 - 3 - 11 不同递减规模方案解目标二次曲面

从图 8 - 3 - 11 可以看出,曲面上的每个离散点都对应不同方案解的目标值,而每组目标值又对应一套工作量优化部署安排。因此可以从定性和定量两方面分析、了解不同方案之间各目标的匹配关系,为多方案的选择提供参照信息。

定性上:从方案解集(状态空间)中提供全部方案的方案解集,可以分析不同优化目标间的关系。

定量上:可以根据决策者对不同优化目标的决策要求(目标值在某范围内)在状态空间里寻找满足产量、成本、增储各目标特定要求的需求方案的满意解(价值空间)。

综合考虑各个目标,给出每个目标分别达到最优时的满意方案集。方案解集能提供满足不同目标决策要求的多个方案,方案多样化能为规划编制提供更多决策支持。方案辅助选择界面如图 8 - 3 - 12 所示。

首次引入不确定规划理论构建规划优化模型,并与系统科学思想、智能算法、规划信息建设高度融合,系统解决油田不确定性环境下的规划优化问题,发展完善规划不确定性指标量化、优化模型构建、多目标模型智能求解及多方案优选等配套技术,丰富规划优化方法体系,为规划方案编制与宏观决策提供更多的信息支持。不确定性优化模型与确定性模型相比最大的优势在于量化了产量目标完成存在的风险,以及给出接受风险水平下的产量水平,真正意义上实现产量风险分析由定性到定量的转变。

四、规划方案产量风险评估方法

由油田开发规划编制思想内涵可知,在可行空间内每一个解都受到很多主观或客观上未探知的因素影响,由于不确定性因素的存在,导致编制的规划方案存在着风险。分析、量

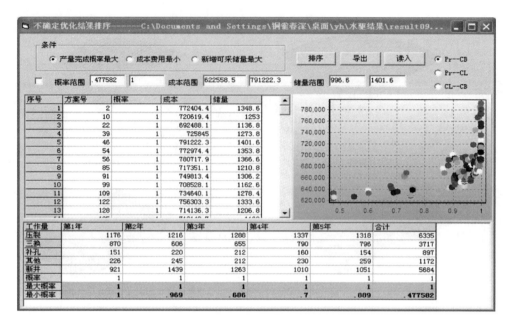

图 8 - 3 - 12　不同条件下的方案选择

化方案存在的风险,是实现规划目标、规避风险、规划部署调整及开发决策的关键环节。在确定性模型(如 LP 模型)中,通常利用敏感性分析来确定某项因素变化对规划指标的影响程度,但敏感性分析无法了解这些因素发生变化的可能性有多大,风险概率分析正好能弥补这一缺陷。主要研究对象是对确定的方案产量进行概率分析,研究各种影响产量的不确定因素发生变化时存在的风险。

(一)规划方案产量风险评估模型建立

在实际开发环境中,新井日产油、老井递减率以及措施增油效果等指标存在的不确定性,使得规划方案产量为一个不确定量,导致完成产量目标存在风险。为了量化方案完成产量的不确定性以及方案完成指定目标的风险,采用蒙特卡罗模拟技术,建立方案产量风险评估模型,给出在某个产量范围内完成任务的概率以及给出以某个能接受的风险水平下的产量,从而对产量方案的风险做出准确的判断。

若油田规划方案产量构成为水驱和三次采油两部分,则方案产量(水驱、三次采油、全区)模拟函数可分别表示为:

(1)水驱产量模拟公式:

$$Q_{水驱}(t) = \sum_{j=1}^{J} \sum_{i=1}^{I} \sum_{k=1}^{t} r_{ijk} a_{ijkt} x_{ijk} + Q_{LJ0} \prod_{k=1}^{t} [1 - D_{\xi}(k)] + Q_{hx}(t)$$

考虑措施和新井增油效果、老井递减率的不确定性,则 $Q_{水驱}(t)$ 存在着不确定性。

完成目标的概率模型:

$$\Pr\left\{ \sum_{j=1}^{J} \sum_{i=1}^{I} \sum_{k=1}^{t} r_{ijk} a_{ijkt} x_{ijk} + Q_{LJ0} \prod_{k=1}^{t} [1 - D_{\xi}(k)] + Q_{hx}(t) \geq Q_{osq}(t) \right\}$$

(8 - 3 - 60)

式中 $\sum\limits_{j=1}^{J}\sum\limits_{i=1}^{I}\sum\limits_{k=1}^{t}r_{ijk}a_{ijkt}x_{ijk}$ ——每年所有措施与新井的增产油量,$10^4\mathrm{t}$;

$Q_{LJ0}\prod\limits_{k=1}^{t}[1-D_\xi(k)]$ ——每年老井自然产量,$10^4\mathrm{t}$。

同理,可给出三次采油产量模拟公式。

（2）三次采油产量模拟公式：

$$Q_{三采}(t)=\sum_{n=1}^{N}\sum_{k=1}^{t}\sum_{s=1}^{S(n)}H_{ns}M_{ns}v_{ns(t-k+1)}x_{nsk}+Q_{yz}(t)+Q_{xj}(t)+Q_{kb}(t)+Q_{sy}(t)$$

由于模型控制的不确定因素是新投注区块的采油速度高点值,高点值的变化引起产量的不确定,所以只对新投注区块的产量进行随机模拟。

完成目标的概率模型：

$$\Pr\left\{\sum_{n=1}^{N}\sum_{k=1}^{t}\sum_{s=1}^{S(n)}H_{ns}M_{ns}v_{ns(t-k+1)}x_{nsk}+Q_{yz}(t)+Q_{xj}(t)+Q_{kb}(t)+Q_{sy}(t)\geqslant Q_{osc}(t)\right\}$$

$$(8-3-61)$$

（3）全区产量模拟公式。

全区产量结构为水驱、三次采油产量,则产量公式 $Q_{全区}(t)$ 为：

$$Q_{全区}(t)=Q_{水驱}(t)+Q_{三采}(t)$$

由于 $Q_{水驱}(t)$ 和 $Q_{三采}(t)$ 不确定性的存在,使得全区的产量 $Q_{全区}(t)$ 也为一个按一定分布变化的不确定量,存在完成产量目标的风险。

完成目标的概率模型：

$$\Pr\{Q_{水驱}(t)+Q_{三采}(t)\geqslant Q(t)\} \qquad (8-3-62)$$

（二）不确定性因素影响程度分析

适当评估这些参数对产量的相对重要程度同样不可或缺。对于那些相对重要的、影响程度大的参数,在确定参数取值范围时必须更加慎重,因为这些参数对模型性能起着决定性的作用。因此,通过模拟有效考虑影响产量不确定性因素的相关性,分析确定规划不确定性指标对产量的影响程度,才能更好地把控模型随机参数的设置。

1. 规划主要指标灵敏度

一般用相关分析的原理来考查不确定输入参数对输出结果影响程度的大小,即灵敏度大小。较常用的是 Pearson 相关系数法,又称积差相关系数,它表示两个变量的线性相关性的大小,其计算公式如下：

$$R_{xy}=\frac{\sum\limits_{i=1}^{n}[(x_i-\overline{X})(y_i-\overline{Y})]}{\sqrt{\sum\limits_{i=1}^{n}(x_i-\overline{X})^2\sum\limits_{i=1}^{n}(y_i-\overline{Y})^2}} \qquad (8-3-63)$$

式中　R_{xy}——变量 x 与 y 的相关系数；

　　　n——样本数；

　　　$\overline{X}$——变量 x 的均值；

　　　$\overline{Y}$——变量 y 的均值；

　　　x_i,y_i——第 i 个样本值。

R_{xy} 介于 $[-1,1]$ 之间，当 $|R_{xy}|=1$ 时，两变量完全线性相关；当 $0<|R_{xy}|<1$ 时，两变量存在相关；正负号表示相关的方向，如果两变量完全无关，则取值为 0。

相关系数 R_{xy} 是对变量 x 与 y 之间线性关系密切程度的一个测量，是总体相关系数的一致估计量，因而带有一定的随机性。样本相关系数大小取决于样本容量，抽取的样本不同，得到的数值也会不同。

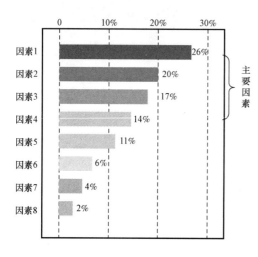

图 8 – 3 – 13　灵敏度分析 Pareto 图

2. 指标灵敏度分析

通过影响指标的灵敏度分析，可以给出老井递减率、措施单井年增油、新井单井日产油等规划不确定性指标在规划各年中对产量的影响程度。一般用 Pareto 图形式表示（图 8 – 3 – 13）。

Pareto 图源于 Pareto 定律，该定律认为绝大多数的问题或缺陷产生于相对有限的起因，常用"80/20 法则"描述，即 20% 的原因造成 80% 的问题。影响产量结果的主要因素通常分为 3 类：A 类为累计百分数在 70%~80% 范围内的因素，它是影响结果的主要因素；B 类是除 A 类之外累计百分数在 80%~90% 范围内的因素，是次要因素；C 类为除 A、B 两类之外累计百分比在 90%~100% 范围的因素。

从图 8 – 3 – 13 可以看出，前四个因素影响程度之和介于 70%~80% 之间，按"80/20 法则"，说明因素 1~4 是影响结果的主要因素。

上述分析可得到以下结论：

（1）不确定性指标对产量影响程度的大小，完全取决于不确定性指标的基础条件，即：指标的变化范围、何种分布类型及随机抽样次数等。指标基础条件设置不同，那它对产量影响程度的贡献值也会不同，尤其是影响程度较大的指标因素，在确定其取值范围时一定要慎重。

（2）分析不确定性指标对产量影响程度，量化排序不确定性参数的影响，可以实现对完成产量任务一个较为准确的预测，以达到不同的决策目的要求。

（3）只有在不确定性指标赋存条件相同前提下，才能比较不同方案的风险。

【例 8 – 3 – 4】　利用水驱产量概率模型式（8 – 3 – 60）和 Crystal Ball 风险分析工具，对【例 8 – 3 – 3】水驱递减幅度 90×10^4 t（表 8 – 3 – 12）方案集中最可能方案进行完成产量目标概率分析，得到方案分年产量完成的概率、产量变化范围以及风险度等指标，以及能接受风险水平下的产量,为规划部署与决策提供更多的有用信息。

(1)逐年概率分析。

从分年的模拟结果看(表8-3-13和图8-3-14),方案各年风险度都比较小,方案各年产量目标完成可能性大(如设大概率事件的概率为90%),同时给出每年产量期望值大小及产量变化范围,供实际应用选择。

表8-3-13 水驱递减幅度90×10⁴t产量目标的最可能方案概率分析结果表

指标	第一年	第二年	第三年	第四年	第五年
产量完成概率(%)	1.0000	1.0000	1.0000	0.9925	0.9996
产量期望值(10⁴t)	1981.33	1911.39	1814.61	1714.69	1618.88
产量下限(10⁴t)	1962.81	1863.90	1733.60	1643.10	1541.54
产量上限(10⁴t)	2000.13	1945.73	1857.71	1761.94	1667.34
样本方差(10⁴t)	81.42	192.86	252.72	262.68	245.02
风险度	0.0411	0.1009	0.1393	0.1530	0.1510

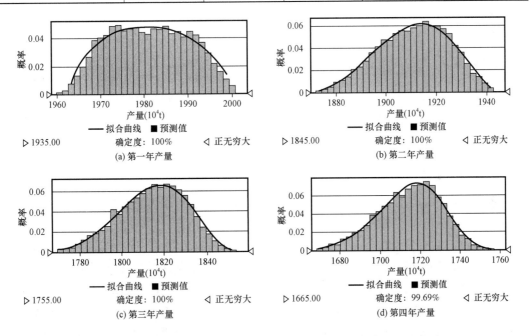

图8-3-14 水驱递减幅度90×10⁴t最可能方案年产量频率分布与累积概率图

(2)敏感度分析。

通过分析不确定性因素对产量的综合影响程度(以第二年为例),第一年的递减率对当年产量的敏感度最大,新井的单井日产油对当年产量的敏感性最强(图8-3-15)。

如递减率按某个情景来看,新井的单井日产油对当年产量的敏感性最强(图8-3-16)。

因此,通过不确定性因素敏感性分析,可以对敏感性强的指标进行调整与监控,实现完成产量任务一个较为准确的预测,以达到不同的决策目的要求。

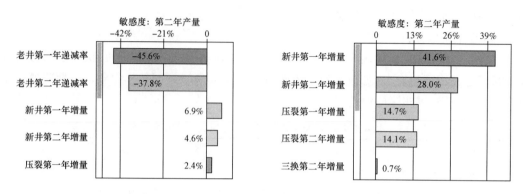

图 8 - 3 - 15　某方案第二年产量的敏感性分析

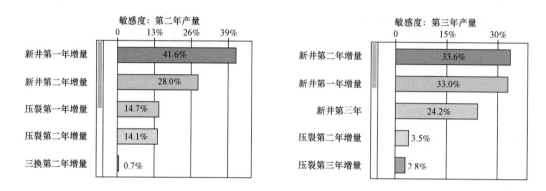

图 8 - 3 - 16　某方案给定递减率情景下的产量敏感性分析

五、小结与展望

规划优化技术是在油田实际开发生产中逐步发展起来的规划配套技术系列,并已成功地在油田中长期规划、年度规划方案编制、方案组合优化、产量风险评估及油田"11599"工程中得到广泛应用,有效地指导油田开发规划方案编制与开发决策,具有广阔的应用发展空间。从实际应用可以看出,油田开发规划方案编制是具有多结构、多目标、多阶段特征的复杂大系统,油田开发的高度复杂性和存在的多种不确定性,决定完全依靠数学模型进行定量预测和评价是不可能的。一个规划方案的形成,需要油田各个方面的研究成果、数据信息和决策者、规划技术人员丰富经验等多方面协同才能做出科学合理的规划决策,开发规划优化不再是独立的个体,而是相互联系、相互制约的统一整体,是系统科学、运筹学等多种学科与信息决策技术的有机融合,这也正是"物理—事理—人理"系统方法论的具体体现。目前解决此类问题较好的思想就是钱学森提出的处理复杂巨系统方法论——从定性到定量的综合集成法。综合集成法的成功应用就在于发挥这个系统的整体优势和综合优势。

今后,将借鉴钱学森的系统科学思想,按照"定性与定量相结合、决策人与分析人相结合、人机相结合"的原则,搭建三个层次油田开发规划优化系统发展框架(图 8 - 3 - 17)。

优化系统发展框架具有三大优势:

(1)融合系统工程思想和运筹学技术,人始终起主导作用,反映定性定量相结合,通过

图 8 - 3 - 17　油田开发规划优化系统发展框架

"人机交互"建立起各层间的联系；

（2）以往的优化模型是封闭的，现在的模型是开放的，是交互的，使模型更具有生命力，可以提供不同决策策略；

（3）知识库是开放的，能体现出规划的特点，同时知识库能为今后的规划研究提供基础，知识库不仅能够有效组织油田规划所需数据、方法以及专家经验，而且对整个油田的开发在数据以及方法上都提供支撑，隐性知识显性化。

随着规划优化方法、理念的不断深化和完善，在油田开发规划战略决策中，集成化、系统化、信息化是油田开发规划技术发展的必然趋势。

第九章 油田开发规划方案编制方法

油田开发规划包括年度规划和中长期规划(一般为五年),一般把规划编制研究的重点放在每个五年规划编制上,年度规划则是在五年规划的宏观控制下,对每个年度出现的新矛盾和新问题,对原中长期规划在当年的安排进行实事求是而有依据的调整完善,使其更加符合油田实际,作为制定当年油田生产建设计划的主要依据。编制一个好的开发规划方案要从我国国民经济发展的要求出发,考虑到油田地下资源的合理配置和利用,采用科学的方法预测地下动态的发展趋势,并根据油水运动规律和不同开发阶段油田开采条件的变化,提出分阶段的奋斗目标,制定出合理的技术政策,确定符合油田实际的技术界限,通过多个规划方案的综合评价,优选出最佳的开发规划,使油田开发工作科学有序地运行,切实保证油田实现较高采收率、较好经济效益的最终目标。

第一节 油田开发规划数据平台建设

油田多年建立的勘探开发数据信息是油田的宝贵无形资产,也是油田开发规划和开发方案的编制,以及科研专题研究的前提和条件,更是未来实现油田向数字化、信息化迈进不可或缺的重要物质基础。六十多年的数据信息资源为油田开发规划的科学编制提供了丰富的物质食粮,油田开发数据库的质量核查工作和开发规划数据平台建设推动了开发规划技术的不断发展,提升了工作水平和工作效率,成为每一次重大规划编制的重要基础环节[1-3]。

一、油田开发数据质量核查

油田开发数据库质量核查是建立一套数据库质量控制方法,提出了"物理控制、逻辑控制、应用控制"立体滚动控制开发数据库数据质量的方法,并以此方法控制数据的"齐、全、准",通过逻辑规则控制油田开发数据库中不符合开发规律和油田生产实际的数据质量,通过实际应用,满足油田开发需求,提高工作效率和油田开发水平[4-8]。

(一)开发数据库数据质量控制原则和标准

根据油田开发需求和实际情况,确定油田开发数据库中数据质量控制"三大原则"和"九项标准",以十四个数据表(DAA01、DAA011 等)为研究对象进行核查开发数据库[9]。

1. 三大原则

1)尊重历史原则,即"尊重第一手资料原则"

(1)软皮井史数据不允许更改;

(2)小层数据表和电测曲线成果不允许更改;

（3）射孔通知单，钻井完井报告，措施井施工报告不允许更改；

（4）测试报告不允许更改；

（5）上报数据不允许更改；

（6）选值本和大庆油田开发规划研究手册不允许更改。

2）实事求是原则，即"保证数据正确，促进应用原则"

（1）软皮井史数据确属明显错误，经专家组认定井史库对应记录的数据改为认可的数据，并由质检小组公报公示，在备注中做说明；

（2）串块的井"认祖归宗"，重新计算历史上相关区块的数据，但不在数据库中相应字段更改，记录在备注中，在厂级表新加专门字段，供研究者和应用者使用；

（3）上报的区块或大开发区的数据确属有误，经专家组认定后在保证单井正确的前提下重新计算相应区块的数据，并由质量核查小组公报公示，在数据库中把新数据放入备注字段，供研究者和应用者备用；

（4）确属无法整改的问题通过专家认可；

（5）不允许无根据地更改井史中数据。

3）规范化、科学化、技术化原则，即"应用科学质量控制方法，突出科学质量控制时效性原则"

（1）统一逻辑检查程序；

（2）对照《开发数据库逻辑结构和填写规定》统一数据库填写标准；

（3）统一核查标准；

（4）建立区块标准和井号标准库；

（5）完整质检记录表。

2. 九项标准

通过分析典型区块，在数据库核查中，根据开发需求和大庆实际情况研究制定了开发数据质量控制的"九项标准"，九项标准囊括了与油田开发数据库有关的所有第一手实体数据。

（1）单井所有厚度、孔、渗、饱、连通数据和对比井号均以小层数据表和电测曲线解释成果为准；

（2）单井基础信息库各类井均以上报开发部地质月报为准；

（3）单井井史数据以软皮井史和选值本为准（首选软皮井史，软皮井史缺项时，以选值本为准）；

（4）区块单元核实数据以月报和大庆油田开发规划研究手册为准；

（5）聚合物井数、产量以月报数据为准；

（6）射孔数据以射孔通知单为准；

（7）钻井数据以完井报告为准；

（8）措施井数据以施工总结为准；

（9）压力以实测为准。

（二）开发数据库质量控制的切入点

找准数据质量核查的切入点，也就是抓住了控制数据质量的核心，使开发数据库的质量控制更加科学。研究确定了以"区块单元、制约表、质量标准"为切入点，在不同方向上控制了数据质量。根据区块控制整体数据，以制约表控制数据表间数据，使用质量标准进行评价和验收数据库。

1. 以区块为"切入点"控制整体数据

一个已开发油田的组成包括"采油厂、区块、单井"三级管理。厂级的数据容易控制，常规的方法是以厂为切入点，采油厂数据为所有单井数据之和。这种方法的缺点是横向上隐藏了不同区块单元井的错误值，纵向上隐藏了不同时间的错误值，数据库应用中经常会遇到一些不对扣的数据。例如井史数据合计等于全厂，也等于区块之和，但是区块内的单井数据合计不等于区块数据。因此，用井史中的数据统计的"采油指数、含水率、注采比"等一系列的油田开发指标都和区块数据对不上扣了，如果采用以区块为切入点，以软皮井史为标准，就能进行井口产量是否满足质量标准的核查。

2. 以制约表为切入点控制表内数据

把油田开发数据库分为动态数据库和静态数据库两组，对油田开发数据库进行表间横向研究，油田开发数据分为三种，一种是基础数据（从现场和实验室取得的数据），一种是计算出的数据（各类开发指标），一种是预测数据（预测的含水率、产量等），它们之间存在着各种关系。

1）函数依赖

函数依赖又称数据函数，是指数据库中数据间有一定数学计算关系，或数学逻辑关系。把这种数据库中存在的数据之间的对应关系称为函数依赖。

2）制约表约束

制约表又称数据库质量控制节点，在同一数据库中，当数据表多于两个表时，这些表之间字段的数据会有一定的函数依赖关系，或按类划分后，有一定的函数依赖关系。其中某些表中的字段控制和制约着其他表中的相同字段，这个表就称为"制约表"，被制约表所制约的表称为"被约表"[1]。

3. 以质量标准为切入点标定数据库质量

根据开发需求，以《开发数据库逻辑结构》为蓝图，制定了数据表的数据质量标准，作为"核查、整改、验收"的标准。

1）开发数据库立体描述数据质量方法

数据库中信息数据符合实体数据的程度称为建库精度，它是数据库质量控制中最重要的指标。经过实践和理论研究，设计出了点（数据点），线（记录集合），线（字段集合），面（记录集合，字段集合），立体（面，偏移值）数据库质量描述方法[2]。

2）开发数据库质量验收标准

按照开发需求和信息化建设质量需求，制定了一套数据库数据质量标准，作为数据库数据质量标定和验收的依据。

（1）总数据项的质量标定；

（2）记录的质量标定标准；

（3）字段的质量标定标准；

(4)数值偏移度的质量标定标准。

(三)全方位控制数据库数据质量

1. 数据库物理精度控制

传统的物理核查方法,是随意抽取 1~3 口井的物理资料和数据库中数据核对一下。这种方法对于大庆油田巨型海量开发数据库来说,不能满足数据库质量的代表性需求。因此,依据数据质量标准,按照有限总体不放回抽样的算法,按大庆油田"纵向上能反映生产时间,横向上能反映平面"的"不同井网",采取"分层物理抽样"方式,涵盖整个油田不同时期的井,实现对数据库中数据质量的评价和控制。

2. 数据库逻辑质量控制

利用开发理论和开发规律以及开发数据库中的数据函数关系[3-5],通过实践分析和理论研究,针对不同问题,总结出十种逻辑控制方法:

1)逻辑和物理双重校对方法

运用计算机技术查找不符合油田开发实际的数据,对这些数据同数据源对比检查。

2)循环嵌套方法

用不同方法对相同的数据库中的同一字段进行统计运算,其结果应该相同。

3)数据分类核查方法

将数据库中的某字段按某种特征进行分类,相同类别的数据应具有类似性。

4)查用结合方法

将数据处理后的结果同专业应用人员的实践经验结合,检查数据的可靠性。

5)实用表相互印证方法

关联数据表对统计结果进行相互对照检查,对结果不同的数据项进行校正。

6)一井不大于 2 方法

油田开发实际情况中,存在着井别转换问题,该井出现次数不应超过两次,同一井号生产时间之和要小于等于该月日历天数。

7)断变方法

样本库同开发数据库纵横逐点进行对比,对出现不符的数据项进行检查,给出数据库质量情况报告;表内纵横核查进行逻辑控制(对数据齐全、记录重复、记录不全、数据为空等控制)关联核查井号质量。

8)内外规范方法

利用相关的数据库对某数据库中某项数据进行验证,检查出不符合逻辑的数据点。

9)曲线方法

将数据作成某种形式的曲线图形,观察是否存在异常点,对异常点进行重点检查。

10)理论经验方法

按照油田开发实际形成经验理论同数据进行对比,对不符合经验理论的数据点进一步检查。

3. 实际应用验证数据库质量

通过年度规划、潜力研究、开发效果评价与指标预测、可采储量评价等实际应用来检验

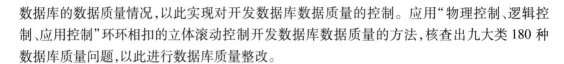

数据库的数据质量情况,以此实现对开发数据库数据质量的控制。应用"物理控制、逻辑控制、应用控制"环环相扣的立体滚动控制开发数据库数据质量的方法,核查出九大类180种数据库质量问题,以此进行数据库质量整改。

(四)数据库质量核查成果及应用

1. 形成了完整的数据库质量核查方案

编制了"核查方案、整改方案、验收方案、实施方案和不同核查流程图"等,并应用到了"大庆开发数据库部分表核查项目"中,取得了很好的效果。数据库核查质量控制方案分为三个阶段:

第一阶段:核查阶段,运用动态库抽样方案、静态库抽样方案。

第二阶段:整改阶段,运用整改选择方案、整改自查方案、整改抽查方案。

第三阶段:验收阶段,运用验收抽样方案、逻辑验收及应用试算方案、验收归档方案。

2. 研制了配套核查功能软件

编制了数据库质量控制工具软件,如数据库逻辑核查软件、物理随机抽样程序、应用数据库进行分类统计分析工具、建库精度分析系统、应用数据库进行指标预测软件、应用规划信息平台控制井位工具、可采储量评价软件、经济评价应用程序等。

3. 推广到油田10个采油厂和2个分公司

该数据库质量控制方法推广到油田10个采油厂,榆树林、头台两个公司。先后动用人力超过932人,动用了1960年以来所有相关的原始资料,软皮井史一车一车地拉进拉出,核查、校对、重新录入,校正和补充数据记录达"千万条",核查、整改数据量逾5个亿。取得动静态各类样本50余万条,验收通过的数据表达到了质量标准和开发规划应用需求。

二、油田开发规划数据平台研制

油田开发规划是一项涉及学科多、应用资料广、数据体量大、结构类型复杂的系统工程。如何在纷繁复杂的数据海洋中汲取准确的信息来进行科学部署论证,是规划技术人员应该具备的基本技能,建立丰富、清晰、严谨的数据体系是编制规划的重要抓手,也是体现方案科学性、合理性的重要基础。

(一)开发规划数据体系及特点

油田开发规划按照规划时间的长短和规划的目的特点,分为年度规划、滚动调整规划和中长期规划。油田开发年度规划是油田近期开发工作部署的年度实施计划,通过逐年开发规划的编制与实施,以保证中长期开发规划方案的实施和规划目标的实现。滚动调整规划和中长期规划一般研究内容多、工作量大,时间跨度长。

开发规划数据体系包括长垣水驱、三次采油、长垣外围以及海塔盆地四个大区,各大区的数据中主要包含规划执行、开发现状及潜力、规划部署以及其他调查等类型数据,以全油田、采油厂、规划单元、井四个层次,建立了一套规划数据模板系列和多媒体模板系列,实现油田开发规划数据的管理和共享。长垣水驱包含基础数据表(7套)、规划潜力表(5套)、指标确定依据表(2套)、规划及配产结果表(3套);三次采油包含基础数据表(7套)、规划潜力表(3套)、指标确定依据表(5套)、规划及配产结果表(3套);外围油田包含基础数据表(5套)、规划潜力表(6套)、指标确定依据表(6套)、规划及配产结果表(6套)。

1. 规划数据的"多阶段性"特点

产量规划类和产能规划类规划数据构成分为公司计划、厂级安排、目前实际、预计年底等多阶段规划的数据属性。

(1)计划:指公司开发事业部年初下达的年度计划。

(2)预计:指厂级根据当年实际运行情况预计到年底。

(3)安排:指厂级对第二年及后几年的工作量安排。

(4)实际:指厂级年度实际数据。

(5)预测:指院级预测产量、含水率等开发指标。

(6)遗留:指公司计划未完成部分的数据。

2. 规划数据的"多数据源"特点

规划数据需要全面分析采油厂规划安排、公司开发部年计划、A2数据库(动态)、开发库(静态)、研究院规划预测等数据。

(1)公司:指来源于油田公司下达的数据、框架计划等。

(2)厂级:指来源于采油厂统计并填报的数据。

(3)院级:指来源于研究院相关科室的数据。

(4)A2:指来源于A2数据库的数据。

3. 规划数据的"多层级"特点

规划数据由"公司级—院级—厂级(厂—区块—井)"多层结构组成。

(1)单月:指按月统计的数据(月产油量运行安排等)。

(2)截至目前:指规划配产阶段当年实际发生数据。

(3)全年:指年度数据(年产油量构成等)。

(4)单井:指动态变化的单井数据(水平井等)。

(5)区块:指按区块统计的数据(新技术试验等)。

(6)全厂:指按厂级统计的数据。

(二)开发规划数据库建立

按照油田公司对年度规划工作的整体要求和安排,每年的3月份启动下一年度规划、10月份启动下一年度配产工作。虽然经过多年的实践,已经建立了统一的、规范的规划数据填报格式,以及每年开展两次的形势及潜力大调查工作,为科学规划、配产奠定了良好的坚实基础,但由于数据源的多样性以及填报人员的调整、培训不及时等原因,数据质量仍然存在四个方面的问题:(1)数据表的历史数据部分,每年都有改动;(2)同一数据在不同表中不一致;(3)随着数据表的逐渐增加,汇总工作量大、效率低;(4)个别敏感数据修改时间长,影响整个规划方案编制速度和质量。

鉴于以上方面,研究分析了规划数据表内、表间数据项关联关系,首次建立了开发规划

DPT 数据属性标签,以此设计了基于 ORACLE 结构化的开发规划数据库,并研发了开发规划数据管理系统,采用"数据采集"网络工作方式,各个采油厂登录系统用户填报规划数据,系统实时自动生成油田各级复杂规划数据汇总,实现了一键化汇总、零人工统计、零误差数据质量的"1·0·0"目标。

1. 开发规划 DPT 数据属性标签

通过系统整体设计,采用结构化关系型数据库理论,融合规划数据"三多特性",开发设计了规划数据属性标签 DPT(Data Phase Type),定义区分不同时期的规划阶段数据,不同阶段的规划含义数据和不同级别的规划分类数据。优化了开发规划数据库的数据结构,DPT 包含阶段、数据源、层级 3 个维度,以此构建规划数据属性规则和标签,进行关联实现快速查询,同时属性值可扩展。以"DPT 数据标签"为数据流关联基础填报表,形成派生数据表,避免重复填报规划数据及保证数据唯一来源。根据目前在用 DPT 数据属性标签表(表 9 – 1 – 1),实现系统进行计算汇总数据的准确定位,极大提升了查询效率和准确程度[6-8]。例如:公司计划全年 PH01 + DS01 + LA03,对应编码规则表(表 9 – 1 – 2)的 DPT 编码为 PH01DS01LA03。

表 9 – 1 – 1　目前在用 DPT 属性标签表

DPT 组合	代码	阶段	数据源	层级范围
PH01DS01LA03	AVX9lmir1kp	计划	公司	全年
PH02DS03LA01	AVX9lmir2kp	预计	厂级	全年
PH02DS03LA03	AVX9lmir3kp	预计	厂级	单月
PH03DS03LA03	AVX9lmir4kp	安排	厂级	全年
PH06DS03LA03	AVX9lmir5kp	遗留	厂级	全年
PH04DS03LA01	AVX9lmir6kp	实际	厂级	单月
PH04DS03LA03	AVX9lmir7kp	实际	厂级	全年
PH04DS03LA02	AVX9lmir8kp	实际	厂级	截至目前
PH04DS04LA04	AVX9lmir9kp	实际	A2	单井
PH05DS02LA05	AVX9lmir10kp	预测	院级	区块

表 9 – 1 – 2　DPT 编码规则表

阶段—X	数据源—Y	层级范围—Z
X1:计划 PH01	Y1:公司 DS01	Z1:单月　LA01
X2:预计 PH02	Y2:院级 DS02	Z2:截至目前 LA02
X3:安排 PH03	Y3:厂级 DS03	Z3:全年 LA03
X4:实际 PH04	Y4:A2　DS04	Z4:单井 LA04
X5:预测 PH05		Z5:区块 LA05
X6:遗留 PH06		Z6:全厂 LA06
DPT 组合规则:X + Y + Z		

2. 表内、表间数据项关联关系

分析规划数据表间和表内部规划数据的物理含义与逻辑关系,设计了"多表合单库"

"单表分多库""单表建单库""多表拆多库"的多类型"表、库关系",建立了交集、补集、子集关系规则,建立了统一的开发规划数据结构。例如,"交集"关系:表9-1-3中的基建油井完成 A6 和表9-1-4中的基建油井完成 B13 是交集关系。

表9-1-3 某采油厂近五年产能完成情况

时间	地区或区块	钻井		基建						建成产能	
		计划(口)	完成(口)	油井		水井		小计		计划(10^4t)	完成(10^4t)
				计划(口)	完成(口)	计划(口)	完成(口)	计划(口)	完成(口)		
A1	A2	A3	A4	A5	A6	A7	A8	A9	A10	A11	A12

表9-1-4 某采油厂产能建设完成情况统计表

序号	地区或区块	计划						建成能力(10^4t)	截至目前						建成能力(10^4t)	预计到年底						建成能力(10^4t)	预计全年产量(10^4t)
		钻井(口)			基建(口)				钻井(口)			基建(口)				钻井(口)			基建(口)				
		油井	水井	小计	油井	水井	小计		油井	水井	小计	油井	水井	小计		油井	水井	小计	油井	水井	小计		
B1	B2	B3	B4	B5	B6	B7	B8	B9	B10	B11	B12	B13	B14	B15	B16	B17	B18	B19	B20	B21	B22	B23	B24

(三) 开发规划数据库质控标准的建立

1. 标准化了规划数据业务流程,实现了数据采集源头控制

建立了一项检测、两级审核的规划业务上报及审核工作机制及标准。

一项检测:根据质量核查准则,系统进行自动数据质量核查效验。

两级审核:二级单位审核、院规划室审核。

采油厂用户经过数据准备后,通过数据模板、页面粘贴两种模式上报数据,数据页面根据质量核查准则,系统进行自动数据质量核查效验,数据校验不通过则自动提示具体单元格具体问题,修改后重新进行上报校验,校验通过后,确认上传,流程进入二级单位审核,审核通过后上报院规划室审核,最后进入 DNA 开发规划数据库。

入库数据支持油田公司开发事业部等相关部门查阅,也支持研究院企业各级专家及相关科室查阅使用(图9-1-1)。

2. 设计了质量约束标准及校验规则,实现了数据治理控制

针对数据质量问题,建立了6类质控标准,统一"采集—上报"规则,汇总统计准确率100%,提高了规划方案编制工作效率。6类质控标准(表9-1-5):

(1)数据模板上传控制,主要是针对上传采集页面模板数据进行质量控制,例如:上传文件与模板不一致,显示错误提示。

(2)数据质量约束及页面提示,主要针对上传数据项不合理进行系统提示。例如:表中采油井井数为非整数,显示错误提示。

(3)下载模板参数约束设置,主要针对下载模板中相应数据项进行约束控制。例如:钻建表中方案编制情况进行选项约束控制。

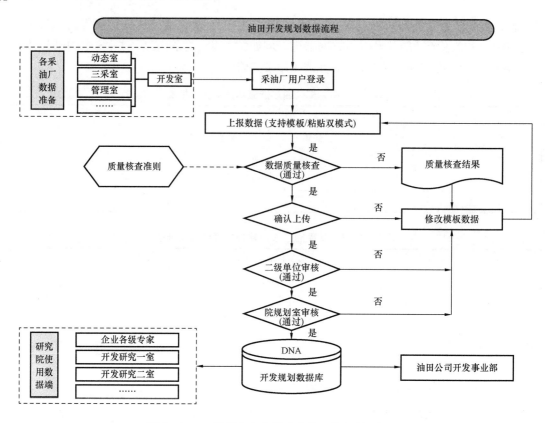

图9-1-1　规划业务上报及审核工作机制及标准

（4）指标空值 if 条件判断控制，主要针对采油厂填报的数据项是空值，进行 if 条件判断。例如：钻关影响产量测算表中影响水量和影响产油进行 if 算法判断。

（5）合计计算约束判断，主要针对数据项在汇总时是否进行计算。例如：新技术产油情况表中区块名不做汇总。

（6）汇总范围约束控制，主要针对分大区汇总数据范围做约束控制。例如：产量完成情况表分大区汇总范围约束。

表9-1-5　6类数据质控标准

序号	标准及规则	应用页面说明
1	数据模板上传控制	对上传采集页面模板数据进行质量控制
2	数据质量约束及页面提示	上传数据项不合理，系统提示
3	下载模板参数约束设置	下载模板中相应数据项进行约束控制
4	指标空值 if 条件判断控制	采油厂填报的数据项是空值，进行 if 条件判断
5	合计计算约束判断	数据项在汇总时是否进行计算
6	汇总范围约束控制	分大区汇总数据范围做约束控制

3．开发了数据优化算法库，实现了业务逻辑内置规则控制

统一各采油厂参数计算标准，形成了内置规则算法库，建立了"公司、院、厂"数据标准规

范,提高了油田规划预测准确度,实现了参数计算方法统一。

开发规划数据指标对应算法主要分三大类(表9-1-6)。

表9-1-6 开发规划数据指标对应算法分类

类别	指标	指标计量单位
区块算法	部署结果	—
参数算法	自然递减率	%
	综合递减率	%
	含水率	%
	平均单井产油	t
	平均单井产液	$10^4 m^3$
	平均单井流压	MPa
	井网密度	口/km^2
	地质储量	$10^4 t$
	采出程度	%
	……	……
汇总算法	分大区	—
	分单位	—
	分年度	—

区块类算法,主要是部署结果等指标。

参数类算法,主要是自然递减率、含水率、平均单井产油等指标的计算。

汇总类算法,主要是分大区、分单位、分年度,进行数据汇总。

以三次采油规划部署区块算法为例(图9-1-2),针对新输入区块名称,首先判断名称与公司区块配置表中名称是否一致:

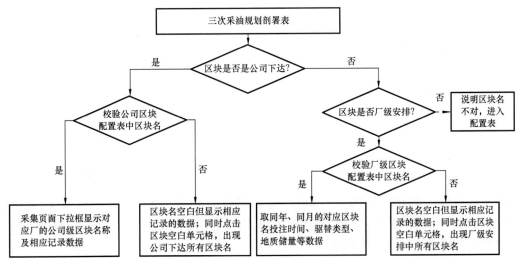

图9-1-2 三次采油规划部署区块配置算法

（1）如名称与公司区块配置表中名称一致，再判断与公司区块配置表中区块名称是否一致，如果是一致的，则在采集页面下拉框显示对应厂的公司级区块名称及相关记录数据；如不一致则区块名称空白但显示相应的记录数据，同时点击区块空白单元格，出现公司下达所有区块名称，便于选择。

（2）如名称与公司区块配置表中名称不一致，再判断与厂级区块配置表中名称是否一致，如果是一致的，则取同年、同月的对应区块名投注时间、驱替类型、地质储量等数据；如不一致区块名称空白但显示相应的记录数据，同时点击区块空白单元格，出现厂级安排中的所有区块名称，如果没有对应名称则要到厂级区块配置表中进行修改。

（四）DNA 开发规划平台研发

1. DNA 开发规划数据管理及应用平台设计原则

1）按照软件工程指导思想进行总体设计

通过研发 DNA 开发规划数据管理及应用系统，解决规划历史数据非固化、人工汇总周期长、数据质量约束性差等问题，实现规划数据汇总"一"键化、人工汇总"零"周期、数据汇总"零"误差的工作目标。形成一套全新的开发规划编制及数据管理模式，提升规划编制工作效率和水平[9]。

2）系统设计的规范化和标准化

首先必须严格贯彻执行国家、石油行业制定的有关信息管理和计算机应用方针、石油信息技术的标准、规范。设计中要符合油田有关管理信息系统的规范及有关规定。

3）面向油田开发规划科研、生产和管理

系统在建设的全过程中，根据油田开发规划的实际情况，同时结合国内外先进的管理技术，并始终遵循面向用户实现系统应用的标准。在建设过程中，积极组织开发方与用户交流、座谈在开发过程中碰到的各种各样的问题，从而加强领导，统一认识，提高系统设计的质量，最终达到既可满足生产的需求，又具有一定先进管理水平的信息系统。

2. DNA 系统功能

1）系统登录

（1）应用 Google 浏览器。

（2）DNA 系统网址。

（3）清除本机缓存数据方式："设置—安全检查—隐私设置和安全性—清除浏览器数据"，点击标签页"高级"，时间范围选"时间不限"，点击"清除数据"。

DNA 系统主界面如图 9 – 1 – 3 所示。

2）"规划定制"参数控制功能模块

基于规划数据的指标范围增加、时间范围变化等特点，此次系统升级，新增了"规划参数定制（下发模板）"模块功能，实现年度两阶段填报的规划年份定制、规划指标内容定制等功能，系统生成规划填报模板等。设置参数及功能描述如下：

（1）各大区选择下发表模板；

（2）每张模板填报详细要求设置；

图 9-1-3　DNA 系统主界面

（3）填报年份范围参数设置（多年）；

（4）模板具体措施项目设置；

（5）填报通知及要求信息发布功能；

（6）汇总查询历史年份范围设置；

（7）各类基础配置表参数管理。

3）数据质量约束控制、校验数据规则、规划算法优化方面

通过实践，形成 6 类控制标准：

（1）数据模板上传采集页面控制；

（2）数据质量约束及页面单元格提示；

（3）下载模板参数约束设置；

（4）指标计算空值 if 判断控制；

（5）合计计算项空项约束判断；

（6）汇总范围约束控制。

4）基础配置管理模块

（1）先到"基础配置管理"模块"公司下达产能区块配置"配置区块名及基础信息；

（2）点击"下载"按钮，本地用 Excel 编辑，填写区块名及信息，上传，保存；

（3）注意，系统只识别区块配置模块中的区块名及信息，建议下载配置好的区块名，后边备用；

（4）公司产能区块命名规范为，公司级区块名称具有唯一性，不能重复命名，例如更新井、高效井。

基础管理配置主界面如图 9-1-4 所示。

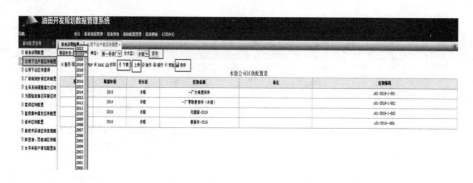

图 9-1-4　基础管理配置主界面

5）报表填报管理模块

选择规划表进行填报，分为两大类填报表：

一类是直接填报的规划表格（不涉及分区块数据）；

二类是需要先进行基础信息配置，完成一定操作，才能进入规划表填报。

（1）填写规划表有两种方式：

方式一：在平台中逐项单元格录入数据，可以点击"加行"或"减行"按钮，实现增加或减少数据记录行；"蓝色背景"单元格可编辑，"白色背景"单元格系统自动计算，不可编辑！

方式二：点击"下载"按钮，把此表的 Excel 模板下载到本机，编辑好 Excel，一定删除最下两行的填报阶段和填报说明，点击平台中的"上传"按钮，检查数据无误后，点击"保存"按钮，完成数据录入。

（2）点击保存按钮，闪现 2s 的提示框"绿色对勾，数据已经保存"。

（3）如保存不成功，请检查数据是否规范，比如"井数"为整数，数据项为数值类型，检查是否有"、"或"/"等。

（4）单井日产液、单井日产油，是单井概念。

6）规划表上报、审核、退回功能模块

包含厂级内部二次审核，保证数据质量，以及院审核流程。

（1）数据模板加载上传；

（2）数据质量核查效验；

（3）上报、二级单位审核；

（4）上报数据维护管理；

（5）数据配置标准化流程；

（6）一键导出汇总统计数据。

因此，规划数据库能够解决规划数据需要院级和厂级的大量规划及安排类数据的问题，而 A2 库和开发库是动态、静态数据，没有此类规划数据，也能使得规划数据的年度、滚动以及中长期等规划及配产编制方案报告和业务数据得以"数据固化""信息共享"，从而解决这些资料及数据存放于个人电脑中的问题，同时，规划需要"一键化"和"流程化"计算分析大量规划指标来满足油田规划编制业务的频次"高"、任务"重"以及时限"紧"的需求，而规划数据库的建立正是针对解决以上这些问题而建立。

第二节　油田开发规划编制流程

一、组织流程

开发规划编制是一项庞大的综合性业务,从任务目标下达到方案编制、方案审查,再到组织实施、跟踪评价,过程繁复、工作量大、涉及部门多、时间跨度长,需要各部门间通力合作、有序衔接,因此,建立清晰流畅、责权明晰的组织流程,是开发规划编制业务中非常重要的一个部分[4]。

油田生产企业(下称油田公司)接到规划编制任务和生产经营指标后,组织地质研究部门(下称研究院)和原油生产单位(下称采油单位)进行规划编制,报油田公司领导、专家审查、审批,方案报上级部门批准后,由油田公司机关部门组织实施(图9-2-1)[2]。

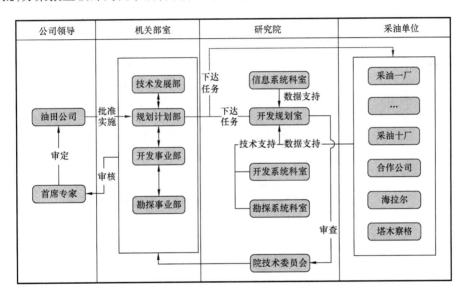

图9-2-1　开发规划编制组织流程

在此过程中,油田公司领导、专家负责制定规划目标,明确各部门责任分工,并负责审查审批方案;油田公司机关部门负责组织研究院和采油单位进行规划编制,组织和保障规划执行,并向上级部门提出所需政策支持;采油单位负责编制本单位原油开发规划,向研究院提供油田开发形势、新技术进展、潜力分布等情况及基本数据支持,配合协助研究院编制油田公司整体开发规划方案;研究院负责编制油田公司整体开发规划方案,对重大问题开展专项论证,对规划方案进行评价、优化,形成最终方案[3]。

二、技术流程

油田开发规划需要根据公司既定的发展战略来明确编制指导思想和部署原则,进行开发规划部署和优化论证,编制和论证满足不同情景、不同产量或效益目标的多套规划方案,反过来为公司制定发展战略提供技术依据[5]。

为了编织出一套指标先进、执行性与前瞻性强的高水平规划方案,研究院需要与采油单位一起,开展地质大调查,对各开发单元进行开发现状和开发形势分析,调查油田开发潜力,合理部署产能建设、增产措施及化学驱投注工作量,对主要开发指标进行预测,对不同情景下各组成部分的多套方案进行组合、对组合方案进行可采储量评价和经济效益评价后,形成多个全油田年度或中长期规划方案[5]。经过多轮次综合评价优选确定最终推荐方案(图9-2-2)。

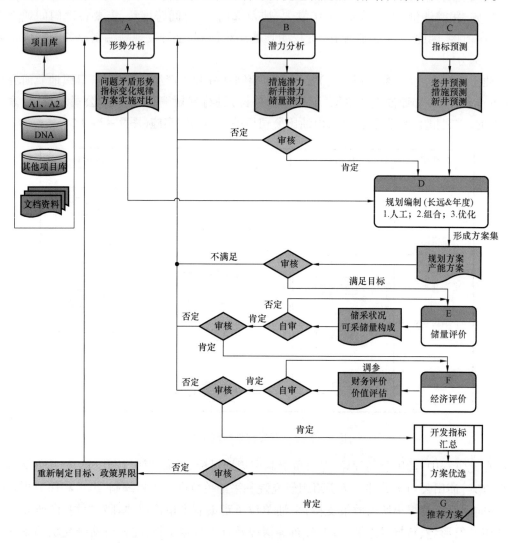

图9-2-2 开发规划编制技术流程

(一)油田开发形势分析

油田开发形势分析是为了了解各开发单元开发状况、评价上一阶段规划执行情况、分析指标完成情况、总结经验教训,分析油田开发中问题和矛盾、分析指标变化趋势,为调查油田开发潜力、制定开发政策界限和编制开发规划方案提供依据。开发形势分析的时机主要有:

每年年度结束时或五年规划期末、油田开发进行大的调整前、油田稳产阶段结束开始进入递减阶段等。主要分为四个部分：

1. 油田开发概况

了解目前油田开发地质概况、开发状况和所处开发阶段、开发特点等，为下一步的油田开发形势分析和开发规律分析奠定基础。

2. 油田开发现状

分析油田(区块)开发状况、储采状况、注入状况和套损状况，了解各油田(开发单元)的开发现状和所处的开发阶段，了解注水开发油田注采系统和注入状况的合理性，研究套损对产量及可采储量的影响，为开发潜力调查提供基础，为开发调整提供依据，为计划、规划方案的编制提供依据。

3. 上一阶段规划执行情况

分析规划、计划执行情况，总结规划执行中的主要经验和教训、油田开发政策适应性、投资与指标(工作量、产能、产量等)的匹配关系，以及分析总结新技术在油田开发中的作用等，为规划编制提供指导性建议。

4. 油田开发规律及趋势分析

依据油田开发相关专题研究成果、开发技术政策界限，分析评价油田开发效果，分析主要开发指标变化规律或变化趋势，为规划方案的编制提供依据。

(二)油田开发潜力分析

油田开发潜力包括已开发油田加密调整、措施增产、提高采收率及新区产能建设潜力，是油田持续发展的支撑和保障，不同开发单元开发潜力经过技术成熟度评价、经济效益分析后进行排队优选，将成为规划方案编制的基础[6-7]。

根据储量动用状况将油田开发潜力分为已开发油田潜力、未动用储量潜力、待探明储量潜力(图9-2-3)。

已开发油田潜力：根据油藏物性及开采方式的不同，将已开发油田潜力分为长垣水驱开发潜力、长垣三次采油潜力、外围油田开发潜力三大类。其中长垣水驱开发潜力主要包括加密及层系井网调整、套损集中更新、"上下左右"措施挖潜等潜力。长垣三次采油潜力主要包括一类油层、二类油层、聚合物驱后和三类油层等潜力。外围油田开发潜力包括井网加密调整、措施挖潜、近致密关停区块治理和提高采收率等潜力[8]。

未动用储量潜力：以上一年年底油田已提交探明未开发储量为基础，根据技术可行性及经济效益对储量进行评估，优选出未动用储量潜力，目前未动用储量潜力主要集中在松辽盆地北部和海塔盆地，按照油藏评价认识程度，可进一步划分为落实储量和较落实储量[9-13]。

待探明储量潜力：根据规划期增储方向和工作量安排，规划提交探明储量，根据历年储量动用情况，预测规划期分年可动用储量。目前待探明储量潜力主要集中在松辽盆地北部、海拉尔盆地、四川盆地和塔里木盆地[14-16]。

(三)开发指标预测

指标预测包括产能建设指标、产油量指标及注采指标等。

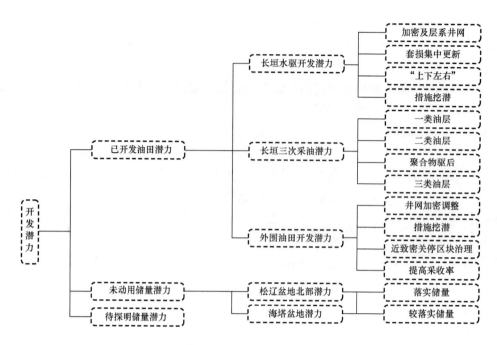

图 9-2-3　油田开发潜力

1. 产能指标预测

根据油田开发次序、规模,参照油藏工程方案安排钻建井数、新建产能等主要指标,部署规划期总体产能区块。

2. 产油量预测

产油量预测是指标预测的核心,按照油藏类型和开发方式,大庆油田产油量主要分为长垣水驱、三次采油、外围油田三种类型。

1）长垣水驱

长垣水驱产油量预测分为年度产油量预测和中长期产油量预测(图 9-2-4)。

年度产油量预测包括老井未措施产油量、老井措施增油量、新井产油量三部分。老井未措施产油量由两部分构成,两年以上老井未措施产油量和上年新井产油量;两年以上老井未措施产油量按照递减规律进行预测,上年新井产油量按照产能到位率进行预测。老井措施增油量根据历年措施实施规模、措施效果,结合目前措施潜力,优化安排工作量与增油量。当年新井产油量根据不同类型产能贡献率进行预测。

根据优势渗流通道的研究成果,特高含水阶段油层渗流规律发生改变,已有的水驱曲线不再适用,生长曲线应运而生。目前应用较为成熟的以 Weibull、Gompertz 和 Logistic 三种生长曲线为代表。传统的生长曲线是基于最大可采储量假设条件下,研究其与时间的变化关系。而描述特高含水期含水上升规律的生长曲线是基于微观渗流规律假设条件下而建立的,长垣水驱中长期规划以规划期上一年为基数综合运用生长曲线分层结构预测方法测算,有效避免水驱曲线等方法在特高含水期预测精度降低的弊端。

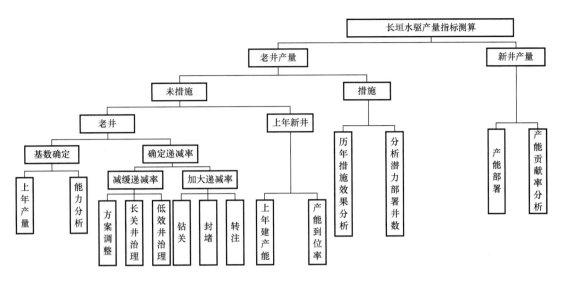

图 9 - 2 - 4　长垣水驱指标预测

2）三次采油

以区块为单元，按照区块所处不同开发阶段进行产油量预测（图 9 - 2 - 5）。

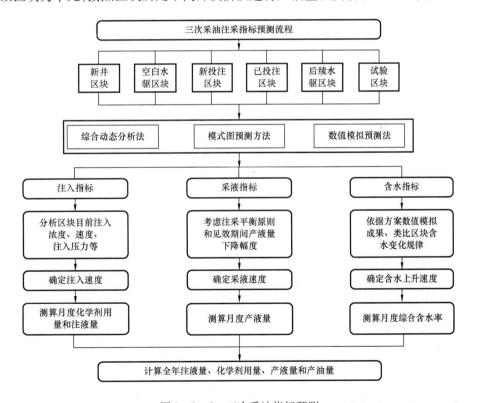

图 9 - 2 - 5　三次采油指标预测

根据区块的注入浓度、速度，考虑注采平衡原则，确定注入速度、采液速度。

依据区块含水规律测算综合含水率。新井区块根据方案设计产能和单井计产时间或产能贡献率进行预测;空白水驱区块按照水驱递减规律进行预测;新投注区块利用数值模拟结果或参照类比区块开发指标进行预测;已投注方案执行较好区块采用数值模拟结果进行预测,与方案差别较大区块采用类比法并根据开发动态进行预测;后续水驱区块依据动态分析法与数理统计法综合分析预测;试验区块依据数值模拟结果和区块的实际开发动态综合分析预测。

3)外围油田

产油量预测分为年度产量预测和中长期产量预测(图9－2－6)。

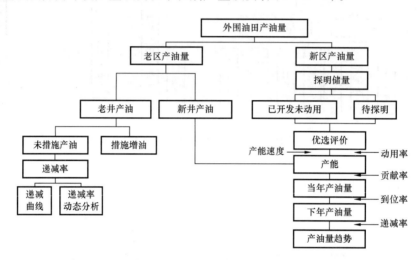

图9－2－6　长垣外围指标预测

其中年度产油量预测分老区产油量预测和新区产油量预测。老区产油量由老井未措施产油、措施增油和新井产油三部分构成。老井未措施产油量根据储层及原油性质分别按照常规油、稠油、致密油、页岩油等多种类型递减规律进行预测;措施增油与新井产油预测参照长垣水驱。新区根据储量性质分为未动用和待探明两类,根据区块油藏类型、开发方式的不同,分别应用"三率"(产能贡献率、产能到位率、老井递减率)指标预测方法,分区块预测分年产量。

长远规划考虑储量动用品质、产能速度和分年动用率分别安排产能,进而安排产量。目前应用较为成熟的以 Weibull、Gompertz 和 Logistic 三种生长曲线为代表。传统的生长曲线是基于最大可采储量假设条件下,研究其与时间的变化关系。长垣外围中长期规划以规划期上一年为基数综合运用分层结构预测方法测算,有效避免水驱曲线等方法在特高含水期预测精度降低的弊端。

3. 注采指标预测

注采指标预测包括注水量、产液量、综合含水率、化学剂用量等指标预测。

(四)开发规划方案编制

根据各开发单元潜力状况、产量规模和各项工作量施工能力,考虑总体方案产量、效益等指标及各项工作量需求,均衡合理安排产能建设、增产措施、化学驱投注等各项工作量,并进行开发指标预测。开发指标预测完成后,需要对方案进行整体组合,对各套方案进行可采储量评价、经济效益评价以及综合性指标评价,考虑钻井、地面、采油等系统的工程配套能力和投资、成本规模,进行产量结构、措施工作量,全投资成本方面的方案优化,推荐投资、成本、产量、效益最协调的规划方案,提交油田公司审查、审批,并组织实施。

编制多套方案:方案编制过程中,各开发单元要紧密结合潜力论证结果、技术发展状况、产量目标,考虑编制多种情境下的多套方案,除了现有经济技术条件下的最稳妥靠实方案、经济效益最优方案等,还要根据政策界限研究成果、技术适应性评价结果,结合下步科技攻关部署,提出具有前瞻性的技术潜力及对策措施,安排新技术贡献最大、产量规模最大等方案。

方案组合:各开发单元编制完多套方案后,组合成大庆油田整体方案。组合方式有两种,一是直接组合,选择不同开发单元待组合的方案 N_1、N_2、N_3、N_4,则组合的全部方案数 = $N_1 \times N_2 \times N_3 \times N_4$;二是选择给定的方法进行方案组合,一般情况下,采用枚举法进行多方案组合,但全部方案数比较大时,可采用正交试验方法进行降维处理(图9-2-7)。

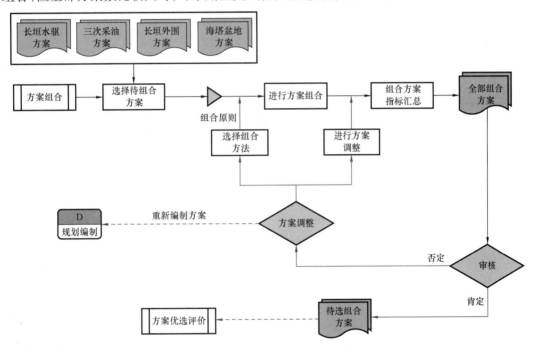

图9-2-7　规划方案组合示意图

可采储量评价:根据规划安排的产能建设、化学驱投注等工作量,测算规划期新增技术可采储量、经济可采储量,评价方案的储采状况。

经济效益评价:主要由新建产能区块、开发规划方案、已开发油田效益评价三部分工作组成。

综合指标评价:单项指标评价后,综合考虑储采平衡、经济效益、产量目标及方案的可实施程度,对方案进行总体评价,推荐最优方案,上报审核。

规划方案编制完成后,需在储量资源、新技术应用、经济效益、生产运行、配套能力等方面进行不确定性分析与风险评估,并对应提出保障措施,积极争取上级主管部门在投资、技术、政策方面的支持,保证规划方案顺利实施。

通过多年的实践,形成了"三循环"业务管理模式。

随着油田开发的深入,油田开发面临后油藏、非常规等新开发阶段和对象变化,传统的研究院—采油单位单线沟通、接力式的规划编制模式,已经不能适应目前的复杂形势和目标需求,潜力挖掘、指标论证、规划编制需要寻求更多的支持与指导,以保障规划方案的可操作性。

规划编制部门(研究院开发规划研究室)在多年的探索中,总结形成了多项目组联动研究、多部门协同攻关、多级多系统统一组织协调的"三循环"规划部署模式(图9-2-8)。

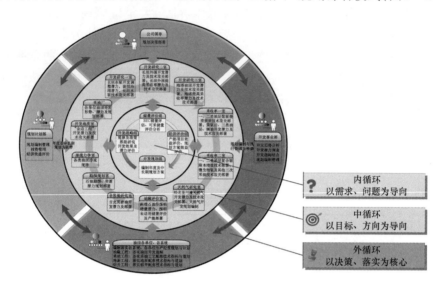

图9-2-8 "三循环"规划部署模式

内循环:以需求、问题为导向,以开发规划研究室为主体,负责开发规划方案编制、油田开发规律和界限研究、可采储量标定和 SEC 储量评估、经济评价研究等工作,为原油开发规划提供整体思路和方向,形成联动研究体系。

中循环:以目标、方向为导向,以院内各专业科室为主体,负责挖掘潜力,技术政策研究,新技术发展部署,解决综合调整控递减、难采储量规模有效动用、大幅度提高采收率等问题,形成协同攻关体系。

外循环:以决策、落实为导向,以公司领导、各系统为主体,负责方案审查、组织实施、运行保障等,形成组织体系。

"三循环"规划部署模式指导了大庆油田"十四五"原油 3000×10^4 t 持续稳产可行性分析论证和"十四五"高质量发展规划编制,规划编制效率及规划可执行性得到了很大提升。

第三节 油田中长期原油开发规划方案编制实例

大庆油田自投入开发以来,一直高度重视油田开发规划的龙头引领作用,一般每五年开展一次中长期规划编制工作。自"十五"以来,按中国石油天然气集团公司的要求,又开展了滚动规划编制工作。下面以"大庆油田可持续发展规划"和"大庆油田2013—2015 年原油滚动规划"为例,详细描述规划编制的主要内容。

一、大庆油田可持续发展规划

大庆油田在先后经历了开发试验、快速上产和 5000×10^4t 高产稳产,特别是 1976—2002 年长达 27 年的高产稳产之后,大庆主力油田进入特高含水开采阶段,增储上产后备资源不足,储采失衡矛盾进一步加剧,可持续发展成为亟待研究解决的重大课题。

大庆油田的可持续发展,始终得到党中央、国务院和中国石油天然气集团公司(以下简称"集团公司")、中国石油天然气股份有限公司(以下简称"股份公司")的亲切关怀与高度重视。2006 年 8 月 10 日,温家宝总理亲临大庆油田视察,强调指出了大庆可持续发展的"四个重大意义",并明确提出了"三十二字"的总体要求。

大庆的可持续发展的"四个重大意义":关系到国家的能源安全和国民经济发展的大局;对资源型城市的可持续发展具有积极的示范和推动作用;必将有力地促进地区和区域经济社会发展;不仅具有重要的经济意义,而且具有重要的政治意义。"三十二字"总体要求:立足当前、着眼长远、加强勘探、合理开发、调整结构、多元发展、企地结合、共建和谐。

温总理的指示和要求勉励油田人员要在新时期有新的发展、作出新的贡献。为了贯彻落实好温总理的指示精神,集团公司、股份公司专门成立了"大庆油田可持续发展研究工作组"及项目组,指导研究大庆油田的可持续发展问题。

(一)取得的主要成绩

1. 实现 5000×10^4t 以上高产稳产 27 年

大庆油田从 1976 年原油产量上升到 5000×10^4t,到 2002 年持续高产稳产了 27 年,创造了世界油田开发史上的奇迹,取得了巨大的经济效益和社会效益。

2. 突破了综合含水率 60%、可采储量采出程度 60% 以后油田不能稳产的界限

胜利油田、杜玛兹油田在含水率 60%、可采储量采出程度 60% 时,比采油速度迅速下降,而大庆油田在综合含水率超过 85%、可采储量采出程度达到 80% 的情况下,仍然保持高产稳产。

3. 全油田采收率达到 47.2%,喇萨杏油田突破了 50% 大关

随着地质认识不断深化,油田开发技术不断发展,储量不断增加,采收率不断提高。到 2005 年底,大庆油田采收率 47.2%,其中喇萨杏油田采收率达到 51.2%。与国内同类油田相比,采收率提高 10% 以上。

4. 自主创新了两类开发模式、五项开发技术

两类开发模式:早期内部横切割注水、保持压力开采的开发模式,多次布井、接替稳产的开发模式。五项开发技术:同井分层开采与井网分层调整相结合的开发技术、超薄互层开采配套技术、特高含水期聚合物驱开采配套技术、陆相油藏精细描述技术、"三低"(渗透率低、地层压力低、储量丰度低)油藏开发配套技术。

截至 2005 年底,探明石油地质储量 58×10^8t,动用地质储量 49.9×10^8t,采油速度 0.9%,地质储量采出程度 37.36%,可采储量采出程度 79.13%,采收率 47.2%。大庆油田

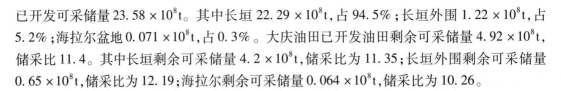

已开发可采储量 23.58×10^8 t。其中长垣 22.29×10^8 t,占 94.5%;长垣外围 1.22×10^8 t,占 5.2%;海拉尔盆地 0.071×10^8 t,占 0.3%。大庆油田已开发油田剩余可采储量 4.92×10^8 t,储采比 11.4。其中长垣剩余可采储量 4.2×10^8 t,储采比为 11.35;长垣外围剩余可采储量 0.65×10^8 t,储采比为 12.19;海拉尔剩余可采储量 0.064×10^8 t,储采比为 10.26。

(二)油田开发面临的形势

1. 油田开发的有利条件

至 2005 年,大庆油田剩余可采储量 4.9×10^8 t,通过寻找新的资源、攻关薄差油层提高采收率技术、推广三元复合驱技术、攻克外围特低渗透油田有效开发技术,到 2020 年预计增加可采储量 4.72×10^8 t,2006—2020 年共有 9.62×10^8 t 可采储量可供开发。

1)大庆探区待探明储量潜力

根据勘探规划安排,2006—2020 年累计提交探明石油地质储量 12×10^8 t,采用开发技术攻关预计增加可采储量 1.92×10^8 t。

2)已开发油田预计新增可采储量 2.16×10^8 t

其中长垣水驱综合调整增加可采储量 5000×10^4 t,外围水驱综合调整增加可采储量 600×10^4 t,三次采油增加可采储量 1.6×10^8 t。

3)已探明未动用储量 3.2×10^8 t,增加可采储量 6400×10^4 t

已探明未动用储量 8.61×10^8 t,其中落实储量 3.59×10^8 t、占比 41.7%,待落实储量 2.76×10^8 t、占比 32.1%,待核销储量 2.26×10^8 t、占比 26.2%。落实储量中,萨葡油层储量 1.64×10^8 t,扶杨及高台子油层储量 1.45×10^8 t,海拉尔油田 0.5×10^8 t。

在油价 60 美元/bbl 条件下,通过加快技术攻关,到 2020 年预计可动用 3.2×10^8 t,增加可采储量 6400×10^4 t。

2. 油田开发面临的挑战

(1)喇萨杏油田处于特高含水期,剩余油高度分散,开发调整难度加大。

喇萨杏油田综合含水率高达 91.05%、采出程度 81.7%,薄差油层采油速度高,其中二次加密井剩余可采储量采油速度高达 17.6%。

厚油层剩余油与低效无效循环共存,增加了提高波及体积和驱油效率的难度。剩余地质储量的 68.3% 分布在厚油层,厚油层中的强水洗段厚度比例 9.75%,吸水量占比 26.31%,产水量占比 28.89%,但产油量占比仅为 0.73%。对于注入水的低效无效循环,目前尚没有根本解决的措施,需要挑战老油田特高含水期控水挖潜的极限。

剩余油分布十分复杂,平面上分布十分零散,纵向上与水层交互分布。

(2)油田开发主要上产对象普遍变差,补产能力减弱。

喇萨杏水驱补产对象由二次加密转向三次加密,其中单井产量由 8t 降至 3t,单井可采储量由 1.1×10^4 t 降至 0.45×10^4 t,可建井数由 12184 口降至 7613 口,可建产能由 2598×10^4 t 降至 438×10^4 t。

聚合物驱开采对象由北部主力油层转向南部主力油层及二类油层,河道砂发育变差,连通性及渗透性大幅降低,单井单位厚度增油量只有主力油层的一半。

外围油田上产对象逐渐变差,葡萄花油层储量丰度变化由"八五"期间的 $43 \times 10^4 t/km^2$ 降至"十五"期间的 $31 \times 10^4 t/km^2$,扶杨油层渗透率由"八五"期间的 43mD 降至"十五"期间的 5mD,流度变化由"八五"期间的 5mD/mPa·s 降至"十五"期间的 0.5mD/mPa·s。未动用的储量丰度更低,渗透率更低,而且裂缝不发育,单井日产只有 1 ~ 2t,需要挑战特低渗透有效开发的极限。

(3)大庆油田目前储采平衡系数只有 0.52,控制产量递减和稳产的难度大。

(4)随着油田含水上升、生产井数增加及材料价格上涨,单井日产由 2000 年的 4.7t 降至 2005 年的 3.1t,建百万吨产能井数从 1021 口上升到 1451 口,油田开发投资成本逐年加大。

油田开发面临的形势要求必须解放思想,开拓创新,加快技术攻关,攻克技术瓶颈,依靠科技进步实现油田的可持续发展。

(三)油田中长期战略部署及展望

1. 总体发展思路

围绕"持续有效发展,创建百年油田"的长远发展战略,按照"立足松辽,精细研究,挖潜老区,加快外围,发展海外,油气并举"的总体布局,积极进取,科学规划,合理开发,努力实现股份公司战略目标,为大庆建设百年油田提供坚实基础。

2. 阶段性发展目标

油气当量:2010 年保持在 $4200 \times 10^4 t$ 以上,其中原油产量 $3800 \times 10^4 t$,天然气 $50 \times 10^8 m^3$;2020 年保持在 $4000 \times 10^4 t$ 以上,其中原油产量 $3100 \times 10^4 t$,天然气 $115 \times 10^8 m^3$。

1)长垣水驱 2010 年产油 $1850 \times 10^4 t$、2020 年产油 $760 \times 10^4 t$

截至 2005 年底,动用地质储量 $38.12 \times 10^8 t$,投产油水井 37067 口,2005 年产油 $2767.43 \times 10^4 t$,累计采油量 $17.17 \times 10^8 t$,地质储量采出程度 45.1%,剩余可采储量 $3.62 \times 10^8 t$,地层压力 9.63MPa。

规划期通过采取井网加密、强化注采系统调整、井网综合利用和各类油层提高水驱采收率等措施,增加可采储量 $5000 \times 10^4 t$,进一步减缓水驱产量递减,2010 年将老井年自然递减率控制在 8% 以内,2020 年控制在 6% 以内。

(1)长垣水驱开发潜力。

薄差油层加密调整潜力:三类油层潜力较大区块,通过实施加密调整措施,可钻井 5395 口,建产能 $220 \times 10^4 t$,在"十一五""十二五"期间安排,预计增加可采储量 $2000 \times 10^4 t$。其他区块,通过"二三结合"技术攻关,研究将二类、三类油层统一考虑进行加密,先进行水驱挖潜,在适当时机转入三次采油,"十一五"末开始推广应用。到 2020 年钻井 3000 口,预计增加可采储量 $1500 \times 10^4 t$。2006—2020 年预计增加可采储量 $3500 \times 10^4 t$。

萨零组开发技术:2005 年萨零组提交探明储量 $2003 \times 10^4 t$。萨零组油层发育差,含油饱和度低,具有很强的水敏性,目前在萨中油田、萨北油田开展现场试验,攻关研究注水开发技术。计划"十三五"推广应用,规划部署钻井 2000 口,预计增加可采储量 $600 \times 10^4 t$。

单砂体注采系统调整技术:攻关研究完善单砂体注采关系技术,使之成为特高含水期水驱精细挖潜的重要措施。依据研究成果,通过采用更新、转注、补钻新井等方式,2006—2020年每年增加注水井200口,共部署井数3000口,预计增加可采储量900×10^4t。

(2)产能建设安排。

"十一五"期间阶段钻井数5359口,阶段建产能199.5×10^4t,平均年钻井数1072口,平均年建产能39.9×10^4t;"十二五"期间阶段钻井数4000口,阶段建产能138×10^4t,平均年钻井数800口,平均年建产能27.6×10^4t;"十三五"期间阶段钻井数4000口,阶段建产能138×10^4t,平均年钻井数800口,平均年建产能27.6×10^4t。

(3)老井控递减工作量。

通过加大周期注水、细分注水力度,搞好注水结构调整,2006—2020年,年均实施注水结构调整4500井次、周期注水100口、浅调剖300口。通过油井转注和新钻注水井,完善注采关系,强化注采系统调整,规划期年均实施200口。老井自然递减率"十一五"控制到8%以下,"十三五"末控制到6%。

长垣水驱规划2010年产油1850×10^4t,2020年产油760×10^4t,年均产量降幅由"十五"期间的250×10^4t减缓到"十三五"的80×10^4t。

2)三次采油2010年产油1150×10^4t、2020年产油1370×10^4t

截至2005年底,三次采油工业化区块已达38个,动用面积338.47km²,动用地质储量5.89×10^8t,总井数达6442口,累计注聚合物干粉64.57×10^4t,累计生产原油9129.64×10^4t,累计增油5050.88×10^4t,2005年注聚合物干粉量9.02×10^4t,区块产油987.8×10^4t。聚合物驱已建成年产油1000×10^4t的生产规模,成为世界上最大的聚合物驱生产基地。

规划期发展完善二类油层聚合物驱油技术,攻关聚合物驱后进一步提高采收率技术,加快三元复合驱攻关试验步伐,2007年工业化推广应用,2006—2020年预计增加可采储量1.6×10^8t。

(1)三次采油开发潜力。

喇萨杏适合三次采油总地质储量为23.13×10^8t,其中一类潜力8.09×10^8t,二类潜力15.04×10^8t,A类8.15×10^8t,B类6.89×10^8t。二类A油层主要沉积相为三角洲分流平原、三角洲内前缘,有效渗透率范围为0.1~0.6D,聚合物驱控制程度70%以上,聚合物驱预计提高采收率8%。二类B油层为三角洲前缘相,有效渗透率范围为0.1~0.3D,聚合物驱控制程度55%以上,聚合物驱预计提高采收率5%~8%。

截至2005年底,一类油层已动用6.034×10^8t,剩余2.056×10^8t,主要分布在南四区以南地区。未进行三次采油的剩余储量,从2007年开始全部采用三元复合驱。二类油层动用0.268×10^8t,剩余14.772×10^8t,分布在南三区及以北地区,在发展完善聚合物驱技术的同时,从2009年开始应用三元复合驱技术。

三元复合驱油技术室内研究及进口表面活性剂三元复合驱现场试验表明,三元复合驱可提高采收率20%以上,经多年攻关研制出了具有自主知识产权的国产表面活性剂并开展了杏二中三元复合驱等多个现场试验,据目前试验效果初步预计可取得提高原油采收率20%左右。2005年开展了南五区、北一区断东、北二区三个工业性矿场试验研究,目前这三项试验已进入前置聚合物段塞注入阶段,预计2006年9月底开始注入三元复合体系主段塞。试验获得成功后,将在剩余的一类、二类 A 油层中全面推广应用。预计提高采收率 16%～18%。

二类油层聚合物驱技术"十五"末,大庆油田采取了矿场试验与工业化推广并举的方式,开展了二类油层聚合物驱开发及配套技术研究,目前已实施了三个矿场试验研究,并且在 4 个区块推广应用,该项技术基本上趋于成熟,预计二类 A 油层聚合物驱可提高采收率 8%,二类 B 油层提高 5%。

至"十五"末聚合物驱后储量有 2.04×10^8t,"十一五"将增加到 3.1×10^8t,目前正在开展聚合物驱后微生物驱、泡沫复合驱、热采等矿场试验,预计提高采收率 5% 左右,"十二五"可推广应用。

(2)规划部署。

一类油层未进行三次采油的剩余储量从 2007 年开始全部采用三元复合驱;二类油层在发展完善聚合物驱技术的同时,从 2009 年开始推广三元复合驱技术。"十一五"期间攻关研究三类油层三次采油和聚合物驱后提高采收率技术,预计"十二五"开始推广应用。

2006—2020 年,聚合物驱一类油层增加可采储量 1000×10^4t,二类油层增加可采储量 480×10^4t;三元复合驱一类油层增加可采储量 3488×10^4t,二类油层增加可采储量 8756×10^4t;聚合物驱后进一步提高采收率增加可采储量 2300×10^4t。15 年累计动用地质储量 9×10^8t,年均动用 6000×10^4t,其中一类油层 2×10^8t,二类油层 7×10^8t,累计增加可采储量 1.6×10^8t。

规划期安排钻井 17340 口,年均 1156 口;安排投注储量 9.03×10^8t,年均 6023×10^4t。其中一类油层投注储量 2.06×10^8t,全部动用,二类油层投注储量 6.97×10^8t。按照驱替类型来看,其中三元复合驱 7.49×10^8t,占比 82.9%。

"十一五"期间聚合物用量从 2006 年的 10.54×10^4t 上升到 2010 年的 13.30×10^4t,表面活性剂从 2006 年的 1.27×10^4t 上升到 2010 年的 16.27×10^4t,碱从 2006 年的 2.66×10^4t 上升到 2010 年的 38.17×10^4t。随着三次采油开发规模不断扩大,化学剂用量呈快速增长趋势。

3)外围油田 2010 年产油 800×10^4t、2020 年产油 970×10^4t

截至 2005 年底,外围油田已探明油田 31 个,气田油环 3 个,探明储量 14.08×10^8t。已开发油田 27 个,气田油环 1 个,动用地质储量 5.62×10^8t,总投产井数 15142 口,年产油 515×10^4t,采油速度 0.91%,综合含水率 42.72%,采出程度 10.18%。

规划期通过研究应用外围"三低"油田有效开发技术,加快已探明未动用储量开发,增加可采储量 0.7×10^8t;加快新增探明储量动用,增加可采储量 1.92×10^8t,确保外围油田产量由 2005 年的 515×10^4t 上升到 2010 年的 800×10^4t、2020 年的 970×10^4t。

(1)储量潜力。

通过潜力调查,外围油田可实施加密井数 1010 口,可建产能 56×10^4t;目前油水井数比 2.4,合理油水井数比 1.78,可实施转注井数 725 口。通过井网加密及注采系统调整可提高采收率 3%～5%,预计增加可采储量 300×10^4t。

已探明未动用储量潜力 8.61×10^8t,其中落实储量 3.59×10^8t、占比 41.7%,待落实储量 2.76×10^8t、占比 32.1%,待核销储量 2.26×10^8t、占比 26.2%。落实储量中,萨葡油层储

量 $1.64 \times 10^8 t$,扶杨及高台子油层储量 $1.45 \times 10^8 t$,海拉尔油田 $0.5 \times 10^8 t$。

在目前技术经济条件下,葡萄花油层中储量丰度不小于 $20 \times 10^4 t/km^2$,油水关系相对简单的 $5933 \times 10^4 t$ 储量可实现经济有效动用,扶杨油层中储量丰度不小于 $40 \times 10^4 t/km^2$、渗透率不小于 $1.0mD$、流度不小于 $0.25mD/(mPa \cdot s)$ 的 $4800 \times 10^4 t$ 储量可实现经济有效动用,合计 $1.07 \times 10^8 t$。通过进一步加快技术攻关,到 2020 年还可动用 $2.13 \times 10^8 t$,总计达到 $3.2 \times 10^8 t$,预计增加可采储量 $6400 \times 10^4 t$。

开发动用这些低效难采储量,主要存在以下难题:① 扶杨油层厚度小。大庆外围油田扶杨油层厚度小于 6m 的占 78%,而吉林油田占 24%。② 渗透率低、流度低。大庆油田渗透率小于 5mD 占 98.2%,流度小于 $0.5mD/(mPa \cdot s)$ 占 91.4%,而吉林油田分别只有 28.6% 和 12.2%。③ 呈现明显的非达西渗流特征。存在较大的启动压力梯度,在相同渗透率情况下高于长庆油田。大庆外围油田可动流体饱和度在 30% 以上,渗透率大于 1mD 仅有 20%,而长庆油田有 70%。④ 孔喉半径小,分布范围窄。大庆外围油田储层孔隙喉道半径主要分布在 $1 \sim 3\mu m$ 之间,范围既小又窄,而长庆油田大都在 $1 \sim 5\mu m$ 之间,且均匀分布。

为了解决好这些难题,在肇州油田葡萄花油层开展水平井开发试验、在芳 48 断块开展特低渗透扶余油层 CO_2 驱试验,研究应用水平井、注气开发、人工裂缝与井网优化配置等技术,为加快外围油田增储上产的步伐提供技术保障。

(2)规划部署。

① "十一五"末上产 $700 \times 10^4 t$ 规划部署。

探明储量:"十一五"期间每年提交 $8000 \times 10^4 t$,五年 $4 \times 10^8 t$。动用率按 80% 计算,可动用 $3.2 \times 10^8 t$,年均动用 $6400 \times 10^4 t$,按目前技术标定采收率 20% 计算,新增可采储量 $6400 \times 10^4 t$,年均增加 $1280 \times 10^4 t$。按采油速度 1% 考虑,5 年新井到 2010 年产油 $235 \times 10^4 t$。

已探明未动用储量:安排动用 $2.4 \times 10^8 t$,年均动用 $4800 \times 10^4 t$,按目前技术标定采收率 20% 计算,新增可采储量 $4800 \times 10^4 t$,年均增加 $960 \times 10^4 t$。按采油速度 1% 考虑,5 年新井到 2010 年产油 $175 \times 10^4 t$。

通过新区建产,外围油田新井产量由 2006 年的 $112 \times 10^4 t$ 增长到 2010 年的 $410 \times 10^4 t$。

已开发油田老井通过实施注采系统和井网加密调整措施,使老井产量递减由 2005 年的 14.8% 控制到 2010 年 11.5%,老井产量由 $515 \times 10^4 t$,控减到 $290 \times 10^4 t$。

外围油田 2006 年产量 $565 \times 10^4 t$,其中老井 $453 \times 10^4 t$、未动用新井 $48 \times 10^4 t$、待探明新井 $64 \times 10^4 t$;2010 年产量 $700 \times 10^4 t$,其中老井 $290 \times 10^4 t$、未动用新井 $175 \times 10^4 t$、待探明新井 $235 \times 10^4 t$。

② "十一五"末上产 $700 \times 10^4 t$ 规划部署措施。

一是进一步加大攻关力度,研究葡萄花油层小于 $15 \times 10^4 t/km^2$,扶杨油层渗透率小于 $0.5mD$,流度小于 $0.15mD/(mPa \cdot s)$ 的油层的有效开发技术,如层内爆炸、注氮气、CO_2、烟道气以及多枝水平井等技术,使储量动用率由 80% 提高到 90%,采收率达到 20% 以上。二是创新开发机制和体制,降低开发成本。只有这样,2010 年外围油田才能实现年产油 $800 \times 10^4 t$。

③ "十二五""十三五"规划部署。

"十二五""十三五"期间每年提交探明储量 $0.8 \times 10^8 t$,10 年 $8 \times 10^8 t$。动用率按 80% 计

算,可动用储量 $6.4 \times 10^8 t$,年均动用 $6400 \times 10^4 t$,提高采收率按 20% 计算,新增可采储量 $1.28 \times 10^8 t$,年均增加 $1280 \times 10^4 t$。已探明未动用储量安排动用 $0.8 \times 10^8 t$,年均动用 $800 \times 10^4 t$,提高采收率按 20% 计算,可增加可采储量 $1600 \times 10^4 t$,年均增加 $160 \times 10^4 t$。10 年累计增加可采储量 $1.44 \times 10^8 t$,如果能够攻克技术瓶颈,递减率控制在 10% 以下,有可能实现 2020 年产油 $970 \times 10^4 t$ 目标。

开发钻井工作量:未来 15 年内,大庆外围油田要实现规划指标,如果全部采用直井开发,每年需钻井 3000 口以上;如果 30% 的产能采用水平井,每年钻井 2200 口左右,年均钻水平井 300 口;如果 50% 的产能采用水平井,每年钻井 1500 口,年均钻水平井 500 口左右。

4)大庆油田总体规划指标

"十一五"期间到"十三五"期间阶段钻井数 88157 口、年均钻井数 5877 口,大庆油田增加可采储量 $47200 \times 10^4 t$、年均增加可采储量 $3174 \times 10^4 t$。原油产量 2010 年 $3800 \times 10^4 t$、2015 年 $3420 \times 10^4 t$、2020 年 $3100 \times 10^4 t$。加上天然气,2010 年当量产量 $4270 \times 10^4 t$,2020 年保持 $4000 \times 10^4 t$ 水平。

三次采油、外围油田产量均呈现上升趋势。三次采油产量从 2006 年的 $1110 \times 10^4 t$ 上升到 2020 年的 $1370 \times 10^4 t$。外围油田产量从 2006 年的 $600 \times 10^4 t$ 上升到 2020 年的 $970 \times 10^4 t$。

5)方案存在的风险

(1)储量风险。从历年提交探明储量状况和未来资源看,每年提交待探明储量 $8000 \times 10^4 t$,动用率达到 90%,难度很大。

(2)技术风险。① 三个工业性三元复合驱矿场试验在 2006 年下半年注三元复合体系段塞,效果在 2 年后才能明确,方案部署 2007 年一类油层、2009 年二类油层注三元复合体系,从试验到推广的时间比较紧张;② 方案中部署扶扬油层动用储量 $1 \times 10^8 t$,其开发技术正在攻关之中。

(3)钻建工作量大,实施难度大。从 2007 年年度规划的初步安排情况看,大庆油田年钻井数年均在 6000 口,生产组织、方案编制存在风险。

(4)地面设施合理利用和投资风险。① 扩大了三元复合驱推广面积,年注干粉量增加,需对现有配注系统进行改扩建,增加投资;②"十一五"期间,产量达到较大规模的同时,地面系统规模随之加大,"十二五"及以后,由于可接替区块减少,三次采油规模下降,地面设备将会闲置造成不必要的浪费。

3. 大庆油田 2021—2060 年远景展望

按照创建"百年油田"的设想,2021—2060 年的 40 年间,大庆油田通过进一步加强新区勘探开发、多种能源的勘探开发、完善和推广化学驱三次采油技术和三次采油后提高采收率技术等措施,预计新增可采储量 $5.3 \times 10^8 t$,加上 2020 年末剩余可采储量 $4.2 \times 10^8 t$,共有 $9.5 \times 10^8 t$ 可采储量供开发,大庆仍然具备可持续发展的资源基础。

1)常规原油远景规划

长垣油田预计新增可采储量 $2.48 \times 10^8 t$,提高采收率 5.6%,达到 60% 以上,到 2060 年原油产量保持在 $(600 \sim 800) \times 10^4 t$;外围油田在目前标定采收率 20% 的基础上,通过开展特低渗透、特低丰度油层注 CO_2、氮气、天然气等，以及层内爆炸、热采、水平井等多元开发技术，采收率进一步提高到30%。到2060年原油产量保持在 $500 \times 10^4 t$ 以上。2060年大庆常规原油保持在 $(1100 \sim 1300) \times 10^4 t$ 以上。

2）非常规资源远景设想

"十一五"至"十三五"期间，主要是进行技术准备，重点研究油页岩的原位开发技术，为2020年以后大规模开发利用油页岩资源做好准备。初步设想在松辽盆地北部优选区块，进行原位开采技术合作。同时，搞好其他新能源的勘探开发。2020—2060年，力争实现多种资源当量 $(500 \sim 800) \times 10^4 t$ 规模。

加上天然气，2060年油气当量仍然保持在 $(2000 \sim 2500) \times 10^4 t$，大庆油田仍然是我国重要的油气生产基地。

（四）保障措施及需要的政策支持

为实现上述发展目标，大庆油田将继续发扬大庆精神和铁人精神，解放思想，积极进取，大力推进技术和管理创新，不断提高油田开发水平。同时，也需要集团公司和股份公司给予一定的政策支持。

1. 技术保障

大庆油田在"十五"后期开展了事关油田长远发展的"十大现场试验"，并取得了显著的阶段性成果。今后，要继续以"十大现场试验"为平台，进一步加大科技攻关和试验力度。做到成熟一个推广一个，并不断发展完善。同时，根据开发需要，适时地将一些重要试验项目增加到"十大现场试验"管理中，通过攻关研究，尽快形成配套技术。

1）高含水后期多学科油藏研究技术

大庆油田2002年启动了多学科油藏研究工作。发展形成了以精细油藏描述为基础，以计算机系统为平台，以地质建模和油藏模拟为主要手段，综合利用油藏动态资料，进行多学科集成化油藏研究的高含水后期多学科油藏研究技术，实现了储层描述的精细化和剩余油研究的定量化，指导了高含水后期的精细调整挖潜。

"十一五"期间，要进一步加大多学科油藏研究和应用的力度。在目前多学科油藏研究技术的基础上，在长垣油田全面覆盖三维开发地震。三维开发地震成果必将提高油藏精细研究的精度，为优化油田开发调整提供依据。

2）三元复合驱提高采收率技术

三元复合驱将是大庆油田"十一五"及以后提高采收率的主导技术。目前，国产表面活性剂工业性现场试验初步见到了较好效果，但还存在三元体系需要进一步优化，防腐、防垢及采出液处理技术需要进一步攻关等问题。为此，要认真搞好南五区等3个新开展的三元复合驱工业化矿场试验，尽快形成一套较为完善的三元复合驱配套技术，为全面推广提供技术保障。

3）外围低丰度、特低渗透油田开发技术

外围油田增储上产是实现持续有效发展的重要保证。"十一五"及以后，外围新动用的储量中大部分为丰度小于 $40 \times 10^4 t/km^2$、渗透率小于 $1mD$ 的扶杨油层。这部分油层孔喉半径小、可动油饱和度低,且裂缝不发育,在较高的启动压力下,仍难以建立有效的驱动体系。

"十一五"期间,在研究特低渗透油层非达西渗流条件下油藏工程计算方法和数值模拟技术的基础上,认真搞好各项现场试验,积极探索人工裂缝与井网优化配置、层内液体爆炸、注二氧化碳、注烟道气等方法形成有效驱动方式的可行性,尽快形成有效开发配套技术,确保外围油田早日实现年产 800×10^4t 的奋斗目标。

4)特高含水期改善水驱开发技术

大庆长垣油田水驱已进入特高含水开发期,但其产量仍占全油田总产量的 60% 以上。要继续发展特高含水期改善水驱开发技术,重点研究特高含水期层系井网演变趋势、厚油层内部非均质性描述和剩余油挖潜方法、低效无效水循环治理以及单砂体注采关系完善方法等,确保水驱自然递减率控制到 8% 以内。

5)聚合物驱后进一步提高采收率技术

大庆油田一类油层聚合物驱可提高采收率 10%~12%,聚合物驱后的最终采收率为 50% 以上。如何挖掘聚合物驱后的剩余油潜力,已成为亟待解决的课题。为此,要深化聚合物驱后剩余油分布规律认识,搞好提高采收率方法筛选并确定研究的技术路线;认真搞好聚合物驱后泡沫复合驱现场试验、微生物驱提高采收率试验和新型聚合物驱室内研究工作,尽快形成聚合物驱后提高采收率配套技术。

2. 需要的政策支持

1)加大老油区改造专项资金投入

大庆油田开发了 46 年,历史欠账较多,虽然近年来在老油田更新改造上加大了投入,但仍然满足不了生产和安全的需要。"十一五"期间,计划重点改造各类站、库、间 1336 座,更新腐蚀老化和不符合安全距离的各种管道 8256km、电力线路 728km,维修改造油田道路 1973km,平均每年需要增加投资 24 亿元。此外,套损井的治理也需专项资金支持。

2)加大产能建设和三次采油资金投入

(1)外围油田储层条件差、单井产能低,按照新定额涨价 26% 计算,百 $\times 10^4$t 产能投资达到 40 亿元以上,如 2006 年建设的敖南油田,是外围地质条件相对较好的开发区块,通过对油藏工程、钻井工程、采油工程和地面工程方案进行多次优化,百 $\times 10^4$t 产能建设投资虽然下降了 3 亿元,但仍达到 44.9 亿元。

(2)随着三元复合驱技术的工业化推广,三次采油成本将大幅度上升。据测算,三元复合驱的开发成本约是聚合物驱的 4 倍。今后,将通过不断优化体系配方,努力降低其开发成本,但近期内三次采油投入仍然较高。

3)加大科技攻关和开发试验投入

科技攻关事关油田的长远发展。集团公司和股份公司领导对大庆油田开展的"十大现场试验"高度重视,对三元复合驱和"二三结合"试验给予了专项资金扶持,大大加快了试验成熟的步伐。

"十一五"及以后大庆油田面临着更大的挑战,需要进一步加大科技攻关和试验力度。重点开展长垣油田二三结合水驱挖潜试验、二三类油层复合驱试验,聚合物驱后进一步提高采收率试验、外围特低渗透油层注气试验等开发技术攻关研究。

4）拓宽海外勘探开发市场

温家宝总理在 2006 年 8 月 10 日大庆油田视察时指出,大庆油田要大力实施"走出去"战略,在中国石油集团的统一组织下,充分利用大庆的技术、装备、人才队伍和大庆的品牌优势,有效地开展海外油气资源的开发和工程技术服务。目前,大庆油田开发技术已在中油集团海外项目中应用并取得良好效果。

为贯彻落实温家宝总理的指示,建议实施"走出去"战略,应共打 CNODC 的品牌,由 CNODC 统一领导、统一运作,并充分发挥地区公司的优势,CNODC 负责商务运作和油气销售,大庆油田负责具体生产业务,共同开发海外油气资源。

5）加快非常规油气资源开发

大庆探区油页岩、油砂矿和煤层气等新能源资源丰富。在股份公司领导的指导和大力支持下,成立了研发机构,做了大量工作。2010 年前重点开展资源评价,进行先导性试验,做好技术储备;力争 2011—2020 年实现工业化开采。需要集团公司和股份公司大力支持,协调矿权,加大投入。

大庆油田在中国石油占有举足轻重的地位,油田的可持续发展直接关系到国家的能源安全和国民经济发展的大局,关系到地区经济社会的繁荣稳定。一定要进一步解放思想,继续发扬大庆精神、铁人精神,攻大难关,克大难题,为实现可持续发展的阶段目标和创建百年油田而奋斗。

二、大庆油田 2013—2015 年原油滚动规划

2008 年,大庆油田编制了原油 4000×10^4 t 阶段稳产方案,针对技术发展、储量落实、经济条件等发生的变化,以及方案执行过程中发现的产量结构和指标的变化,需深入密切跟踪油田开发形势,以确保原油 4000×10^4 t 稳产为核心,以优化产量结构为重点,以靠实各项开发指标为宗旨,进一步夯实稳产基础,为大庆油田"十三五"及以后开发战略部署奠定坚实基础,开展了大庆油田 2013—2015 年原油滚动规划编制工作。

（一）2010—2012 年规划执行情况

2009 年,按照大庆油田公司提出的"立足长垣、稳定外围、依靠技术、夯实基础、突出效益"发展战略思路,编制了《大庆油田 2010—2012 年油田开发滚动规划》。

三年来,牢牢把握"精细挖潜保稳产"这根主线,立足"五个坚持",扎实推进"水驱控递减,聚合物驱提效率"的各项工作,原油生产任务及各项开发指标圆满完成,油田开发形势继续保持良好态势。

1. 调整了产能结构,提高了经济效益

与原规划对比,自营区三年少钻井 7935 口,少建产能 340.6×10^4 t,节约投资 238 亿元。主要控制了外围低效产能,与"十一五"前四年对比,长垣产能比例由 66% 上升到 77%,外围由 34% 下降到 23%。

2. 优化了产量结构,增加了低成本产量比重

长垣产量比例由 79.9% 提高到 84.9%,长垣水驱占长垣产量比例保持在 60%。突出了

长垣的主体地位,突出了水驱的支撑作用。

3. 水驱开发形势持续向好,创近年来最好水平

长垣水驱自然递减率和综合递减率三年减缓 3.23% 和 3.41%,已连续两年控制在6%和3%以内,年均含水率三年上升 0.76%,实现了三年不过"1"的目标。在地质储量逐年减少的情况下,年产油量减少幅度由"十一五"前四年的 $148 \times 10^4 \mathrm{t}$ 减缓到近三年的 $51 \times 10^4 \mathrm{t}$。

外围油田在年均少建产能 $35 \times 10^4 \mathrm{t}$ 的情况下,通过强化精细挖潜,实现了五年 $600 \times 10^4 \mathrm{t}$ 以上稳产。

4. 聚合物驱提效成果显著,三采年产油再创新高

三采产量连年增加,2012 年在干粉用量与 2011 年基本相当的情况下,产油量增加了 $47 \times 10^4 \mathrm{t}$。

(二)2013—2015 年开发规划方案

1. 总体规划方案

1)产能工作量

三年共安排钻井 13942 口(其中水平井 240 口),基建 16575 口,建成产能 $670.5 \times 10^4 \mathrm{t}$。年均钻井 4647 口,基建 5525 口,建成产能 $223.5 \times 10^4 \mathrm{t}$。

2)产量构成

2013—2015 年年产油量 $4000 \times 10^4 \mathrm{t}$,其中长垣水驱年均产油量 $1894 \times 10^4 \mathrm{t}$,三次采油 $1461 \times 10^4 \mathrm{t}$,长垣外围 $532 \times 10^4 \mathrm{t}$,海塔盆地 $113 \times 10^4 \mathrm{t}$,保持 $4000 \times 10^4 \mathrm{t}$ 稳产(表 9-3-1)。

表 9-3-1　大庆油田 2006—2015 年产量分区构成

年度	长垣水驱($10^4 \mathrm{t}$)	三次采油($10^4 \mathrm{t}$)	长垣外围($10^4 \mathrm{t}$)	海塔盆地($10^4 \mathrm{t}$)
2006	2623	1169	495	54
2007	2447	1148	518	58
2008	2319	1100	538	63
2009	2177	1215	535	73
2010	2095	1299	533	73
2011	2078	1320	522	80
2012	2025	1367	520	88
2013	1964	1416	520	100
2014	1882	1474	532	112
2015	1836	1494	543	127
年均	2145	1300	526	83
合计	21446	13002	5256	828

3)储采状况

预计年均新增动用可采储量 $2633 \times 10^4 \mathrm{t}$。长垣油田增储比例由"十一五"期间的 38.1% 提高到 59.2%;长垣外围从 2013 年开始逐年提高,储采平衡系数上升到 1 以上。

4）经济效益

自营区产能投资 420.9 亿元，其中钻井投资 200.5 亿元，基建投资 220.3 亿元。平均内部收益率 18.6%，达到评价标准。

2. 分区规划方案

1）长垣外围

按照"技术先行，效益优先，择机上产"的原则，已开发油田加大综合治理，应用大规模压裂技术，水平井综合调整技术；新区全面推进超前注水，扩大水平井应用规模，强力推进致密油藏动用技术攻关，在效益优先的前提下优选动用难采储量，为"十三五"快速上产做好前期准备。

（1）老井递减率可控制在 14% 以下。

通过扩大老井加密与注采系统调整相结合的实施规模，扩大精细挖潜示范区推广，加大低产低效井治理力度，2015 年将老井递减率控制到 13.5%，未措施老井产量 507.9×10^4t。

（2）油井措施年增油 14.5×10^4t。

压裂潜力：按照常规压裂技术的经济界限，结合压裂选井的地质条件，确定已开发油田压裂潜力井数为 1558 口。考虑直井缝网压裂的试验效果及适应条件，可优选潜力井 100 口。

措施安排结果：三年安排压裂井 1554 口，其中直井缝网压裂 65 口（单井年增油 500t），三换 505 口井，比"十一五"期间年均增加 359 口，措施年增油 14.5×10^4t，比"十一五"年均增加 4.5×10^4t。

（3）新井产量部署。

井网加密潜力：依据井网加密的综合评价条件，长垣外围可加密井数 2916 口，设计产能 128.6×10^4t。其中扶杨油层加密 1368 口、产能 60.4×10^4t，萨葡油层加密 1548 口、产能 68.2×10^4t。

未动用储量潜力：截至 2012 年底，探明未动用储量 8.2×10^8t，其中落实储量 2.96×10^8t、待落实储量 2.53×10^8t。按照油藏评价结果，在技术落实储量中，按油价 70 美元/bbl 评价，可动用 4940×10^4t；在待落实储量中，通过进一步评价优选，可安排动用 2500×10^4t，合计可动用 7440×10^4t。

待探明储量潜力：按照油藏评价规划部署，2013—2020 年提交探明储量 8.0×10^8t（海拉尔 0.9×10^8t），其中致密油、泥岩油提交探明储量 5.6×10^8t。为加快难采储量动用，三年安排 20 个攻关试验，其中 7 项开发试验安排计产，共钻水平井 39 口，建成产能 15.29×10^4t。

2013—2015 年共安排钻井 4552 口（水平井 230 口），建成产能 246.7×10^4t，动用地质储量 8934×10^4t（待探明 1494×10^4t），产能贡献率、到位率分别按 35%、85% 安排。其中应用新技术安排钻井 821 口，建产能 60.6×10^4t，动用地质储量 1672×10^4t，占总动用储量 18.7%。

2015 年长垣外围年产油 543×10^4t，动用地质储量 3033×10^4t。

2）海塔盆地

按照"国内深化调整控递减，国外优化部署提效益"的原则，深化地质研究，强化海拉尔已开发油田综合调整,提高储量动用程度,努力实现稳产;加快塔木察格储量分类评价,优化开发方案,加快地面建设,搞好商务运作,实现快速上产。

（1）两年老井递减率控制到20%以内。

2013—2015年通过加快复杂断块油藏注水开发技术攻关,加强低效井、长关井治理,提高老井单井日产,2015年末措施老井产量93.8×10⁴t。

（2）措施增油量2.25×10⁴t。

根据压裂井潜力评价及增油效果,2013—2015年年均安排压裂井67口,三换21口井,措施年均增油2.25×10⁴t。

（3）新井产能部署。

井网加密潜力:2012年,围绕苏德尔特、贝尔、乌东等油田,以联合攻关形式,开展复杂断块精细油藏描述工作,研究确定加密潜力井118口,建成能力5.87×10⁴t。

未动用及待探明储量潜力:通过对海塔盆地未动用储量和待探明地区进行全面优选评价,海塔盆地新区可动用地质储量15280×10⁴t,可布井数为1299口,建产能144×10⁴t。

三年共安排加密井42口,优选未动用和待探明储量安排钻井656口,共建产能95.1×10⁴t,共动用地质储量9199×10⁴t,其中未动用7670×10⁴t,待探明储量1529×10⁴t。产能到位率按82%,产能贡献率按22.8%安排,三年新井产量22×10⁴t。

2015年海塔盆地年产油127×10⁴t,动用地质储量2707×10⁴t。

3）三次采油

"十二五"后三年,规模化推广三元复合驱技术,发展完善复合驱配套技术;聚合物驱通过"四最"优化调整提效率,努力实现"520"目标;加快三类油层和聚合物驱后进一步提高采收率技术的试验步伐,为"十三五"产量接替奠定基础。

（1）开发潜力。

大庆长垣油田适合三次采油开发的总地质储量23.13×10⁴t。其中一类油层8.09×10⁸t,到2012年已实施7.22×10⁸t,剩余0.87×10⁸t;二类油层15.04×10⁸t,到2012年已实施3.51×10⁸t,剩余11.53×10⁸t。

（2）产能区块部署。

2013—2015年期间,三次采油安排产能区块22个,钻井6245口,基建7853口,建成产能300.56×10⁴t。到2015年以后还剩余钻井潜力4426口。

（3）新投注区块部署。

三年部署30个区块（6个试验区）,动用地质储量2.17×10⁸t（年均动用7218×10⁴t）。其中三元复合驱7个工业化区块,6个试验区,动用地质储量7583×10⁴t。

7个工业区地质储量6542.4×10⁴t,6个三元复合驱试验区地质储量1040.9×10⁴t,2013—2015年年均投注储量7218×10⁴t,比"十一五"年均多投入2231×10⁴t。随着投注储量的增加,年产油量逐年增长,到2015年产量达到1494×10⁴t,其中三元复合驱产油量也增加到334×10⁴t。表面活性剂年均用量达到8.3×10⁴t,其中弱碱表面活性剂用量到2014年、强碱表面活性剂到2015年都超出了油田设计生产能力,应抓紧组织扩大表面活性剂的生产规模,以满足油田需求。

4)长垣水驱

"十二五"后三年,以"四个精细"为抓手,以精细挖潜示范区为引领,加大区块综合治理的力度,最大限度地控制水驱产量递减;积极开展层系井网调整现场试验,进一步提高水驱采收率,继续发挥长垣水驱对稳产的支撑作用。

(1)老井未措施产量1751.6×10⁴t。

基数确定:以2013年计划产量为基础,扣除封堵、转注、转聚合物驱影响的产量,2014年、2015年的老井产量预测基数分别为1912.6×10⁴t、1866.6×10⁴t。

递减率确定:两年老井递减自2009年每年减缓0.29%,"十二五"后两年继续保持这一递减趋势。

影响长垣水驱递减的主要因素如下。加大递减的因素有:储量转移,截至2012年12月已经有10.73×10⁸t储量转移到聚合物驱,2013—2015年将有2.17×10⁸t储量向聚合物驱转移;封堵,随着二类油层上返,水驱年均375口相应的层位进行封堵,当年影响产量3.75×10⁴t,加大递减0.2%;钻关,年均影响产量41×10⁴t,加大递减2.1%。减缓递减的因素有:新井,上年新井产量59×10⁴t,减缓递减3.1%;精细挖潜,推广精细挖潜多产油12.4×10⁴t,减缓递减0.65%;长关井治理,年均恢复产油12.47×10⁴t,减缓递减0.65%。

(2)措施年增油65×10⁴t。

油井压裂:应用建立的压裂井界限图版,确定压裂潜力井3057口,考虑2012—2014年投产新井压裂潜力1250口,共计4307口;2013—2015年安排压裂3560口,年均安排1187口,年均增油45×10⁴t。

油井换泵:应用建立的经济含水与流压界限图版,确定长垣水驱共有换泵潜力3225口,2013—2015年安排2140口,年均换泵713口,年增油12×10⁴t。

(3)新井产量部署。

2013—2015年安排钻井4691口,建成产能201.21×10⁴t,新井产能到位率91.38%,贡献率36%。2015年以后水驱剩余钻井潜力10567口。

3. 分厂规划方案

按照规划部署的总体思路,长垣外围各采油厂产量呈上升趋势,合理调控长垣老区各采油厂产量。下面以采油一厂、采油八厂为例。

1)采油一厂规划部署

(1)新井产能部署。

水驱按照"二三结合"井网加密调整做法,全区预计还可钻新井6627口,建成产能275.4×10⁴t。2013—2015年安排钻井1467口,建成产能52.63×10⁴t,产能到位率按87%,产能贡献率35%计算。2015年以后水驱还有钻井潜力5160口。

三次采油钻井潜力到2015年底全部实施,并从2014年开始进入二次上返补孔基建。2013—2015年安排钻井1252口,基建1895口,建成产能89.23×10⁴t。

(2)水驱老井产量安排。

老井递减率在2015年控制到6.48%。以2013年计划产量为基础,扣除封堵、转注、转聚合物驱影响的产量,2014年、2015年的老井产量预测基数分别为614×10⁴t、600×10⁴t。两年老井递减"十二五"后两年保持在 7.7% 的水平,到 2015 年老井未措施产油 561.2×10⁴t。

老井措施年增油量保持 21×10⁴t。水驱近几年调参力度较大,2011—2012 年年均达到 1363 口,比"十一五"增加 677 口,目前沉没度水平只有 200m,提液潜力小。按照潜力评价结果,压裂潜力井 750 口,需在近几年投产新井中优选 400 口;换泵潜力井 319 口,需在含水率大于 90% 中优选 450 口。

(3)三次采油新投注区块安排。

三年安排二类油层投注区块 7 个(含 1 个试验区),动用储量 6722.5×10⁴t。其中三元复合驱区块 4 个,地质储量 3601.2×10⁴t。

(4)套损问题分析。

到 2013 年 2 月,采油一厂累计发现套管有问题井 4946 口,已治理井 3638 口,待治理井 861 口,主要分布在南一区西部。

套损区治理的总体思路是稳定套损区、完善产能区、治理零散区,考虑套损调查与治理需要较长的一段周期,在 2013—2015 年规划部署中没有考虑套损区产量恢复。

2)采油八厂规划部署

(1)新井产能部署。

到 2012 年底未动用储量 15337×10⁴t,其中 63.6% 分布在特低渗透扶杨油层,36.4% 分布在葡萄花油层。

2013—2015 年共安排钻井 1341 口,其中水平井 45 口,产能 63.9×10⁴t。三年新井产油 15×10⁴t。动用地质储量 2476×10⁴t。对于新区优先安排有布井方案的葡萄花油层落实储量,钻井 996 口,产能 45.51×10⁴t。对于老区调整重点安排永乐、宋芳屯油田的加密区块,钻井 345 口,产能 18.39×10⁴t。

(2)水驱老井产量安排。

两年老井自然递减率 2015 年控制到 14.2%。通过继续推进"四个精细"、扩大示范区规模、强化分类油藏挖潜控制产量递减,2015 年老井未措施产量 158.9×10⁴t。

老井措施年增油量 4.3×10⁴t。根据潜力评价结果,采油八厂 2013—2015 年可安排压裂井 425 口,年均增油 3.4×10⁴t。

(三)实现稳产的保障措施

1. 资源接替到位

(1)努力增加规模优质储量,确保经济有效动用。要加强已探明未开发储量的评价优选,确保规划部署的 2500×10⁴t 储量经济有效;海拉尔油田部署动用储量中有 1529×10⁴t 尚未提交探明,需要在 2014 年提交储量保证有效开发。

(2)实现新增可采储量目标,改善储采平衡状况。要保证外围部署的 80 口水平井钻建完成,三元复合驱区块能够按照规划部署的时间投注,保证规划期新增动用可采储量达到 7800×10⁴t 以上,储采平衡系数达到 0.6 以上,夯实油田实现持续稳产的资源基础。

2. 技术支撑到位

(1)继续发展完善水驱精细挖潜控递减和聚合物驱优化调整提效率等成熟配套技术,确保长垣水驱自然递减率控制到6%、长垣外围老井递减率控制在13.5%,聚合物驱提高采收率达到"520"目标。

(2)安排新技术动用外围难采储量 $1672 \times 10^4 t$,要加快实施步伐,保证当年新井产量达到规划部署目标。

(3)加快完善三元复合驱采出液处理等配套技术,保证推广区块采收率达到18%以上的目标。

(4)超前研究三类油层三次采油和聚合物驱后大幅度提高采收率技术,加快室内研究和配方优选,在取得实质性成果后,尽快进入现场试验,力争2015年取得突破。

3. 投资成本到位

(1)到"十二五"末,三次采油已进入二次上返阶段,水驱和聚合物驱封堵、补孔的工作量将成倍增长,每年将增加500多口,建议把这两类工作量列为专项资金,及时下拨,实施到位,确保三次采油达到预期开发效果。

(2)按照规划部署,三次采油产量规模逐渐加大,化学剂用量逐渐增加,年均聚合物用量 $21 \times 10^4 t$、表面活性剂用量 $8.3 \times 10^4 t$、碱用量 $16.9 \times 10^4 t$。要确保化学剂用量及费用及时到位。

4. 组织管理到位

(1)科学编制产能建设运行计划,抢前抓早,积极组织。每年低洼地钻井工作量都在1000口左右,要保证在冬季完钻;水平井钻建年均安排80口,要确保钻进队伍;每年提前钻井工作量要达到总钻井数的35%,确保规划安排的产能贡献率达到35%;同时根据精细挖潜措施和大修工作量,组织作业施工队伍,确保措施和大修井数达到预期目标。

(2)规划安排有3个区块由聚合物驱调整为三元复合驱,其中2个区块在2014年投注(油水井已建成投产),1个区块在2015年投注,要加快地面方案设计和地面改造施工的步伐,确保按规划部署的时间投注,同时要抓紧组织扩大表面活性剂产品的年生产能力,以满足油田生产的需求。

参 考 文 献

[1] 袁庆峰. 油田开发时间与认识[M]. 北京:石油工业出版社,2014.

[2] 管纪昂,袁士义. 油田开发动态指标预测方法[J]. 断块油气田,2005(4):37 - 38,91.

[3] 计秉玉,徐婷,高兴军,等. 水驱油田产量演变模式与开发阶段划分方法[J]. 石油勘探与开发,2023,50 (2):1 - 7.

[4] 刘秀婷,杨军,程仲平,等. 油田产量预测的新方法及其应用[J]. 石油勘探与开发,2002(4):74 - 76.

[5] 袁庆峰,等. 油田开发规划方案编制方法[M]. 北京:石油工业出版社,2005.

[6] 赵建华,韩志刚. 油田产液结构调整规划的一种优化方法[J]. 系统工程学报,1996,11(1):7.

[7] 计秉玉,李彦兴. 喇萨杏油田高含水期提高采收率的主要技术对策[J]. 大庆石油地质与开发,2004 (5):47 - 53,123.

[8] 张继成,梁文福,赵玲,等. 喇嘛甸油田特高含水期开发形势分析[J]. 大庆石油学院学报,2005(3):23 - 25,121.

[9] 周红恩,马奇秀,马奇龙. 特高含水油藏的重新认识与挖潜[J]. 内蒙古石油化工,2003(S1):73 - 74.

[10] JI B Y,LAN Y B. Optimization of Permeability Tensor Characteristics of Anisotropic Reservoir and Well Pat-

tern Parameters[J]. Tsinghua Science and Technology,2003(5):564 – 567.

[11] 曲德斌,武若霞. 油田开发规划科学预测的理论和实践[J]. 石油学报,2002(2):4,38 – 42.

[12] 常毓文,袁士义,曲德斌. 注水开发油田高含水期开发技术经济政策研究[J]. 石油勘探与开发,2005 (3):97 – 100.

[13] 程伟,张广杰,董伟宏,等. 油气田开发规划模型的建立及求解[J]. 大庆石油学院学报,2006(2):112 – 115,123,154 – 155.

[14] 张广杰,常毓文,曲德斌,等. 油田开发五年(滚动)规划的逐年实施方法研究[J]. 石油学报,2007 (2):79 – 82.

[15] 别爱芳,冀光,张向阳,等. 产量构成法中措施产量劈分及预测的两种方法[J]. 石油勘探与开发,2007 (5):628 – 632.

[16] 杨菊兰,常毓文,王燕灵,等. 油田开发规划计划编制的产量构成方法[J]. 大庆石油学院学报,2009, 33(1):36 – 40,121.